Veit Justus Rollmann

Apperzeption und dynamisches Naturgesetz in Kants Opus postumum

Kantstudien-Ergänzungshefte

Im Auftrag der Kant-Gesellschaft
herausgegeben von
Manfred Baum, Bernd Dörflinger
und Heiner F. Klemme

Band 181

Veit Justus Rollmann

Apperzeption und dynamisches Naturgesetz in Kants Opus postumum

Ein Kommentar zu „Übergang 1–14"

DE GRUYTER

Trier, Univ., Diss., 2014

Gedruckt mit freundlicher Unterstützung der Geschwister Boehringer Ingelheim Stiftung für Geisteswissenschaften in Ingelheim am Rhein.

ISBN 978-3-11-041983-2
e-ISBN (PDF) 978-3-11-041895-8
e-ISBN (EPUB) 978-3-11-041901-6
ISSN 0340-6059

Library of Congress Cataloging-in-Publication Data
A CIP catalog record for this book has been applied for at the Library of Congress.

Bibliografische Information der Deutschen Nationalbibliothek
Die Deutsche Nationalbibliothek verzeichnet diese Publikation in der Deutschen Nationalbibliografie; detaillierte bibliografische Daten sind im Internet über http://dnb.dnb.de abrufbar.

Druck und Bindung: Hubert & Co. GmbH & Co. KG, Göttingen
♾ Gedruckt auf säurefreiem Papier
Printed in Germany

www.degruyter.com

Für Frida und Gustaf

Danksagung

Die vorliegende Arbeit wurde im Juni 2014 am Fachbereich I Philosophie der Universität Trier als Dissertation angenommen. Mein Dank gilt an erster Stelle meinem 2012 verstorbenen Doktorvater Prof. Dr. Burkhard Tuschling (Marburg), der mein Interesse auf Kants Nachlasswerk gelenkt und die Arbeit daran mit fachlicher Strenge und familiärer Nähe in außerordentlicher Weise betreut hat – auch, als die schwere Krankheit bereits bestimmendes Element seines Lebens geworden war. Ich danke Prof. Dr. Bernd Dörflinger von der Universität Trier und Prof. Dr. Jeffrey Edwards von der State University of New York, Stony Brook, die bereits kurz nach dem Tod Burkhard Tuschlings ihre Bereitschaft bekundeten, die Dissertation auf ihre wissenschaftliche Konsistenz hin zu begutachten. Ich danke meiner geliebten Ehefrau Annika für ihre nie ermüdende Geduld und ihre Anstrengungen, mir Freiräume zu konzentrierter Arbeit zu schaffen. Ich danke Andree Hahmann für seine wahre Freundschaft und seine stets konstruktiv-kritische Anteilnahme an der Dissertation und ihrer Fertigstellung. Mein Dank gilt ferner dem Hegel Arbeitskreis Marburg (Dr. Werner Euler, PD Dr. Andree Hahmann, Dr. Franz Hespe, apl. Prof. Dr. Dieter Hüning, Dr. Mikiko Tanaka, Prof. Dr. Michael Wolff sowie allen Gästen dieses Kreises) für immer neue Anregungen bei der gemeinsamen Lektüre der Texte Hegels und Kants. Eva Stöppler-Tuschling danke ich für die guten Tischgespräche – ganz im Sinne Kants zu anderen Themen als der akademischen Philosophie – und die glänzende Bewirtung. Ich danke dem Leiter der Handschriftenabteilung der Staatsbibliothek zu Berlin – Preußischer Kulturbesitz, Prof. Dr. Eef Overgaauw, für die freundliche Erlaubnis des Abdrucks zweier Faksimiles aus dem Kantischen Autograph und Dr. Jacqueline Karl von der Berlin-Brandenburgischen Akademie der Wissenschaften für ihre Unterstützung bei diesem Anliegen. Dem Frankfurter Buchhändler Werner Flach (†) danke ich für das Geschenk der Bände 21 und 22 der Akademie Ausgabe. Nicht zuletzt gilt mein Dank dem Team des De Gruyter Verlags und der Geschwister Boehringer Ingelheim Stiftung für die Begleitung und Förderung des Erscheinens meiner Arbeit in den Kantstudien-Ergänzungsheften.

Frankfurt am Main im Juni 2015
Veit Justus Rollmann

Inhalt

Verzeichnis der verwendeten Siglen — XIII

1 Einleitung — 1
1.1 Problemexposition und Thesen — **3**
1.2 Gliederung und Aufbau der Studie — **7**
1.3 Inhalt und Aufbau des Opus postumum — **12**
1.4 Literaturübersicht — **15**
1.4.1 Immanente Untersuchungen — **17**
1.4.1.1 Die philologische Chronologie: Adickes — **18**
1.4.1.2 Der Versuch einer Rekonstruktion: Mathieu — **19**
1.4.2 Das Opus postumum aus dem Blickwinkel einer bestimmten Schrift — **20**
1.4.2.1 Kritik der reinen Vernunft und Opus postumum — **20**
1.4.2.2 Metaphysische Anfangsgründe der Naturwissenschaft und Opus postumum — **22**
1.4.2.3 Kritik der Urteilskraft und Opus postumum — **26**
1.4.3 Die Entwürfe des Nachlasswerks aus der Perspektive verschiedener Sachprobleme des Kantischen Systems — **27**
1.5 Farrago versus Opus – ein Sammelsurium unter Werkverdacht — **27**
1.6 Rechtfertigung des Forschungsvorhabens — **29**

2 Der Entwurf „Übergang 1–14" — 32
2.1 Einleitende Fragestellungen — **32**
2.1.1 Aufgaben und Funktionen des „Übergang" — **32**
2.1.2 Der Übergang – Wissenschaft oder Propädeutik? — **33**
2.1.3 Anmerkungen zur Terminologie — **38**
2.2 Kommentierende Darstellung des Entwurfs „Übergang 1–14" — **41**
2.2.1 „Übergang 1" — **41**
2.2.2 „Übergang 2" — **70**
2.2.2.1 Zentrale Konzepte und Sachprobleme in „Übergang 2" — **108**
2.2.2.2 Philologische Rechtfertigung der Darstellung von „Übergang 2" — **112**
2.2.3 Kursorische Betrachtung einzelner Stellen von „Übergang 3" bis „Übergang 10" — **116**
2.2.4 „Übergang 11" — **147**
2.2.5 „Übergang 12" — **184**

2.2.6 „Übergang 13" — 212
2.2.7 „Übergang 14" — 214
2.3 Beweisapologetik — 221

3 Einheit der Erfahrung als Problem – „Übergang 1–14" als Vorschlag einer Lösung — 229
3.1 Die Perspektive der Kritik der reinen Vernunft — 229
3.1.1 Einheit als Bezugsgröße – Weltstoff und Erste Analogie der Erfahrung — 229
3.1.1.1 Kants Erste Analogie der Erfahrung 1781 – Grundsatz und Beweis. — 230
3.1.1.2 Kants Erste Analogie der Erfahrung 1787 – Grundsatz und Beweis. — 234
3.1.1.3 Die Grundsätze der Ersten Analogie der Erfahrung in KrV A und KrV B — 239
3.1.1.4 Die Beweise der Ersten Analogie der Erfahrung in KrV A und KrV B — 240
3.1.1.5 Weltstoff und absolute Beharrlichkeit: Die Einheit der Substanz im Raum und die Vorstellung der Einheit der Zeit überhaupt — 242
3.1.1.6 Absolute Beharrlichkeit in Kants Widerlegung des Idealismus — 244
3.1.1.7 Absolute Einheit der Substanz – Die Frage nach Spinozismus im Nachlasswerk — 247
3.1.2 Einheit als Gemeinschaft im Raum – Weltstoff und Dritte Analogie der Erfahrung — 248
3.1.2.1 Kants Dritte Analogie der Erfahrung 1781 – Grundsatz und Beweis — 250
3.1.2.2 Kants Dritte Analogie der Erfahrung 1787 – Grundsatz und Beweis — 254
3.1.3 Einheit der Erfahrung als Systematizität — 258
3.1.3.1 Die Architektonik der reinen Vernunft — 258
3.1.3.2 Der Anhang zur transzendentalen Dialektik — 260
3.1.4 Der Weltstoff als realisiertes Ideal – ein weiterer Bruch mit der KrV — 266
3.2 Die Perspektive der KU – Das Problem organisierter Materie in „Übergang 1–14" — 277

4 Transzendentales Selbstbewusstsein und Weltstoff — 285
4.1 Weltstoff und Dynamische Grundsätze – Fragestellung und Ausblick — 291

5 Subjekt-Objekt-Identität bei Kant — 294

6 Schlussbetrachtung — 303

Literaturverzeichnis — 310
Primärliteratur — **310**
Sekundärliteratur — **311**

Sachregister — 315

Personenregister — 326

Verzeichnis der verwendeten Siglen

AA	Akademie-Ausgabe der Schriften Kants
Anth	Anthropologie in pragmatischer Hinsicht (AA 07)
BDG	Der einzig mögliche Beweisgrund zu einer Demonstration des Daseins Gottes (AA 02)
Br	Briefe (AA 10 – 13)
GW	Hegel, Gesammelte Werke
KpV	Kritik der praktischen Vernunft (AA 05)
KrV A	Kritik der reinen Vernunft erste Ausgabe 1781
KrV B	Kritik der reinen Vernunft zweite Ausgabe 1787
KSEH	Kantstudien-Ergänzungshefte
KU	Kritik der Urteilskraft (AA 05)
GM	Leibniz Mathematische Schriften
GP	Leibniz Philosophische Schriften
Log	Logik (AA 09)
MAN	Metaphysische Anfangsgründe der Naturwissenschaft (AA 04)
MoPh	Metaphysicae cum geometria iunctae usus in philosophia naturali, cuius specimen I. continet monadologiam physicam (AA 01)
NG	Versuch, den Begriff der negativen Größen in die Weltweisheit einzuführen (AA 02)
OP	Opus postumum (AA 21 und AA 22)
Prol	Prolegomena zu einer jeden künftigen Metaphysik (AA 04)
Refl	Reflexion (AA 14 – 19)

Anmerkungen zur Weise der Zitation:
Kants Werke werden nach der Akademieausgabe mit Band und Seitenangabe zitiert. Bei Zitaten aus dem Opus postumum (AA 21 und AA 22) erfolgt zusätzlich eine Angabe der zitierten Textzeilen (Sigle, (Band Nummer): Seite[n].Zeile[n].). Auf eine Übernahme der überaus zahlreichen Hervorhebungen durch Sperrsatz wurde zugunsten besserer Lesbarkeit weitgehend verzichtet. Andere Hervorhebungen wurden hingegen übernommen. Kants Kritik der reinen Vernunft wird nach der Originalpaginierung der ersten und zweiten Ausgabe (KrV A, KrV B) zitiert.

1 Einleitung

Diese Arbeit leistet einen Beitrag zu jenen Studien, die sich mit dem Opus postumum (im Folgenden OP) unter dem Aspekt eines bestimmten Sachproblems auseinandersetzen. Es geht um das Problem einer Begründung von Erfahrung als einer durchgängig zusammenhängenden, bezogen auf die Welt der Erscheinung somit absoluten, Einheit.[1] Im Hinblick auf das Projekt einer derartigen Begründung erweist sich der Entwurf „Übergang 1–14" als ein zentraler Teil des OP. Der Versuch einer neuen metaphysischen Grundlegung und Systematisierung der Gesamtheit der empirischen Naturlehre wird hier mit dem Versuch, die Einheit der Erfahrung selbst als Gesamtheit zu begründen, vereinigt. Sowohl die Einheit der Naturwissenschaft als auch die Einheit der Erfahrung beruhen auf demselben Prinzip a priori. Im Zentrum dieser neuen Konzeption steht die Vorstellung einer Materie überhaupt oder eines Weltstoffs, als eines Kontinuums aller möglichen bewegenden Kräfte der Materie in kollektiver Einheit. Die Zumutung des Entwurfs „Übergang 1–14" ist jedoch nicht die Behauptung der Notwendigkeit eines Prinzips a priori um die Natur und die Erfahrung als gesetzlichen Zusammenhang zu denken; sie besteht vielmehr in der Auffassung dieses gleichermaßen formale wie materiale Prinzip sei wirklich im Vollsinne des Wortes und bewirke die Erfahrung selbst als eine absolute Einheit, in der alle Phänomene als Teile eines gleichsam organischen Ganzen aufgehoben sind. Das systematische Prinzip der Erkenntnis des Natürlichen ist Prinzip des Natürlichen selbst: seiner Aggregatzustände, seiner Körperlichkeit von den kleinsten materiellen Zusammenhängen bis hin zu den größten Ballungen des Materiellen (den Gestirnen oder „Weltkörpern"[2]), seiner durchgängigen Gesetzmäßigkeit und zur Einheit als stofflicher Kontinuität, die keine noch so winzige Leerstelle im Universum duldet. Als dasjenige, was Erfahrung als absolute Einheit real oder material begründet, indem es den einen Raum und die eine Zeit dynamisch realisiert, wird die Vorstellung eines solchen Weltstoffs nicht allein zu einem Prinzip, auf dessen Annahme als Grundlage die Metaphysik der Natur aufruht, sondern zu einem Prinzip der Möglichkeit der Erfahrung – zu einem transzendentalen Prinzip.[3] Als notwendige Bedingung

---

1 Zum Begriff der Einheit unter dem Aspekt der Ganzheit im Nachlasswerk vgl. auch Lehmann (1936) S. 308, S. 310 sowie S. 323, wo von einer Koinzidenz der Ganzheiten Materie und Erfahrung die Rede ist.

2 OP, AA 21: 565.06.

3 Tuschling stellt eingangs seiner Arbeit die Frage, ob und inwiefern „ein Teil der Theorie der Materie, in diesem Sinne „transzendental" heißen", und damit „Bestandteil der Transzendentalphilosophie im spezifisch Kantischen Sinne sein" könne, und beantwortet sie mit einem klaren Ja. Tuschlings Hauptthese zufolge kann die transzendentale Dynamik des Nachlasswerkes neben

möglicher Erfahrung im Sinne Kants muss die Behauptung der Existenz einer solchen Materie a priori auf dem Wege einer transzendentalen Argumentation zu klären sein. Diese Argumentation Kants nachzuvollziehen und nachvollziehbar zu machen ist Zielsetzung der vorliegenden Studie. Es geht um eine detaillierte Darstellung und Kommentierung der wichtigsten Texte des Entwurfs „Übergang 1–14", die den Aufbau, die Genese der Argumentation Kants berücksichtigt.

Fragt man nach der Rechtfertigung eines solchen Vorhabens, so kann zunächst festgehalten werden, dass nahezu alle Interpreten des Nachlasswerkes Bezug auf „Übergang 1–14" nehmen. Dabei werden jedoch in der Regel einzelne, ausgewählte Textpassagen aus dem Kontext des Entwurfs herausgelöst und – was den Beweis a priori eines Stoffs als Bedingung der Möglichkeit von Erfahrung überhaupt betrifft – rekonstruierend dargestellt, ohne hierbei den Tenor, die Grundlinien der Argumentation in ihrer Gesamtheit im Blick zu behalten. Betrachtet man den Zustand des OP, dessen Entwürfe, um Kants Betitelung eines Entwurfes heranzuziehen, einem „Farrago ante redactionem", einem vorredaktionellen Sammelsurium von wieder und wieder neu ansetzenden Formulierungen und teils deutlich voneinander unterschiedenen Konzepten gleichen, wird offenbar, dass ein derart ahistorisches Vorgehen im Falle des OP zu schwerwiegenden Missverständnissen führen kann.[4] Dies liegt darin begründet, dass Kants OP eben kein Werk im üblichen Sinne ist, sondern, wie Tuschling es ausdrückt, die „Dokumentation der Genese eines solchen Werkes, das jedoch niemals fertig gestellt wurde".[5] Widersprüche finden sich in den Texten des OP an vielen Stellen – angesichts der (skeptischen) Methodik Kants zunächst nichts Ungewöhnliches. Gerade diese Widersprüche sind aber nur dann als Folgen eines Experi-

---

transzendentaler Ästhetik und Logik als als „dritte[...] transzendentale[...] Disziplin" angesehen werden; (Tuschling 1971, „Zum Titel"). Ich weise an dieser Stelle darauf hin, dass ich ebenso wie Tuschling den Begriff „transzendental" im Sinne der Definition der Einleitung in die KrV B25 verwende, wo Kant feststellt, er nenne „alle Erkenntniß transscendental, die sich nicht sowohl mit Gegenständen, sondern mit unserer Erkenntnißart von Gegenständen, so fern diese *a priori* möglich sein soll, überhaupt beschäftigt".

4 Lehmann sieht es zutreffend als wichtige Voraussetzung der interpretatorischen Beschäftigung mit den Entwürfen des Nachlasswerkes, „der Richtung und Bewegung des Kantischen Denkens selbst zu folgen [...] und sich nicht mit der Analyse von Einzelstellen zu begnügen". Weit wichtiger, als die Stellenanalyse ist laut Lehmann, die „Umschlagpunkte" festzustellen, an denen Richtungswechsel in Kants im Fluss befindlichen, sich stetig „entwickelnden Denkens" erkennbar werden. Ungeachtet der damit einhergehenden Schwierigkeiten ist dieses Vorgehen eine „Forderung", die sich „bei der Richtigen chronologischen Lesung von selbst" aufgibt (Lehmann 1953/54, S. 145).

5 Tuschling (1971), S. 13; vgl. hierzu auch Lehmann (1937/38), S. 64: „Wir sehen Kants Philosophieren u n m i t t e l b a r am Werk; es ist das einzigartige des Nachlasswerkes, daß es uns einen solchen Einblick in Kants Schaffen ermöglicht".

mentierens mit alternativen Denk- und Formulierungsmöglichkeiten zu erkennen, wenn die grundlegenden Thesen, die innerhalb des Entwurfs das gedankliche Fundament und eine Einheit bilden, die sich im Prozess der schreibenden Produktion durchhalten, in der steten Veränderung konstant bleiben, ebenso deutlich zu erkennen sind. Dieses gedankliche Fundament herauszuarbeiten ist das Hauptinteresse vorliegender Untersuchung. Bislang existiert innerhalb der Sekundärliteratur zum OP eine derartige Studie zu „Übergang 1–14" nicht, wenngleich die Mehrzahl der Interpreten die Weltstoffbeweise ins Zentrum des Nachlasswerkes stellen.[6] Hier liegen die größten Spannungen im Verhältnis des OP zu Druckschriften wie der Kritik der reinen Vernunft (im Folgenden KrV) vor, sofern man von der völlig veränderten Konzeption und Neudefinition von Transzendentalphilosophie als Ideenlehre im ersten Konvolut absieht. Neben der kommentierenden Darstellung des Entwurfs „Übergang 1–14" in seiner Gesamtheit, geht es aber auch um bislang in der Literatur zum OP unberücksichtigte Einzelaspekte dieses Entwurfs. Während unstrittig ist, dass ein Existenzbeweis a priori einer Grundlagenmaterie wie des sogenannten Äthers in schärfstem Widerspruch zu Positionen Kants von 1781 und 1787 steht, wurde bislang nicht herausgestellt, dass Kant selbst in „Übergang 1–14" mit diesen Widersprüchen ringt, um schließlich zu einer für ihn selbst annehmbaren, wenngleich nur vorläufigen Lösung des Problems zu gelangen.

1.1 Problemexposition und Thesen

Wenn Erfahrung objektiv sein soll, so muss sie eine einheitliche Erfahrung sein. Als Garant der Einheit der Vorstellungen im transzendentalen Subjekt fungiert die transzendentale Apperzeption. Die vom Subjekt bzw. vom transzendentalen Selbstbewusstsein des Subjekts gestiftete Einheit betrifft (i) die Einheit der Vorstellungen von Gegenständen im Subjekt,[7] (ii) die Einheit der Gegenstände selber,

6 Bspw. Förster, für den zwar die Selbstsetzungslehre der letzten Konvolute als „clearly the culmination of Kant's last work" zu betrachten ist (Förster 2000, S. 75), der jedoch gleichermaßen feststellt, dass „the drafts „Übergang 1–14" with their ether proofs […] occupy a central position in the Opus postumum" (ebd. S. 19); Mathieu spricht bezogen auf die Versuche Kants, in „Übergang 1–14" einen a priori Beweis der Existenz des Äthers vorzulegen von dem „erstaunlichsten Teil des OP", (Mathieu 1989, S. 111); Schulze zufolge sind „die Ätherbeweise nicht nur argumentativer Höhepunkt des Nachlaßwerks, sondern auch Ausgangspunkt von dessen weiterer Entwicklung" (Schulze 1994, S. 30).

7 Vgl. KrV B132 f.

insofern sie Gegenstände möglicher Erfahrung sind,[8] und (iii) die Einheit in der Natur als deren transzendentale Gesetzmäßigkeit.[9]

Wie aber steht es um die Einheit der Natur, wenn von Einheit im Sinne absoluter Einheit und Ganzheit die Rede ist?

Der Gebrauch der reinen Verstandesbegriffe ist auf mögliche Erfahrung beschränkt, die als solche jederzeit bedingt ist. Diesen Gebrauch über den Bereich der Erfahrung hin zum Unbedingten zu erweitern, ist nicht mehr Sache des Verstandes sondern der reinen Vernunft.[10] Reine Vernunft gibt als solche dem reinen Verstand und seiner Anwendung der Kategorien eine Richtung auf eine Einheit vor, von der sich der reine Verstand selbst keinen Begriff zu machen in der Lage ist. Diese Richtung auf eine solcherart transzendente Einheit im Sinne eines absoluten Ganzen aller Verstandeshandlungen gibt die Vernunft dem Verstand vermittels ihrer reinen Begriffe, den transzendentalen Vernunftideen als Begriffen von einer Totalität, oder einem absoluten Maximum.[11]

Absolute Einheit und Ganzheit der Erfahrung ist eine Vernunftidee, da der Vorstellung von dieser Einheit nichts im Bereich möglicher Erfahrung entspricht. Reine Vernunftbegriffe beziehen sich notwendig auf den Verstandesgebrauch, jedoch nur im Sinne eines Wegweisers. Der immanente Gebrauch der reinen Vernunftbegriffe[12] ist daher nicht konstitutiv für Erfahrung, sondern stets nur regulativ und heuristisch. Kollektive Einheit der Erfahrung als absolute Ganzheit derselben ist eine transzendentale Idee, und die reine Vernunft gibt durch sie dem Verstandesgebrauch die Richtung auf diese postulierte schlechthinnige Einheit vor.[13]

In der systematischen Konzeption einer Transzendentalphilosophie, wie sie in der KrV manifest geworden ist, bleibt absolute Einheit und Ganzheit der Erfahrung eine Idee und mithin problematisch. Aus dem Blickwinkel des reinen Verstandes erweist sich das absolute Ganze im Felde der Phänomene als ein „Problem ohne alle Auflösung".[14]

Verglichen mit dieser Konzeption stellen die Modifikationen, die Kant im Sommer des Jahres 1799 im Entwurf „Übergang 1–14" des Nachlasswerkes an seinem System des Transzendentalen Idealismus vornimmt, radikale Brüche dar.

---

8 Vgl. KrV A111 ; KrV B197 ; KrV B128 ; KrV B137 f. ; OP, AA 21: 564.04–06 ; OP, AA 21: 574.03–05 ; OP, AA 21: 588.04–06.

9 Vgl. KU, AA 05: 183 ; KrV BXVIII ; KrV B163 ; Prol §36.

10 Vgl. KrV B383.

11 Vgl. KrV B384

12 Vgl. KrV B671.

13 Vgl. KrV B672.

14 KrV B384.

Entgegen seiner Auffassung in 1781 und 1787 geht Kant in diesem Entwurf des OP davon aus, das Problem eines absoluten Ganzen der Erfahrung sei im Rahmen der Transzendentalphilosophie positiv behandelbar. Das „Problem ohne alle Auflösung" der absoluten Einheit soll in „Übergang 1–14" transzendentalphilosophisch gelöst werden. Die Modifikationen an der Systemkonzeption betreffen dabei nicht allein Kants Auffassung in der genannten Problematik. Vielmehr nimmt Kant eine Neubestimmung zentraler Begriffe der Transzendentalphilosophie vor, die weitreichende systematische Konsequenzen nach sich zieht.

Während der so genannte Äther in früheren Teilen des Nachlasswerkes die Rolle einer hypothetischen Zwischenmaterie in naturphilosophischen bzw. physikalischen Erklärungszusammenhängen spielt, ändert sich diese Auffassung in „Übergang 1–14" grundlegend. War der Weltstoff innerhalb der neuen Dynamik des OP zunächst eine Hilfshypothese, wie sie in der „Ätherphysik" des 18. Jahrhunderts durchaus üblich war, so wird er nun zu einer neuen Bedingung der Möglichkeit von Erfahrung überhaupt. Mit dieser Wende zu einer transzendentalphilosophischen Weltstoffspekulation vollzieht Kant einschneidende Änderungen an seinem System, die nicht allein das Inventar der transzendentalen Analytik betreffen, sondern auch die Grenzbestimmungen zwischen der transzendentalen Analytik und der transzendentalen Dialektik in Frage stellen.[15]

Was die Neubestimmungen zentraler Begriffe des Transzendentalen Idealismus anbelangt, so ist festzuhalten, dass Kants Erfahrungsbegriff sicherlich die weitreichendsten Modifikationen erfährt. Zur basalen Bedingung der Möglichkeit von Erfahrung wird in „Übergang 1–14" ein Weltstoff, der das absolute Ganze aller denkbaren bewegenden Kräfte der Materie in kollektiver (Vernunft-), nicht nur in distributiver (Verstandes-)Einheit und Allgemeinheit vorstellt. Diese Möglichkeitsbedingung einer einheitlichen Erfahrung ist kein bloß hypothetischer, sondern ein kategorisch gegebener Stoff. Der Weltstoff ist wirklich, und seine Wirklichkeit liegt im Begriff von Erfahrung als einer absoluten Einheit. In krassem Gegensatz zur Position der KrV wird die reale Existenz des Weltstoffs analytisch aus dem Begriff von Erfahrung erschlossen.[16] Stillschweigend („tacite"[17]) wird die Wirklichkeit des Systems bewegender Kräfte der Materie in der absoluten Einheit

---

15 Zur Frage einer Verschiebung oder Aufhebung der Grenze zwischen einer transzendentalen Analytik und Dialektik siehe insbesondere Schulze (1994), S. 29 und 33 ff.

16 Dies ist eine mögliche Lesart des Entwurfs „Übergang 1–14", die in letzter Konsequenz einen Rückfall Kants in dogmatisch vorkritische Positionen bedeutet. Mindestens ebenso häufig finden sich im Entwurf Stellen, die eine indirekte, apagogische Beweisführung mittels einer reductio in absurdum der Annahme des Gegenteils des zu Beweisenden belegen; zur Beweisführung Busche (2010) S. 79.

17 OP, AA 21: 592.27.

des einen Weltstoffes immer schon vorausgesetzt. Sie ist Kants Auffassung in „Übergang 1–14" zufolge Implikat des Begriffs möglicher Erfahrung. Nicht zuletzt deshalb spielen die formalen Beweisversuche, wie sie noch in den ersten Teilstücken von „Übergang 1–14" lokalisierbar und rekonstruierbar sind, in den späteren Teilen des Entwurfs keine Rolle mehr. Der Erfahrungsbegriff selber wird zu einem Axiom[18], einer nicht weiter beweisfähigen Grundannahme, aus der alle, diesem Begriff impliziten Bedingungen seiner Möglichkeit gefolgert werden können. Die Existenz folgt notwendig aus der Möglichkeit von Erfahrung überhaupt: a posse ad esse valet consequentia.[19] Aus dem Blickwinkel der KrV stellt ein derartiger Existenzbeweis a priori eine Unmöglichkeit dar. Dass Kant in „Übergang 1–14" nicht müde wird, die Singularität der Möglichkeit eines solchen zu betonen, kann die Radikalität des Bruchs mit seiner früheren Überzeugung kaum abschwächen.

Eine weitere radikale Umdeutung in „Übergang 1–14" nimmt Kant an seinem Begriff einer Idee vor. Der Weltstoff, den Kant an vielen Stellen von „Übergang 1–14" physikalisierend Wärmestoff nennt, ist als Begriff eines absoluten Maximums eine Idee. Diese „Idee des Wärmestoffs"[20] erfüllt aber keineswegs eine nur regulative Funktion. Der Weltstoff des Entwurfs „Übergang 1–14" ist wiederum ein Unding aus dem Blickwinkel der KrV: eine (erfahrungs-)konstitutive Idee.

Innerhalb der Untersuchung wird es darum gehen, die einschneidenden, systematischen Abänderungen zentraler Begriffe des Transzendentalen Idealismus in „Übergang 1–14" herauszuarbeiten. Dies wird auf dem Wege einer kommentierenden Darstellung des Entwurfs „Übergang 1–14" geschehen. Diese Neubestimmungen betreffen den Begriff von Erfahrung, genauer den neuen Umgang mit der Frage nach absoluter Einheit und Ganzheit möglicher Erfahrung, und die Frage nach den Bedingungen der Möglichkeit einer solchen. Ferner die Funktion und Rolle der (Vernunft-)Ideen, und in direkter Verbindung mit diesen Punkten die Neubestimmung der Funktion und Rolle des Verstandes und der Vernunft.

---

18 Bspw. OP, AA 21: 600.23–28 ; OP, AA 22: 610.15

19 OP, AA 21: 592.10 f.: „hier, aber auch nur in diesem einzigen Fall, kann gesagt werden a poße ad esse valet consequentia", ferner OP, AA 21: 604.30 – 605.04: „Der Schritt aber von der Möglichkeit zur Wirklichkeit geschieht mit Zuverläßigkeit dadurch daß er der Gegenstand Einer möglichen Erfahrung und wegen der Totalität der Bestimmungen die zum Begriffe eines Individuum gehören ein Erfahrungsgegenstand ist welches identisch eben so viel sagt als seine Behauptung ist ein Erfahrungssatz".

20 OP, AA 21: 580.29.

1.2 Gliederung und Aufbau der Studie

Zu diesem Zweck wird im ersten Teilstück der Untersuchung der Entwurf „Übergang 1–14“ in Bezug auf die genannten Problemfelder untersucht. Dieser erste Hauptteil, beinhaltet die Bereitstellung des Belegmaterials in Form einer chronologischen Kommentierung der primären Textgrundlage. Zu Beginn dieses Teilstücks werden zunächst verschiedene einleitende Fragen zu „Übergang 1–14“ behandelt. Was versteht Kant unter einem „Übergang“ und wird dieses Verständnis in „Übergang 1–14“ überhaupt als solches thematisiert? Handelt es sich bei dem Projekt eines „Übergangs zur Physik“ um einen Bestandteil einer Wissenschaft der Natur oder stellt ein solcher Übergang nur die Propädeutik einer wissenschaftlichen Naturlehre in ihrer Gesamtheit dar, oder ist sogar eine dritte Position in dieser Frage möglich und anhand der Textgrundlage belegbar? Was sind die Aufgaben bzw. die Funktionen eines solchen Übergangs? Im Rahmen der kommentierenden Darstellung von „Übergang 1–14“ werden „Übergang 1“, „Übergang 2“, „Übergang 11“ und „Übergang 12“ im Mittelpunkt des Interesses stehen und zum Gegenstand einer detaillierten Darstellung werden; die übrigen Teile des Entwurfs werden hingegen summarisch oder kursorisch betrachtet. Diese Vorgehensweise ist nicht zuletzt der Zielsetzung geschuldet, Wiederholungen, die als solche bei einer chronologisch-genetischen Kommentierung von Entwürfen des Kantischen Nachlasswerkes nahezu unvermeidlich sind, möglichst gering zu halten.

Im Zentrum der Darstellung von „Übergang 1–14“ steht der Begriff des Weltstoffs und die sogenannte Ätherdeduktion, d. h. die Möglichkeit, einen transzendentalen Beweis der Wirklichkeit des Weltstoffs a priori zu führen. Hierbei wird gezeigt werden, dass Kant nach anfänglichen Versuchen von dem Projekt eines formellen Beweises abrückt, und die Existenz des Kontinuums bewegender Kräfte in kollektiver Einheit in den späteren Teilen des Entwurfs „Übergang 1–14“ als Implikat seines modifizierten Erfahrungsbegriffes versteht. Von besonderer Bedeutung im Hinblick auf andere Interpretationen des Nachlasswerkes ist dabei klar zu stellen, dass ein gewisses Schwanken in der Auffassung der Rolle des Weltstoffes vonseiten Kants zwar anhand vereinzelter Textstellen des Entwurfs belegbar, aber eindeutig die Ausnahme ist.[21]

Der an das Darstellungskapitel anschließende dritte Hauptteil beschäftigt sich mit der Einheit der Erfahrung als Problem und der von Kant innerhalb des Ent-

---

21 Förster spricht im Hinblick auf „Übergang 1–14“ auch von einem „surprising shift in the status of the ether“, wobei zu betonen ist, dass nach Försters Meinung Kant nur zwischen der Auffasssung des Äthers als physikalischer Hilfshypothese einerseits und als regulativem Prinzip andererseits schwankt (Förster 2000, S. xiif.).

wurfs „Übergang 1–14“ vorgeschlagenen Lösung dieses Problems. Innerhalb dieses dritten Hauptteils werden verschiedene Akzentuierungen des Problems einer realen Begründung von Einheit in der Erfahrung mit den Lösungsvorschlägen, die das Nachlasswerk – genauer: der Entwurf „Übergang 1–14“ – anbieten in Beziehung gesetzt. Im Gegensatz zu anderen Studien, die den Versuch unternehmen, die Genese des Nachlasswerkes von den Mängeln einer bestimmten Druckschrift her zu begründen, bzw. die Frage nach der Lücke im System, die Kant in seinen Briefen an Garve und Kiesewetter vom Herbst 1798 erwähnt,[22] zu beantworten, wird hier versucht zu zeigen, dass es mehrere, an unterschiedlichen Stellen des Druckwerkes akzentuierte Aspekte eines Problems gibt. Dieses übergeordnete Problem ist die Begründung von Erfahrung als Einheit im Sinne des Kantischen Begriffes von Erfahrung. Der Fokus der Betrachtung liegt auf der KrV. Ungeachtet der weitreichenden Modifikationen, die Kant an seinem Erfahrungsbegriff vornimmt, soll deutlich gemacht werden, dass Kants bereits innerhalb der KrV die Voraussetzung einer materiellen Grundlage der Erfahrungseinheit, einer kollektiven Einheit von Substanz, Bewegung, und einer – wie auch immer näher zu bestimmenden – Materie macht. Den Anfang der Erörterung möglicher Bezüge des Entwurfs „Übergang 1–14“ auf die KrV macht die Betrachtung von Kants Erster Analogie der Erfahrung.[23]

Die Erste Analogie der Erfahrung fordert zur Gewährleistung der Zeiteinheit, die wiederum ein Aspekt der Einheit der Erfahrung selbst ist, eine Grundlage, an deren unveränderlichem Bestehen sowohl sukzessive Geschehnisse als auch Simultaneität von Wahrnehmungsinhalten erfahrbar werden. Ungeachtet des Vorhandenseins bloß relativer Bezugsgrößen in einzelnen Wahrnehmungen bedarf die Einheit der Zeit überhaupt eines letzten, quasi absoluten Substrates. Einem solchen letzten Substrat entspricht die Idee des Weltstoffes. Spätestens hier stellt sich die Frage nach einer Identität des Weltstoffs und der Substanz. Auch wenn im Rahmen dieser Arbeit nicht auf die zahlreichen Probleme des Kantischen Substanzbegriffes eingehe, kann anhand von „Übergang 1–14“ belegt werden, dass Kant durchaus den Weltstoff mit der substantia phaenomenon, der Substanz im Raum identifiziert.

Die Dritte Analogie der Erfahrung widmet sich dem Einheitsproblem unter dem Aspekt einer realen Gemeinschaft aller Substanzen im Erfahrungsraum, die

---

22 Vgl. Br, AA 12: 257 f.

23 Bezogen auf die Thesen dieses Teilstücks siehe Hahmann/Rollmann (2011). Eine kurze Darstellung dieses Aufsatzes liefert auch Basile. Unrichtig ist die dort (Anmerkung 95) behauptete Promotion des Verfassers in Marburg 2009. Bei dem von Basile genannten Titel der Dissertation handelt es sich um einen früheren Arbeitstitel der vorliegenden Arbeit, die unter diesem Titel weder als Dissertation eingereicht noch publiziert wurde; siehe Basile (2013) S. 296.

durch den Begriff eines durchgängigen und wechselseitigen Einflusses dieser Substanzen aufeinander beschrieben werden kann. Edwards hat in seiner Studie zur Dritten Analogie der Erfahrung die deutlichen Bezüge zum Nachlasswerk herausgestellt. In diesem Unterkapitel wird die entgegengesetzte Perspektive eingenommen. Aus dem Blickwinkel des Entwurfs „Übergang 1–14" wird ein Bezug zur Dritten Analogie der Erfahrung hergestellt. Verbindendes Moment beider Kantischen Texte ist die Begründung der Möglichkeit einer durchgängigen empirischen Synthesis der Apprehension: die Möglichkeit, von jedwedem Wahrnehmungsraum zu allen möglichen Wahrnehmungsräumen im einen Erfahrungsraum bruchlos fortzuschreiten. Der Weltstoff in „Übergang 1–14" realisiert den Erfahrungsraum als dynamisches Kontinuum. Dieses Kontinuum bewegender Kräfte macht den einen Raum indirekt perzeptibel und setzt dadurch alle direkt perzeptiblen Räume und Gegenstände in diesem Raum in eine dynamische Gemeinschaft.

Die dynamischen Grundsätze des reinen Verstandes sind, gegenüber den mathematischen Grundsätzen, als solche nicht konstitutiv für Gegenstände der Erfahrung. Dessen ungeachtet erfüllen sie jedoch keineswegs eine bloß regulative Funktion. Sie sind, sofern es um die Erfahrung als ein Ganzes geht, durchaus konstitutiv. Hierin zeigt sich eine weitere Übereinstimmung mit den Existenzbeweisen der Materie überhaupt des Nachlasswerkes. Auch diese ist Konstitutionsgrund der einen Erfahrung als selbst nicht anschaulicher Totalität – Erfahrung als Idee. Kollektive Einheit der Erfahrung ist im OP kein „Problem ohne alle Auflösung" mehr,[24] sondern ein transzendentales Erfordernis, um jede distributive Einheit möglicher Wahrnehmungen und deren raumzeitliche Gemeinschaft real zu begründen. Genau genommen können auch die Weltstoffbeweise des Entwurfs „Übergang 1–14" als Beweise eines dynamischen Grundsatzes bezeichnet werden.

Dies wird auch an einem ähnlichen Aufbau der Grundsatzbeweise in der KrV und der Beweise a priori einer dynamischen Grundlagenmaterie in „Übergang 1–14" erkennbar. Zu Beginn seiner Argumentationen mit dem Ziel, die Existenz des Weltstoffs a priori auf Basis der Möglichkeit der Erfahrung überhaupt, d.h. transzendental, zu beweisen, stellt Kant wie auch in den Beweisen der Grundsätze das zu Beweisende in Form eines Lehr- oder Grundsatzes an den Anfang. Es folgt der Beweis, der mit einer Wiederholung des Lehrsatzes in Form einer Schlussfolgerung, eines quod erat demonstrandum, abschließt. Im Anschluss liefert Kant weitere Argumente, die jedoch, da sie eher einzelne Argumente des übergeordneten Beweiszusammenhanges, nicht aber das eigentliche Beweisziel direkt

24 KrV B384.

stützen, als sekundäre Teile des Beweises bezeichnet werden können. In letzter Konsequenz stellt der Begriff des Weltstoffs und der Grundsatz seiner Existenz a priori einen Versuch dar, die dynamischen Grundsätze der KrV und die Bedingungen der Möglichkeit von Zeiteinheit, Zeitfolge/Kausalität und dynamischer Wechselwirkung in Raum und Zeit als eine Einheit zu begreifen, die auf einer Einheit der Materie zur Möglichkeit der Erfahrung a priori aufruht.

Weitere kurze Teilstücke des dritten Hauptteils der Studie widmen sich dem Problem der Einheit der Erfahrung unter dem Aspekt von Einheit als Systematizität. Der Entwurf „Übergang 1–14" des Nachlasswerks wird hierbei im Verhältnis zur Architektonik der reinen Vernunft und dem Anhang zur transzendentalen Dialektik betrachtet. Eine der Aufgaben des „Überganges zur Physik" ist die Begründung einer Naturwissenschaft, d.h. die Betrachtung der Natur in systematischer Form. Um systematisch zu sein, und mithin dem Anspruch auf Wissenschaftlichkeit zu genügen, bedarf die Naturforschung eines Prinzips, das die Systematisierung des Forschens ermöglicht. Die entsprechende Definition von Systematizität und Wissenschaftlichkeit liefern die genannten Teile der KrV. Der Begriff der Natur bezieht sich auf Erfahrung als Ganzes.[25] Erfahrung als Totalität muss selbst System, d.h. Einheit unter einem Prinzip sein, um systematisch dargestellt werden zu können. Der Weltstoff ist mithin sowohl Prinzip möglicher Erfahrung überhaupt, als auch Prinzip systematischer Naturforschung.

Der Abschluss des Hauptteils zu den Bezügen des Entwurfs „Übergang 1–14" auf Inhalte der KrV widmet sich dem Kapitel Von dem Transzendentalen Ideal. Förster hatte die These aufgestellt, dass der Weltstoff des Nachlasswerkes am ehesten als ein transzendentales Ideal im kritischen Sinne verstanden werden müsse.[26] Wenngleich nicht wenige Textstellen zur Stützung dieser Behauptung herangezogen werden können, wird hier zu dieser These kritisch Stellung bezogen. Zudem soll gezeigt werden, dass anhand des Kapitels Von dem Transzendentalen Ideal nicht allein deutliche Übereinstimmungen des OP mit der KrV belegt werden können. Darüber hinaus wird hier einer der klarsten Brüche zwischen Druck- und Nachlasswerk erkennbar: Die Realisierung der notwendig vorauszusetzenden Materie aller Möglichkeit als „ein einzelnes Ding [...], was alle empirische Realität in sich enthält".[27] Bei aller Betonung der Kontinuität im Denken Kants durch diese Studie, müssen dennoch die Brüche, die zwischen den Entwürfen des Nachlasswerkes und den Kantischen Druckschriften ohne jeden Zweifel bestehen, of-

25 Vgl. KrV A114.
26 Förster (2000), S. 91.
27 KrV B610.

fengelegt werden. Kant betritt mit dem Begriff des Weltstoffes transzendentalphilosophisches Neuland.

Wenngleich mit der überwiegenden Zahl der bisherigen Interpreten der nachgelassenen Werkentwürfe Kants davon auszugehen ist, dass die Metaphysischen Anfangsgründe der Naturwissenschaft von 1786 (im Folgenden MAN) weitaus besser als die Kritik der Urteilskraft (im Folgenden KU) geeignet sind, in das Spektrum der Probleme einer Theorie der Materie a priori, mit denen sich Kant im OP neuerlich auseinandersetzt, einzuführen,[28] wird sich vorliegende Studie nicht im Detail mit Kants MAN auseinandersetzen. Die auch im Kontext des Nachlasswerkes sehr eigene und spezielle Thematik des Entwurfs „Übergang 1–14" ist neben dem Umfang der Untersuchung und ihrer bereits skizzierten Zielsetzung, der maßgebliche Grund für diese Entscheidung. Eine Untersuchung des OP in seiner Gesamtheit, die auch seine Genese zu begründen sucht, kann auf eine begleitende Interpretation der MAN nicht verzichten; eine Untersuchung des Entwurfs „Übergang 1–14" kann dies durchaus. Hier sind die Bezüge zur KrV stärker, als zu den übrigen Teilen des Kantischen Druckwerks, die im Zusammenhang mit den nachgelassenen Werkentwürfen normalerweise genannt werden müssen. Dennoch wird sich im Anschluss an die Erörterungen der Probleme, die einen Bezug zur KrV notwendig machen, ein kurzes Kapitel mit der Frage nach einem neuen Ansatz Kants befassen, die Organik in eine Grundlegung der Naturlehre a priori zu integrieren. Die Stellen von „Übergang 1–14", die sich mit dem Organismus als Grenzbegriff des „Übergangs zur Physik" beschäftigen,[29] werden in diesem kurzen Abschnitt noch einmal zusammengenommen und mit dem Lösungsansatz, den die KU für die Problematik des Organischen anbietet, verglichen.

In einem kurzen Kapitel am Ende der Untersuchung wird im Ausgang von Hegels Kantinterpretation und Kant-Kritik in den Schriften der Jenaer Jahre die Frage nach einer Identität von Subjekt und Objekt in „Übergang 1–14" in den Blick genommen. Die Plausibilität der These Hegels, der zufolge das idealistische Prinzip einer Identität von Subjekt und Objekt in den zentralen Theoriestücken der theoretischen Philosophie Kants verwirklicht ist, hängt aus Engste mit der Frage nach einer konstitutiven Funktion transzendentaler Subjektivität für die Gegenstände möglicher Erfahrung zusammen. Nur wenn transzendentale Subjektivität durch die Begriffe des reinen Verstandes die Gegenstände möglicher Erfahrung

---

28 Bspw. Hoppe (1969), Tuschling (1971), Emunds (2004); für die Gegenposition steht vor allem der Name Lehmann und – mit gewissen Einschränkungen – Mathieu (1989), bspw. S. 45 und 239 ff.
29 OP, AA 21: 214.03–05: „Die Eintheilung der Körper in organische und unorganische gehört also nothwendig zum Übergange von den metaph. A. Gr. der NW. zur Physik als das Maximum des Fortschreitens".

konstituiert, und ferner vermittels der Grundsätze des reinen Verstandes die (Natur-)Gesetzmäßigkeit der Erfahrung begründet, kann Hegels These einer Identität von Subjekt und Objekt als Kerngedanke des transzendentalen Idealismus Kants Zustimmung erteilt werden.

In „Übergang 1–14“ spricht Kant selbst von einer Identität von Subjekt und Objekt.[30] Vor der Folie der Ergebnisse wird erörtert werden, inwieweit und ob überhaupt die Identität des Subjektiven mit dem Objektiven, die in „Übergang 1–14“ mit dem Begriff des Weltstoffes auf die Gesamtheit der Erfahrung überhaupt ausgeweitet wird, als Tendenz der Kantischen theoretischen Philosophie in Richtung eines „wahren“ Idealismus im Sinne Hegels gedeutet werden kann.

Wenngleich Kant in „Übergang 1–14“ sein System entscheidend modifiziert, kann dennoch – dies sei bereits an dieser Stelle vorweg genommen – von einer Aufgabe des formalen transzendentalen Idealismus keine Rede sein. Kant wird auch in den betrachteten Entwürfen des Nachlasswerkes kein absoluter Idealist, wenngleich manche der neuen Konzepte, mit denen sich Kant im Rahmen seiner neuen Grundlegung empirischer Naturwissenschaft a priori befasst, den Weg in Richtung eines materialen Idealismus weisen. Genau genommen, und dies ist hier entschieden zu betonen, wird nur die Form der Einheit im Subjekt, insofern sie auf das Ganze möglicher Erfahrung geht, als ein Begriff, dem als Prinzip möglicher Erfahrung subjektive Realität zukommt, den Bedingungen der Möglichkeit von Erfahrung überhaupt hinzugefügt. Die Materie zur Möglichkeit der Erfahrung wird nach wie vor gegeben – in der Form absoluter Einheit, wie sie a piori im Denken des Subjekts angelegt ist.

Neben den radikalen Brüchen diese Kontinuität aufzuzeigen, kann als ein weiteres Ziel der Abhandlung gelten.

1.3 Inhalt und Aufbau des Opus postumum

Unternimmt man den Versuch, so etwas wie eine Grobgliederung der Entwürfe des Kantischen Nachlasswerkes vorzulegen, so kann dasselbe in vier aufeinander aufbauende Komplexe unterteilt werden:[31] Den Anfang macht eine neuerliche naturphilosophische bzw. metaphysische Auseinandersetzung mit dem Materiebegriff. In seiner Studie hat Tuschling darauf hingewiesen, dass die Entwürfe des Nachlasswerkes mit einer Reaktion auf eine anonym verfasste Kritik der MAN

30 Bspw. OP, AA 21: 574.10–12 ; OP, AA 21: 588.03–05 ; OP, AA 21: 602.06–11.

31 Bezüglich einer anders gelagerten Möglichkeit, das Nachlasswerk zu gliedern, und dabei noch stärker den quasi prozessualen Charakter seiner Genese zu berücksichtigen siehe Lehmann (1969), S. 314 f.

ihren Anfang nehmen. Diese Kritik, deren Verfasser wohl in dem „Göttinger Kreis um Lichtenberg" zu vermuten ist,[32] hat Kant derart ernst genommen, dass er von den entscheidenden Stellen dieser Rezension eine nahezu wortgetreue Abschrift angefertigt hat. Dieser Textauszug findet sich auf einem der ältesten losen Blätter des OP[33] Adickes war in seiner Untersuchung und Ausgabe des OP davon ausgegangen, die Blätter, zu denen auch LB 25 gehört, auf dessen erster Seite die Abschrift zu finden ist, stünden in keinem nachweisbaren inhaltlichen Zusammenhang mit den Entwürfen des Nachlasswerkes.[34] Tuschlings Verdienst ist es, nicht allein den Nachweis dieser Zugehörigkeit erbracht zu haben, sondern überdies die Bedeutung der anonymen Rezension für die Genese der Entwürfe des OP einerseits, und damit auch das Verhältnis dieser Entwürfe zu den MAN offengelegt zu haben.[35] Wie Dina Emundts Studie[36] gezeigt hat, sind die Probleme, mit denen sich Kant in diesen frühen Entwürfen beschäftigt, mit jenen, die Kant innerhalb seiner *Allgemeinen Anmerkung zur Dynamik* erörtert, nahezu identisch.[37]

Auf diese ergänzenden Beiträge zu einer Theorie der Materie in naturphilosophisch-metaphysischer Absicht folgt eine theoretische Behandlung des Materiebegriffs in einem transzendentalphilosophischen Kontext. Diese transzen-

---

32 Tuschling (1971), S. 47; zur Autorschaft der besagten Besprechung siehe ebd. S. 47–56. Tuschling geht davon aus, das es sich bei dem Verfasser der Rezension um den Göttinger Mathematiker und Physiker Johann Tobias Mayer handelt. Neben Mayer wird aber auch der Mathematiker Abraham Gotthelf Kästner als möglicher Verfasser derselben gehandelt, siehe Landau (1991), S. 776.

33 IV. Konvolut, Loses Blatt 25, 1. Seite, OP, AA 21: 414.02–17.

34 Adickes (1920), S. 37.

35 Zur Bedeutung der Rezension aus den *Göttingischen Anzeigen von gelehrten Sachen* Tuschling (1971), S. 16 sowie 46 ff.

36 Emundts (2004).

37 Es handelt sich hierbei um Phänomene wie der Zusammenhang bestimmter Materien und mithin die Möglichkeit, Aggregatzustände und die Bildung von Materien zu physischen Körpern, d. h. Materie in bestimmter Gestalt, des weiteren die Festigkeit von Körpern und deren Widerstand gegen andere Materie, ferner Phänomene wie Reibung, Glanz, sowie bestimmte Erscheinungsformen von anziehenden und abstoßenden Kräften zu erklären. Diese letztgenannten Phänomene lassen sich durch bestimmte Experimente veranschaulichen, auf die nicht allein Gehler in seinem *Physikalischen Wörterbuch* unter den Lemmata *Zurückstoßen, Abstoßen, Repulsion*, sondern auch Mayer in seinem Aufsatz *Ob es nöthig sey, eine zurückstoßende Kraft in der Natur anzunehmen* in Grens *Journal der Physik* von 1793 Bezug nimmt (beides Texte, die für Kant im OP von eminenter Bedeutung sind; abgedruckt bei Tuschling 1971, S. 191–195 und S. 208–215). Zu diesen Experimenten gehören bspw. die Versuche zum Verhalten flüssiger Materien in Haarröhrchen, die laut Mathieu ein „Lieblingsthema des Elementarsystems" sind (Mathieu 1989, S. 92). Waschkies nimmt auf diese Auffassung Mathieus Bezug, gibt jedoch dessen Meinung nicht ganz präzise wieder, indem er die Haarröhrchenexperimente als ein „Lieblingsthema" Kants „im *Opus postumum*" bezeichnet (Waschkies 1991, S. 190).

dentale Dynamik des Entwurfs „Übergang 1–14“ steht im Mittelpunkt vorliegender Untersuchung. So wie die naturphilosophisch-metaphysische Materietheorie im übergeordneten transzendentalphilosophischen Rahmen der neuen Dynamik des „Übergang“ aufgehoben wird (im Hegelschen Sinne), so wird diese wiederum von der sogenannten Selbstsetzungslehre, wie sie sich vor allem in den Konvoluten VII und XI des OP findet, aufgehoben.[38] Am Ende steht die Ideenlehre der späten Konvolute. Wenngleich hier Brüche erkennbar werden, die bei einigen der ersten Interpreten zur Ausbildung einer zwei-Werke-Hypothese bezüglich des OP geführt haben,[39] geht auch diese Studie von einer belegbaren Kontinuität innerhalb des Nachlasswerkes aus. Die Materietheorie der frühen Entwürfe wird in der transzendentalphilosophischen Materiespekulation von „Übergang 1–14“ insofern aufgehoben, als der Weltstoff zum Prinzip nicht allein möglicher Erfahrung überhaupt, sondern gleichermaßen eines Systems bewegender Kräfte wird, das als solches eine metaphysische Grundlage systematischer Naturwissenschaft und eine Vorwegnahme der Erfahrung in materieller Hinsicht darstellt. Die Ideenlehre der zeitlich gesehen jüngsten Teile des Nachlasswerkes, vor allem des I. Konvolutes, steht ebenfalls in einem zumindest mittelbaren Zusammenhang mit dem

38 Mit der Betonung des Aufgehobenseins in einem Sinne, der der Hegelschen Definition dieses Begriffs nahekommt möchte ich zum Ausdruck bringen, dass Kant zwar nach Dezember 1799 keine weiteren Versuche unternimmt, den transzendentalen Beweis einer Materie überhaupt als eines Prinzips möglicher Erfahrung vorzulegen. Dennoch kann keineswegs davon gesprochen werden, dass er dieses Projekt verwirft, womit es als in einem rein negativen Sinne aufgehoben betrachtet werden müsste. Ich schließe mich hier der Meinung Edwards an, der feststellt, es „may seem legitimate to say that the „Konstitutionstheorie“ of the late manuscripts has abandoned the project of the aether deduction“, dieser vermeintlichen Legitimierung jedoch zwei Argumente entgegenstellt: „First, it is simply not true that the aether deduction is ever conclusively eliminated from the a priori groundwork of physics or the corresponding theory of the objectively constitutive cognitive accomplishments of the knowing subject. Its role in the doctrine of self-affection and self-positing is never definitely fixed. [...] Second, and far more importantly: in whatever way we may view the fate of the aether deduction within the Opus postumum, we must recognize that the most basic insight supported by this transcendental procedure is never abandoned: that our experience of objects and physical events in space is possible only on the condition that the whole of space is completely determined as a dynamical continuum or continuum of material force – and that this space is thus itself determined as the one object of outer experience“ (Edwards 2000, S. 169).

39 Auf Vaihinger, dem jedoch nur die von Reicke in der *Altpreußischen Monatsschrift* edierten Teile des Nachlasswerkes bekannt waren, geht die Hypothese zurück, es handele sich, aufgrund der offenkundigen Dichotomie des Nachlasswerkes in einen eher naturphilosophischen und einen eher erkenntnistheoretischen Teil, bei den Texten des OP um Entwürfe und Skizzen zu zwei unterschiedlichen geplanten Werken („2-Werke-Hypothese“); Tuschling weist darauf hin, dass sich eine abgemilderte Version der These Vaihingers einer grundlegenden Dichotomie des OP auch bei Adickes nachweisen lässt (Tuschling 1971, S. 9).

Vorangegangenen, wenn man einen Gesamtabriss des Systems der Kantischen Philosophie, wie ihn Kant bspw. auf einem Losen Blatt (39/40, erste Seite) des IV. Konvolutes vorlegt, zugrundelegt. Dort heißt es:

> Auf die transsc. Philos: oder die Wesenlehre folgt die Physiologie (metaphysische) von Gegenständen der Erfahrung nach principien a priori Korperlehre und Seelenlehre. Auf sie Cosmologie u. Theologie.[40]

1.4 Literaturübersicht

Betrachtet man einerseits die Entwürfe, die in den Bänden 21 und 22 der Akademie Ausgabe der Schriften Kants unter der zweifelsohne problematischen Betitelung eines Opus postumum[41] ediert wurden, und andererseits die verschiedenen Abhandlungen, die seit den ersten Veröffentlichungen von Auszügen aus den Entwürfen[42] bis heute zu diesen Texten verfasst wurden und versucht hernach, vor der Folie dieser Betrachtung die Hauptaufgabe des Interpreten zu bestimmen, so lässt sich diese Aufgabe durch eine genuin Kantische Formel skizzieren: Es geht darum, in einem gegebenen Mannigfaltigen so etwas wie eine synthetische Einheit zu bewirken. Bezogen auf die so formulierte Aufgabe lassen sich weitere Fragen stellen, deren jeweilige Beantwortung auch den Lösungsweg, jeder Auseinandersetzung mit den nachgelassenen Texten Kants determiniert. Ist der Ansatz

---

40 OP, AA 21: 458.29 – 31. Auch Lehmann geht von einer derartigen Kontinuität innerhalb des Nachlasswerkes aus. Auf seiner Suche nach einer Beantwortung der Frage nach Kants philosophischem Grundproblem innerhalb des OP kommt er zu dem Schluss, dass dieses primär erkenntnistheoretische Problem, zu welchem eine Hinwendung Kants nach Lehmanns Auffassung bereits innerhalb des frühen Oktaventwurfes erkennbar wird, seinen „Einsatz in dem Versuch" findet, „den Äther als Ganzheitsprinzip zu deduzieren", (Lehmann 1937/38, S. 62). Die Kontinuität erstreckt sich von den frühen Entwürfen über die Weltstoffbeweise des Entwurfs „Übergang 1 – 14", die Selbstsetzungslehre (Lehmann zufolge die Revision der Lehre von der transzendentalen Apperzeption und mithin Kernstück der „neuen" transzendentalen Deduktion, die Lehmann in den Entwürfen des Nachlasswerkes erkennt; dazu Lehmann 1936, S. 307 f.) bis hin zu den „letzten metaphysisch-religionsphilosophischen Fragen, bis zur Transzendentalphilosophie „in ihrem höchsten Standpunkt" [...]. Da ist nirgends ein Bruch, keine Inkonsequenz" (Lehmann 1937/38, S. 62).

41 Brandt stellt der neben einer scharfen Kritik an dem Vorgehen der Herausgeber pointiert fest, das Opus postumum, also die Bände 21 und 22 in der Akademie Ausgabe, sei „nicht identisch mit dem opus postumum", also dem eigentlichen Nachlasswerk Kants (Brand 1991, S.15).

42 Gemeint ist Reickes und Arnolds erste Manuskriptausgabe, die zwischen 1882 und 1884 in der *Altpreussischen Monatsschrift* (Bde. 19/20/21) abgedruckt wurde (hierzu Tuschling 1971, S. 5; Basile 2013, S. 506).

systematisch oder historisch? Geht es um eine textimmanente Interpretation, deren Ziel es ist, die verschiedenen Entwürfe des OP zu einer Einheit zu verbinden, oder sollen diese Entwürfe mit einer oder mit anderen Werken Kants zu einer interpretatorischen Einheit verbunden werden sollen, um ihre Entstehung einerseits, ihren systematischen Ort innerhalb der Philosophie Kants andererseits, zu ermitteln und zu begründen?

Es stellt sich ferner die Frage, ob das OP unter Bezugnahme auf einen bestimmten Kantischen Text interpretiert wird, oder aber die Interpretation eines Druckwerkes eine Verbindung zu den letzten Werkentwürfen schlägt und deren Inhalte in die Interpretation mit einbezieht. Letztlich ergeben sich aus den verschiedenen Möglichkeiten einer Beantwortung beider Fragestellungen folgende drei Differenzierungen möglicher Ansätze einer Bearbeitung.

Die erste Gruppierung bilden jene Studien, die aufgrund ihrer Zielsetzung als OP immanente Studien bezeichnet werden können.

Als zweiter möglicher Ansatz erweist sich der Versuch, die Entstehung und die Rolle der Entwürfe des Nachlasswerkes innerhalb der Kantischen Philosophie aus der Perspektive eines bestimmten Druckwerkes zu erklären, wobei in den meisten Fällen ein Mangel der in Frage stehenden Druckschrift als Grund der Entstehung des OP vorgestellt wird. Die meisten der Arbeiten, die sich mit dem Problem einer Lücke in Kants System, und mithin der Frage danach, worin diese Lücke besteht und woran ihr Vorhandensein erkennbar wird, auseinandersetzen,[43] können dieser zweiten Gruppe von Untersuchungen zugeordnet werden.

An dritter Stelle stehen jene Abhandlungen, die aus der Perspektive verschiedener Sachprobleme, die im Druckwerk an unterschiedlichen Stellen hervortreten und dementsprechend unterschiedlich akzentuiert werden, mit ihren jeweiligen Lösungsansätzen innerhalb der Entwürfe des Nachlasswerkes in Beziehung gesetzt werden. Hier steht neben einer Begründung der Genese der Entwürfe die Frage nach Stellung und Wert des OP innerhalb der Philosophie Kants im Mittelpunkt.

Bei der hier vorgenommenen Unterteilung möglicher Ansätze einer Bearbeitung des OP handelt es sich nur um ein grobes Raster. Die unterschiedenen Ansätze treten so gut wie nie in Reinform auf, da kaum eine Untersuchung der Entwürfe des Nachlasswerkes allein zur Gänze darauf verzichten kann, gelegentlich einen Blick über den ‚Tellerrand' der durch die Auswahl des zu untersuchenden Textmaterials gesteckten Grenzen hinweg zu werfen. Zudem stellt die hier vorgelegte Trennung der Ansätze einer Bearbeitung des OP keineswegs die

---

43 Kant selbst weist auf das Vorhandensein einer derartigen Lücke hin, vgl. hierzu den Brief an Garve vom 21. September 1798 (Br, AA 12: 256).

einzig denkbare Variante einer solchen dar.[44] Dessen ungeachtet bietet sich die getroffene Unterscheidung an, um einen Überblick der Sekundärliteratur zum OP zu geben. Die hier vorgelegte Übersicht erhebt in keiner Weise Anspruch auf Vollständigkeit im Sinne einer aktuellen Bibliographie oder eines Überblicks der bisherigen Forschung zu Kants Opus postumum.[45] Zur Verdeutlichung des Unterschieds der verschiedenen Gruppen von Werken sind nur die meines Erachtens wichtigsten Monographien zum Nachlasswerk genannt, die gleichsam pars pro toto für einen bestimmten Ansatz stehen.

1.4.1 Immanente Untersuchungen

Bezogen auf diese erste Gruppe von Arbeiten, bei denen die Entwürfe des OP das zu synthetisierende und zu interpretierende Material darstellen kann eine weitere Trennung vorgenommen werden. Es ist die Unterscheidung zwischen einer philologisch begründeten chronologischen Anordnung der Entwürfe auf der einen Seite, und andererseits dem Versuch einer Rekonstruktion des von Kant geplanten Werkes auf Basis der vorhandenen Texte. Beide Begriffe sind in der OP-Forschung untrennbar mit dem Namen eines Verfassers verbunden.

---

44 So unterscheidet Schulze bezogen auf die unterschiedlichen Herangehensweisen in der Literatur folgende drei Gruppen: 1. die vollendende Rekonstruktion, 2. die historische Rekonstruktion und 3. die Interpretation als Integration; (Schulze 1994 S. 23–28). Diese Differenzierung bietet zwar ebenfalls die Möglichkeit, die verschiedenen Ansätze für eine Bearbeitung des OP zu strukturieren; erweist sich jedoch aus den folgenden Gründen als eher problematisch. Zum einen umfasst die erste Kategorie einer vollendenden Rekonstruktion des von Kant (vermutlich, vielleicht) angedachten Werkes auf Basis des vorhandenen Materials der Entwürfe genau genommen nur Mathieus Arbeit und auch diese nur in bestimmten Teilen (bspw. Mathieu 1989, S. 79–83), weshalb sie meines Erachtens als Oberbegriff einer ganzen Klasse möglicher Ansätze eher ungeeignet erscheint. Dasselbe gilt auch für die zweite Kategorie einer historischen Rekonstruktion. Hier wäre einerseits Adickes, für alle weiteren Bearbeitungen des OP grundlegende chronologische Ordnung der Entwurfe, zu nennen; andererseits Tuschlings Studie und die darin gegen jeden systematisch verfahrenden Ansatz vorgebrachte begründete Forderung einer historischen Interpretation (Tuschling 1971, S. 11–14). Die überwiegende Zahl der bislang erschienenen Studien zum OP fällt demnach unter die dritte der von Schulze genannten Kategorien, wobei in jedem einzelnen Falle genau zu unterscheiden wäre, was der jeweilige Verfasser durch seine integrierende Interpretationsleistung beabsichtigt. Es muss an dieser Stelle hinzugefügt werden, dass es Schulze an der betreffenden Stelle seiner Untersuchung nicht darum geht, möglichst passende Unterscheidungskriterien für eine Übersicht der vorhandene Sekundärliteratur zum OP vorzustellen. Ihm geht es vielmehr um überhaupt mögliche Ansätze einer Bearbeitung.

45 Verdienstvoll in dieser Hinsicht ist die materialreiche Arbeit von Basile (2013), der den Versuch unternimmt, die gesamte bisherige Rezeptionsgeschichte des OP detailliert vorzustellen.

1.4.1.1 Die philologische Chronologie: Adickes

Als die Entwürfe, aus denen sich Kants OP zusammensetzt, erstmals in Teilen durch Reickes Vermittlung einer wissenschaftlich interessierten Öffentlichkeit zugänglich gemacht wurden, waren diese bereits durch die Hände mehrerer privater Besitzer gegangen. Dabei waren wiederholt einzelne Blätter oder Bögen zur Einsichtnahme aus dem ursprünglichem Zusammenhang, sofern überhaupt noch ein solcher bestanden hatte, herausgenommen und an anderer Stelle wieder eingefügt worden. Dies hatte über Zeit unweigerlich die völlige Auflösung der Ordnung, die Kant dem Manuskript gegeben hatte, zur Folge. Teils wurden sogar neue Ordnungsbezeichnungen auf den Konvoluten angebracht, womit der jeweilige Besitzer die Wiederherstellung einer vermeintlichen Ordnung innerhalb der Manuskripte zu dokumentieren suchte. Nicht zuletzt aufgrund dieser Praxen herrschte unter den teils nicht einmal mehr als solche erkennbaren Einzelentwürfen des OP ein völliges Tohuwabohu. Diesen chaotischen Zustand als solchen zu erfassen und Ordnung in das Chaos zu bringen war das Verdienst Erich Adickes, der 1916, in Folge einer sehr intensiven Auseinandersetzung mit den nachgelassenen Reflexionen, die ursprüngliche Anordnung des Autographs rekonstruierte. Hierbei berücksichtigte Adickes neben der Kantischen Bezifferung bestimmter Bögen und den inhaltlichen Zusammenhängen, bspw. den im Text des Nachlasswerkes belegbaren Bezügen auf im Entstehen befindliche andere Texte Kants, sowohl Veränderungen der Handschrift, als auch die Qualität des verwendeten Papieres und sogar die Art der jeweils benutzten Tinten. Adickes Chronologie der Entwürfe des OP wird bis heute allgemein anerkannt.[46] Wenn überhaupt noch Änderungen dieser Ordnung aufgrund neuerer Forschungsergebnisse stattfinden, so betreffen diese eher Details, wie die Auffindung einzelner loser Blätter, die in den Zusammenhang eines der Entwürfe gehören;[47] oder aber den Hinweis auf Teile des edierten OP, die als solche nicht zu Kants Nachlasswerk zu rechnen sind, da sie Entwürfe oder Vorstufen anderer Werke darstellen.[48] Es zeigt sich mithin, dass die als Ergebnis der Bearbeitung des Nachlasses durch Adickes zustande gekommene Chronologie des OP auch beinahe hundert Jahre nach ihrer Entstehung im Ganzen unzweifelhaft ist. Adickes umfassende Bearbeitung des OP, die 1920 als Ergänzungsheft 50 der Kant-Studien erschien, stellt als solche die erste gebündelte Ausgabe großer Teile des Nachlasswerkes dar.[49]

46 Tuschling zufolge ist die einzig erschöpfend erledigte Bearbeitung des OP die philologische (Tuschling 1971, S. 5 f.).

47 Bspw. Förster (2004) ; Stark (1991).

48 Hierzu Brandt (1991).

49 Adickes (1920).

1.4.1.2 Der Versuch einer Rekonstruktion: Mathieu

Mathieus grundlegende Studie zum OP beinhaltet im Rahmen eines philologischen Exkurses ein mögliches Inhaltsverzeichnis des OP.[50] Wenngleich es Mathieu bei seiner Gliederung keineswegs darum geht, eine endgültige Rekonstruktion des unvollendeten Werkes in seinem möglichen, drucklegungsreifen Zustand vorzulegen, sondern diese Gliederung eher als eine Art heuristisches Mittel im Umgang mit Kants nachgelassenen Entwürfen betrachtet wissen will, geht er doch davon aus, „in der Lage" zu sein, „den Plan des Werkes, wie er auf dem Höhepunkt der systematischen Phase vorliegt, darzustellen".[51] Um alle Entwürfe in eine derartige Rekonstruktion zu integrieren, bedarf es einer Annahme der, wie ich es nennen möchte ‚Gleichzeitigkeit des Ungleichzeitigen'. Ein gedankliches Fortschreiten in der Entwicklung der Entwürfe, eine Verschiebung des inhaltlichen Schwerpunktes und die evtl. aus einer solchen Veränderung resultierende Aufhebung bestimmter Teile der vorherigen Konzeption, werden hierdurch außer Acht gelassen. Das Verhältnis der transzendentalen Materietheorie in den Weltstoffbeweisen des Entwurfs „Übergang 1–14" zur danach entwickelten Lehre von der Selbstsetzung wird nicht problematisiert. Auch die Frage, an welcher Stelle die eher naturphilosophische Beschäftigung mit dem Materiebegriff in den frühen Entwürfen in den „Übergang" zu integrieren ist, ist keineswegs einfach zu beantworten. Sicherlich hat Mathieus Rekonstruktionsleistung großen Wert, indem sie zeigt, dass es durchaus möglich ist, eine gewisse Ordnung in die Entwürfe des Nachlasswerkes hineinzubringen und so gesehen stellt der Mathieusche Plan des Werkes zusammen mit der von Adickes vorgelegten Chronologie der Entwürfe eine gute Navigationshilfe für jeden Leser dar, welchem ohne diese Hilfsmittel eine Orientierung in Kants nachgelassenem ‚farrago' nahezu unmöglich gemacht würde. Dennoch bleibt die Anordnung wie auch die Auswahl der Texte, die Mathieu für seine Rekonstruktion heranzieht, problematisch und kommt einer in gewisser Hinsicht willkürlichen Entscheidung des Interpreten gleich. Letztlich stehen sich mit Mathieus Auffassung einer „zellenartigen Struktur" des Nachlasswerks, bei welcher „die Einheit des Gedankens mit der vorgegebenen Einheit des Papiers [...] zusammen" fällt, und alle Teile des OP „wie eine Zelle im Organismus immer den ganzen Körper [...], gleichsam den ganzen Gedanken [...] wenn auch jeweils unter einem speziellen Aspekt" darstellen,[52] und mit Tuschling, der den historisch-genetischen Aspekt betont und von einer „durchgängig unsystematischen Be-

---

50 Mathieu (1989), S. 78–83. Schulze hat auf die Problematik einer derartigen Rekonstruktion hingewiesen (Schulze 1994, S. 23–25).

51 Mathieu (1989), S. 78.

52 Mathieu (1989), S. 62, wie auch S. 70, wo es heißt, der „Sinn des Ganzen" sei „auf jeder Seite anzutreffen".

schaffenheit der Kantischen Reflexionen“ im OP ausgeht,[53] zwei unvereinbare Positionen gegenüber,[54] die jedoch jede für sich genommen plausible Argumente zu ihrer Rechtfertigung bereithalten. Meines Erachtens kann der Hinweis Tuschlings auf die Beschaffenheit und den unleugbaren Entwicklungsprozess im Nachlasswerk als eine Art notwendiges Korrektiv für jeden Versuch der nachträglichen Systematisierung der Entwürfe gelten. Nicht zuletzt ist es Mathieu selbst, der die Schwierigkeit eines jeden Rekonstruktionsversuches deutlich herausstreicht.[55]

1.4.2 Das Opus postumum aus dem Blickwinkel einer bestimmten Schrift

Die Zahl von Arbeiten, die diesem Spektrum zuordenbar sind, ist ungleich größer. Fragt man daher nach plausiblen Möglichkeiten einer weiteren Binnengliederung dieser Gruppe, bietet sich die Unterscheidung anhand der Werke Kants an, von deren Problemen her die Genese der letzten Werkentwürfe Kants verständlich gemacht werden soll. Die Druckschriften Kants, auf die sich das Interesse der meisten Verfasser richtet, sind neben der KrV, bzw. bestimmter Abschnitte in deren Zusammenhang, vor allem die MAN und die KU.

1.4.2.1 Kritik der reinen Vernunft und Opus postumum

Betrachtet man die erste der drei Kritiken Kants als die maßgebliche Manifestation der Kantischen theoretischen Philosophie, so nimmt es nicht Wunder, dass keine Interpretation des Nachlasswerkes zur Gänze auf eine Bezugnahme zur KrV verzichten kann. Dennoch ist an dieser Stelle auf einige Interpretationen hinzuweisen, bei denen dieser Bezug den Schwerpunkt ausmacht. Hierbei ist zunächst an Edwards Studie zu denken,[56] auf die ich in meinem Kapitel zur Einheit der Er-

---

53 Tuschling (1971), S. 10.

54 Schulze zufolge legt Tuschling eine Interpretation vor, deren „Grundzüge [...] sich wesentlich aus einer Kritik an Mathieus Prämissen“ ergeben (Schulze 1994, S. 25).

55 Auch Mathieu geht davon aus, dass die Rekonstruktion des Nachlasswerkes eines „genetischen Maßstabs“ bedarf, da proportional zur Vertiefung der Gedanken Kants im OP dasselbe „den Charakter eines geplanten Werkes“ verliert. Weiter heißt es im selben Kontext „Cuvier hatte es leichter, als er daranging, aus einem einzigen Knochen den ganzen Organismus zu rekonstruieren, weil der gesuchte Organismus einmal existiert hatte“, was hingegen bei Kants Nachlasswerk nicht der Fall ist. Bezogen auf die Entwürfe, die nach dem, wie Mathieu es zu nennen beliebt, „Höhepunkt der systematischen Phase“ also etwa ab Ende 1799 entstanden sind, kann man also von einer Annäherung der Sichtweisen von Mathieu und Tuschling sprechen (Mathieu 1989, S. 71).

56 Edwards (2000).

fahrung unter dem Aspekt der dynamisch vermittelten Kontinuität noch zurückkommen werde. Edwards sieht bereits in der *Dritten Analogie der Erfahrung* in der KrV eine Vorwegnahme des Arguments gegen die Annahme absolut leerer Räume als Bestandteile des einen Erfahrungsraumes, worin Edwards die Vorwegnahme der transzendental begründeten Annahme eines kontinuierlich materiell erfüllten Raumes sieht. Edwards kommt zu dem Schluss, „that an a priori existence proof for a dynamical cosmic matter [...] ist part of the Third Analogy“.[57]

Schulze, geht in seiner Studie davon aus, dass durch den Begriff des Äthers im Nachlasswerk, welcher sich „nur in der Form einer Idee angemessen fassen lässt“,[58] die in der ersten Kritik festgesetzte Trennlinie zwischen einer transzendentalen Analytik und Dialektik fraglich wird. Während Schulze in der Frage der Auffassung des Äthers in den hier untersuchten Teilen des OP zuzustimmen ist, muss zu seiner Hauptthese kritisch Stellung bezogen werden. Eine Idee, der kein allein regulativer Status im Erkenntnisprozess, sondern demgegenüber die objektive Realität eines Gegenstandes, der als solcher konstitutiv für Erfahrung überhaupt ist, zukommt, ist in der Tat nicht Bestandteil der KrV und aus deren Blickwinkel mutet diese, wie es Mathieu ausgedrückt hat, „neue Rolle der Ideen“ befremdlich an.[59] Dennoch ist diese neue Idee kein Gegenstand einer transzendentalen Dialektik, oder zumindest dann nicht, wenn man Schulzes eigene Definition einer solchen zugrundelegt. Schulze definiert die Aufgabe der transzendentalen Analytik als eine „Theorie der Bedingungen der Möglichkeit von Erfahrung“ und stellt dieser Definition jene der transzendentalen Dialektik als eine „Kritik von Erkenntnisansprüchen auf der Basis dieser Theorie“ gegenüber.[60] Beide Definitionen sind als solche zweifellos richtig. Hierdurch wird jedoch die Hauptthese Schulzes in Frage gestellt. Der Äther des Entwurfs „Übergang 1–14“ stellt eine erfahrungskonstitutive Idee und somit eine Novum innerhalb der transzendentalen Analytik dar. Die KrV kennt diese Rolle der Ideen nicht. Dort fungieren sie rein regulativ und fallen ansonsten in den Bereich der Dialektik. Im Nachlasswerk gehört die neue Idee eines Weltstoffs als kollektive Einheit des zur Möglichkeit von Erfahrung gegebenen Materials in den Bereich einer transzendentalen Analytik. Die von Schulze behauptete Aufhebung der Grenze zwischen einer transzendentalen Analytik und einer transzendentalen Dialektik wird, wenn man Schulzes eigene Begriffsbestimmungen zugrunde legt, mithin fraglich. Eher könnte man davon sprechen, dass die Analytik der KrV erweitert wird, bzw. eine bereits in der ersten Kritik vorausgesetzte Bedingung der Möglichkeit der Erfah-

---

57 Edwards (2000), S. 145.
58 Schulze (1994), S. 30.
59 Mathieu (1989), S. 209 ff.
60 Schulze (1994), S. 29.

rung explizit in diese Theorie eingeführt wird. Zielsetzung dieser Arbeit ist es, genau diese Voraussetzung der Idee eines Weltstoffes innerhalb der KrV aufzuzeigen.

1.4.2.2 Metaphysische Anfangsgründe der Naturwissenschaft und Opus postumum

Bezogen auf die Untersuchung der Entwürfe des Nachlasswerkes und ihrer Genese aus dem Blickwinkel der MAN von 1786 sind, neben Hoppes Studie zu Kants physikalischer Theorie,[61] die Arbeiten von Tuschling und Emundts maßgeblich. Tuschling geht in seiner Untersuchung[62] von einer Totalrevision des Projekts der MAN aus. Die Auffassung, der zufolge die Überlegungen des OP eine Neuaufnahme des Projekts metaphysischer Anfangsgründe der Naturwissenschaft darstellen, wird dadurch gestützt, dass die MAN von 1786 bezogen auf ihren eigenen Anspruch,[63] vor der Folie der weiter oben erwähnten anonymen Kritik und weiterer Probleme, die Kant im Zuge der Arbeit an den letzten Entwürfen mehr und mehr zu Bewusstsein kommen, als gescheitert betrachtet werden müssen. Tuschling folgend stellen die „Entwürfe des OP [...] *nicht* wie in der Sekundärliteratur bisher angenommen wurde, eine Ergänzung der MA dar, sondern sie enthalten die Versuche zur Formulierung einer neuen Theorie, die diejenige der MA *ersetzen* soll; einer Theorie, die in ihrer Gesamtkonzeption, mit ihrer Fassung des Materiebegriffs und in Einzelheiten der Erklärung materieller Phänomene, zentralen Lehrstücken der MA widerspricht".[64] Hierzu zählt das Problem der Begründung des Zusammenhanges von Materien. Auch die Erklärung von Dichteunterschieden, wie sie sich in den MAN findet, erweist sich als zirkulär, was Kant selbst eingesehen hat.[65] Ebenso ungenügend ist die Theorie der Aggregatzustände und mithin die gesamte, auf der Erklärung des Zusammenhanges aufbauende Körperbildungstheorie. Schwerer als diese immanenten Probleme des Materiebegriffs erweist sich jedoch das Scheitern des Versuchs, in den MAN den Atomismus durch eine dynamische Theorie der Materie zu ersetzen. Tuschling weist darauf hin, dass

61 Hoppe (1969).

62 Tuschling (1971).

63 Bspw. MAN, AA 04: 472: „[...] vollständige Zergliederung des Begriffs einer Materie überhaupt"; MAN, AA 04: 474: „Auch glaube ich diese metaphysische Körperlehre so weit, als sie sich immer nur erstreckt, vollständig erschöpft [...] zu haben."; MAN, AA 04: 476: „[...] alles, was a priori von ihr [einer Materie überhaupt, vjr] gedacht [...] werden mag".

64 Tuschling (1973), S. 181.

65 Brief an Beck vom 16. Oktober 1792 (Br, AA11: 377). Zum Zirkelproblem in der Materietheorie der MAN siehe Emundts (2004), S. 74–117.

die Konstruktion des Materiebegriffs auf Basis der Phoronomie unweigerlich zur Annahme physischer Punkte und damit gerade nicht zu einer dynamischen Theorie, sondern zu einer „mit dynamischen Zutaten verbrämte[n] Korpuskulartheorie der Materie“ führen muss.[66] Wird der dynamische Konflikt attraktiver und repulsiver bewegender Kräfte als ursprünglich für einzelne Arten von Materie behauptet, so führt dieser distributive Ansatz unweigerlich zur Setzung physischer Monaden als elementarer Kraftzentren. Wenn Kant daher im Nachlasswerk gegen den Atomismus als „grundloses System“ polemisiert und dessen Ungenügen als Materietheorie argumentativ aufzeigt, so ist diese Polemik – ebenso wie jene gegen Newton – gegen Kants eigene Auffassung in 1786 gerichtet.[67]

Ein weiterer Aspekt, der Tuschlings Auffassung stützt, ist der Umstand, dass Kant sich zwar in den ersten Entwürfen explizit auf die MAN bezieht,[68] deren Mängeln er durch eine weitere, nicht allzu umfangreiche Schrift Abhilfe schaffen wollte.[69] Im Zuge dieser geplanten Ausbesserungsarbeiten aber das völlige Ungenügen seiner 1786er Schrift erkennt. Es muss davon ausgegangen werden, dass sich Kant in späteren Entwürfen bei der Erwähnung metaphysischer Anfangsgründe der Naturwissenschaft nicht mehr auf die gleichnamige Schrift bezieht.

Als ein möglicher Einwand gegen Tuschlings These (siehe unten Emunds) kann die Feststellung gelten, dass die einzelnen Hauptteile der MAN selbst nicht zum Gegenstand einer grundlegenden Revision werden. Die Entwürfe des OP beinhalten keine neue Phoronomie; ebenso wenig eine neue Mechanik oder Phänomenologie. Zudem behält auch die ‚neue Dynamik‘ des Nachlasswerkes den, in Werken aus allen Schaffensperioden Kants belegbaren[70] Kräftedualismus bei.[71] Berücksichtigt man jedoch, dass Kant bereits die Konstruktion seines Ma-

66 Tuschling (1973), S. 183.

67 OP, AA 21: 236.03; zu Kants Atomismuskritik im Nachlasswerk siehe Rollmann (2013).

68 Bspw. im Oktaventwurf OP, AA 21: 408.06 f.: „Meine Metaphysische Anfangsgr. etc hatten schon einige Schritte in diesem Felde angeführt aber blos als Beyspiele einer möglichen Anwendung derselben auf Falle der Erfahrung um das abstrahirt gesagte durch Beyspiele verstandlich zu machen“.

69 Vgl. Tuschling (1971), S. 31.

70 Vgl. für die vorkritischen Schriften Kants bspw. die *Monadologia physica* wie auch die *Allgemeine Naturgeschichte und Theorie des Himmels.*

71 Ich vertrete diese Auffassung gegen Tuschling, der bezogen auf die Materietheorie des Nachlasswerks von vier Grundkräften ausgeht. Ich sehe in der Unterscheidung zwischen durchdringender Kraft und Flächenkraft jedoch eher eine weitere Differenzierung des Wirkens der zwei Grundkräfte, was in gleicher Weise für die Unterscheidung primitiver und derivativer Bewegkräfte gilt.

teriebegriffs verwirft (Stichwort: Phoronomiekritik[72]), sind damit zugleich die darauf aufbauenden Teile der MAN grundsätzlich in Frage gestellt.

Darüber hinaus scheint Kant unerachtet der Einsicht in das Scheitern der MAN nach wie vor davon auszugehen, das es so etwas wie metaphysische Grundlagen/Anfangsgründe einer Wissenschaft der Natur in seinem System gibt. Hierfür ist der „Übergang" selbst der stärkste Beleg. Ohne das Vorhandensein gleich wie gearteter metaphysischer Anfangsgründe, macht die Bearbeitung eines „Übergang von den metaphysischen Anfangsgründen der Naturwissenschaft zur Physik", bzw. zur Erfahrungswissenschaft der Natur wenig Sinn. Diesen Umstand gegen die Auffassung einer Neuaufnahme des Projekts der MAN ins Feld zu führen, vermag jedoch nicht zu überzeugen, da Kant mit dem Begriff metaphysischer Anfangsgründe der Naturwissenschaft – etwa im Kontext des Entwurfs „Übergang 1–14" – eher auf die allgemeinen transzendentalen Naturgesetze des Grundsatzkapitels der KrV verweist.[73]

Emundts vertritt in ihrer Interpretation gegen Tuschling die Auffassung, Kant widme sich in den Entwürfen des OP jenen Problemen, die Kant 1786 im Kontext seiner *Allgemeinen Anmerkung zur Dynamik* bearbeitet und mithin dort noch als Randprobleme behandelt hatte. Da die Erklärungsdefizite seiner Materietheorie bezogen auf genau diese Naturphänomene Kant nunmehr in ihrer Bedeutung für das Gelingen des Projekts der MAN bewusst werden, richtet sich seine Anstrengung auf eine Neuaufnahme der Arbeit an genau diesen theoretischen Mängeln.[74] Anders gewendet ließe sich sagen, dass Kant die Dynamik revidiert, wobei die Probleme der Allgemeinen Anmerkungen in den eigentlichen Hauptteil integriert werden sollen, womit ihnen ein veränderter systematischer Status zukommt.

Für Emunds Interpretation spricht, neben des oben erwähnten Umstandes, dass Kant von den Hauptteilen der MAN allem Anschein nach nur die Dynamik überarbeitet, vor allem, dass die naturphilosophischen Probleme, denen sich Kant

72 Tuschling (1971), S. 90 ff.

73 Transzendentale Naturgesetze sind nicht mit den Kategorien gleichzusetzen. Kants dritter Kritik zufolge, beziehen sich letztere als „ontologische Prädikate" (KU, AA 05: 182) auf die Möglichkeit von Gegenständen einer Erfahrung überhaupt. Sie sind (mit Ausnahme der Modalbegriffe) konstitutiv für das Objekt möglicher Erfahrung. Reine Verstandesbegriffe sind mithin (neben den formalen Bedingungen menschlich-sinnlicher Anschauung) transzendentale Prinzipien als „allgemeine Bedingung[en] a priori [...], unter [denen] allein Dinge Objekte unserer Erkenntnis überhaupt werden können" (ebd.). Transzendentale Naturgesetze sind Kant zufolge „die allgemeinen Gesetze, ohne welche Natur überhaupt (als Gegenstand der Sinne) nicht gedacht werden kann" (KU, AA 05: 183). Diese allgemeinen Naturgesetze sind nicht die reinen Verstandesbegriffe selbst, sondern „beruhen auf den Kategorien, angewandt auf die formalen Bedingungen aller uns möglichen Anschauung, sofern sie gleichfalls a priori gegeben ist" (ebd.).

74 Emundts (2004), S. 15, 25 f., 29, 56, 66, 150.

bereits in den ersten Entwürfen widmet, mit den Erklärungsdefiziten der Allgemeinen Anmerkungen identisch sind.

Dagegen spricht vor allem das Scheitern der MAN als ganzer an ihrem eigenen systematischen Anspruch[75] und der Umstand, dass in den späteren Konvoluten

75 Der Anspruch, den Kant an seine MAN stellt, ist kein geringer. Es geht um Abgeschlossenheit und Vollständigkeit einer metaphysischen Betrachtung des Materiebegriffs. Pollok unterscheidet in der Einleitung zu seiner Ausgabe der MAN diese Betrachtungsweise von einer rein physikalischen und stellt dabei zugleich den damit verbundenen umfassenden Anspruch Kants an seine Schrift heraus: „In diesem Sinne handeln also auch die MA vom Aufbau der Welt, aber weder makro- noch mikrophysikalisch, sondern eben metaphysisch. Damit reicht ihr Geltungsanspruch vom Bereich des Größten bis zum Bereich des Kleinsten, umfaßt sowohl die Astro- als auch die Atomphysik: Die Metaphysischen Anfangsgründe der Naturwissenschaft wollen die Physik überhaupt begründen." Kant (1997), S. X. Die metaphysische Betrachtung des Materiebegriffs soll für empirische Physik, die als Wissenschaft gelten soll das eigentlich scientifische Fundament liefern. „Eigentliche Wissenschaft kann", Kant zufolge, „nur diejenige genannt werden, deren Gewißheit apodiktisch ist" (MAN, AA 04: 468). Dies kann einerseits für die mathematische Grundlage gelten, die in den besonderen Naturwissenschaften, deren Gegenstand die Natur in bestimmter Absicht ist, den reinen, streng notwendigen Teil derselben ausmacht; oder andererseits die allgemeine metaphysische Grundlegung durch die umfassende Betrachtung und Darlegung aller Gesetzmäßigkeiten, „die den Begriff einer Natur überhaupt möglich machen" (MAN, AA 04: 469). Wenn also, wie Kant feststellt, alle „eigentliche Naturwissenschaft [...] einen reinen Theil, auf dem sich die apodiktische Gewißheit, die die Vernunft in ihr sucht, gründen könne" (ebd.) nötig hat, so ist dieser reine Teil dasjenige an ihr, was a priori als ihre unzweifelhaft gewisse Grundlage, als die Bedingung ihrer eigenen Möglichkeit erkannt werden kann. Dies ist die Definition von Erkenntnis a priori, die Kant innerhalb seiner Vorrede zu den MAN vorlegt: Erkenntnis eines Gegenstandes a priori bedeutet, diesen Gegenstand „aus seiner bloßen Möglichkeit erkennen" (MAN, AA 04: 470). Die MAN beanspruchen die Vollständigkeit dieser Erkenntnis bezogen auf den Gegenstand jeder besonderen Wissenschaft der Natur, nämlich die Materie: „Begriff ihres [hier der mathematischen Physik, vjr] eigentlichen Gegenstandes, nämlich der Materie" (MAN, AA 04: 472). Es geht Kant in den MAN um „eine vollständige Zergliederung des Begriffs von einer Materie überhaupt" (ebd). Kants Auffassung nach enthalten die MAN „alles, was a priori von ihr [der Materie, vjr] gedacht" werden kann (MAN, AA 04: 476). Als rein formelles Schema der Abgeschlossenheit der Betrachtung fungiert die Tafel der Kategorien, durch deren vier Titel der Begriff einer Materie hindurch geführt wird. Von der Abgeschlossenheit seines Projekts einer allgemeinen Grundlegung der Naturwissenschaften durch einen apodiktisch gewissen, reinen metaphysischen Teil ist Kant in 1786 überzeugt, wenn er schreibt, er glaube „diese metaphysische Körperlehre so weit, als sie sich immer nur erstreckt, vollständig erschöpft [...] zu haben" (MAN, AA 04: 473). Dass Kant an dieser Stelle völlig unvermittelt von „Körperlehre" spricht, zeigt eine mangelnde Differenzierung, die ihm in 1786 bezüglich ihrer problematischen Implikationen nicht vollauf bewusst gewesen zu sein scheint. Zwischen Materie überhaupt und physischem Körper muss unterschieden werden (und diese Unterscheidung ist ein wichtiger Bestandteil des Entwurfs „Übergang 1–14"), wenn zwischen beiden ein nicht zirkuläres Bedingungsverhältnis etabliert werden soll. Kants Nachlasswerk ist der Beleg dafür, dass Kant gut zehn Jahre nach den MAN deren Anspruch in Frage stellt.

des OP die eher naturphilosophischen Frage- und Problemstellungen, die sich auf Phänomene richten, denen sich auch die Allgemeinen Anmerkungen zur Dynamik gewidmet hatten, gegenüber anderen Aspekten der späten Kantischen Materietheorie in den Hintergrund treten. Da zudem, wie bereits angesprochen, ab einem bestimmten Punkt der Entwürfe des OP kein direkter Bezug auf die MAN mehr behauptet werden kann, wenngleich nach wie vor von metaphysischen Anfangsgründen einer Wissenschaft der Natur die Rede ist, kann der Hauptthese Emunds nur eingeschränkt Zustimmung erteilt werden.

1.4.2.3 Kritik der Urteilskraft und Opus postumum

Was das Verhältnis der Entwürfe des Nachlasswerkes zur KU anbelangt, so ist vor allem die Arbeit Lehmanns von Interesse.[76] Unter der Zahl der Interpreten des OP ist er der einzige, der die Genese der Entwürfe in der dritten Kritik und deren Mängeln begründet sieht. Zweifelsohne besteht zwischen beiden Werken (wofern man die nachgelassenen Entwürfe hier einmal als so etwas wie ein Werk betrachtet) ein Zusammenhang; dennoch ist dieser Bezug, vor allem in den ersten Entwürfen des OP nicht eben einfach auszumachen. Hier sind es eher die Probleme der allgemeinen (und besonderen) Materietheorie von 1786, die den Ausgangspunkt für die Reflexionen des Nachlasswerkes markieren.[77] Auch ich stehe der Auffassung Lehmanns daher eher kritisch gegenüber. Wie Mathieu bin ich zwar der Meinung, dass sich die Entwürfe des OP auch auf die Probleme des zweiten, teleologischen Teilstücks der dritten Kritik beziehen. Dennoch gehe ich nicht wie dieser davon aus, dass Kant im Nachlasswerk die Lösung der Probleme, die er 1790 vorgeschlagen hatte, durch eine völlig neuartige Herangehensweise ersetzt.[78] Zumindest für den in meiner Arbeit im Mittelpunkt stehenden Entwurf „Übergang 1–14“ sehe ich allenfalls Anklänge einer solchen Neuorientierung in der Frage der organisierten Natur und ihrer Behandlung in einem transzendentalphilosophischen Kontext.

76 Lehmann (1969).
77 Hoppe (1969), S. 4.
78 Mathieu (1989), S. 45, 239.

1.4.3 Die Entwürfe des Nachlasswerks aus der Perspektive verschiedener Sachprobleme des Kantischen Systems

Hierzu zählen in erster Linie jene Arbeiten, die Kants Werk unter einem bestimmten Gesichtspunkt oder Problem in den Blick nehmen und dabei die letzten Werkentwürfe in ihre Untersuchung einbinden. Die Arbeit von Adickes über Kant als Naturforscher[79] kann hier ebenso als Beispiel herangezogen werden, wie bspw. Büchels Untersuchung über das Verhältnis von Philosophie und Geometrie in Kants Werken.[80]

Auch die vorliegende Studie kann dieser letzten Klasse von Untersuchungen zugeordnet werden. Zwar steht hier weder die Gesamtheit der Schriften Kants, noch das OP als Ganzes im Blickpunkt; dennoch ist es das Sachproblem einer Begründung absoluter Einheit in Natur und Erfahrung, von dem her bestimmte Schriften Kants bezüglich der Art und Weise, wie dieses Sachproblem in ihrem Zusammenhang in Erscheinung tritt, befragt werden. Letztlich ist es auch genau dieses Sachproblem, das die Fokussierung des Augenmerks auf den, für diese Bearbeitung zentralen Entwurf „Übergang 1–14" begründet.

1.5 Farrago versus Opus – ein Sammelsurium unter Werkverdacht

Bereits im Vorangegangenen war, im Zuge des Hinweises auf Adickes für alle weiteren Auseinandersetzungen mit den Entwürfen des OP grundlegende Chronologie, der Zustand der Konvolute innerhalb des Nachlasses zum Thema gemacht worden. Wenngleich dieser chaotischen Unordnung durch Adickes philologische Bearbeitung Abhilfe geschaffen, und das geplante Alterswerk Kants hierdurch als ein unvollendetes Ganzes am Leitfaden seiner Entstehung entlang erfahrbar wurde, fand diese Forschungsleistung bei der Herausgabe des OP innerhalb der Akademieausgabe keinen nennenswerten Niederschlag. Der Grund dafür war, dass neben der Möglichkeit einer chronologischen Anordnung der Entwürfe in den geplanten Bänden auf Basis der Ergebnisse von Adickes Untersuchung, noch ein weiteres mögliches Prinzip der Edition diskutiert wurde, welches sich auf den Begriff einer „diplomatisch getreuen" Ausgabe des vorhandenen Textbestandes bringen lässt.[81] Mit einer solchen ist die Beibehaltung der Textgestalt bzw. der

79 Adickes (1924 f.).
80 Büchel (1987).
81 Buchenau, Artur/Lehmann, Gerhard, *Vorwort*, OP, AA 21: VI.

Binnengliederung des Nachlasswerkes, wie sie den Herausgebern vorlag, gemeint.[82] Diese aus heutiger Sicht geradezu katastrophale Fehlentscheidung, die eine Arbeit mit dem OP zu einem nach wie vor hochgradig schwierigen Unterfangen macht, kann dennoch, sofern man willens ist, die Perspektive der Herausgeber einzunehmen, zumindest nachvollzogen werden. Zur Zeit der Ausgabe lag zwar Adickes Chronologie nebst ihrer ausführlichen Begründung und Dokumentation in dessen umfangreicher Darstellung des OP vor. Es war jedoch für die Herausgeber nicht abzuschätzen, inwieweit eine weitere Beforschung des Nachlasswerkes diese Chronologie, und mit dieser auch jede Edition, die auf dieser Ordnung der Entwürfe aufbaute, in Frage stellen würde. Ein Risiko, das es unter allen Umständen im Interesse der Akademie-Ausgabe zu vermeiden galt und zu dessen Vermeidung man andere, unangenehme Aspekte der getroffenen Entscheidung in Kauf nahm. So wurden Teile des Nachlasswerkes, deren Zusammenhang zweifelsfrei feststand, dem künftigen Leser dennoch in ihrer damaligen „historisch-zufälligen" Anordnung übergeben.[83] Selbst wenn sich innerhalb der damaligen Auseinandersetzung Adickes Position, der zum Zeitpunkt des Erscheinens der Ausgabe 1932 bereits nicht mehr lebte, durchgesetzt hätte, wäre die Arbeit mit der Akademie-Ausgabe des OP zwar leichter; das Problem der Unordnung und des teils geradezu chaotischen Daherkommens mancher Entwürfe hierdurch aber in keiner Weise beseitigt. Kant selbst hat einen seiner Entwürfe als „Farrago ante redactionem systematis" bezeichnet. Diese Namensgebung trifft, wofern man von der Ausnahme vorhandener Amanuensis-Kopien einmal absieht,[84] auf das gesamte Nachlasswerk zu. Hinzu kommen die zahllosen Widersprüche, die in ihrer Entstehung auf Kants spezifische Arbeitsweise zurückzuführen sind. Kant denkt schreibend oder schreibt denkend.[85] Dies hat für den heutigen Bearbeiter der Entwürfe des Nachlasswerkes zum einen Vorteile, zum anderen Nachteile wobei die letzteren überwiegen. Von Vorteil ist es, Kant gleichsam bei der Entstehung eines Werkes über die Schulter schauen zu können. Nachteilig ist hingegen der ungesicherte Status einzelner Behauptungen. So finden sich in vielen Fällen auf demselben Bogen, oder sogar auf derselben Seite eines solchen, Aussagen, die einander diametral entgegengesetzt sind. Fraglich ist

82 Einer pointierten Aussage Mathieus zufolge wurden die Entwürfe des Nachlasswerkes in der Form ediert, „als sei das ganze Bündel aus der Tischschublade gefallen", Mathieu (1989), S. 57.

83 Buchenau, Artur/Lehmann, Gerhard, *Vorwort*, AA 21: VI.

84 Zur Zeit Kants war es üblich, nach erfolgter Schlußredaktion einer Schrift, diese durch einen Amanuensis, eine wissenschaftliche Hilfskraft, in Reinschrift aufsetzen zu lassen, welche dann als Vorlage zum Drucker abgesandt wurde; derartige Abschriften finden sich bspw. auf dem ersten und zweiten Bogen in Konvolut XII; vgl. AA 22: 543–55.

85 Zu dieser Auffassung siehe auch Mathieu (1989), S. 10, 70.

dabei nicht die Art und Weise des Zustandekommens derartiger Widersprüche. Solche lassen sich in den meisten Fällen durch einen Hinweis auf Kants Wertschätzung der skeptischen Methode „Gründe zusammt Gegengründen in gleiche stärke zu versetzen" bei seinem Vorgehen erklären.[86] Wenngleich die meisten bisherigen Interpreten der nachgelassenen Werkentwürfe Kants bereits ausführlich auf die, mit diesem ungeordneten Zustand des Textbestandes verbundenen interpretatorischen Probleme hingewiesen haben, möchte ich mit meinem erneuten Hinweis die eingangs erwähnte Notwendigkeit betonen, bei der Arbeit an Teilen des OP zunächst den Tenor der jeweiligen Entwürfe herauszuarbeiten. Hierdurch wird der untergeordnete Status einzelner widersprüchlicher Aussagen, als bloßes Experimentieren Kants mit anderen Denkmöglichkeiten, überhaupt erst erkennbar. Erst im Nachhinein kann die Grundaussage systematisch auf Probleme des Druckwerkes bezogen werden. Noch einmal in aller Deutlichkeit: das OP stellt durchaus einen kontinuierlichen Zusammenhang dar, was die Entwicklung des Gedankens und das Ineinandergreifen der Teile desselben anbelangt. So betrachtet ist der ‚Werkverdacht' durchaus begründet. Diese Kontinuität des Gedankens wird jedoch von der Textgestalt nicht gespiegelt. Hier herrscht ein krudes Durcheinander in welches zunächst einmal Ordnung hineinzubringen ist. Diese Ordnungsleistung wird durch die Art und Weise, in der die Entwürfe in der Akademieausgabe herausgegeben wurden, nicht eben erleichtert. Es ist mithin hoch problematisch, einzelne Sätze aus den Entwürfen als Meinung Kants im Nachlasswerk zu präsentieren. Die Meinung oder Auffassung Kants kann stets nur durch eine möglichst vollständige Auswertung des Belegmaterials als Tenor dieser Texte herausgearbeitet werden. Dies leitet zur Rechtfertigung der hiermit vorgelegten Studie über.

1.6 Rechtfertigung des Forschungsvorhabens

Im Zuge der Darlegung des Forschungsdesiderates, das die vorliegende Studie in ihrer Entstehung begründet, möchte ich auf Äußerungen zweier maßgeblicher Interpreten des Kantischen Nachlasswerkes verweisen. Im Rahmen seiner Forderung nach einer eher historischen als (im üblichen Sinne) systematischen Auseinandersetzung mit den Entwürfen des OP macht Tuschling die Feststellung, „von einer konsequenten Ausnutzung des vorliegenden Materials" sei „die Mehrzahl der Interpreten noch weit entfernt".[87] Innerhalb des zweiten Hauptteiles

86 Refl, AA 16: 458 (Refl. 2664); zur skeptischen Methode bspw. Log, AA 09: 84.
87 Tuschling (1971), S. 4.

dieser Untersuchung, der an die hier vorgelegten einführenden Überlegungen anschließt, werde ich zunächst eine detaillierte Darstellung und Kommentierung der primären Textgrundlage dieser Arbeit, d.h. des Entwurfs „Übergang 1–14" vorlegen. Es ist daher durchaus angemessen, bezogen auf das anschließende Darstellungskapitel, welches, am Umfang gemessen den Hauptteil meiner Arbeit ausmacht, von einer Materialsammlung zu sprechen. Letzteres nicht im Sinne einer bloßen Kompilation im weiteren Verlauf noch auszuwertender Textstellen des OP, sondern im Sinne einer darstellenden Interpretation, die das Belegmaterial für alle weiteren innerhalb dieser Studie vertretenen Auffassungen liefern soll. Mithin sind die in meiner Untersuchung des Nachlasswerkes vertretenen Thesen Ergebnis der im Darstellungskapitel unternommenen Ausnutzung des vorhandenen Textmaterials.

Die zweite Äußerung eines wichtigen Interpreten des OP, auf die ich an dieser Stelle Bezug nehme, ist eine Forderung Försters, die dieser in Anlehnung an Heimsoeth formuliert. Förster macht deutlich, dass „a comprehensive understanding of Kant's last philosophical period could come only from a number of short monographic studies of limited, well defined problems in this text".[88] Wie Förster weiter feststellt, wurde Heimsoeths Vorschlag „not well taken [...] and Kant' s last work remained the terra incognita of Kant scholarship for years to come".[89] Ähnlich wie Förster, der in seinem Essay mehrere Aufsätze zu unterschiedlichen Problemen des Nachlasswerkes zusammenfasst, möchte auch die vorliegende Untersuchung auf die bei Förster referierte Forderung Heimsoeths reagieren. Die Untersuchung richtet sich auf das Problem der Begründung absoluter Einheit in Natur und Erfahrung und den Kantischen Versuch der Lösung dieses Problems, wie sie sich innerhalb der transzendentalen Materietheorie des Entwurfs „Übergang 1–14" des OP findet.

Viele der Fragen, die sich bei der Lektüre der nachgelassenen Entwürfe Kants stellen, lassen sich durch Betrachtung der Kantischen Terminologie in „Übergang 1–14" einer Beantwortung zuführen. Zentral sind hierbei begriffliche Binäroppositionen, wie die Differenz einer direkten und indirekten Erfahrung. Solche Unterscheidungen heben die Schwierigkeit, wie eine nicht spürbare Materie einen spürbaren Raum begründen oder aber ein Gegenstand der Physik sein kann. Auch die Differenz der Bezugsrahmen einer Äußerung ist im Zuge der Auseinandersetzung mit den Entwürfen des Nachlasswerkes stets mit zu bedenken. Wenn Kant den Weltstoff als einen Gegenstand möglicher Erfahrung bezeichnet, meint dies in keinem Falle die empirische Wahrnehmbarkeit desselben. Hier geht der Bezug auf

88 Förster (2000), S.X.
89 Ebd.

eine Totalität, die als solche niemals Gegenstand einer empirischen Anschauung sein, wohl aber als konstitutive Möglichkeitsbedingung für jede mögliche Wahrnehmung fungieren kann und muss, wenn die distributive Einheit möglicher Wahrnehmungen in einer kollektiven Einheit der einen Erfahrung begriffen werden soll. Wenn also vom Weltstoff als dem Gegenstand möglicher Erfahrung gehandelt wird, so bedeutet dies in keinem Falle die Möglichkeit einer direkten Wahrnehmung dieses Gegenstandes, sondern die Möglichkeit jeder möglichen Wahrnehmung durch diesen Gegenstand. Der Weltstoff ist insofern Gegenstand möglicher Erfahrung, als er der eine Gegenstand der Möglichkeit von Erfahrung im Sinne des Erfahrungsbegriffes, wie Kant ihn KrV A110 expliziert, ist.[90]

90 „Es ist nur eine Erfahrung, in welcher alle Wahrnehmungen als im durchgängigen und gesetzmäßigen Zusammenhange vorgestellt werden: eben so wie nur ein Raum und Zeit ist, in welcher alle Formen der Erscheinung und alles Verhältniß des Seins oder Nichtseins statt finden. Wenn man von verschiedenen Erfahrungen spricht, so sind es nur so viel Wahrnehmungen, so fern solche zu einer und derselben allgemeinen Erfahrung gehören“.

2 Der Entwurf „Übergang 1–14“

2.1 Einleitende Fragestellungen

2.1.1 Aufgaben und Funktionen des „Übergang“

Zunächst ist hier die Frage nach den Aufgaben und Funktionen des „Übergang“ im Nachlasswerk zu stellen. Es zeigt sich, dass der „Übergang“ einerseits eine Brückenfunktion, andererseits eine Begründungsfunktion ausübt. Wenngleich die Klärung der Frage bezogen auf Kants OP nicht unwichtig ist, soll hierzu nur kurz Stellung bezogen werden. Der Grund für diese Einschränkung ist, dass Kant selbst in „Übergang 1–14“ diesen Aufgaben keine Zeile widmet. Es ist wahrscheinlich, dass die Erörterung der Frage nach Sinn und Zweck eines „Übergangs“ an anderer Stelle von Kant bei der Abfassung des Entwurfs vorausgesetzt wurde.

In seiner Brückenfunktion ermöglicht der „Übergang“ die notwendige Verbindung der differenten Erkenntnisprinzipien von rationaler (mathematischer und transzendentalphilosophischer bzw. metaphysischer) und empirischer Naturwissenschaft darzustellen.[1] Diese Notwendigkeit der Brückenfunktion wird nun ihrerseits durch den Wissenschaftlichkeitsanspruch der Naturlehre, mithin durch die im Begriff einer Wissenschaft liegende Forderung nach systematischer Einheit unter einem Prinzip begründet.[2]

Diese Einheit unter einem Prinzip, mithin die Systematizität und damit eigentliche Wissenschaftlichkeit zu begründen, ist die zweite Aufgabe, die an das Projekt eines „Übergang“ gestellt wird. Nur wenn eine Grundlage der Systemati-

---

1 OP, AA 21: 620.13–18: „Zwischen den metaph. A. Gr. der N W. u. der Physik [...] ist eine Kluft (hiatus) die durch eine systematische Aufzählung der bewegenden Kräfte der Materie als einer Brücke von einem Territorium zum andern hinüberführen soll und die propädevtische Physiologie [der Übergang, vjr] welche jene als in einem System darstellt zwischen der Metaphysik und Physik mitten inne steht“.

2 Bspw. OP, AA 21: 174.22–175.07: „Wenn in einem System (nicht dem fragmentarischen Aggregat) dergleichen die philosophische Naturwissenschaft (philosophia naturalis) überhaupt ist, eine Obereintheilung wie die in die metaphysische und physische Anfangsgründe derselben sich der Vernunft von selbst darbietet gleichwohl aber diese Theile ungleichartig sind mithin ihre Hinzukunft eigentlich nicht fortschreitend (progreßus) ist so wird die Vermehrung jener Wissenschaft mit dieser ein Übergang (transitus) von den metaphysischen Anfangsgründen der Naturwissenschaft zur Physik und weder das eine noch das andere für sich allein sondern diese für jene überhaupt ergänzend seyn. – Es ist kein Sprung von einem Territorium aufs andere denn das würde keine nothwendige Verbindung zum Behuf des Gantzen einer Naturwissenschaft abgeben sondern eine Stellung, welche die Vernunft annehmen muss um beyde Ufer mit einem Schritt zugleich zu berühren“.

sierung vorliegt, kann die Physik zur Wissenschaft und nicht zu einem bloß willkürlich gestifteten, kontingenten Zusammenhang einzelner Erkenntnisse werden. Da diese Begründungsfunktion innerhalb der Ausführungen zu „Übergang 1–14" im Verhältnis zur Architektonik der reinen Vernunft thematisiert wird, mag an dieser Stelle der Hinweis auf diese notwendige Grundlegung durch das Übergangsprojekt genügen.

Grundlegend hinsichtlich der Einheit ist der „Übergang" jedoch nicht allein für die empirische Wissenschaft, sondern auch für die Einheit der Erfahrung unter Prinzipien a priori. Der Weltstoff des „Übergangs zur Physik" gibt das Prinzip der Einheit a priori für alles, was zur Möglichkeit der Erfahrung als Stoff oder Materie derselben gegeben wird. In seinem Begriff wird alles Gegebene durch die Form der Einheit als Ganzheit im Subjekt a priori bestimmt gedacht. Diese transzendentale Begründungsfunktion für die Einheit der Erfahrung und ihres Inbegriffs, der Natur, steht im Mittelpunkt vorliegender Untersuchung zu „Übergang 1–14".

2.1.2 Der Übergang – Wissenschaft oder Propädeutik?

In den Entwürfen, die zeitlich früher als „Übergang 1–14" verfasst wurden, d. h. zwischen Juli 1797 und Dezember 1798 entwickelt Kant ein dreistufiges Modell der Naturlehre.[3] Auf einer ersten Stufe verortet Kant metaphysische Anfangsgründe einer Wissenschaft der Natur, für die er auch den Begriff einer Naturphilosophie „Philosophia naturalis" verwendet.[4] Verschiedene Stellen deuten darauf hin, dass hiermit entgegen des Anscheins die allgemeinen transzendentalen Naturgesetze des Grundsatzkapitels der Kritik der reinen Vernunft gemeint sind,[5] nicht die gleichnamige Schrift von 1786.[6] Die allgemeinen Gesetze einer

3 Vgl. bspw. im 5. Entwurf den Bogen Elementarsystem 6 OP, AA 22: 191.13–17: „1. Metaph. Anf: Gr. d. NW 2. Physiol. Propädeutische Anf: Gr. d. NW 3. Physisch//systemat. Anf: Gr. d. NW Nicht als Aggregates sondern als systems"; vgl. auch OP, AA 21: 620.23–28 , wie auch OP, AA 21: 286.15–18, wo von „drey Abtheilungen" der Naturwissenschaft die Rede ist.

4 Bspw. OP, AA 21: 621.06 f. ; OP, AA 21: 630.14 f.

5 Vgl. OP, AA 22: 289.20–23: „Uberschritt zum Begriffe: 1) Axiome der Anschauung 2.) Von der Anschauung zur Warnehmung, Warnehmung zur Erfahrung Analogien 3) subiectiv – 4) Uberschritt zur Einheit der Erfahrung in einem System der Krafte objectiv" sowie OP, AA 22: 292.20–28: „Die Tendentz der Met. A. G. der NW. zur Physik d.i. der Inbegrif der Principien der Naturforschung welche als blos formal a priori zu einem System derselben als vollständiger empirischer Erkentnis abzwecken machen den Ubergang zu derselben durch Begriffe der Möglichkeit der Erfahrung von diesen Gegenständen aus. – Die Axiomen der Anschauung (Mathematik) die Anticipationen der Warnehmung das Aggregiren der die Sinne bewegenden Krafte der Materie, – die Analogien der Erfahrung und das empirische Ganze eines Systems der Warnehmungen" und OP, AA 22: 239.21–

Metaphysik der Natur haben von sich aus eine Tendenz zur empirischen Physik, als deren wissenschaftliche und systematische Grundlegung sie fungieren.[7] Zentral für den Übergang zur Physik ist der Begriff bewegender Kräfte der Materie, weshalb die Begriffe des Übergangs zur Physik solche einer „allgemeine Kräftenlehre der Materie (*physiologia generalis*)" sind. Die Begriffe bewegender Kräfte in der neuen Dynamik des Nachlasswerkes machen den Übergang zur empirischen Naturforschung dadurch möglich, dass sie die beiden Territorien der allgemeinen Metaphysik der Natur a priori und der Naturlehre a posteriori, d. h. der Physik in der zeitgenössischen Auffassung verbinden, indem sie die allgemeinen

---

240.14: „**Der Übergang** von den met. A. Gr. der NW. zur Physik wenn er durch Erfahrung geschähe wäre er selbst die Physik; aber geschieht er durch Principien der Möglichkeit der Erfahrung so geht er vor der Physik a priori vorher und enthält Principien a priori sie anzustellen. Dieses ist aber ein besonderer Theil der NW. der seine eigenen Principien enthält und für sich ein System begründet welches aber blos formal ist. ist der Inbegrif aller a priori gegebenen Verhältnisse der bewegenden Kräfte der Materie welche zum empirischen System d.i. zur Physik erforderlich sind. Es sind also Elementarbegriffe der NW. die aber nicht in die Physik mithin nicht in die Erfahrungslehre eingreifen, die auch nicht fragmentarisch sondern Systematisch in einem Ganzen a priori dargestellt werden können. Wie ist ein solches formales Elementarsystem aus bloßen Begriffen (z.B. Anschauungen axiom Anticipationen der Warnehmung etc. Analogien der Erfahrung; – systematische Einheit des Ganzen des empirischen) möglich"

6 Auch diesbezüglich finden sich innerhalb der Entwürfe des Nachlasswerkes Stellen, welche dieser Auffassung widersprechen. Ein Beispiel für eine solche findet sich innerhalb des Entwurfs Farrago 1–4, der nach Adickes Chronologie nur wenige Monate vor „Übergang 1–14", zwischen Dezember 1798 und Januar 1799, verfasst wurde. An einer Stelle schreibt Kant: „Die metaph. Anf. Gr. d. N W. legten den Begriff von der Materie zum Grunde als des beweglichen im Raum. Darnach konnten auch die Bewegungsgesetze für die Materie überhaupt angegeben und a priori in einem System vollständig dargestellt werden. Aber dieser erste Theil der Naturwissenschaft (Philosophia naturalis) hat eine natürliche Tendenz zur Physik als einem System empirischer Naturkentnisse und Inbegriff derjenigen Gesetze die nur durch Erfahrung erkannt werden können" (OP, AA 21: 621.02–09).

7 Neben den bereits angeführten Stellen bspw. OP, AA 21: 630.14–26: „Die metaphysische Anfangsgründe der Naturwissenschaft (Philosophia naturalis) machen für sich ein System aus. Dieses aber hat wiederum eine natürliche **Tendenz** zur Physik als einem System empirischer Naturkunde d.i. es enthält a priori die Hinweisung der Metaphysik auf Gegenstände der Erfahrung als Problem welches zu lösen ihr durch die Vernunft aufgelegt ist und den Zweck von der ersteren ausmacht. Diese Gegenstände aber sind die bewegende Kräfte der Materie welche die Warnehmung an jedem Körper zur Auffassung darstellt und ein empirisches Aggregat derselben darbietet, das selbst wiederum für sich ein System von Begriffen ausmachen soll weil jeder einzelne Körper schon für sich ein System bewegender Kräfte der Materie ist und ohne Form und Principien eines Systems derselben die Einheit des Mannigfaltigen im Object für die Wissenschaft (Physik) nicht erreichbar ist" wie auch OP, AA 22: 289.24–26: „Der Ubergang von den Met. A. Gr. der NW. zur Physik ist die Tendenz der ersteren zur letzteren als Naturforschung nach Principien der Moglichkeit der Erfahrung eines Systems derselben".

Gegenstände der Naturwissenschaft und deren bewegende Kräfte, soweit sie a priori erkennbar sind, zu Prinzipien einer Einteilung machen, welche der Naturlehre a posteriori, die als solche nur im Zustand eines niemals zur Vollständigkeit gelangenden Aggregates einzelner Erkenntnisse und Daten ist, die prinzipielle, d. h. systematische Abgeschlossenheit geben. Der Übergang vermag die „Kluft" zwischen Metaphysischen Grundlagen und Empirie durch Begriffe zu überwinden, auf denen die Möglichkeit der Anwendung der ersteren auf die letztere beruht; Kant spricht an einer Stelle auch von einer Art Schematismus.[8] Der „Übergang zur Physik" stellt eine Topik der Physik a priori vor, die den empirischen Erkenntnissen einen systematischen Ort anweist.[9] Dies ist das Ziel, dass dem Übergang zur Physik gesteckt ist. Die Begriffe bewegender Kräfte der Materie fungieren dabei als „Gemeinörter worin die künftige Physik durch eine allgemeine Topik der Naturwissenschaft den scientifischen Gang zu der letzteren antreten

8 Vgl. OP, AA 21: 169.19 – 22: „Jener Übergang ist die Lehre welche das Subjective der Naturlehre in allgemeinen Principien d.i. die Begriffe a priori von der Naturforschung enthält. Ein Schematism der Begriffe der Metaphysik. Die Form nicht das Materiale der Physik". Zum Schematismus und seiner Funktion im Nachlasswerk vgl. Mathieu (1989) S. 30 – 38 und 137 f.

9 OP, AA 22: 354.25 – 355.19: „Die innere und äußere Gegenstände der Sinne in der Erscheinung (obiecta phaenomena) welche also nicht unmittelbar als die Sache an sich und mittelbar sondern nur subjectiv nach dem was sie im Verhaltnisse zum Subjecte sind und in welcher Form dieses die bewegende Kräfte der Materie zum Behuf der Erfahrung macht sind die Basis der Vereinigung die der Verstand in dieses Manigfaltige a priori das Formale der Zusammensetzung was dieser in Einem Begriffe denckt und macht das Wesen des Gegenstandes aus durch Verknüpfung des Gegebenen Manigfaltigen nach Gesetzen (forma dat eße rei) dessen Inbegriff (complexus) als empirischer Vorstellungen zum Behuf der Möglichkeit der Erfahrung durch Specification der Warnehmungen in der Apprehension der Erscheinungen und Zusammenstellung derselben nach einem Gesetz ein doctrinales System Physik genannt ausmacht zu welchem der Übergang in der natürlichen Tendentz der metaphysischen Anf: Gr. der Naturwissenschaft überhaupt als allgemeiner Erfahrungslehre sich selbst nach einem Gesetz der Verknüpfung der Warnehmungen in der Naturforschung (durch Observation und Experiment) eine **Topik** der Begriffe errichten kann, in welcher nicht durch Herumtappen unter Warnehmungen als Aggregat sondern einem Elementar// System die immer fortschreitende Physik die Erfahrungsgegenstände als Erscheinungen zu welchen die Naturforschung fuhrt, zu classificiren und specificiren nach Einem Princip geleitet wird" wie auch OP, AA 21: 483.18 – 484.02: „So fern die Summe dieser Kräfte eine Classeneintheilung a priori zulaßt die auf Begriffe a priori gegründet ist so muß es eine Topik der bewegenden Kräfte der Materie geben wo jeder dieser Krafte ihr Ort (locus communis) im System angewiesen wird und es wird eine besondere Wissenschaft möglich und nöthig seyn welche blos mit diesen Gemeinortern der Naturforschung beschaftigt ist. – — Empirische Begriffe z. B. Schweere deren bewegende Kraft nach Begriffen a priori gedacht werden können z. B. Anziehung u. Abstoßung obgleich die Existenz derselben durch Erfahrung gegeben seyn muß gehören zu jener Topik des Überganges. [...] Denn die bewegende Kräfte der Form nach lassen sich a priori abzählen dem Inhalte nach aber sind sie durch die Erscheinungen ihrer Wirkungen erkennbar."

könne. Denn die Fächer für Begriffe einer gewissen Art Gegenstande müssen zuvor wohl eingetheilt seyn ehe man es wagen darf sich an die Bearbeitung des Systems selbst zu machen“.[10] Egal wie viele Erkenntnisse durch Beobachtung und Experiment noch gewonnen werden: sie haben a priori ihre bestimmte Stelle in jenem System, das der Übergang zur Physik durch die Begriffe bewegender Kräfte der Materie a priori bereitstellt.[11]

Bezogen auf die Frage nach dem Status des „Übergangs zur Physik“ als Wissenschaft einerseits und Propädeutik andererseits ist festzuhalten, dass eine Festlegung auf eine der beiden genannten Möglichkeiten, den „Übergang“ im Nachlasswerk aufzufassen, von dem jeweiligen Blickwinkel abhängt. Aus der Perspektive von Physik als Wissenschaft und damit als einem System muss der „Übergang“ als Propädeutik angesehen werden,[12] wenngleich er als deren scientifische Basis nicht außerhalb einer Wissenschaft der Natur verortet werden darf.[13] Der Übergang ermöglicht physikalische Erkenntnisse als wissenschaftliche Erkenntnisse in einem Systemganzen, aber er liefert selbst keine solchen. Dennoch ist genau das, was als Bedingung der Möglichkeit von Naturwissenschaft als System notwendig vorausgesetzt werden muss, selbst systematisch und daher Wissenschaft: Wissenschaft vom Übergang.[14] Es verhält sich daher mit dem

---

10 OP, AA 22: 256.23–27.

11 Vgl. OP, AA 21: 288.14–16: „Allgemeine physische Topik ist die Lehre durch die man einer jeden naturwissenschaftlichen Erfahrung ihre Stelle unter den übrigen noch nicht bekannten anweisen kann“.

12 Vgl. OP, AA 21: 631.01–10: „Die Naturlehre als System der bewegenden Kräfte der Materie so fern sie a priori zusammen gestellt worden ist nun propädevtisch für die Physik und kann allgemeine Kräftenlehre (dynamica generalis) oder auch propädevtische Physiologie genannt werden. Es ist aber wegen der Tendenz der metaphysischen Anfangs Gr. zur Physik – welche an sich etwas Subjectives nämlich nicht selbst einen Inbegriff von Kräften sondern den Act des Gemüths vorstellt die Begriffe von den bewegenden Kräften der Materie in einem System zu verknüpfen – dem der Naturlehre angemessener diese Theorie als einen Ubergang von der Metaph. zur Physik vorzustellen“.

13 Vgl. OP, AA 21: 169.05–18: „Dieser Übergang ist also ein besonderer Theil der allgemeinen Naturwissenschaft (Philosophia naturalis) als Propädevtik der Physik um diese mit der Metaphysik zu verknüpfen ohne welches Schema die letztere welche ein System werden soll in dieser Qvalität nie erwartet werden kann. – Die Form des scientifischen Erkentnisses muß a priori gegeben seyn, in deren Fachwerk das Empirische was die Naturforschung liefern mag nach Principien gestellt werden und so die Physik auf den Werth eines Systems Anspruch machen kann. Die Materialien zu diesem Bau sind nun die a priori denkbare bewegende Kräfte. Die Förmlichkeit in Verbindung oder Verhältnis derselben die zu einem Lehrgebäude wie es die Physik werden soll erforderlich ist verlangt daß die empirische Data (der Erfahrungserkentnis) nach dem Princip einer systematischen Vollständigkeit durch Vernunft zusammengeordnet werden“.

14 Vgl. OP, AA 22: 240.25–241.19: „Dieser Ubergang ist nicht blos Propädevtic denn das ist ein schwankender Begriff und betrift nur das Subjective der Erkentnis. Es ist ein nicht blos regulatives

Übergang im Bezug zur Physik ähnlich, wie mit Kants Vernunftkritik bezogen auf das gesamte Gebäude der neuen Transzendentalphilosophie. Auch die KrV ist nicht bloß wissenschaftliche Propädeutik, sondern Propädeutik als Wissenschaft; gleiches gilt auch für Kants spätes Übergangsprojekt.

Kant geht innerhalb des Entwurfs „Übergang 1–14" selbst nicht näher auf die Frage nach dem Status des wissenschaftlichen oder propädeutischen „Übergangs zur Physik" ein, wenngleich sich auch innerhalb dieses Entwurfs Stellen finden, die wie eine Festlegung Kants auf je eine der beiden Alternativen, den „Übergang" aufzufassen anmuten.[15] Ein derartiges Schwanken Kants in der Frage ob Propädeutik oder Wissenschaft ist jedoch nicht nur hinsichtlich des Status des Übergangs zur Physik im Kontext des Nachlasswerks feststellbar. Auch im Hinblick auf das System des Transzendentalen Idealismus als solches wird diese Frage in unterschiedlicher Weise beantwortet.[16]

---

sondern auch constitutives formales a priori bestehendes Princip der N. W. zu einem System. [...] Um zur Physik, als einem System der empirischen Naturwissenschaft zu gelangen müßen vorher Principien a priori der synthetischen Einheit der bewegenden Krafte in der Naturwissenschaft entwickelt werden der Form nach in dem Ubergange zur NW. überhaupt vollständig entwickelt werden, (Axiomen der Anschauung, Anticipationen der Warnehmung etc) welche eine Propädevtik der Physik als einen Ubergang zu derselben a priori enthalten und analytisch aus dem bloßen Begriffe derselben abgeleitet werden. – Diese Propädevtik ist selbst ein System welches die Form des Systems der Physik a priori enthält. Es kann nicht ein fragmentarisches Aggregat seyn was dieses Gantze der Moglichkeit einer Physik enthält denn als ein a priori gegebenes Ganze muß es nothwendig ein System seyn welches keiner Verminderung oder Vermehrung fähig ist. Regulative Principien die zugleich constitutiv sind".

15 Vgl. OP, AA 21: 207.05–07: „Alle diese Stücke enthalten die formale Principien der Möglichkeit einer Erfahrungswissenschaft des Systemes der bewegenden Krafte der Materie d.i. des Überganges zur Physik".

16 In der Kritik der reinen Vernunft finden sich in Vorrede wie auch Einleitung deutliche Stellen die dafür sprechen, dass Kant seine Vernunftkritik als Propädeutik des Systems versteht, vgl. bspw. KrV BXXIIf.: „.Sie [die „Kritik der reinen speculativen Vernunft"] ist ein Tractat von der Methode, nicht ein System der Wissenschaft selbst; aber sie verzeichnet gleichwohl den ganzen Umriß derselben sowohl in Ansehung ihrer Grenzen, als auch den ganzen inneren Gliederbau derselben." wie auch KrV BXLIII: „[...] um sie in der künftigen Ausführung des Systems dieser Propädeutik gemäß zu benutzen". Das System, um welches es geht, ist das einer „allein dauerhaften und daher höchst nothwendigen Wissenschaft der reinen Vernunft" und KrV B25: „so können wir eine Wissenschaft der bloßen Beurtheilung der reinen Vernunft, ihrer Quellen und Grenzen als die Propädeutik zum System der reinen Vernunft ansehen. Eine solche würde nicht eine Doctrin, sondern nur Kritik der reinen Vernunft heißen müssen, und ihr Nutzen würde in Ansehung der Speculation wirklich nur negativ sein, nicht zur Erweiterung, sondern nur zur Läuterung unserer Vernunft dienen und sie von Irrthümern frei halten, welches schon sehr viel gewonnen ist."; Tuschling hat darauf hingewiesen, dass sich Kant diesbezüglich in der *Erklärung in Beziehung auf Fichtes Wissenschaftslehre* selbst widerspricht (siehe Br, AA 12: 370.36–371.06: „Hierbey muß ich noch bemerken, daß die Anmaßung, mir die Absicht unterzuschieben: ich habe bloß eine

2.1.3 Anmerkungen zur Terminologie

Bevor es im Folgenden darum gehen wird, den Entwurf „Übergang 1–14" mit einer Schwerpunktsetzung bei den Teilen Übergang 1, 2, 11 und 12 kommentierend darzustellen, ist hier noch zu zwei die Terminologie betreffenden Fragen Stellung zu beziehen. Deren erste betrifft die Bezeichnungen des Gegenstandes der Existenzbeweise, die im Zentrum von „Übergang 1–14" stehen. Kant verwendet im OP eine Vielzahl von Namen für diesen Gegenstand. So ist im Kontext von „Übergang 1–14" die Rede von der „Materie überhaupt",[17] dem „Äther",[18] einem „Wärmestoff",[19] einem „Elementarstoff",[20] einem sogenannten „Weltstoff",[21] und zuletzt einmal im Zusammenhang dieser Entwürfe von einem „Nervenstoff".[22] In anderen Abschnitten des Nachlasswerkes finden zudem Bezeichnungen wie „Feuerstoff" oder auch „Lichtstoff" Verwendung.[23] Einmal ist zudem von einem „Reibestoff" die Rede.[24] Zunächst einmal ist festzustellen, dass Kant diese Begriffe synonym und beinahe willkürlich benutzt. Viele der genannten Bezeichnungen weisen auf frühere Abschnitte des OP zurück. In diesen Entwürfen entsprach die so bezeichnete Zwischenmaterie einem hypothetischen Stoff, wie er bspw. bei Gehler definiert wird,[25] oder dem, was Kant im §91 der KU als den „Äther der neuern Physiker" bezeichnet, der als solcher eine „bloße Meinungssache" ist.[26] Als bloße Annahme und heuristisches Mittel orientiert sich die Bezeichnung der Zwischenmaterie an den jeweils mit Hilfe dieses Mittels zu erklärenden empirischen Phänomenen. Geht es bspw. um die Brennbarkeit gewisser Materialien, wurde ein Feuerstoff zur Erklärung dieser Eigenschaft angenommen. In „Übergang 1–14" erhält die „Materie überhaupt" hingegen eine grundlegende transzendentale

Propädevtik zur Transscendental-Philosophie, nicht das System dieser Philosophie selbst, liefern wollen, mir unbegreiflich ist. Es hat mir eine solche Absicht nie in Gedanken kommen können, da ich selbst das vollendete Ganze der reinen Philosophie in der Crit. der r. V. für das beste Merkmal der Wahrheit derselben gepriesen habe."); Tuschling, (1995), S. 196.

17 Bspw. OP, AA 21: 209.16 ; OP, AA 21: 215.14.

18 Bspw. OP, AA 21: 537.13 ; OP, AA 21: 562.09.

19 Bspw. OP, AA 21: 224.11 ; OP, AA 21: 580.29.

20 Bspw. OP, AA 21: 247.02f. ; OP, AA 21: 602.01.

21 Bspw. OP, AA 21: 216.05 ; OP, AA 21: 559.09.

22 Bspw. OP, AA 21: 564.27.

23 Für beide Benennungen bspw. OP, AA 21: 515.13f.

24 OP, AA 21: 517.14.

25 Gehler (1787), S. 82: „Alles, was sich von diesem Gegenstande sagen lässt, ist h y p o t h e t i s c h, und bloß zur Erklärung gewisser Erscheinungen angenommen; unmittelbare und klare Erfahrungen über das Daseyn und die Eigenschaften des Aethers fehlen gänzlich".

26 KU, AA 05: 467.

Funktion. Hieraus resultiert der Umstand, dass die meisten der zuvor genannten Bezeichnungen unpassend sind, da sie diese transzendental notwendige Materie überhaupt neuerlich physikalisieren und in die Nähe jener hypothetischen Stoffe rücken, von denen Kant in „Übergang 1–14" den Gegenstand seines transzendentalen Beweises gerade absetzen will. Dies wird in der folgenden Darstellung des Entwurfs noch genauer gezeigt werden. Sowohl für die behauptete Synonymität der Benennungen, als auch für die Inadäquanz derselben innerhalb der transzendentalphilosophisch motivierten Materiespekulation des Entwurfs „Übergang 1–14", lassen sich Belege anführen. So schreibt Kant über die Bezeichnung der Materie überhaupt, eine solche „mag nun Wärmestoff oder Aether u.s.w. heissen".[27] Als Beleg für die Unausgewogenheit bestimmter Bezeichnungen und den Umstand, dass diese Kant durchaus in den meisten Fällen bewusst war, können all jene Stellen angeführt werden, an denen Kant zwar von einem „Wärmestoff" spricht, in dem selben Kontext aber feststellt, dass dieser Bezeichnung ungeachtet es keinesfalls notwendig ist, das Phänomen der Wärme als dessen spezifische Wirkung anzusehen.[28] Auch diese Stellen werden im Folgenden noch genauer kommentiert werden.

Wenngleich Kant je nach Kontext unterschiedliche Begriffe für denselben Gegenstand verwendet, kann dennoch berechtigterweise danach gefragt werden, welche dieser Bezeichnungen vor dem Hintergrund der transzendentalen Dynamik[29] des Entwurfs „Übergang 1–14" angemessen erscheint. Würde man die denkbaren und tatsächlich verwendeten Namen hierarchisch ordnen, stünde die Bezeichnung Erfahrungsstoff an oberster Stelle. Die Materie überhaupt stellt, wie gezeigt werden wird, die objektiv reale Einheit der Erfahrung in materialer Absicht und sub specie totalitatis dar: Die Erfahrung in gegenständlicher und materieller Auffassung. Eine Bezeichnung des transzendentalen Prinzips als Erfahrungsstoff findet sich jedoch an keiner Stelle des Entwurfs, obschon die Rede von „Naturstoff"[30] in die gleiche Richtung weist, da Natur im Sinne von KrV A114 als Inbegriff der Erfahrung begriffen werden kann. An zweiter Stelle einer Benennungshierarchie müsste die Rede von einem „Weltstoff" stehen. Zum einen findet dieser

---

27 OP, AA 21: 236.24f., vgl. auch OP, AA 21: 226.06–08: „Man will wissen ob so etwas als der im Universum verbreitete alldurchdringende Stoff (er heisse nun Wärmestoff oder Aether oder sonst wie) existire".

28 Vgl. bspw. OP, AA 21: 228.25f.; OP, AA 21: 560.10–13; OP, AA 21: 584.29f; OP, AA 21: 600.12–14.

29 Vgl. Tuschling (1971), Titel.

30 Kant verwendet diese Bezeichnung in „Übergang 1–14" auf OP, AA 21: 557.13 und OP, AA 21: 587.02.

Terminus in „Übergang 1 – 14“ häufig Verwendung,[31] zum anderen richtet sich auch der Weltbegriff auf eine Totalität. Die Bezeichnung einer „Materie überhaupt“ wäre der Rede vom Weltstoff nachgeordet. Auch in den MAN spricht Kant von „Materie überhaupt“, jedoch im Hinblick auf die Eigenschaften der Materie als einem empirischen Phänomen, sofern diese a priori erkennbar sind. Zuunterst in der Hierarchie möglicher Bezeichnungen des materiellen Prinzips eines Systems der Natur(-wissenschaft) wie auch der Erfahrung selbst in „Übergang 1 – 14“ stehen die physikalisierenden Benennungen wie bspw. die Rede vom „Äther“. Die vor allem in der angelsächsischen Forschungsliteratur gebräuchliche Rede von „Ätherdeduktionen“[32] ist insofern zwar durch den Text zu rechtfertigen, nicht aber optimal im Hinblick auf den Gegenstand, dessen Existenz in „Übergang 1 – 14“ aus dem Begriff möglicher Erfahrung deduziert werden soll.

Wenn in der anschließenden kommentierenden Darstellung weiter Teile von „Übergang 1 – 14“ bezogen auf den Kantischen Text gemeinhin von einem Entwurf die Rede ist, sei darauf hingewiesen, dass sich bei den einzelnen Teilen des OP selbst diese façon de parler problematisieren lässt. Handelt es sich bei „Übergang 1 – 14“ tatsächlich um einen Entwurf, oder ist die Aneinanderreihung der Bögen mit den von Kant eigenhändig aufgetragenen Bezeichnungen „Übergang“ bis „Übergang 14“ vielmehr eine Aneinanderreihung von für sich zu betrachtenden Entwürfen? Mathieu, der von einer „zellenartigen Struktur“ des Nachlasswerkes ausgeht,[33] spricht noch allgemeiner und unspezifischer von einer „Folge“[34] oder „Serie“.[35] Die Tatsache, dass viele Texte in modifizierter Form oder in geringfügig abgewandelter Formulierung teils mehrfach rekurrieren ist kein Argument gegen die Rede von einem Entwurf. Ein solcher ist kein drucklegungsreifer Text und Rekurrenz und Neu-Ansetzen zeichnen einen solchen aus. Die Rede von einem Entwurf ist bei „Übergang 1 – 14“ jedoch inhaltlich gerechtfertigt. „Übergang 1 – 14“ stellt insofern eine Einheit dar, als im zunächst losen Zusammenhang der Bögen eine neue Thematik Raum greift, die innerhalb des gesamten Nachlasswerkes ein Novum darstellt. Die neue transzendentale Dynamik ist Basis der Reflexionen des Entwurfs „Übergang 1 – 14“ und sein artbildender Unterschied zu anderen Zu-

31 Neben bereits genannten Stellen vgl. OP, AA 21: 217.15 ; OP, AA 21: 222.01 ; OP, AA 21: 223.15 ; OP, AA 21: 229.17 f. ; OP, AA 21: 247.02 ; OP, AA 21: 543.03 ; OP, AA 21: 548.01 ; OP, AA 21: 560.10 ; OP, AA 21: 602.14.

32 Bspw. Hall (2006); Guyer (2005).

33 Mathieu (1989), S. 61 – 63 sowie 70 ; gemeint ist damit, dass jeder Bogen wie die Zelle eines Organismus dessen Bauplan, den Plan des Gesamtwerkes, wenn auch aus unterschiedlichen Perspektiven, enthält, weshalb letztlich sogar einzelne Bögen als Entwürfe bezeichnet werden könnten.

34 Mathieu (1989), S. 123, 134, 140, 216, 265.

35 Mathieu (1989), S. 215.

sammenhängen des OP Damit soll Mathieus interessante These einer „zellenartigen Struktur“ des OP nicht von vornherein als falsch abgetan werden. Ihre Verifizierung bedürfte jedoch einer Betrachtung jedes einzelnen Bogens im Verhältnis zur Gesamtheit des Nachlasswerkes. Hier stünde der philologische Aufwand in keiner Relation zum Ergebnis, da es unstrittig ist, dass auch Teile eines Entwurfs, die schon aufgrund des Materials (eines Foliobogens beschriebenen Papiers) eine Einheit darstellen, bei isolierter Betrachtung als ein Entwurf bezeichnet werden können, obwohl sie als solche Teil eines übergeordneten Entwurfs sind.

2.2 Kommentierende Darstellung des Entwurfs „Übergang 1–14“

2.2.1 „Übergang 1“

Jede Interpretation der Entwürfe „Übergang 1–14 muss die Frage zu beantworten suchen, was Kant unter einem „Übergang“, genauer dem „Übergang von den metaphysischen Anfangsgründen der Naturwissenschaft zur Physik“ versteht. Bereits Kants einleitender Satz zu Beginn des ersten zusammenhängenden Teilstücks von „Übergang 1–14“, das von Kant selbst mit der Bezeichnung „Übergang“ versehen wurde,[36] liefert hierzu wichtige Anhaltspunkte. Man kann diesen Satz als Projekt des Entwurfs „Übergang 1–14“ in Kurzform betrachten.[37] Es geht um eine: „Eintheilung der Naturlehre nach Principien des Überganges der metaphysischen Anfangsgründe derselben zur Physik“.[38] Die Naturlehre, als die Gesamtheit aller empirischen Weisen sich den Naturphänomenen forschend zuzuwenden, soll eingeteilt werden. Sie soll eine systematische Grundlage erhalten, die auf bestimmten Prinzipien beruht. Die Einteilung der Naturlehre, die, wie anhand des Texts von „Übergang 1“ zu zeigen sein wird, den Unterschied zwischen Naturlehre und Wissenschaft der Natur begründen soll, kann dabei nach Kant keinen em-

36 Wenngleich Kant im Unterschied zu den Teilstücken „Übergang 2“ bis „Übergang 14“ das erste Teilstück „Übergang“ nicht mit einer arabischen Ziffer bezeichnet, verwende ich für den ersten Entwurf in Anlehnung an Adickes im Folgenden die Benennung „Übergang 1“; dies nicht allein der Eindeutigkeit des Bezuges wegen, sondern auch, um die Rede von dem ersten Bogen des Entwurfs „Übergang 1–14“ von der Rede über das Projekt/Vorhaben eines „Übergang“ im Allgemeinen abzugrenzen.

37 Meines Erachtens hat Kant selbst dies ähnlich gesehen und den Satz aus diesem Grund mit einem Spiegelstrich von dem nachfolgenden Text separiert.

38 OP, AA 21: 206.25 f.

pirischen Ursprung haben, d. h. eine Einteilung der gesamten Naturwissenschaft kann nicht auf Basis der erfahrbaren Gegenstände einer Naturwissenschaft vorgenommen werden. Prinzipien die „von den Objecten hergenommen werden“[39] wären ihrer Natur nach empirische Prinzipien und nicht solche einer Erfahrungswissenschaft, die selbst erst den Übergang zu einer empirischen Physik als Wissenschaft ermöglichen soll. Mithin kann eine Einteilung des Übergangs einzig durch solche Prinzipien möglich sein, deren Ursprung zur Gänze a priori ist.[40] Mit einer solchen „auf Principien a priori zu begründende Eintheilung“[41] der gesamten Naturlehre beabsichtigt Kant eine völlig neue Systematisierung der Naturwissenschaft, die sich, wie sich bereits in „Übergang 1“ zeigen wird, grundlegend von vorangegangenen Versuchen einer derartigen Systematisierung unterscheidet.

Eine solche Einteilung kann dem Text von „Übergang 1“ folgend in drei unterschiedliche Bereiche segmentiert werden. Deren erster betrifft „die Methode der Bearbeitung derselben [der besagten Einteilung, vjr] überhaupt“,[42] ein weiterer mit der „Einteilung der Begriffe in Ansehung der Form der Objekte so fern sie aus Begriffen (blos denkbar) aber zum Übergange von den metaph. A. Gr. Der NW. nothwendig gehört (Körper Organische)“,[43] und ein dritter Teil beinhaltet „die Eintheilung der beweglichen Stoffe in so fern ihre wirkliche Bewegung a priori erkennbar ist“.[44]

Problematisch bei dieser inhaltlichen Gliederung der neuen Einteilung der Naturlehre, die Kant im Sinn hat, ist, dass sie nicht ohne Schwierigkeiten auf die Binnengliederung des Entwurfs „Übergang 1 – 14“ angewendet werden kann.[45]

---

39 OP, AA 21: 206.27.

40 Diese Begründung leitet sich von dem Vorhaben her, durch einen Übergang von den metaphysischen Anfangsgründen der Naturwissenschaft zur Physik eine vollständige Einteilung der letzteren zu ermöglichen. Hierdurch würde die Physik, oder allgemeiner die Naturlehre, erst Wissenschaft im Vollsinne. Erst die Systematik macht die Wissenschaft, wie Kant OP, AA 21: 207.10 – 14 darlegen wird. Durch eine Orientierung der Systematik an den erfahrbaren Gegenständen einer Naturlehre, wäre sie niemals abgeschlossen, da die Erfahrung zumindest der Möglichkeit nach auf immer neue Gegenstände treffen könnte. An diesem Punkt geht es Kant jedoch nicht primär um den Aspekt systematischer Abgeschlossenheit, sondern vielmehr darum, den Übergang von der empirischen Physik, die sich mit den erfahrbaren Gegenständen in der Natur befasst, abzugrenzen.

41 OP, AA 21: 206.28 f.

42 OP, AA 21: 206.29 f.

43 OP, AA 21: 206.30 – 207.02.

44 OP, AA 21: 207.03 f.

45 In „Übergang 1“ unterscheidet Kant zwei Kapitel einer „Einleitung“ die sich einerseits unter „I“ dem „formalen Begriffe der Naturwissenschaft“ (OP, AA 21: 207.09) und andererseits unter „II“ dem „materialen Begriffe (des Objects) der Naturwissenschaft“ (OP, AA 21: 209.14 f.) widmen. Im

Kant betont ausdrücklich, dass die drei genannten „Stücke"[46] der Einteilung der Naturlehre (1. Methode, 2. Objektbegriffe, 3. bewegliche Stoffe) die „formale[n] Principien der Möglichkeit einer Erfahrungswissenschaft des Systemes der bewegenden Kräfte der Materie d. i. des Überganges zur Physik"[47] beinhalten. Die genannte dreigliedrige Einteilung ist mithin der weiteren Strukturierung der Entwürfe gegenüber vorrangig und zudem vorgängig – mit ihr nimmt der Entwurf „Übergang 1–14" seinen Anfang.

Im Unterschied zu vorherigen Versuchen einer Systematisierung der Naturwissenschaft a priori beinhaltet die neue Einteilung auf Basis der Grundlagen eines Übergangs zur Physik auch notwendig Gegenstände wie organische Körper.[48] Bereits hier wird die Radikalität der neuen Denkansätze in „Übergang 1–14" deutlich: In eine Einteilung der Naturlehre nach Prinzipien, deren Ursprung rein a priori ist, wird der Organismus nicht allein problematisch mit aufgenommen – er gehört mit Notwendigkeit in eine solche hinein. Schon diese zu Beginn des Entwurfs „Übergang 1–14" gegebene Einteilung markiert einen deutlichen Bruch mit Kants Auffassung in 1790, der zufolge es der Erfahrung bedarf, um überhaupt mit dem Problem zweckmäßig organisierter Materie konfrontiert zu werden.[49]

Wenn Kant bereits zu Beginn des Bogens „Übergang 1" schreibt, dass es ihm neben anderem um die formalen Grundlagen einer „Erfahrungswissenschaft des

---

Hinblick auf die zuvor genannten Bereiche der Einteilung nach Prinzipien a priori wäre es möglich, die unter „I" stattfindende Auseinandersetzung mit der Betitelung von Newtons Hauptwerk und die damit einhergehende klare Scheidung der Erkenntnisweisen von Mathematik und Philosophie jenem Bereich der Einteilung zuzuordnen, der sich mit Fragen der Methode befasst. Das Kapitel der Einleitung „II" hingegen ließe sich unschwer jenem Bereich zuordnen, in dem eine Einteilung der Begriffe in Bezug auf die Objekte erfolgen soll. Der dritte Teilbereich in dem es um bewegliche Stoffe und ihre a priori erkennbaren Bewegungen geht, fehlt in „Übergang 1". Ohne vorzugreifen gehe ich davon aus, dass in „Übergang 1–14" dieser Bereich einer möglichen Einteilung der Naturlehre auf Basis apriorischer Grundsätze nur in „Übergang 13" und „Übergang 14" Berücksichtigung findet.

46 OP, AA 21: 207.05.

47 OP, AA 21: 207.05–07.

48 Vgl. nochmals OP, AA 21: 206.30–207.02.

49 In den Allgemeinen Anmerkungen zur Teleologie in der KU hatte Kant bezüglich der Zwecke der Natur deutlich gemacht, dass „deren Begriff sich zwar nicht *a priori*, sondern nur durch die Erfahrung geben läßt" (KU, AA 05: 476). Diese Auffassung scheint sich an vielen Stellen von „Übergang 1–14" grundlegend gewandelt zu haben; siehe vor allem OP, AA 21: 211.16–22: „In der Eintheilung der bewegenden Kräfte der Materie die zum Übergange von den Metaph. Anf. Gr. der NW zur Physik gehört kann nun die in organische und unorganische nicht mangeln und zwar muß sie a priori darin gedacht werden ohne allererst durch Erfahrung von der Existenz solcher Körper belehrt werden zu dürfen; denn der Übergang von den metaph. A. Gr. der NW zur Physik führt nothwendig auch auf diesen Begrif."

Systemes der bewegenden Kräfte der Materie“ zu tun ist,[50] wird damit zugleich eine Bestimmung des systematischen Orts eines Übergangs zur Physik gegeben. Im Falle einer Erfahrungswissenschaft der bewegenden Kräfte der Materie hätte man es bereits mit empirischer Naturwissenschaft – in Kants sehr weiter Definition mit Physik – zu tun. Hier geht es jedoch um das System einer solchen, das deren Grundlage und die Grundlage der Wissenschaftlichkeit derselben ausmacht.[51] Auch der Übergang ist Erfahrungswissenschaft, d. h. Wissenschaft des Systems der Erfahrung, die als solche den Inbegriff aller möglichen (empirischen) Erkenntnis darstellt.[52] Es geht um die Einheit der Erfahrung auch im Sinne des alle Erscheinungen in sich befassenden Systems der (Natur-)Wissenschaft. Natur kann und muss in dem Zusammenhang des Entwurfs „Übergang 1–14“ stets als Inbegriff des Erfahrbaren, d. h. der Erscheinungen gelesen werden.[53] Schon im Anspruch auf Vollständigkeit einer Erfahrungswissenschaft der bewegenden Kräfte der Materie, der durch den Begriff des Systems, wie Kant ihn in „Übergang 1–14“ verwendet,[54] ausgedrückt wird, liegt der Bezug auf eine empirische Totalität.[55] Das System der bewegenden Kräfte der Materie und der Weltstoff – dies zeigen die auf „Übergang 1“ folgenden Teile des Entwurfs – stellen eine empirische Totalität dar. Im „Übergang“ als der Erfahrungswissenschaft des Systems der bewegenden Kräfte der Materie geht es mithin um diese empirische Totalität sowohl formaliter in Absicht einer systematischen Einteilung der Naturlehre die deren Wissenschaftsanspruch einlösen soll, wie auch materialiter in Absicht des Weltstoffs, dessen Begriff zum Prinzip des Systems werden wird.[56] Diese Rolle als oberstes

50 OP, AA 21: 207.05–07.

51 Bspw. OP, AA 21: 207.13: „dadurch das Erkentnis scientifisch wird“.

52 Vgl. KrV B296: „Erfahrung, als des Inbegriffes aller Erkenntnis, darin uns Objekte gegeben werden mögen“.

53 Vgl. KrV A114: „Objekt aller möglichen Erfahrung, d.i. Natur“

54 Vgl. bspw. OP, AA 21: 585.16–21: „alle diese Begriffe [Wärmestoff, Lichtstoff etc., vjr] aber zwecken darauf ab um ein materielles Princip der Einheit möglicher Erfahrung welche alle Erfahrungen zu Einer verbindet, zu haben ohne welche und deren Form kein Zusammenhangendes Gantze der Erfahrung die alsdann nur Aggregat der Warnehmungen nicht Erfahrung als System seyn würde statt findet.“; ferner OP, AA 21: 588.17–26: „In dem Übergange von den metaph. Anf. Gr. der NW. zur Physik als einem System der empirischen Erkentnis der Natur im Ganzen Einer moglichen Erfahrung, nicht in ihrer distributiven sondern collectiven Einheit ist die Existenz einer allverbreiteten alldurchdringenden und allbewegenden Materie benannt Wärmestoff [...] die Basis und die Vereinigung aller bewegenden Kräfte der Materie nicht als bloßes Aggregat (sparsim) sondern als in einem System (conjunctim) im Ganzen Einer Erfahrung gedacht das Princip des Uberganges von der Met. zur Phys.“.

55 Zu Kants „Empiriototalismus“ im Nachlasswerk siehe Waschkies (1991), S. 187 f., 191.

56 Vgl. OP, AA 21: 216.5 f. ; in Sonderheit erneut OP, AA 21: 585. 16–21.

Prinzip eines Systems der (kollektiven) Einheit der Erfahrung ist in „Übergang 1–14" der maßgebliche Beweisgrund der Existenz des Weltstoffs.

Aufgrund des Anspruchs systematischer Abgeschlossenheit der Naturlehre auf Basis apriorischer Systembegriffe bzw. Prinzipien, den die Erfahrungswissenschaft des „Übergang" einlösen soll, gehören auch Gegenstände wie der (zuvor stets nur problematisch behandelte) organische Naturkörper mit Notwendigkeit in seinen Bereich. Eine Systematisierung der Naturlehre, in der ein Begriff a priori für den Organismus fehlen würde, würde den eigenen Anspruch auf prinzipielle Abgeschlossenheit ad absurdum führen. Im neuen System des Übergangs zur Physik erhält der Organismus eine notwendige Systemstelle als Prinzip a priori seiner Betrachtung in einer empirischen Wissenschaft der Natur. Nur wenn dies gewährleistet ist, kann die empirische Naturwissenschaft mittels ihrer Grundlagen a priori ein geschlossenes Ganzes ergeben. Ohne Berücksichtigung der belebten, organisierten Natur bliebe eine Lücke im System.[57]

Die Bezeichnung der Erfahrungswissenschaft des Systems der bewegenden Kräfte der Materie, d. h. des Übergangs als eine „mittlere Wissenschaft"[58] trifft in Absicht des systematischen Ortes der Übergangswissenschaft zu. Kants spätes Projekt Übergang ist eine mittlere Wissenschaft, insofern sie ihren systematischen Ort zwischen Metaphysik und Physik hat, und indem sie zwischen diesen beiden Reichen vermittelt.[59]

Einleitung I: Differenzierung der Prinzipien a priori einer möglichen Wissenschaft der Natur

Unter der Überschrift „I. Vom formalen Begriffe der Naturwissenschaft" die in „Übergang 1" auf den Titel „Einleitung" folgt,[60] stellt Kant zunächst allgemeine Kriterien der Wissenschaftlichkeit vor. Kants Dreigliederung der Einteilung der Naturlehre nach Prinzipien a priori in die Bereiche der Methode, der Objektbegriffe und der beweglichen Stoffe folgend,[61] könnten die in diesem Abschnitt des ersten

57 Laut Kant „kann doch die Vernunft nicht umhin den Begrif eines Zweckmäßigen Mechanisms der Materie unter dem Nahmen der Organisation obzwar nur problematisch allgemein zu machen und ihr gegenüber die unorganische Materie zu stellen um die Classeneintheilung der Körper für ein künftiges (empirisches) System der Physik, der Vernunft zur Vollständigkeit möglicher Erfahrung darzulegen und so, nicht aus gegebenen Erfahrungssätzen und Warnehmungen (denn diese geben keine Allgemeinheit der Principien ab), sondern aus Begriffen die Eintheilung a priori berechtigt zu machen" (OP, AA 21: 212.05–13)

58 Busche (2010), S. 58.

59 Vgl. OP, AA 21: 620.13–18.

60 OP, AA 21: 207.08 f.

61 Vgl. nochmals OP, AA 21: 206.29–207.03.

Entwurfs in „Übergang 1–14" angestellten Überlegungen am ehesten dem ersten, der Methode gewidmeten, Bereich zugeordnet werden.[62]

> Zu einer jeden Wissenschaft als System gehören Principien a priori welche die Form derselben betreffen der nachher die Materie als Inbegriff der Gegenstande untergeordnet und dadurch das Erkentnis scientifisch wird.[63]

Streng genommen enthält der Satz eine Tautologie in Form der Bezeichnung „Wissenschaft als System". Wissenschaft ist für Kant stets systematisch. Eine unsystematische Wissenschaft stellt hingegen eine contradictio in adiecto dar.[64] Bereits hier, innerhalb der Erörterungen zum formalen Begriff einer Wissenschaft der Natur wird die Materie als Inbegriff der Gegenstände, als eine empirische Totalität eingeführt, die gerade aufgrund des implizierten Bezuges auf ein absolutes Ganzes der Gegenstände nicht als im eigentlichen Sinne empirisch begriffen werden darf. Die Differenzierung des eigentlich oder bloß Empirischen von dem Empirischen überhaupt ist, wenngleich sie an dieser Stelle von „Übergang 1" nicht explizit gemacht wird, zum Verständnis des Entwurfs „Übergang 1–14" von nicht zu unterschätzender Bedeutung. Es geht nicht um einzelne empirische Phänomene, sondern um die Vorstellung eines „Lehrsystems der bewegenden Kräfte der Materie überhaupt".[65]

Welche Art die Prinzipien a priori sind, die ihrerseits die Wissenschaftlichkeit begründen, indem sie eine Systematisierung ermöglichen, wird von Kant im Anschluss dargelegt. Die Basis der Wissenschaftlichkeit einer Wissenschaft der Natur ist eine rationale Basis. Wenn Kant feststellt, „das scientifische Princip der Naturwissenschaft (scientia naturalis) [...] ist also rational",[66] so bezieht sich das „also" auf die zuvor dargelegte Notwendigkeit apriorischer Prinzipien als formale Grundlage jeder Wissenschaft im eigentlichen Sinne und Kriterium von Wissen-

62 Siehe oben Anm. 45.

63 OP, AA 21: 207.10–13. Auch in seiner gegen Fichte gerichteten Anmerkung zu dieser Stelle (vgl. OP, AA 21: 207.23–28) stellt Kant dar, dass die Wissenschaftslehre, die der „Übergang zur Physik" darstellt, eine Art mittlerer oder vermittelnder Wissenschaft ist. Abstrahiert eine Wissenschaftslehre von der „Materie [...] den Objecten der Erkentnis" bleibt einzig reine Logik übrig. Als systematische Wissenschaftslehre nach Begriffen a priori begründet der „Übergang zur Physik" deren rationale Form, die jedoch als solche bereits die Materie, die dieser Form untergeordnet werden soll, antizipiert, anstatt von dieser zu abstrahieren.

64 Derartige Formulierungen belegen nicht allein Kants zuweilen unscharfen Gebrauch der eigenen Terminologie (hierzu Cassirer 1994, S. 153), sondern vor allem, dass man es bei „Übergang 1–14" wie dem übrigen Nachlasswerk mit Texten zu tun hat, denen der Charakter vorredaktioneller Entwürfe eignet.

65 OP, AA 21: 207.15.

66 OP, AA 21: 207.14–16.

schaftlichkeit überhaupt. Die rationalen Grundlagen lassen sich in mathematische Prinzipien einerseits und philosophische Prinzipien andererseits unterscheiden. Als Folge dieser grundlegenden Differenzierung der rationalen Basis einer Wissenschaft der Natur ergeben sich zwei unterschiedliche und strikt von einander geschiedene Bereiche oder „Fächer“.[67] Diese enthalten (i) Mathematische Prinzipien der Naturwissenschaft und (ii) Philosophische Prinzipien der Naturwissenschaft.[68]

In diesem Kontext polemisiert Kant erstmals in „Übergang 1–14“ gegen die unzulässige Vermischung beider Bereiche, wie sie in der Betitelung des Newtonschen Hauptwerks begegnet.[69] Entweder hat die Naturwissenschaft mathematische oder philosophische (metaphysische) Anfangsgründe. Newton hingegen verbindet diese in nicht zulässiger Weise, indem er mathematische Anfangsgründe einer Philosophie der Natur (Philosophiae naturalis principia mathematica) vorzustellen vorgibt. Unter dieser Betitelung stellt die Lehre Newtons ein „Unding (syderoxilon)“ dar.[70] Nach Kants Auffassung in „Übergang 1–14“ kann weder die Philosophie auf mathematischen Grundlagen, noch die Mathematik auf Grundlagen philosophischer Herkunft aufbauen; schärfer noch: solche Prinzipien stellen nicht einmal eine Denkmöglichkeit dar.[71] Dies liegt an der völligen Verschiedenheit ihrer Erkenntnisweisen. Im Hinblick auf dieses „nothwendige[...] Verfahren“ sind beide Wissenschaften „specifisch von einander unterschieden und stehen so wohl in Ansehung ihres Zwecks und des dazu erforderlichen Talents so weit auseinander als Schöpfungen verschiedenen Ursprungs nur immer gegen einander stehen mögen“.[72] Wenn es überhaupt etwas gibt, das Mathematik und Philosophie als Wissenschaften verbindet, so der Umstand, dass beide auf rationalen, mithin apriorischen Grundlagen aufbauen. Mit der strikten Trennung von Mathematik und Philosophie aufgrund der völligen Verschiedenheit ihrer Erkenntnis generierenden Verfahrensweisen ist die Betitelung von Newtons epochalem Hauptwerk abgetan. Eine vermischte Wissenschaft (scientia hybrida) im Sinne des Newtonschen Titels kann es nicht geben. Wenn Kant zur Begründung dieser Feststellung weiter anführt, dass eine der beiden Wissenschaften „die

67 OP, AA 21: 207.17.

68 Vgl. OP, AA 21: 207.17 f.

69 Zu Kants „Newton-Polemik“ im OP Tuschling (1971), S. 91.

70 OP, AA 21: 207.21; zum Begriff eines Syderoxilon in „Übergang 1–14“ vgl. OP, AA 21: 557.14–558.01.

71 Vgl. OP, AA 21: 207.21–208–01: „denn man kann eben so wenig mathematische Anfangsgründe der Philosophie als philosophische der Mathematik denken“.

72 OP, AA 21: 208.03–06.

andere schon in der Zeugung vernichten“ würde,[73] so kann dies unter Berücksichtigung der strikten Scheidung der Methoden beider Wissenschaften,[74] so interpretiert werden, dass die in einander vermengten Verfahren für beide Wissenschaften keine Erkenntnisse mehr zu liefern imstande sein würden.

Wenn auch eine Vermischung von Philosophie und Mathematik deren Vernichtung im Hinblick auf neue Erkenntnisse in beiden Wissenschaften gleichkäme, so betont Kant dennoch die Fruchtbarkeit einer Vergesellschaftung[75] derselben. Zwischen einer „vermischte[n] Gattung von Wissensschaft“[76] und deren wechselseitiger Ergänzung ist daher zu unterscheiden. Letztere birgt nach Kant durchaus die Möglichkeit, „es im scientifischen Erkentnis überhaupt weiter zu bringen“.[77]

Es sind also im Gegensatz zu Newtons Philosophiae naturalis principia mathematica, die eine unmögliche scientia hybrida vorstellen, zweierlei Anfangsgründe einer scientia naturalis zu differenzieren, nämlich deren mathematische Grundlagen einerseits, und deren philosophische Grundlagen andererseits, zu welchen letzteren Kant auch die metaphysischen Anfangsgründe der Naturwissenschaft rechnet, von denen der „Übergang“ als vermittelnde Wissenschaft den gewünschten Fortschritt hin zur empirischen Naturwissenschaft/Physik ermöglichen soll.[78]

---

73 OP, AA 21: 208.08 f.

74 Im Gegensatz zur KrV werden in „Übergang 1“ die Erkenntnisweisen von Mathematik und Philosophie nicht explizit differenziert. KrV B741 stellt Kant klar, dass die „philosophische Erkenntnis [...] die Vernunfterkenntnis aus Begriffen, die mathematische aus der Konstruktion der Begriffe“ ist, woraus folgt, dass die „philosophische Erkenntnis [...] das Besondere nur im Allgemeinen, die mathematische das Allgemeine im Besonderen, ja gar im Einzelnen“ (KrV B742) betrachtet. Auch an dieser Stelle der KrV wird jedoch wie in „Übergang 1“ die Rationalität und Apriorität beider (Vernunft-)Wissenschaften als deren Verbindendes betont.

75 Vgl. OP, AA 21: 208.09.

76 OP, AA 21: 208.7.

77 OP, AA 21: 208.10.

78 Vgl. OP, AA 21: 208.11 – 15: „Es wird also heissen müssen 1.) Scientiae naturalis (nicht philosophiae) principia mathematica: 2.) Scientiae naturalis (nicht philosophiae) principia philosophica zu welcher letzteren dann auch die metaphysische Anfangsgründe der Naturwissenschaft gehören werden als von denen der Fortschritt zur Physik zu machen ist“. Bereits hier ist festzustellen, dass jene Prinzipien a priori einer Wissenschaft der Natur, die Kant als deren metaphysische Anfangsgründe bezeichnet, nur einen Teil der apriorischen Grundlage derselben ausmachen. Auch wenn, verglichen mit wenigen anderen Stellen des Nachlasswerkes (vgl. in Sonderheit OP, AA 21: 408.06 – 09) innerhalb von „Übergang 1 – 14“ an keiner Stelle des Textes ein eindeutiger Bezug auf Kants Schrift von 1786 belegbar ist, ist hieraus klar ersichtlich, das jene metaphysischen Anfangsgründe der Naturwissenschaft für sich genommen zur vollständigen Systematisierung der Naturlehre a priori ungenügend sind (dies wird auch durch die zuletzt in Klammern genannte Textstelle im Oktaventwurf belegt, die eindeutig auf die MAN von 1786 Bezug nimmt).

Die Anmerkung, welche Kant in „Übergang 1" auf seine strikte Differenzierung mathematischer und philosophischer Anfangsgründe der Naturwissenschaft folgen lässt,[79] birgt eine gewisse Schwierigkeit. Kant stellt in ihrem Zusammenhang verschiedene Überlegungen an, die rein räumlich, als Teile ein und derselben Anmerkung, eng verbunden sind, was insofern auch einen inhaltlichen Bezug nahelegt. Dieser ist in der Tat vorhanden, denn alle Gedanken, die Kant in dieser Anmerkung zu Papier bringt, stehen mit den Themen, mit denen sich der Entwurf „Übergang 1–14" des Nachlasswerkes befasst, in direktem Zusammenhang. Der Zusammenhang der einzelnen Sätze untereinander ist jedoch nur mittelbar, eben durch den Bezug auf die Themen des gesamten Entwurfs, gegeben. Innerhalb der Anmerkung dagegen folgen die einzelnen Gedanken nicht notwendig aufeinander. Sie stehen in diesem Kontext verhältnismäßig unvermittelt nebeneinander. Ich gehe davon aus, dass allein der erste Satz besagter Anmerkung, den Kant zudem mit einem Spiegelstrich von den anschließenden Sätzen trennt, direkt auf den Haupttext darüber zu bezieht ist. Laut Kants Aussage in diesem Satz ist „Scheidung der Principien *a priori* einer Wissenschaft dergleichen die Naturwissenschaft in der Idee ist, [...] nicht unerheblich oder leere Subtilität".[80] Wenn eine unzulässige Vermischung der mathematischen und philosophischen Prinzipien Kant zufolge einer Vernichtung beider Wissenschaften gleichkommt,[81] so kann die klare Differenzierung der Grundlagen einer Naturwissenschaft als solche kein unbedeutendes oder unnötiges Unterfangen sein. Neben dieser bereits dargestellten Auffassung Kants transportiert der Satz jedoch noch eine weitere Aussage, die im Kontext, auf den sich dieser erste Satz der Anmerkung bezieht, von Interesse ist. Es ist von „Naturwissenschaft in der Idee" die Rede.[82] Zuerst meint dies die Natur-Wissenschaft als Denkmöglichkeit im Sinne einer noch erst zu realisierenden Zielvorstellung. Während akademische Physik, wie sie in zeitgenössischen Lehrbüchern (etwa bei Erxleben) begegnet einer eher losen oder zufälligen Zusammenstellung unterschiedlicher Beobachtungen und Themenbereiche gleicht,[83] meint die Naturwissenschaft in der Idee

---

79 Vgl. OP, AA 21: 208.16–27.
80 OP, AA 21: 208.16–18.
81 Vgl. nochmals OP, AA 21: 208.07–09.
82 OP, AA 21: 208.17.
83 Zur Verschiedenartigkeit der Inhalte nimmt Erxleben selbst in seinem Vorwort zur zweiten Ausgabe von 1777 Stellung: „Man hat mir bey der ersten Ausgabe dieser Anfangsgründe vorgeworfen, daß ich Dinge darin abgehandelt habe, die eigentlich nicht in die Physik gehören. Dieß habe ich freylich mit Fleiß gethan, um denen, die meinen Unterricht in der Naturlehre wählen, einige nützliche Dinge bekannt zu machen, die ihnen sonst vielleicht unbekannt blieben, und dieß ist, denke ich, kein Fehler", Lichtenberg (Hrsg.) (1794), S. 20. Zur Bedeutung Erxlebens für die zeitgenössische Physik vgl. Kötter (1991), S. 168 f.

deren Vorstellung als eine Wissenschaft im Vollsinne, d.h. ein auf Basis von Prinzipien geordnetes System. Dies leitet zur in diesem Zusammenhang wichtigeren und genuin Kantischen Konnotation von Idee über. Es ist der gedankliche Bezug auf eine Totalität.[84] Die Naturwissenschaft in der Idee ist Physik als abgeschlossene Ganzheit. Ungeachtet immer neuer empirischer Data ist die Wissenschaft der Natur, qua ihrer Prinzipien a priori, ein abgeschlossenes System, in dessen jeweilige systematische Orte die Data der empirisch-experimentellen Forschung eingehen. Die Naturwissenschaft in der Idee ist also einmal dasjenige, dessen Vorstellung dem Verstand bei der Auffindung von apriorischen Systemprinzipien die Richtung vorgibt, und zum anderen die Vorstellung von Naturwissenschaft/Physik als einer (durch ihre Systematisierung auf Basis von nicht empirischen Anfangsgründen) geschlossenen Ganzheit. Aufgrund der Unerlässlichkeit der Prinzipien verbietet es sich für Kant, die Notwendigkeit einer genauen Scheidung der Grundlagen eines solchen Systems in Zweifel zu ziehen. Dieser erste Satz ist meines Erachtens der Teil der Anmerkung, der direkt auf den übergeordneten Text von „Übergang 1“ zu beziehen ist. Der Spiegelstrich deutet darauf hin, das Kant selbst den auf die vorangegangenen Überlegungen bezogenen Eingangssatz von den nachfolgenden Notizen trenne wollte.[85]

Eine kurze Darstellung des weiteren Inhalts der Anmerkung soll zeigen, dass die Rede von vermischten Notizen, die dennoch im Zusammenhang mit der Thematik der Entwürfe „Übergang 1–14“ insgesamt stehen, an dieser Stelle durchaus gerechtfertigt ist.

Kant beginnt mit der Feststellung, dass die „Natur als Gegenstand der Sinne [...] von den Formen der reinen Anschauung, Raum und Zeit, abhängig“ ist.[86] Natur ist hier im Sinne von Definitionen wie in KrV A114 zu verstehen. Als „Inbegriff aller Erscheinungen“ ist sie durch das Subjekt a priori als räumlich/neben einander und zeitlich/nach einander bestimmt. Um Sinnengegenstand bzw. Erscheinung zu sein, muss sie durch die reinen Formen der Sinnlichkeit a priori determiniert werden. Einer bekannten Definition von Erscheinung folgend ist Erscheinung als der „unbestimmte Gegenstand einer empirischen Anschauung“[87] im Hinblick auf objektkonstitutive Prädikation durch reine Verstandesbegriffe unbestimmt. Erscheinung im Sinne dieser Definition fasst den Gegenstand rein als Sinnengegenstand, nicht als durch den reinen Verstand bestimmten Gegenstand auf. Damit bezieht sich diese Definition des Gegenstandes als Erscheinung auf den Gegenstand als gegeben, d.h. durch die Rezeptivität der Sinnlichkeit als Sin-

---

84 Vgl. KrV B382–84 ; bspw. KrV B384: „Begriff eines Maximum“.
85 Vgl. OP, AA 21: 208.18.
86 OP, AA 21: 208.18 f.
87 KrV B 34

nengegenstand vermittelt, wobei von der notwendigen Bestimmung durch Kategorien bzw. „ontologische Prädikate (reine Verstandesbegriffe)“[88] in dieser Bestimmung des Begriffs einer Erscheinung abstrahiert wird.

Wenn Kant also von der „Natur als Gegenstand der Sinne“ spricht, entspricht dies Kants Definition von „Natur in materieller Bedeutung“; Natur in dieser Auffassung ist „der Inbegriff aller Dinge, sofern sie Gegenstände unserer Sinne, mithin auch der Erfahrung sein können, worunter also das Ganze aller Erscheinungen, d.i. die Sinnenwelt mit Ausschließung aller nicht sinnlichen Objecte, verstanden wird“.[89]

Raum und Zeit als Formen der Sinnlichkeit a priori, von denen die Natur als Gesamtheit der Erscheinungen definitionsgemäß abhängt, sind beide – so Kant weiter, „Größen die nicht anders existiren können als nur so fern sie Theile eines noch größeren sind“.[90] Diese Formel verwendet Kant nur hier in „Übergang 1“. Kants Konzeption formaler Sinnlichkeit folgend sind Raum und Zeit reine Anschauungen und keine notiones communes.[91] Aufgrund dieses Anschauungscharakters sind die Formen der Sinnlichkeit unendliche gegebene Größen und befassen als solche im Gegensatz zu Begriffen eine unendliche Menge von Vorstellungen in sich. Die vorstellbaren Räume und Zeiten im Plural sind nur Teile der reinen Anschauung des einen Raumes und der einen Zeit. Daher sind Räume und Zeiten nur als Größen vorstellbar, die Teile eines noch Größeren sind. Dass Kant hier von Raum und Zeit als Formen der Anschauung im Singular spricht, ist nicht problematisch. Da Raum und Zeit unendliche gegebene Größen sind, setzt jede konkrete Vorstellung eines existierenden Raumes oder einer Zeitspanne notwendig die Vorstellung eine größeren umgebenden Raumes oder einer größeren Zeitspanne voraus, in welche die jeweilige Vorstellung eingebettet ist und so weiter in infinitum.

Dass es, wie Kant im Folgesatz feststellt, „eine Ungereimtheit seyn würde wenn die Formen des Raumes und der Zeit als Beschaffenheiten der Dinge an sich und nicht als bloße Erscheinungen angenommen würden“,[92] ist eine Aussage, die schon seit der Inauguraldissertation von 1770 Geltung beansprucht. Wenn der Transzendentale Idealismus Kants die sichere Erkenntnis auf den Bereich der dem Menschen möglichen Erfahrung limitiert, und die im Subjekt liegenden Formen der Sinnlichkeit den anschaulichen Teil dieser Erfahrung bestimmen, dem er-

88 KU, AA 05: 181.
89 MAN, AA 04: 467; vgl. auch §61 KU, in dem Kant von der „allgemeinen Idee der Natur als Inbegriff der Gegenstände der Sinne“ (KU, AA 05: 359) handelt.
90 OP, AA 21: 208.19 f.
91 KrV B39.
92 OP, AA 21: 208 21–23.

kennenden Subjekt in bestimmter Form zu erscheinen, ist klar, dass diese Form der Erscheinung nicht den Dingen an sich jenseits der transzendental-subjektiv bestimmten Erscheinungswelt zugehören kann. Wäre dies der Fall, so wäre Kants Konzeption eines Transzendentalen Idealismus hinfällig.

Weitaus interessanter sind die Bemerkungen, mit denen die Anmerkung (man sollte besser von Anmerkungen oder vermischten Notizen sprechen) abschließt:

> Man muß eine Erste Bewegung der Materie annehmen in der diese sich selbst uranfänglich bewegend ist die eben darum auch ins Unendliche gleichformig fortdauert und nicht oberflächlich sondern alldurchdringend ist Denn das Erste als absolut gedacht ist auch zugleich das dessen Bewegung Nothwendigkeit enthält.[93]

Die Notwendigkeit einer uranfänglich bewegten Materie nicht allein zu erläutern, sondern deren Existenz a priori zu beweisen wird ab dem Bogen „Übergang 2“ eines der Hauptanliegen Kants in „Übergang 1–14“ sein. Wichtig ist bereits an dieser Stelle, dass Kant nicht allein die Notwendigkeit der Annahme einer ersten Materiebewegung behauptet, sondern diese Erstbewegung aus einem neuen Begriff von Materie herleitet. Das Materie das Bewegliche im Raum und als solche bewegt ist, ist (zumindest als empirische Bestimmung der Materie) nicht neu. Wohl aber die notwendige Annahme einer ersten Bewegung der Materie im Ganzen und die Erstursache dieses Bewegtseins. Die Materie bewegt „sich selbst“.[94] Sie ist indem sie sich selbst uranfänglich bewegt causa sui in Absicht des absoluten

93 OP, AA 21: 208 23–27.

94 OP, AA 21: 208.24. Wenngleich es Stoff für eine weitere Dissertation liefern würde, sämtlichen Schelling Echos in Kants Nachlasswerk nachzugehen, möchte ich doch an dieser Stelle auf gewisse Parallelen hinweisen. Das tätige Ich, das bei Schelling (im Gegensatz zu Fichte) nicht allein das menschliche, seiner selbst bewusste Ich ist, waltet als unbewusstes, allgemeines und absolutes Ich auch als Naturprinzip (natura naturans). Als dessen erstes Produkt kann die Materie verstanden werden; eine vom Naturprinzip durchwaltete Materie, der ebenso wie bei Kants neuem Materiebegriff in „Übergang“ und in den nachfolgenden Entwürfen von „Übergang 1–14“ so etwas wie Spontaneität zugesprochen werden kann. Weitere Übereinstimmungen zwischen Kantischer und Schellingscher Naturphilosophie betreffen den Dualismus in Absicht der Bewegung (Attraktion und Repulsion), und – noch wichtiger – die zweifache Auffassung der Materie als 1. Stoffprinzip (hyle, hypokeimenon) und 2. Formprinzip. Wem dieser Bezug zu stark erscheint sei darauf hingewiesen, dass Kant im letzten Teil des Opus postumum, dem Ersten Konvolut, Schellings Philosophie als die gegenwärtige Erscheinungsform des Transzendentalen Idealismus bezeichnet (vgl. OP, AA 21: 87.29–31 sowie den Kontext) und von dessen System zumindest über Rezensionen Kenntnis hatte (vgl. OP, AA 21: 97.25 f. sowie den Kontext). Es ist hier zu erwähnen, dass die gängige Lesart der zuerst genannten Erwähnung Schellings im Opus postumum in neuerer Forschung Gegenstand einer ernstzunehmenden kritischen Infragestellung geworden ist (hierzu Onnasch 2009, S. 330 ff. sowie Westphal 2009, S. 357–360).

Anfangs ihres eigenen Bewegtseins. Wenn Kant in „Übergang 1" von Uranfänglichkeit spricht, so ist dies ist im Sinne von αρχή zu verstehen und meint [i] in kausalem Verständnis das Prinzip, den Ursprung und die Ursache. Ferner bedeutet uranfänglich [ii] den ersten Anfang in zeitlicher Absicht und – wenn man mitberücksichtigt, dass die uranfängliche Materiebewegung als nicht oberflächlich, sondern vielmehr alldurchdringend charakterisiert wird – auch [iii] den ersten Anfang hinsichtlich des Raumes.[95] Materie ist räumlich, dreidimensional ausgedehnt und uranfänglich bewegt. Erst da wo ein solcher Stoff anwest und den Raum realisiert, kann von einem wahrnehmbaren Raum und mithin von einem Raum möglicher Erfahrung gesprochen werden.

An dieser Stelle finden sich erstmals in „Übergang 1–14" Anklänge eines Versuchs, den Begriff der Materie neu zu denken. Wenngleich diese Denkansätze für das Verständnis nicht nur von „Übergang 1", sondern auch der weiteren Teile des Entwurfs „Übergang 1–14" von größtem Gewicht sind, bleibt es bei einem vorsichtigen Experimentieren mit neuen Denkmöglichkeiten. Die solcherart neu gedachte Materie bestimmt sich selbst. Ihr eignet ein autopoietisches Moment. Sie bewegt sich selbst und – wie sich weiter unten in „Übergang 1" zeigen wird[96] – bestimmt sich selbst in Bezug auf ihre Form im Raum und die Beschaffenheit ihrer Oberfläche. Zudem organisiert sich die Materie durch diese ihr eigene Fähigkeit sich selbst zu bestimmen. Diese Auffassung der Materie als durch Bewegung selbstbestimmende Materie ist ein möglicher Schlüssel zum Verständnis der völlig neuen Ansicht Kants in „Übergang 1", die organisierte Materie sei notwendiger Bestandteil einer Systematisierung der Naturlehre nach Prinzipien a priori.

Der Urgrund der dergestalt aufgefassten Materie ist Selbstbezüglichkeit/Immanenz. Der erste Anfang der Bewegung der Materie geschieht ohne Voraussetzung (bspw. eines primus motor[97]). Veränderung an der Materie geschieht ebenfalls aus der Materie selbst, einem ihr eigenen internen Prinzip und nicht von außen.[98]

Vor allem wegen dieses Versuchs, Materie neu zu denken, ist es unumgänglich, auch diese in weiten Teilen unzusammenhängende Anmerkung genauer zu betrachten. Erneut muss hier darauf hingewiesen werden, dass mit „Übergang 1–14" zwar ein hochkomplexer und hochwichtiger nachgelassener Text Kants vorliegt, der dennoch – dies darf nie außer acht gelassen werden – einen Entwurf vor aller abschließenden redaktionellen Bearbeitung darstellt. Schon in „Übergang 2"

---

95 Vgl. OP, AA 21: 222.08–10: „Der erste Anfang der Bewegung als Spontaneität giebt auch so wohl eine Sphäre des Elementarstoffs und eine beständige Fortdauer der Bewegung zu erkennen".

96 Vgl. OP, AA 21: 209.17–19.

97 Vgl. bspw. OP, AA 21: 218.05 ; OP, AA 21: 518.28–519.03.

98 In diesem Punkt ist Kant in „Übergang 1" Leibnizianer.

finden sich Textstellen, die bezüglich der Möglichkeit eine gewisse Spontaneität der Materie zu denken eine gänzlich andere Sprache sprechen.[99] Dass Kant gerade im Entwurfstadium seiner Texte mit differenten Sichtweisen operiert, um zu größerer Sicherheit in seiner Auffassung zu gelangen, ist skeptische Methode und damit Kants Herangehensweise, sich Klarheit denkend zu erschreiben et vice versa. Dennoch macht vor allem die grundlegende neue Systematisierung einer Wissenschaft der Natur im Ganzen nur unter Zugrundelegung der neuen und modifizierten Auffassung von Materie Sinn. Ohne eine gleich wie geartete Fähigkeit der Materie sich selbst zu organisieren, ist eine Systematisierung der Naturwissenschaft a priori, die auch dem Organismus eine Systemstelle einräumt nicht zu leisten.

Das erste Stück der so genannten „Einleitung“,[100] das sich mit dem formalen Begriff der Naturwissenschaft befasst und in dem Kant in Absetzung von Newtons Principia, genauer von deren Titel, eine grundlegende Scheidung der Erkenntnisweisen der Mathematik und der Philosophie vornimmt, schließt mit der erneuten Betonung dieser fundamentalen Unterschiede ab. Kant folgend sind allein die philosophischen Anfangsgründe in der Lage, Wissenschaft im Vollsinne als deren Prinzipien zu fundieren, da allein diese eine systematische Abgeschlossenheit begründen können.[101]

---

99 Vgl. OP, AA 21: 222.22f.

100 OP, AA 21: 207.08.

101 Vgl. OP, AA 21: 209.2–5: „Beyde [Mathematik und Philosophie, vjr] stehen in abgesonderten Territorien zwar benachbart doch nicht vermischt so daß Mathemateme nicht so ein geschlossenes Ganze ausmachen als Philosopheme die objectiv betrachtet die Idee eines Systems unter sich hoffen lassen“. Tuschling widmet dem Problem mathematischer Anfangsgründe der Naturwissenschaft ein eigenes Kapitel seiner Untersuchung (Tuschling 1971, S. 106ff.). Er geht davon aus, dass Kant die Möglichkeit derselben schließlich verwirft. So schreibt er: „zunächst werden die mathematischen Anfangsgründe bloß terminologisch eingeführt [...]. Auf einer zweiten Stufe heißt es, die mathematischen Anfangsgründe seien eigentlich kein Teil, sondern nur ein Instrument der Naturwissenschaft [...] aber Kant ist sich seiner Sache noch nicht sicher, denn an anderen (gleichzeitigen) Stellen erkennt er sie ausdrücklich als Bestandteil der Naturwissenschaft an [...] Schließlich setzt sich jedoch die kritische Tendenz durch [...] und mündet in eine scharfe Absage“ (Tuschling, 1971, S. 110). Tuschling sieht diesen Umstand mit Kants Selbstkritik bezogen auf die MAN von 1786 verbunden (Stichwort: Phoronomiekritik), denen letztlich, im Sinne von Tuschlings These einer Totalrevision der MAN, die scharfe Absage Kants zuteil wird. Zum Nachvollzug bspw. die folgenden Stellen in „Übergang 1–14“: OP, AA 21: 207.14–18 ; OP, AA 21: 208.11–15 ; OP, AA 21: 209.1 f. ; OP, AA21: 231.14–18 ; OP, AA 21: 242.6–12 ; OP, AA 21: 554.14–20. Es ist meines Erachtens letztlich zu fragen, was genau die Anfangsgründe einer Wissenschaft der Natur zu leisten haben. Sieht man die Ermöglichung scientifischer, d.h. systematischer Erkenntnisse als ihren primären Aufgabenbereich an, so kann es Kant zufolge keine mathematischen Anfangsgründe einer Naturwissenschaft geben (vgl. OP, AA 21: 209.01), da diese keine Systematizität von Erkenntnissen zu begründen fähig sind.

Mathematische Prinzipien fungieren als Instrument der Exaktheit und Demonstrierbarkeit innerhalb der Naturwissenschaft und damit als ein Hilfsmittel derselben. Dass eigentlich Scientifische beruht aber allein auf der durch philosophische Prinzipien begründeten Systematizität.

Wenngleich es keine unzulässige Vermischung der Geltungsbereiche mathematischer und philosophischer Prinzipien geben kann und darf, so ist doch deren wechselseitige Ergänzung notwendig. Ist die Mathematik auch kein „Canon für die Naturwissenschaft",[102] so dient sie derselben jedoch in Absicht der geforderten wissenschaftlichen Exaktheit. Ihr Zweck ist ein instrumenteller und erschöpft sich darin, die fundamentalen Bewegungsgesetze, die ihrerseits zu den metaphysischen Grundlagen der Naturwissenschaft zu zählen sind, „den Erscheinungen als Anschauungen in Raum und Zeit ihre Gegenstände *a priori* anzupassen wo die Philosophie mit ihren qvalitativen Bestimmungen ohne Beytritt der Mathematik mit ihren qvantitativen es nicht zur wissenschaftlichen Evidenz bringen würde".[103] Mathematische Wissenschaft erfüllt ihren Zweck für Kant darin, ein nutzbringendes Werkzeug bzw. *„ein vielvermögendes Instrument (Organon)"* zu sein,[104] d. h. nur eine Hilfswissenschaft einer Wissenschaft der Natur, nicht aber deren systematisches oder in einem noch basaleren Sinne System gebendes Fundament.

Einleitung II: Differenzierung von Materie überhaupt und physischem Körper. Die erste Ebene der neuen Systematik in „Übergang 1–14"

In ersten Teilstück einer geplanten „Einleitung",[105] wie sie sich in „Übergang 1" findet, hatte sich Kant mit dem formalen Begriff eine Wissenschaft der Natur auseinandergesetzt und in diesem Zusammenhang, ausgehend von der Betitelung des Newtonschen Hauptwerks, eine strikte Scheidung der Erkenntnisweisen und Einflussbereiche mathematischer und philosophischer Wissenschaft bezogen auf die Naturwissenschaft vorgenommen. Diesem in „Übergang 1" mit „I" bezifferten Abschnitt des Entwurfs folgt ein weiterer Teil der Einleitung. Unter „II" ist nunmehr „Vom materialen Begriffe (des Objects) der Naturwissenschaft"[106] die Rede. Dieser Teil von „Übergang 1" ist im Hinblick auf die neue Systematisierung der Naturlehre durch Kant in „Übergang 1–14" von nicht zu überschätzender Bedeutung.

Stellt man sich Kants neues System der Naturlehre in „Übergang 1" bezogen auf ihr Objekt als ein Verzweigungsdiagramm vor, so steht an oberster Stelle eine

102 OP, AA 21: 209.7 f.
103 OP, AA 21: 209.9–13.
104 OP, AA 21: 209.8.
105 OP, AA 21: 207.8 u. ff.
106 OP, AA 21: 209.14 f.

grundlegende Zweiteilung. Diese betrifft den Gegenstand jeder Wissenschaft der Natur. Das Objekt der Naturwissenschaft ist entweder „Materie überhaupt“[107] oder ein Körper. In der Folge („d. h.“) legt Kant die erste Definition des physischen Körpers in „Übergang 1–14“ vor. Ein solcher ist Materie bestimmter Gestalt und Beschaffenheit (angebbare Ausdehnung, spezifische Oberflächenbeschaffenheit/Textur).[108] Ein Körper also, der als physischer Körper mit realer Ausdehnung und bestimmten empirischen Eigenschaften dem rein mathematischen/geometrischen Körper entgegen gesetzt wird.[109]

Die empirischen Eigenschaften des physischen Körpers resultieren aus den bewegenden Kräften der Materie selbst,[110] die daher als selbstbewegend und sich selbst bestimmend[111] angesehen werden muss. Dieselben Kräfte sind es auch, durch welche der physische Körper einer Veränderung seiner Eigenschaften (von außen) entgegenwirkt.[112] Wie schon in der oben betrachteten Stelle im Kontext der „Anmerkung“[113] zeigt sich hier Kants Experimentieren mit einem anders gedachten Begriff von Materie. War dort von Materie in allgemeiner Auffassung die Rede, so geht es hier um die Materie, die den Körper bildet, anders gewendet: die Materie eines physischen Körpers. Erneut wird das Moment der Selbsttätigkeit und der Selbstbestimmung betont. Die Existenz einer sogenannten Materie überhaupt, welche nicht physischer Körper im Sinne der zuletzt betrachteten Definition ist, sondern als dessen Pendant, betrachtet wird,[114] wird hier problematisch („kann allenfalls“[115]) und nicht – wie in späteren Zusammenhängen – assertorisch oder gar apodiktisch behandelt. Wenn sie aber existiert, so kann Materie überhaupt nur eine solche sein, die den Weltraum (als die Gesamtheit des Raumes[116]) einnimmt.[117]

---

107 OP, AA 21: 209.17.

108 Vgl. OP, AA 21: 209.18

109 Vgl. OP, AA 21: 209.16 f.

110 Vgl. OP, AA 21: 209.17. Wenngleich Kant an dieser Stelle nur „eigene Kräfte“ der Materie anführt, sind hiermit die bewegenden Kräfte der Materie gemeint. An der entsprechenden Stelle in „Übergang 2“ werden ausdrücklich „innerlich und äußerlich bewegende Kräfte“ der Materie als ursächlich für die Selbstbestimmung des physischen Körpers in Absicht seiner Figur und Textur genannt; vgl. OP, AA 21: 215.15 f.

111 Vgl. OP, AA 21: 209.18

112 Vgl. OP, AA 21: 209.18 f.

113 OP, AA 21: 208.16–27.

114 Vgl. OP, AA 21: 209.19 f. „Die erstere“.

115 OP, AA 21: 209.20.

116 Vgl. OP, AA 21: 210.01 „All der Materie“.

117 Vgl. OP, AA 21: 209.20 f. Hier zeigt sich auch in der Terminologie eine Abweichung Kants von den MAN. Dort (Anm. zu Erkl. 1, Dynamik) ist das Einnehmen eines Raumes auch einem geometrischen Körper möglich, während, verglichen mit Kants Unterscheidung der Begriffe in 1786,

Durch diese Einnahme des gesamten Raumes erfüllt die Materie, begriffen als nicht körperliche Materie überhaupt, eine grundlegende transzendentale Funktion als Bedingung der Möglichkeit von Erfahrung überhaupt: sie macht den Raum als solchen zu einem Erfahrungsgegenstand, einem empirischen und realen – nicht bloß geometrischen und idealen – Raum, und damit zu einem transzendental plausiblen Medium des Erscheinens empirischer Gegenstände.[118] Dieser Gedanke einer transzendentalen Funktion der Materie überhaupt wird durch die Behauptung gestützt, der zufolge das „reine Leere" kein der Möglichkeit nach erfahrbares Objekt ist.[119] Mit rein leer ist alles bezeichnet, was nicht bloß komparativ leer ist.[120] Der in dieser Weise eingenommene Raum ist demzufolge ein erfüllter Raum, der eben durch diese Erfüllung zu einem sensiblen und erfahrbaren Raum wird. Diese durch die Anwesenheit einer nicht körperlichen Materie begründete empirische Realität, wird durch die scheinbar leeren Räume innerhalb des einen Erfahrungsraumes nicht in Frage gestellt. Denn da diese Räume erfahrbar, mithin empirisch real sind, können sie nicht als rein leere Räume bezeichnet werden. Denn das reine Leere liegt – dies wird Kant in „Übergang 1–14" nicht müde zu betonen – jenseits jeglicher Erfahrbarkeit.

Wenn die Materie überhaupt den Weltraum – d. h. die Gesamtheit des Raumes – einnimmt, so ist sie in allen Punkten desselben gegenwärtig. Da kein Ort im gesamten Raum denkbar ist, der nicht bereits von dieser Form von Materie eingenommen wäre, so kann sich die Materie auch nicht an einen Ort bewegen, an dem sie noch nicht befindlich ist. Aufgrund dieser Auffassung der Materie überhaupt als allverbreitet[121] ist ihre notwendige Bewegung nur als eine innere Bewegung der Materie an ihrem Platz denkbar, nicht aber als ortsverändernde Bewegung.[122] Diese innere, reale Bewegung[123] ist inexhaustibel,[124] d. h.

---

die hier in „Übergang 1" als 'den Raum einnehmen' bezeichnete Eigenschaft der Materie überhaupt eher der Erfüllung desselben nach der Definition der MAN entspricht, sofern man von dem Widerstand gegen anderes Bewegliches abstrahiert; vgl. MAN, AA 04: 496 f..

118 Vgl. OP, AA 21: 209.21 f.; die These Kants, der zufolge erst die absolut lückenlos allverbreitete Materie den Raum „zum Object der Erfahrung macht" ist meines Erachtens eine der wichtigsten im Zusammenhang mit dem Versuch, die Existenz der Materie überhaupt – gleich welchen Namens – im Zuge einer transzendentalen Argumentation als notwendig zu belegen, vgl. hierzu auch OP, AA 21: 564.02–04: „Nun ist aber das Princip der Möglichkeit der Erfahrung die Realisierung des Raumes selber als eines einzelnen Sinnenobjects d. i. der empirischen Anschauung".

119 OP, AA 21: 209.22.

120 Vgl. MAN, AA 04: 535.

121 Vgl. OP, AA 21: 210.03: „allgemein verbreiteten Weltstoffs" und ebd. 01: „All der Materie"; letztere Bezeichnung findet sich noch einmal in „Übergang 12", siehe OP, AA 21: 592.13.

122 Vgl. OP, AA 21: 210.02 f.

123 Vgl. OP, AA 21: 210.04.

unerschöpflich, unaufhörlich und ewig.[125] Die Bewegung der Materie überhaupt als Ganzer in ihrem Ort wird ferner wie folgt klassifiziert: sie ist nicht progressiv,[126] sondern stetig und gleichförmig.[127] Ferner ist sie als aus einer attraktiven und einer repulsiven Bewegung zusammengesetzt zu verstehen,[128] womit Kant seinen bereits in den vorkritischen Schriften belegbaren Kräftedualismus beibehält.[129]

Differenzierung der Physischen Körper und erste Versuche, organische Materie neu zu denken. Die zweite Ebene der neuen Systematik in „Übergang 1–14“

Im Unterschied zu den Metaphysischen Anfangsgründen der Naturwissenschaft von 1786, in denen Kant zwar die Begriffe Materie und Körper verwendet, nicht aber klar von einander abgrenzt,[130] enthält der grundlegende Entwurf einer neuen Systematik der Naturlehre, wie er in „Übergang 1“ in Ansätzen begegnet, nicht allein die klare Scheidung von Materie als solcher und ihrem sinnlicher Wahrnehmung direkt zugänglichen körperlichen Pendant, sondern zudem, in einem mit dem Buchstaben „A.“ überschriebenen Abschnitt, [131] auch eine Theorie des Naturkörpers, welche die spezifische Differenz verschiedener physischer Körper anhand des Begriffs der Organisation näher bestimmt. So geht es Kant neben der systematischen Einteilung der Naturlehre im Kontext einer solchen auch um die „Eintheilung der physischen Körper nach Begriffen *apriori*. Sie sind entweder organisch oder unorganisch“.[132] Bereits anhand der Überschrift wird klar erkennbar, dass Kant bei seinem Versuch einer neuen Systematik der Naturlehre mit vorherigen Auffassungen bricht. Die Einteilung der physischen Körper soll nach

124 In lateinischer Schreibung findet sich die Bezeichnung in „Übergang 4“ OP, AA 21: 232.10 und eingedeutscht im zwölften Entwurf OP, AA 21: 599.25; vgl. auch OP, AA 21: 519.04: „Inexhaustibilität“.

125 Vgl. OP; AA 21: 210.04 ; OP, AA 21: 208.23–27.

126 Vgl. OP, AA 21: 210.05.

127 Vgl. OP, AA 21: 208.25.

128 Vgl. OP, AA 21: 210.04 f.

129 Hier ist zuvorderst an die *Monadologia physica* von 1755 zu denken.

130 In den MAN liefert die „vollständige Zergliederung des Begriffs von einer Materie überhaupt“ – im Gegensatz zur Bestimmung derselben in „Übergang 1–14“ – „eine wirkliche Metaphysik der körperlichen Natur“ (MAN, AA 04: 472).

131 OP, AA 21: 210.07. Ob Kant auch diesen Abschnitt wie „I“ und „II“ als Teilstück einer „Einleitung“ versteht, oder die unter „A“ vorgenommene Unterteilung der Arten physischer Körper als ersten Entwurf zu einem eigenständigen Hauptteil versteht, ist nicht abschließend zu klären. In „Übergang 2“ begegnet dieselbe Thematik, die Kant in „Übergang 1“ unter „II. Vom materialen Begriffe (des Objekts) der Naturwissenschaft“ (OP, AA 21: 210.14 f. u. ff.) als Teil der Einleitung abhandelt, mit dem Buchstaben „B“ überschrieben (OP, AA 21: 215.13 u. ff).

132 OP, AA 21: 210.08–10.

Begriffen von statten gehen, deren Ursprung zur Gänze a priori ist. In vorangegangenen Systemkonzeptionen für eine Wissenschaft der Natur konnte der problematische Begriff einer organisierten Materie keinen Platz haben. Nunmehr ist der organisierte Naturkörper fester Bestandteil des Systems. Stellt man sich die Systemskizze wiederum in Form eines Verzweigungsdiagramms vor, so befindet man sich nunmehr auf der zweiten Ebene der Einteilung. Zuoberst die Differenzierung von Materie überhaupt und physischen Körpern, und unter dem Begriff des physischen Körper die weitere Verzweigung in die Bereiche der Anorganik und der Organik.

Nachdem Kant zunächst die Bestimmung des Begriffs eines physischen Körpers vorgenommen hatte,[133] legt er im Rahmen der beabsichtigten Einteilung der Naturkörper auch eine Definition des organisierten physischen Körpers vor. Genau genommen experimentiert Kant an dieser Stelle von „Übergang 1“ mit einer (Neu-)Bestimmung des Organismusbegriffs, indem er sich Formulierung für Formulierung von der Definition des §66 KU (und der entsprechenden Stellen des §65) zu entfernen versucht. Insgesamt legt er fünf unterschiedliche Definitionen vor.[134]

Deren erste besagt, dass der organische Naturkörper „ein Körper ist dessen jeder Theil um des anderen willen (wechselseitig als Zweck und zugleich als Mittel) da ist“.[135] Diese Definition entspricht (wenn auch nicht wortgleich) weitestgehend der Begriffsbestimmung des §66 KU.[136] Das dort explizierte wechselseitige Zweck-Mittel-Sein der Teile eines organischen Körpers ist im Begriff des Daseins um des anderen Willen enthalten; als ein Beleg für diese Auffassung kann gelten, dass Kant innerhalb dieser ersten Definition des Organismus in „Übergang 1“ die reziproke Zweck-Mittel Relation der Körperteile als erläuternden Einschub in Klammern setzt. Auch bezüglich des Zusatzes zu dieser ersten Begriffsbestimmung, in welchem Kant den solcherart bestimmten organisierten Naturkörper als „bloße Idee“ bezeichnet, von welcher „*a priori* die Realität (d.i. daß es ein solches Ding geben könne) nicht gesichert ist“, kann von einer Übereinstimmung der Sache nach mit der Bestimmung des Organismus in den entsprechenden Paragraphen der KU ausgegangen werden. Kant spricht zwar in der KU nicht wörtlich von den Organismen oder Dingen als Naturzweck als einer „bloßen Idee“. Den-

---

133 Vgl. OP, AA 21: 209.16–19.

134 Vgl. OP, AA 21: 210.11–13; OP, AA 21: 210.16–20; OP, AA 21: 210.24 f.; OP, AA 21: 211.01–03; OP, AA 21: 211.10–15. Diese fünfte Definition des organischen Körpers findet sich im Zusammenhang einer Erläuterung des Begriffs einer natürlichen Maschine und stellt eher so etwas wie einen Zusatz zur eigentlichen Begriffsbestimmung dar.

135 OP, AA 21: 210.11–13.

136 In dessen Zusammenhang heißt es, ein „organisirtes Product der Natur“ sei ein solches, „in welchem alles Zweck und wechselseitig auch Mittel ist“; (KU, AA 05: 376).

noch entspricht auch diese Aussage meines Erachtens dem Tenor der entsprechenden Passagen in der dritten Kritik.[137] Im Kontext von „Übergang 1“ bezeichnet „bloße Idee“ die Unmöglichkeit, sich a priori über die Realität eines solchen Gegenstandes als Naturzweck Klarheit zu verschaffen. 'Realität' meint hier nicht die Existenz, sondern die Möglichkeit der Existenz eines derartigen Gegenstandes. Es ist a priori nicht allein unmöglich, zu sagen, ob es ein derartiges Ding wie den organischen Körper gibt, sondern die Unmöglichkeit betrifft auch die Frage ob es ihn geben „könne“. Möglichkeit der Existenz kann daher in diesem Zusammenhang nicht mit bloßer Widerspruchsfreiheit gleich gesetzt werden. In einem logischen Sinne existiert der Begriff organischer Körper, da er sich frei von inneren Widersprüchen denken lässt. Hier aber geht es um die Möglichkeit der Existenz als Realität, i.e. um die Frage ob es ein Ding wie einen organisierten Naturkörper innerhalb einer Erfahrung geben könne, für die der Verstand des Subjekts als Konstituens fungiert. Für die Bestimmung eines Dinges als Naturzweck verfügt der reine Verstand jedoch nicht über die notwendigen begrifflichen Mittel.[138]

Bereits der zweite Anlauf zu einer Bestimmung des Organismusbegriffs in „Übergang 1“ lässt deutlichere Unterschiede zu dessen Definition im Kontext der KU erkennen. Man kann laut Kant, „die Erklärung dieser Fiction auch anders stellen: Er ist ein Körper an welchem die innere Form des Ganzen vor dem Begriffe der Composition aller seiner Theile (also in Figur sowohl als Textur) in Ansehung ihrer gesammten bewegenden Kräfte vorhergeht (also Zweck und Mittel zugleich

137 Laut §63 KU leitet erst die „Erfahrung [...] unsere Urteilskraft auf den Begriff einer Objektiven und materialen Zweckmäßigkeit“ (KU, AA 05: 366) und im § 61 macht Kant deutlich: „Daß aber Dinge der Natur einander als Mittel zu Zwecken dienen, und ihre Möglichkeit selbst nur durch diese Art von Causalität hinreichend verständlich sei, dazu haben wir gar keinen Grund in der allgemeinen Idee der Natur, als Inbegriffs der Gegenstände der Sinne [...] wie aber Zwecke, die nicht die unsrigen sind, und die auch der Natur (welche wir nicht als intelligentes Wesen annehmen) nicht zukommen, doch eine besondere Art der Causalität, wenigstens eine ganz eigne Gesetzmäßigkeit derselben ausmachen können oder sollen, läßt sich *a priori* gar nicht mit einigem Grunde präsumiren“ (KU, AA 05: 359).

138 Vgl. §66 KU: „Der Begriff eines Dinges, als an sich Naturzwecks, ist also kein constitutiver Begriff des Verstandes oder der Vernunft, kann aber doch ein regulativer Begriff für die reflectirende Urtheilskraft sein, nach einer entfernten Analogie mit unserer Causalität nach Zwecken überhaupt die Nachforschung über Gegenstände dieser Art zu leiten und über ihren obersten Grund nachzudenken“ (AA 05: 375) und §67: „regulativ und nicht konstitutiv“ (KU, AA 05: 379); Klemme schreibt in der Einleitung zu seiner Ausgabe der KU, es sei nach Kant gerechtfertigt, im Falle von Naturformen „deren Notwendigkeit wir nicht mit den Bordmitteln der Analytik der Kritik der reinen Vernunft erklären können“, auf regulative Prinzipien der Beurteilung zurück zu greifen, „weil diese Gegenstände der Erfahrung ansonsten formal unterbestimmt wären“ (Kant 2001, S. LXXII).

ist)“.[139] Von „Fiction“ ist bezüglich der Dinge als Naturzwecke oder der organisierten Naturkörper in der KU nicht die Rede.[140] Kant verwendet den Begriff Fiktion an dieser Stelle von „Übergang 1“ bedeutungsgleich mit dem Begriff einer bloßen Idee: etwas, das keinen inneren Widerspruch aufweist, aber von dem nicht ausgemacht werden kann, ob es tatsächlich existieren kann, oder nicht. Wenngleich die Differenz der zweiten Definition des organischen Körpers in „Übergang 1“ zu den Definitionen innerhalb der dritten Kritik bereits deutlicher hervortritt, lassen sich auch hier gewisse Übereinstimmungen ausmachen. So heißt es auch in §65 KU von Dingen als Naturzweck, dass deren „Theile (ihrem Dasein und der Form nach) nur durch ihre Beziehung auf das Ganze möglich sind“; ferner bestimmt die Beziehung auf das Ganze die einzelnen Teile bezüglich ihrer Form und ihres Daseins.[141] In „Übergang 1“ ist jedoch von der inneren Form des Ganzen die Rede, die in Absicht ihrer gesamten Bewegkräfte der Zusammensetzung und mithin den Teilen gegenüber als vorgängig angesehen werden muss. Neu ist auch, dass die innere Form des Ganzen für die Art der Zusammensetzung und mithin für die spezifische Beschaffenheit (Figur und Textur) des derart Zusammengesetzten verantwortlich ist. Als ein weiterer deutlicher Marker der Differenz in den Begriffsbestimmungen des organischen physischen Körpers kann die explizite Erwähnung der bewegenden Kräfte angesehen werden. Dass Kant ausdrücklich bewegende Kräfte in die Definition des organischen Naturkörpers aufnimmt, zeigt wiederum sein Experimentieren mit einer gewandelten Auffassung der Materie. Wenn sich Materie durch ihre bewegenden Kräfte selbst zu bestimmen/zu organisieren befähigt ist, und in dieser Weise zugleich als Form- wie Materialursache[142]

---

139 OP, AA 21: 210.16–20.

140 Kant verwendet diesen Begriff innerhalb des Nachlasswerkes im Zusammenhang mit organischen Naturkörpern noch einmal in Convolut X, wo er die hier, in „Übergang 1“ vorgelegte Möglichkeit einer Einteilung der Naturkörper a priori in anorganische und organische neuerlich in Zweifel zieht, da sie „eine Fiction zum Grunde legt“ (OP, AA 22: 311.23).

141 KU, AA 05: 373. Die genannte Übereinstimmung zeigt sich auch bei Kants Feststellung im selben Kontext, der zufolge bei einem organischen Naturprodukt „die Idee des Ganzen wiederum die Form und Verbindung aller Theile bestimme“ und mithin „jeder Theil so, wie er nur durch alle übrige da ist, auch als um der andern und des Ganzen willen existirend [...] gedacht“ werden muss; ebd.; siehe ferner die Anmerkung zu KU, AA 05: 374: „Denn jedes Glied soll freilich in einem solchen Ganzen nicht bloß Mittel, sondern zugleich auch Zweck und, indem es zu der Möglichkeit des Ganzen mitwirkt, durch die Idee des Ganzen wiederum seiner Stelle und Function nach bestimmt sein“.

142 Weder Formursächlichkeit noch Materialursächlichkeit sind als Begriffe Bestandteil Kantischer Terminologie; ich verwende diese an Aristoteles erinnernden Terme für die Autopoiesis der Materie in Absicht ihrer gestalt-/formbestimmenden Bewegungspotentiale einerseits, wie auch ihrer Funktion als materielles Substrat der Bildung physischer Körper andererseits. Unter Formbezüglich des physischen Körpers fungiert,[143] ist es nicht mehr abwegig, in eine Systematisierung der Naturlehre nach Begriffen a priori, die auf der obersten Ebene eine Zweiteilung von Materie und Körper beinhaltet, auch den organischen physischen Körper zu integrieren. In der neuen Konzeption bestimmen nicht mehr nur die Kategorien den Gegenstand; die bewegenden Kräfte der Materie treten hinzu und liefern den (ergänzenden) Bestimmungsgrund dessen, was durch die Analytik und ihre reinen Verstandesbegriffe transzendental unterbestimmt bleibt: des empirisch Zufälligen.

Wenn Kant im Abschnitt „A Eintheilung der physischen Körper nach Begriffen a priori Sie sind entweder organisch oder unorganisch" von „Übergang 1" versucht, den organischen Naturkörper als notwendigen Bestandteil einer systematischen Naturlehre zu definieren, so lassen die verschiedenen Neuansätze die Schwierigkeit dieses Unterfangens erkennen. Der Grund dieser Problematik einer adäquaten Neubestimmung des Begriffs organischer Körper liegt in der notwendigen Voraussetzung einer immateriellen Ursache, die in der Definition des Organismus durch das Moment der Zwecksetzung im Falle der zweckmäßigen Organisation indirekt enthalten ist. Die innere Form des Ganzen ist Bestimmungsgrund der Teile des Organismus und stellt als Ganzes den Endzweck der Organisation derselben dar. Zugleich eignet der inneren Form des Ganzen Mittelcharakter hinsichtlich der Zusammenstellung der Teile des Körpers („Composition"). Diese teleologische Strukturierung des Organismus macht ihn zu einem „Analogon des höchsten Kunstproducts".[144] Kant verwendet diese Formulierung an einer von eigener Hand durchstrichenen Textstelle, die dennoch bezogen auf die Problematik aufschlussreich ist. Wenn der organische Naturkörper als Analogon eines Kunstproduktes erscheint, so verweist diese Bezeichnung auf ein immaterielles Princip, das die Zweckmäßigkeit jedoch nicht von außen, als äußere Ursache im Sinne eines Künstlers oder eines Verstandes bestimmter Art begründet, sondern als innere Form des Ganzen bewegender Kräfte „hiebey Leben mithin Spontaneität (obgleich nicht absolute als welche Freyheit wäre) voraussetzen" muss.[145] Die innere Ursache des höchsten Kunstproduktes, das seine Beschaffenheit den bewegenden Kräften verdankt, ist so etwas wie Spontaneität, die Kant hier mit dem Begriff des Lebens verbunden wissen will. Es ist keine

---

bestimmung ist, wenn man die innere Organisation der Materie im Falle lebender Wesen in Betracht zieht, nicht allein die Bestimmung der bloß äußeren Form gemeint.

143 Nochmals die Definition des physischen Körpers OP, AA 21: 209.16–19 und vor allem die Parallelstelle im zweiten Entwurf von „Übergang 1–14" OP, AA 21: 215.15–18.

144 OP, AA 21: 210.32. Auch in §65 KU ist von einem „Analogon der Kunst" die Rede (KU, AA 05: 374).

145 OP, AA 21: 210.33f.

absolute Spontaneität als Freiheit eine Kausalkette nach Belieben anzufangen. Eher Spontaneität auf einer untergeordneten, nicht vollbewussten Stufe.[146] Die Analogie des Naturproduktes zu den Produkten der Kunst setzt ein nicht rein physisches Prinzip und – sei es nun ein inneres oder äußeres Prinzip, das die Zweckmäßigkeit begründet – voraus. Dieses immaterielle Prinzip, das Kant als „ein Wollen der wirkenden Ursache“ spezifiert, aufgrund dessen der so definierte Begriff des organischen Naturkörpers „nicht rein Physisch seyn würde“,[147] ist der Anlass dafür, dass auch diese Definition verworfen und durch erneut modifizierte Begriffsbestimmungen ersetzt wird. Kant formuliert zwei weitere Definitionen des organischen Körpers, die sehr starke Übereinstimmungen erkennen lassen und auf welche – bis zur neuerlichen Auseinandersetzung mit der Problematik organisierter Materie in „Übergang 10“ – keine weiteren Versuche folgen.[148] Die Definitionen lauten:

> organischer Körper ist der, dessen jeder Theil absolute Einheit des Princips der Existenz und Bewegung aller übrigen seines Ganzen ist.[149]

und

> Ein organischer (gegliederter) Korper ist derjenige in welchem jeder Theil mit seiner bewegenden Kraft auf das Ganze auf jeden Theil in seiner Zusammensetzung nothwendig sich bezieht[150]

Es ist fraglich, ob es Kant mit seiner ersten Definition gelungen ist, das immaterielle Princip, welches in der inneren Form des Ganzen als Grund der Zwecksetzung bestanden hatte, auszuklammern. Dadurch, dass Kant allen Teilen des Körpers absolute Einheit des Existenz- und Bewegungsprinzips aller anderen Teile des Körpers wie auch seiner Gesamtheit zuschreibt, und auf diese Weise bestimmt, was den organischen Körper als solchen von anorganischen Naturkörpern unterscheidet, wird jedoch erneut die innere Form des Ganzen zur Grundlage der zweckmäßigen Strukturierung. Sie wird genau genommen nur nicht mehr explizit zum Teil der Definition gemacht. Ob Kant deshalb unmittelbar eine weitere Definition anschließt, der dieser implizite Bezug auf eine innere Form des Ganzen, die jedem der Teile in absoluter Einheit innewohnt, fehlt, ist nicht zu klären. Fakt

146 Analog der Differenz der Seelen und der übrigen Monaden, die auch über eine gewisse Spontaneität verfügen, bei Leibniz.
147 AA 21: 210.22f.
148 Vgl. OP, AA 21: 565.16–571.09.
149 OP, AA 21: 210.24f.
150 OP, AA 21: 211.01–03.

ist jedoch, dass die zweite der angeführten Definitionen diesen Bezug nicht mehr erkennen lässt. Hier wird jedoch das Problem, den (Natur-)Zweck von einer immateriellen Ursache (sei sie nun eine äußere oder innere) unabhängig zu machen und in den materiellen Mechanismus zu verlagern, dadurch ‚gelöst', dass der Zweck verschwindet und einzig der materielle Mechanismus übrig bleibt. Der organische wird zum lediglich gegliederten Körper. Die Zweckmäßigkeit als das eigentliche Definiens setzt zwar die Gliederung und den wechselseitigen Bezug der Teile und ihrer Kraft auf das Ganze, die Kant ebenso expliziert voraus, erschöpft sich aber gerade nicht darin. Gliederung und aufeinander und das Ganze bezogene Bewegkraft der Teile sind ebenso Merkmale mechanischer Gebilde. Nicht von ungefähr entwickelt Kant im Anschluss an die Versuche, den organischen Körper zu definieren in Abschnitt „A" des ersten Entwurfs von „Übergang 1–14" im Rahmen der Erörterung der Organismusproblematik eine Definition der Maschine.[151]

Auch im Falle der zweiten Definition scheint Kant deren Ungenügen unmittelbar erkannt zu haben. Wenn er feststellt, die „productive Kraft dieser Einheit ist das Leben",[152] so scheint dieser Zusatz prima specie auf die erste der beiden Definitionen des organischen Körpers bezogen zu sein, in der die absolute Einheit des Prinzips der Existenz und Bewegung aller Teile und des ganzen Körpers in

151 Vgl. OP, AA 21: 211.10–15: „Maschine ist ein vester Körper dessen Zusammensetzung nur durch den Begriff von einem Zwecke moglich ist nach der Analogie einer gewissen absichtlichen Bewegung geformt ist. Wenn diese Form nicht als wirkliche sondern blos denkbare Absicht vorgestellt wird so ist ein solcher Korper eine natürliche Maschine. Organische Körper sind also natürliche Maschinen" Auch in der KU ist im Zusammenhang der Ausführungen zum organisierten Naturprodukt von Maschinen die Rede. Dieser werden dort jedoch nur mechanische Bewegkräfte zugesprochen. „Ein organisirtes Wesen ist also nicht bloß Maschine: denn die hat lediglich bewegende Kraft; sondern es besitzt in sich bildende Kraft und zwar eine solche, die es den Materien mittheilt, welche sie nicht haben (sie organisirt): also eine sich fortpflanzende bildende Kraft, welche durch das Bewegungsvermögen allein (den Mechanism) nicht erklärt werden kann." (KU, AA 05: 374) In „Übergang 1" tritt der Begriff der Absicht hinzu, weshalb Kant den neuen Begriff einer 'natürlichen Maschine' verwendet. Wenngleich Kant in „Übergang 1–14" den Versuch unternimmt, den organischen Naturkörpers neu zu denken, finden sich in den entsprechenden Abschnitten der Entwürfe auch immer wieder anders lautende Passagen, die an die Konzeption von Dingen als Naturzwecken in Kants dritter Kritik erinnern. So kommt innerhalb der obigen Definition natürlicher Maschinen, wenn von einer nicht wirklichen, sondern nur denkbaren Absicht gesprochen wird, die regulative Urteilskraft implizit wieder ins Spiel. Obschon innerhalb des edierten Nachlasswerks nur an einer einzigen Stelle von der „reflekctirenden Urtheilskraft" die Rede ist (OP, AA 22: 326.15), kommt man m. E. nicht umhin, bei der Definition natürlicher Maschinen und einer bloß denkbaren Absicht als Grund ihrer Zweckmäßigkeit an diese zu denken. Auch diese Stelle belegt, dass man im Umgang mit Entwürfen des Nachlasswerkes stets auf die übergeordnete Aussage achten muss.

152 OP, AA 21: 211.04.

jedem der einzelnen Teile das Bestimmende ist. Er kann aber ebenso auf die zweite der Begriffsbestimmungen oder auf beide Definitionen zusammen bezogen werden. Beide Definitionen und hängen durch den Bezug auf das Ganze zusammen. Einheit erscheint in beiden Definitionen explizit wie implizit unter dem Aspekt der Ganzheit des gegliederten, zusammengesetzten Körpers und der Teile, die seine Einheit als Ganzheit konstituieren. Mit der – diesmal nicht durchstrichenen – neuerlichen Erwähnung des Lebens und „mithin" der Spontaneität,[153] tritt das immaterielle Prinzip einer inneren Form des Ganzen im Zusammenhang der Erörterung der Organismusproblematik in „Übergang 1" wiederum in Erscheinung. Leben oder Spontaneität erweist sich als verbindende Triebkraft sowohl bezogen auf die wechselseitige Abhängigkeit von Teilen und Ganzem im Einzelorganismus, wie auch bezüglich globaler Zweck-Mittel Relationen aller denkbaren Stufen des Organischen. Kant entwickelt bereits ab dem ersten der Entwürfe „Übergang 1–14" im Rahmen des Versuchs, die Organik in die neue Einteilung der Naturlehre auf Basis rein apriorischer Begriffe, wie sie der „Übergang" leisten soll, zu integrieren, ein gleichsam globales System der Zwecke, dass von einer gewissen Vernunft in der Natur oder einer Naturabsicht gelenkt wird.[154]

Kant hatte eingangs „Übergang 1" gleichsam als Projekt dessen, was er den „Übergang zur Physik" nennt, die Einteilung der Naturlehre nach apriorischen Begriffen genannt.[155] Als ein Stück dieser übergeordneten Einteilung der Naturlehre hatte Kant die Einteilung der Objektbegriffe genannt, womit neben der Methode und der einzelnen Stoffe die grundlegende Systematik der Materie dieser Einteilung gemeint ist. Genau dieser Materie hatte sich Kant in „Übergang 1" unter der Betitelung „Vom materialen Begriff (des Objects) der Naturwissenschaft" gewidmet, unter der er die Differenzierung von Materie überhaupt und der Materie in Form eines durch bewegende Kräfte bestimmten physischen Körpers vorgenommen hatte.[156] Wenn diese Zweiteilung des Objektbegriffs der Naturwissenschaft die oberste Ebene der neuen Systematik des „Übergangs zur Physik" dar-

---

153 Nochmals die durchgestrichene Passage OP, AA 21: 210.32–35.

154 Vgl. OP, AA 21: 211.05–08: „Dieses Lebensprincip kann von Pflanzen auf Thiere und deren Beziehung auf einander zum Ganzen beyder Verbunden auch auf das Ganze unserer Welt durch ihr wechselseitiges Bedürfnis *a priori* bezogen werden."; sowie OP, AA 21: 213.18–29 ; OP, AA 21: 214.13–215.05. Kant reproduziert nicht nur in seinen Druckschriften sondern ebenso an vielen Stellen des Nachlasswerkes Gedanken der Stoa, wie sie sich bspw. bei Cicero finden (De Legibus I 18,22ff. bspw. „summa ratio insita in natura", vgl. auch Diogenes Laertios VII §§85-87). Besonders Kants *Ideen zu einer allgemeinen Geschichte in weltbürgerlicher Absicht* beinhaltet zahlreiche Theoreme (Naturabsicht, Perfektibilität), die auch in „Übergang 1" weiter- oder nachgedacht werden.

155 Vgl. OP, AA 21: 206.25f.

156 OP, AA 21: 209.16 u. ff.

stellt, findet die Differenzierung der Körper nachgeordnet auf der zweiten Stufe statt. In diese Differenzierung fällt mit Notwendigkeit die Problematik, die mit dem Begriff der organischen Materie und ihrer spezifischen Kräfte verbunden ist

> In der Eintheilung der bewegenden Kräfte der Materie die zum Übergange von den Metaph. Anf. Gr. der NW zur Physik gehört kann nun die in organische und von unorganische nicht mangeln und zwar muß sie a priori darin gedacht werden ohne allererst durch Erfahrung von der Existenz solcher Körper belehrt werden zu dürfen; denn der Übergang von den metaph. A. Gr. der NW zur Physik führt nothwendig auch auf diesen Begrif.[157]

Obwohl es für Kant in „Übergang 1–14“ fest steht, dass sein Projekt des „Übergangs zur Physik“, der eine Erfahrungswissenschaft des Systems der bewegenden Kräfte der Materie in ihrer Gesamtheit sein soll, notwendig den organischen physischen Körper in sich begreifen muss, stellt Kant diesen neuen Ansatz dennoch immer wieder in Frage. Es erscheint bereits unpassend („nicht thunlich“[158]), die organisierte Materie auch nur in Form einer bloßen Hypothese zum Thema zu machen,[159] wie viel weniger, die Klassen oder Stufungen organisierter Materie a priori in einem System reziproker Zweck-Mittel Relationen denken zu wollen. Dennoch ist es gerade das, was Kant unter anderem mit dem „Übergang zur Physik“ zu leisten versucht. Prinzip der neuen Systematik der Naturlehre die den Organismus mit einschließt ist die grundlegend gewandelte Auffassung der Materie und des Körpers als einem aus bewegenden Kräften zusammengesetzten und durch diese eigenen Kräfte (selbst-)bestimmten Gegenstand. Der organische Körper ist in dieser Vorstellung – Kant spricht hier von „Idee“ im Sinne von Vorstellung oder Gedanke – eines solchen Zusammengesetzten a priori auf gewisse Weise enthalten:

> Die Idee von organischen Körpern ist indirect a priori in der Idee eines Zusammengesetzten aus bewegenden Kräften in welchem der Begriff von einem realen Ganzen dem seiner Theile nothwendig vorhergeht enthalten welches nur durch den Begrif einer Verbindung durch Zwecke gedacht werden kann. Direct betrachtet ist er ein blos empirisch erkennbarer Mechanism Denn wenn uns nicht Erfahrung dergleichen Körper darböte würden wir auch nur die Möglichkeit derselben anzunehmen nicht befugt seyn.[160]

157 OP, AA 21: 211.16–22.
158 OP, AA 21: 211.22.
159 Vgl. OP, AA 21: 211.24–27: „dergleichen auch nur problematisch zu wähnen und ein Pflanzen//oder Thierreich *a priori* zu denken dessen innere und äußere Zweckmäßige Verbindung uns immer neue Aufschlüsse wegen ihrer Möglichkeit abfordern müßte“.
160 OP, AA 21: 213.01–08.

Stellen wie diese zeigen sehr deutlich die Schwierigkeiten, die mit dem Versuch, den Organismus in ein System der Naturlehre auf Basis von Begriffen a priori aufzunehmen, verbunden sind. Die Idee organischer physischer Körper soll in der Idee eines bestimmten Zusammengesetzten enthalten sein. Sie ist Implikat der Idee eines aus bewegenden Kräften Zusammengesetzten, in welchem die Zusammensetzung der einzelnen Teile mit Notwendigkeit den Begriff des realen Ganzen voraussetzt. Dieses reale Ganze als Voraussetzung der Zusammensetzung ist so bestimmt, dass die Verbindung seiner Teile nur als zweckmäßige Verbindung begriffen werden kann. Wenn wir die Erfahrung von derart bestimmten physischen Körpern machen, die wir nicht anders begreifen können, als aus bewegenden Kräften zusammengesetzt und in dieser Zusammensetzung durch Zwecke verbunden, so ist die Idee organischer Körper in dieser Idee des zweckmäßig Zusammengesetzten Ganzen „enthalten“. Enthalten sein beschreibt somit ein analytisches Verhältnis. Die Idee organischer Körper wird aus der Idee eines so bestimmten Zusammengesetzten analytisch gefolgert. Auch nur die Möglichkeit solcher Körper anzunehmen setzt die Erfahrung von Körpern voraus, die ihrerseits den Begriff eine durch Zwecke verbundenen Ganzen aus bewegenden Kräften voraussetzen. In direkter Betrachtung erfahren wir diese Körper als Mechanismus. Erst indirekt betrachtet gelangen wir über die Idee des Zusammengesetzten aus bewegenden Kräften, dessen Verbindung den Begriff eines Ganzen und einer Verbindung durch Zwecke voraussetzt, zur darin enthalten Idee organischer Körper.

Was aber bedeutet hier indirekt a priori und worin liegen – von Unterschieden in der Wahl der Begriffe abgesehen – die wirklichen Differenzen zu Kants Konzept in der KU? Auch dort bedarf es der Erfahrung um auf Gegenstände wie Pflanzen und Tiere zu stoßen. Werden wir mit derlei Gegenständen konfrontiert, die nicht anders als durch den Begriff der Zweckmäßigkeit interpretiert werden können, fragen wir nach dem Bestimmungsgrund dieser Naturzweckmäßigkeit. Da keine Apriorität im Verstand des Subjekts gefunden werden kann, durch die Gegenstände als Naturzwecke als a priori bestimmt betrachtet werden können, nimmt der Interpret der Natur den Umweg über die Annahme eines anderen Verstandes, um den Bestimmungsgrund zu denken. Ist auch diese als ob-Lösung indirekt a priori im Sinne des obigen Zitats?

Es zeigt sich immer wieder, dass einerseits der im Ansatz gewandelte Materiebegriff und die darin enthaltene Selbstbestimmung und Selbstorganisaton der Materie aufgrund der ihr eigenen bewegenden Kräfte es möglich machen soll, den Organismus anders zu denken, als in 1790. Gleichzeitig zeigt sich, dass dieser neue Gedanke noch nicht (weder in „Übergang 1–14“ noch aber im übrigen Nachlasswerk) Gegenstand einer schlüssig ausgearbeiteten Theorie der zweckmäßig organisierten Materie ist.

Kant stellt immer wieder die Frage nach den Bedingungen der Möglichkeit, solche Körper zum Bestandteil einer systematischen und allgemeinen Klassifikation aller möglichen Naturkörper zu machen, deren Einteilung auf Prinzipien fußt, deren Ursprung zur Gänze a priori sein soll.[161]

Bedingung dieser Möglichkeit ist nach Kant in „Übergang 1“ das Bewusstsein unseres eigenen Körpers als „einer sich selbst bewegenden Maschine“.[162] Wir erfahren uns selbst als zweckmäßig zusammengesetzt und durch eine Absicht geformt und bewegt. Wir erfahren uns selbst und unseren eigenen Körper als ein Maschinenwesen, dessen Bewegung das Prinzip der Spontaneität voraussetzt.

> Das Princip der Spontaneität der Bewegung der Theile unseres eigenen Körpers als Gliedmaßen indem wir diesen als unser eigenes Selbst betrachten ist ein Maschinenwesen. Ob nun zwar jene eine absolute Einheit des Princips der Bewegung aus Begehrungen mithin nicht materiell ist so kann doch die Vernunft nicht umhin den Begrif eines Zweckmäßigen Mechanisms der Materie unter dem Nahmen der Organisation obzwar nur problematisch allgemein zu machen und ihr gegenüber die unorganische Materie zu stellen um die Classeneintheilung der Körper für ein künftiges (empirisches) System der Physik, der Vernunft zur Vollständigkeit möglicher Erfahrung darzulegen und so, nicht aus gegebenen Erfahrungssätzen und Warnehmungen (denn diese geben keine Allgemeinheit der Principien ab), sondern aus Begriffen die Eintheilung a priori berechtigt zu machen.[163]

Ausgehend vom Prinzip der Spontaneität, der Selbstbildung und Selbstbewegung gelangt die Vernunft dazu, einen zweckmäßigen Mechanismus der Materie anzunehmen, der es möglich macht, die vollständige und alle Phänomene in sich befassende Systematik der Naturlehre aufzustellen, die Kant unter dem Begriff eines „Übergangs zur Physik“ vorzulegen plant. Organische Körper sind natürliche Maschinen und die Erfahrung unserer selbst als einer natürlichen Maschine berechtigt dazu, den organischen Körper zum Bestandteil einer Einteilung der Naturkörper nach Prinzipien a priori zu machen. Es ist daher möglich, den organischen Körper in die Klasseneinteilung der Körper mit aufzunehmen und den Begriff organisch bewegender Kräfte als festen Bestandteil in die Einteilung der Körper überhaupt zu integrieren, auch wenn die hierfür gebrauchten Prinzipien nur indirekt a priori sind und es ferner notwendig wird, den Begriff einer Le-

---

161 Vgl. OP, AA 21: 213.08–10 „Wie können wir also in der allgemeinen Classification nach Principien *a priori* solche Körper mit dergleichen bewegenden Kräften zur Eintheilung aufstellen“.
162 OP, AA 21: 213.11.
163 OP, AA 21: 212.01–13.

benskraft und einer spontanen Erregbarkeit der Materie durch das Begehrungsvermögen allgemein zu machen.[164]

Diese Möglichkeit, organische Körper a priori zu klassifizieren, erstreckt sich nicht nur auf einzelne Gegenstände, sondern auf den „Organism der Materie"[165] als Ganzen. In Analogie eines nach dem Prinzip der Spontaneität sich selbst bewegenden und zweckmäßig zusammengesetzten Ganzen ist es möglich, alle Stufen des Organischen aufsteigend vom Pflanzenreich über das Tierreich bis hin zu den verschiedenen Ausformungen des Spezies Mensch als ein globales System der Zwecke und einen globalen Organismus zu begreifen. Dieser globale Organismus der Materie bestimmt sich selbst in Absicht der Vervollkommnung.[166] Mittel zum Zweck der Vervollkommnung sind wiederkehrende Revolutionen auf globalem Niveau, durch welche frühere Arten untergehen und neue Arten hervorgebracht werden. Kant entwickelt im Zusammenhang seiner spekulativen Erörterung des Organismusbegriffs in „Übergang 1" auch – und bereits vor Cuviers Katastrophentheorie – eine Theorie globaler Revolutionen, die durch gleichsam katastrophale Umwälzungen weniger zweckmäßige Arten untergehen und neue entstehen lassen. Dies geschieht so lange, bis sich im Mechanismus der Natur als Ganzem der Endzweck der Natur vollendet und die Naturabsicht ihr Ziel der Vervollkommnung erreicht. Diesen Prozess zeitlich zu begrenzen übersteigt jedoch die Mittel der menschlichen Vernunft.[167]

Gerade die Überlegungen zum Begriff organischer physischer Körper und zweckmäßig organisierter Materie – sei es nun bezogen auf einzelne Dinge als Naturzwecke oder auf ein gleichsam globales Reich der Zweck, das selbst die Gesamtheit des materiellen Mechanismus als eine Art Organisation erscheinen lässt – machen deutlich, dass sich Kant in „Übergang 1–14" in einem Grenzbereich bewegt. Gegenstände, die a priori nicht bestimmbar erscheinen, sollen in einer neuen Einteilung der Naturlehre nach Prinzipien a priori eine notwendige Sytemstelle zugewiesen bekommen. Diese Schwierigkeit ist Kant selbst durchaus bewusst:

---

164 Vgl. OP, AA 21 213.13–16: „obgleich er hiezu den Begrif der Lebenskraft und der Erregbarkeit der Materie in ihm selbst durchs Begehrungsvermögen generalisiren und organisch//bewegende Kräfte der Körper in die Classeneintheilung der Körper überhaupt *a priori* hineinbringen muß".

165 OP, AA 21: 213.18.

166 Vgl. OP, AA 21: 213.27–29: „bis unser allgebährender Erdglob' selbst als ein aus dem Chaos hervorgegangener organischer Körper den Zweck im Mechanism der Natur vollendete".

167 Vgl. OP, AA 21: 214.01f.: „dem aber Anfang oder Ende zu geben die Schranken der menschlichen Vernunft gäntzlich übersteigt" und OP, AA 21: 215.06–11: „Wie viel solcher Revolutionen [...] vorher gegangen seyn mögen [...] und welche vielleicht mit vollkommenerer Organisation noch bevorstehen dürften ist unseren ausspähenden Blicken verborgen".

> Die Eintheilung der Körper in organische und unorganische gehört also nothwendig zum Übergange von den metaph. A. Gr. der NW. zur Physik als das Maximum des Fortschreitens.[168]

Der Begriff des Maximum verweist auf den Begriff der transzendentalen Vernunftidee. Ideen sind Begriffe von einem Maximum auf die sich der Verstandesgebrauch richtet.[169] Sie stellen einen Leitfaden des Verstandesgebrauchs dar.[170] In ähnlicher Weise fungiert der Begriff organisierter Materie, wofern er problematisch allgemein angenommen wird, als Fluchtpunkt für den Verstandesgebrauch bei der systematischen Erforschung der Natur.

Anhand „Übergang 1“ wird ersichtlich, dass es Kant nicht leicht fällt, bei der Behandlung des Problems organisierter Naturkörper entscheidend über frühere Positionen hinaus zu gehen. Zwischen dem Anspruch, den Begriff des Organismus neu zu definieren und in sein neues System apriorischer Grundlagen einer Wissenschaft der Natur zu integrieren, und einer Theorie, ja überhaupt einer Definition des Organischen, die diesen Anspruch befriedigend einzulösen vermag, klafft weiterhin eine Lücke.

2.2.2 „Übergang 2“

„Übergang 2“ setzt mit einer erneuten Differenzierung des Objekts der Naturwissenschaft ein:[171] „Das Object der Naturwissenschaft ist entweder „Materie

168 OP, AA 21: 214.03–05.
169 Vgl. KrV B384.
170 Vgl. KrV B383.
171 Vgl. OP, AA 21: 215.13 ff. Dem Text wird im Unterschied zur Parallelstelle in „Übergang 1“ keine Überschrift, sondern der Buchstabe „B“ voran gestellt. Eine ähnliche Betitelung mit „A“ findet sich in „Übergang 1“, was als Beleg für einen direkten Zusammenhang beider Stellen angesehen werden könnte. Zwei Gründe sprechen jedoch in diesem Fall dagegen. 1) Unter „A“ behandelt Kant in „Übergang 1“ die Einteilung der physischen Körper in organische und anorganische physische Körper. Da in einer möglichen Systematik eines Übergangs von den metaphysischen Anfangsgründen der Naturwissenschaft zur Physik, wie sie anhand des Texts der Bögen „Übergang 1“ und „Übergang 2“ zumindest vorläufig erkennbar wird, zuoberst die Trennung des materialen Begriffs eines Objekts der Naturwissenschaft in [i] den Begriff einer „Materie überhaupt“ und [ii] den Begriff physischer Körper steht, und erst auf der zweiten Ebene unter dem Begriff physischer Körper die Körper selbst in [i] anorganische und [ii] organische physische Körper eingeteilt werden, ist es eher unwahrscheinlich, dass Kant zuerst unter „A“ eine untergeordnete Stufe der Systematik und sich im Anschluss unter „B“ der obersten Stufe der Systematik zuwendet. 2) Bereits im Text von „Übergang 1“ wird die oberste Ebene der neuen Systematik vor der mit „A“ überschriebenen Differenzierung der physischen Körper behandelt.Vielmehr ist davon auszugehen, dass „B“ sich ebenso wie „II.“ (OP, AA 21: 209.14) auf den zweiten Teil einer geplanten

überhaupt“ (formlos) oder Körper“.[172] Durch „formlos“ wird die Opposition zum Begriff des Körpers als einem definitionsgemäß gestalthaften, durch Formung bestimmten Gegenstand betont.[173] „Materie überhaupt“ ist als formlos im Gegensatz zum Körper, der geformte Materie ist, etwas, dass aufgrund der eigenen Formlosigkeit als aller möglichen Formierung fähig eingeführt wird. „Materie überhaupt“ kann daher als letztes Substrat der Bildung physischer Körper fungieren.[174] Körper – so die Definition – ist eine Materie, die sich selbst bestimmt.[175] Sie bestimmt sich selbst durch die ihr eigenen bewegenden Kräfte. Diese sind sowohl innere als auch äußere bewegende Kräfte, durch die der Körper sowohl was seine Gestalt im Raum, d. h. seine Figur, als auch was seinen Aufbau (Textur) betrifft, bestimmt wird.[176] Die Bestimmung des physischen Körpers als eines räumlichen Gegenstandes durch innere und äußere bewegende Kraft ist eine Begrenzung desselben hinsichtlich seiner inneren und äußeren Anordnung. Dies ist jedoch nicht die einzige Funktion der inneren wie äußeren bewegenden Kräfte. Sie sind es auch, die den Körper widerstandsfähig gegenüber Veränderungen seiner selbst machen. Durch die bewegenden Kräfte der Materie erweist sich jeder Körper als beharrlich gegenüber aller Veränderung seiner Figur und Textur von

Einleitung bezieht. Im ersten Teil plant Kant sich mit der Form/Methode, im zweiten Teil mit dem Objekt/Materie des Übergangs zur Physik zu befassen. Diese thematische Zweiteilung einer Einleitung in den „Übergang zur Physik“ ist als solche auch Bestandteil der von Kant eigenhändig verbesserten Amanuensis Kopien, die damit ihren Anfang nehmen (vgl. OP, AA 22: 543.01 ff.). Als weiterer Beleg für diese Auffassung kann auch die von Kant durchgestrichene Überschrift zu Beginn des Bogens „Übergang 2“ heran gezogen werden. Diesem Titel folgend geht es um die „Eintheilung der Materie nach Principien a priori“ (OP, AA 21: 215 App. zu Zeile 13).

172 OP, AA 21: 215.14 f.

173 Diese explizite Betonung der Formlosigkeit einer Materie, die kein Körper ist, fehlt an der entsprechenden Stelle des ersten Bogens von „Übergang 1–14“.

174 Vgl. OP, AA 21: 215.19.

175 Vgl. OP, AA 21: 215.15–18: „Körper eine durch ihre innerlich und äußerlich bewegende Kräfte sich selbst der Textur und Figur nach beschränkende und aller Veränderung an derselben wiederstehende Materie welche dann ein physischer Körper genannt wird“.

176 Vgl. OP, AA 21: 215.15. Textur meint hier nicht wie in neuerer Physik die spezifische Oberflächencharakteristik oder -beschaffenheit. Der Begriff der Textur, den Kant im Nachlasswerk verwendet ist eher dem geologischen Begriff der Textur verwand und bezieht sich auf die räumliche, nicht bloß zweidimensionale Anordnung der Teile, die den Körper bilden. So spricht Kant im Zusammenhang der Erörterung der Verfestigung bestimmter flüssiger Materien davon, dass deren „Starrwerden [...] immer mit einem gewissen Gefüge (einer besonderen Textur) im Inneren und Äußeren verbunden“ sei (OP, AA 21: 365.18–20); ferner OP, AA 22: 153.09: „Gefüge (textura)“, sowie OP, AA 21: 192.06 f.: „Gestalt und innerem Bauwerk nach (*figura et textura*)“ und die Definition OP, AA 21: 468.16: „Die inwendige Gestalt heißt das Gefüge *textura*“.

außen.[177] Ein so bestimmter Körper wird als physischer, oder Naturkörper bezeichnet[178]

Materie als formloser „Stoff zu einem Körper"[179] wird diesem als einer durch bewegende Kräfte geformten Materie gegenübergestellt. Sie ist das Substrat der Formung durch die ihr eigenen inneren und äußeren bewegenden Kräfte, stoffliche Grundlage der Körperbildung. Materie ist jedoch nicht nur stoffliches Substrat, sondern „als Subjekt dieser Form der bewegenden Kräfte",[180] zugleich das aktive bestimmende Prinzip der Erzeugung, Bildung und Formung des Körpers. Aktives Prinzip, sich selbst bestimmend, das ist tätig und selbsttätig ist sie, indem sie sich selbst, als die noch formlose „Materie überhaupt", dazu bestimmt, physischer Körper zu sein. Ihre Aktivität sind ihre inneren und äußeren Kräfte, die den Körper in seiner Ausbildung begrenzend bestimmen. Als passives letztes Substrat der Körperbildung ist Materie dasjenige, was der Bestimmung unterworfen ist.

Dass es dennoch nicht „Materie überhaupt" ist, aus welcher der physische Körper besteht, wird durch den Zusatz „formlos" verdeutlicht. Materie als das Substrat der Bestimmung durch die Form kann selbst nicht formbestimmt, d.i. nicht geformt, nicht gestalthaft, nicht körperlich sein. Sie existiert vielmehr „ohne diese Verbindung zu einem solchen [einem physischen Körper, vjr] auch in den erdenklich kleinsten Theilen (welche wenn diese Statt fände die Erdichtung einer Atomistik der Materie an die Hand geben würde)".[181] Der „Materie überhaupt" werden Eigenschaften zugeschrieben, die den Eigenschaften physischer Körper entgegen gesetzt sind.[182] Da die „Materie überhaupt" formlos ist, fehlt ihr, als dem letzten Substrat der Erzeugung eines zusammenhängenden Gegenstandes im Raum, jeglicher korpuskulare Zusammenhang (Kohäsion).[183] Im Unterschied zur

177 Vgl. OP, AA 21: 215.16 f.

178 Vgl. OP, AA 21: 215.17 f. Im Unterschied zur entsprechenden Stelle des Bogens „Übergang 1" fehlt die explizite Unterscheidung des physischen Körpers von mathematischen bzw. geometrischen Körpern vgl. OP, AA 21: 209.16 f.

179 OP, AA 21: 215.19 f.

180 OP, AA 21: 215.19 f.

181 OP, AA 21: 215.20–22.

182 Auf dem mit „Übergang 4" beschrifteten Bogen des Entwurfs „Übergang 1–14" werden die Eigenschaften von „Materie überhaupt" mit denen des Weltstoffs identifiziert. Mit Kants erstmaliger expliziter Ablehnung der atomistischen Korpuskulartheorie der Materie wird die ab „Übergang 4" unter 3. (Relation) aufgelistete Eigenschaft des Weltstoffs, unzusammenhängend zu sein, vorgestellt.

183 Kants im Kontext von „Übergang 1–14" an vielen Stellen wiederkehrende deutliche Ablehnung einer atomistischen Materie- und Körperbildungstheorie wird hier in „Übergang 2" zum ersten Mal ausgedrückt. Die strikte Zurückweisung der atomistischen Materietheorie richtet sich auf zwei Grundannahmen derselben: Erstens die notwendige Voraussetzung des (absolut, nicht bloß komparativ) leeren Raumes und zweitens die notwendige Voraussetzung der elementaren

bestimmten Gestalt des physischen Körper ist die formlose Materie ein Kontinuum. Sie ist, wie Kant schon in „Übergang 1" deutlich gemacht hatte, überall anzutreffen[184] und mithin zusammenhängend insofern man sie als „Continuum d. i. ohne zwischen jene befindliche leere Räume betrachtet".[185]

Kant weist beiläufig darauf hin, dass die Bezeichnung des Stoffs der Körperbildung als Wärmestoff nur provisorischer und mithin vorläufiger Natur ist.[186]

Körperlichkeit der Materie. Beide Argumente finden sich auch im Text des Bogens „Übergang 2". Hier ist der Grund der Zurückweisung einer Korpuskulartheorie der Materie die explizite Negation körperlichen Zusammenhangs. Klassische Atomistik (für welche innerhalb „Übergang 1–14" der Name Epikurs steht, vgl. bspw. OP, AA 21: 218.21 ; OP, AA 21: 234.10 ; OP, AA 21: 246.07 ; OP, AA 21: 559.20) ist „Corpuskularphilosohie" (OP, AA 21: 559.20 ; OP, AA 21: 590.17). Die Welt ist aus zwei Prinzipien zusammengesetzt, dem Nichtseienden oder dem Leeren und dem Seienden oder dem Vollen (vgl. bspw. OP, AA 21: 218.21 f.). Das Volle sind kleinste Teile, die jedoch eine bestimmte Gestalt aufweisen. Sie sind daher körperlich. Ohne bestimmte Gestalt der Korpuskeln könnte der antike Atomismus keinen Zusammenhang erklären. Materieller Zusammenhang wird durch eine Art des in einander Verhakens der kleinsten Körper erklärt, was wiederum nur aufgrund der jeweiligen bestimmten Gestalt der Atome zustande kommen kann. Zum in einander Verhaken bedarf es ferner einer Bewegung der Teilchen, was das zwischen den körperlichen kleinsten Teilchen liegende schlechterdings Leere als zweites Prinzip voraussetzt. Auch Unterschiede der Dichte verschiedener Materien wären ohne die zwei Prinzipien atomistisch nicht zu begründen (Vgl. in „Übergang 2" OP, AA 21: 218.19–25; vgl. ferner OP, AA 21: 542.12–15). Antike Belegstellen für diese Auffassung finden sich etwa bei Lukrez (De rerum natura I) sowie bei Epikur (Ad Herodotum). Bereits in „Übergang 1" hatte Kant die Annahme des absolut leeren Raumes mit der Begründung verworfen, der zufolge das „reine Leere" (OP, AA 21: 209.22), nicht Bestandteil des Erfahrungsraumes sein kann, da es selbst nicht erfahrbar ist. Auch dieses Argument wird an einer anderen Stelle des Bogens „Übergang 2" im Zusammenhang der Ablehnung einer atomistischen Theorie der Materie reproduziert (vgl. OP, AA 21: 218.19–25). Hier, zu Beginn von „Übergang 2" wird zunächst nur die atomistische Auffassung einer elementaren Körperlichkeit der Materie verworfen.

184 Vgl. erneut OP, AA 21: 209.20 f: „eine allgemein//verbreitete den Weltraum einnehmende".

185 OP, AA 21: 215.23 f. Bereits in den ersten Sätzen von „Übergang 2" werden die Eigenschaften einer formlosen „Materie überhaupt" unter Aussparung der jeweiligen später hinzutretenden Benennung aufgelistet. Einzig die Unwägbarkeit, die meines Erachtens bereits in „Übergang 1" genannt wurde (Vgl. OP, AA 21: 214.08 f.), fehlt auf dem gesamten zweiten Bogen. Die genannte Materie ist „alldurchdringend[...]" (OP, AA 21: 216.01), „unabläßig und gleichformig agitirend[...]" (OP, AA 21: 216.02) und wie gezeigt, (körperlich) unzusammenhängend. Durch den Zusatz „für sich bestehende" wird der Substanzcharakter der „Materie überhaupt" herausgestellt (OP, AA 21: 216.01, vgl. ferner OP, AA 21: 216.25, 26 ; OP, AA 21: 217.02 ; OP, AA 21: 222.01 f. ; OP, AA 21: 223.27).

186 Vgl. OP, AA 21: 215.24: „den wir einstweilen (provisorisch) Wärmestoff nennen wollen" (OP, AA 21: 215.24). Der an anderen Stellen des Entwurfs „Übergang 1–14" im selben Kontext erscheinende Zusatz, dem zufolge die Bezeichnung Wärmestoff nichts über eine Ursächlichkeit des so bezeichneten Stoffes im Hinblick auf die Erzeugung oder die Empfindung von Wärme aussagt (vgl. bspw. OP, AA 21: 228.25 f. ; OP, AA 21: 560.10–13) wird hier nicht gemacht. Hier leitet der provisorische Name der formlosen „Materie überhaupt" zur Frage über, ob diese Materie in gleicher Weise wie die Zwischenmaterien zeitgenössischer Physik, die je nach Erklärungszu-

Nachdem er also die Materie als Substrat und als Subjekt der Bildung physischer Körper vorgestellt hat, stellt er nunmehr die Frage:

> ob eine solche nicht nur als hypothetischer Stoff um gewisse Erscheinungen erklären zu können sondern als realer und a priori durch die Vernunft gegebener Weltstoff und für ein Princip der Möglichkeit der Erfahrung des Systems der bewegenden Kräfte geltend anzusehen sey.[187]

Die Frage ist als eine ausschließende Disjunktion zu verstehen. Die erste Alternative, d. h. die Auffassung des Äthers als hypothetischer Stoff, welche ein nahezu wortgetreues Referat des Eintrags zum Stichwort „Äther“ in Gehlers Wörterbuch zur Physik darstellt,[188] wird noch vor Beginn des Beweisganges, der die Frage klären soll, von Kant verworfen. Als hypothetischen Stoff und bloße Annahme[189] schließt Kant den Wärmestoff aus der Physik, wie auch aus dem „Übergange von den metaph. Anf. Gr. der NW. zur Physik“[190] aus. Als bloßes „Einschiebsel zur Stoppelung eines Systems“[191] kann ein hypothetischer Stoff zwar die Begründung einer Systematik der Natur erleichtern, aber nur heuristisch.

Die zweite Alternative, dass nämlich die rein provisorisch als Wärmestoff bezeichnete Materie „als realer und a priori durch die Vernunft gegebener Weltstoff“ existiert,[192] unterstreicht bereits durch die Art der Formulierung zentrale Aspekte des Weltstoffbegriffs. Der Weltstoffbegriff bezeichnet ein alldurchdringendes, substantielles Kontinuum und mithin eine Totalität, ist als solcher ein Begriff der Vernunft und wird a priori durch die Vernunft gegeben. Dennoch er-

---

sammenhang, in den sie eingebettet sind, als Äther, Feuerstoff, Lichtstoff, Wärmestoff etc. erscheinen, aufzufassen ist.

187 OP, AA 21: 216.03–07.

188 Nochmals Gehler (1787), S. 82.

189 Vgl. KU §91: „So ist der Äther der neuern Physiker, eine elastische, alle andere Materien durchdringende (mit ihnen innigst vermischte) Flüssigkeit, eine bloße Meinungssache“ (KU, AA 05: 467); auch Gehlers Physikalisches Wörterbuch charakterisiert den Artikel zum Äther als eine „kurze Anzeige menschlicher Meinungen über das „was n e u e r e N a t u r l e h r e r Aether nennen“ Gehler (1787), S. 82.

190 OP, AA 21: 216.08 f.

191 OP, AA 21: 216.09 f.

192 OP, AA 21: 216.04 f. Die Bedeutung dieser Bestimmung des Weltstoffs als eines realen Stoffes, der aber a priori und durch die Vernunft gegeben wird, abschließend zu klären, wird zu den wichtigsten Ergebnissen meiner kommentierenden Interpretation zentraler Teile des Entwurfs „Übergang 1–14“ zählen. Es wird zu zeigen sein, das die Form des Ganzen möglicher Erfahrung als (Vernunft)Begriff einer Totalität a priori in der Vernunft des transzendentalen Subjekts gegeben ist. In völliger Entsprechung zu dieser Form muss die Materie zur Möglichkeit der Erfahrung in kollektiver Einheit gegeben werden.

schöpft sich seine Funktion nicht darin, als bloß heuristisches Mittel und regulative Idee zu fungieren.

In „Übergang 2“ ist zum ersten Mal von der Absicht, etwas zu beweisen, die Rede: „Die Existenz dieses Stoffs nun und die Nothwendigkeit seiner Voraussetzung a priori beweise ich auf folgende Art“.[193] Es geht Kant ausdrücklich um einen Beweis der Existenz a priori des so bestimmten Materiekontinuums und um den Beweis der Notwendigkeit, die reale Existenz des Wärmestoffs vorauszusetzen.

Notwendig vorauszusetzen ist der Wärmestoff – dies wird die folgende Darstellung der weiteren Argumentation zeigen – als Substrat der Körperbildung, primitiv bewegter/bewegender Urgrund aller derivativen Bewegungen der Körper und ihrer Teile, Bedingung der Möglichkeit der Erfahrung eines Systems aller bewegenden Kräfte der Materie und (in letzter Konsequenz) Bedingung der Möglichkeit der Erfahrung selbst.

AA21: 216.12–217.17: Erster Ansatz eines Beweises in „Übergang 1–14“

Zu Beginn der Argumentation, die den Beweis der Existenz des Weltstoffs und der Notwendigkeit seiner Voraussetzung a priori liefern soll, stellt Kant die wichtigste Prämisse seines Arguments vor:

> Vom leeren Raum kann es keine Erfahrung, auch keinen Schlus auf das Object derselben geben. Von der Existenz einer Materie belehrt zu seyn dazu bedarf ich Einflus einer Materie auf meine Sinne. Der Satz also: es giebt leere Räume kann nie ein weder mittelbarer noch unmittelbarer Erfahrungssatz seyn: sondern ist blos vernünftelt[194]

Es ist nicht möglich, vom leeren Raum eine Erfahrung zu machen, oder ausgehend vom leeren Raum Rückschlüsse auf mögliche Erfahrungsgegenstände zu ziehen. Damit etwas wie eine Materie, also irgendein möglicher Erfahrungsgegenstand als existierend wahrgenommen werden kann, ist es notwendig, dass diese Materie in irgendeiner Weise Einfluss auf die Sinnlichkeit hat. Nur wenn Materie als dasjenige, was einer Empfindung korrespondiert,[195] die Sinne affiziert, kann Wahrnehmung, d. h. eine Vorstellung, die von Empfindung begleitet wird,[196] stattfinden. Wenn Kant zu Beginn seiner Argumentation daher feststellt, dass „von der Existenz einer Materie belehrt zu sein“ notwendig einen „Einflus einer Materie auf meine Sinne“ voraussetzt, macht er deutlich, dass ohne ein der Empfindung des Subjekts korrespondierendes Etwas keine sinnlichen Vorstellungen statt finden

193 OP, AA 21: 216.10 f.
194 OP, AA 21: 216.12–16.
195 Vgl. KrV B34.
196 Vgl. KrV B147.

können. Da Anschauungen letztlich dasjenige sind, worauf aller Verstandesgebrauch abzielt,[197] fallen in diesem zweiten Satz der Argumentation beide zuvor formulierten Beweisziele zusammen. Es bedarf der Existenz des genannten Stoffes, damit etwas, d. h. Materie Einfluss auf die Sinnlichkeit ausüben kann. Ohne diesen Einfluss bleibt der Raum leer und gestattet keine Erfahrung eines Objekts (direkt) noch aber einen Schluss auf ein solches (indirekt). Damit aber ist zugleich die Notwendigkeit der Existenz dieses Stoffs, d. h. der „Materie überhaupt“, als Bedingung möglicher Erfahrung a priori erwiesen, da ohne seine Existenz nichts Erfahrbares, d. h. keine realen Objekte und nichts Wirkliches[198] im Raum anzutreffen wären. Deshalb steht für Kant fest, dass die Behauptung der Existenz leerer Räume in keiner Weise auf Erfahrung gegründet sein kann; sei diese nun unmittelbare oder aber nur mittelbare Erfahrung. Die Behauptung der Existenz leerer Räume ist mithin kein Erfahrungssatz, sondern rein spekulativ („vernünftelt“[199]). Damit wird der Raum als erfüllt bewiesen; ausgehend von diesem ersten Argument erfolgt der Beweis der Existenz des Materiekontinuums, durch welches er erfüllt wird.

Die Notwendigkeit der formlosen „Materie überhaupt“ als sowohl aktives wie auch passives Prinzip der Körperbildung bildet die zweite Prämisse der Argumentation:

> Der Satz es giebt physische Körper setzt den Satz Voraus: es giebt Materie deren bewegende Kräfte und Bewegung der Erzeugung eines Körpers in der Zeit vorhergeht: denn diese ist nur die Bildung derselben und geschieht von ihr selbst (spontaneo).[200]

Materie ist in mehrfacher Hinsicht Bedingung der Existenz von Körpern. Sie geht der Bildung von Körpern voraus. Sie ist stoffliches Substrat der Körperbildung[201] und zugleich durch ihre Bewegung und ihre bewegenden Kräfte Ursache der Formung des Körpers im Sinne der Ausbildung seiner Gestalt und seines äußeren wie auch inneren Aufbaus.[202] Die Erzeugung eines Körpers ist demnach nichts

---

197 Vgl. KrV B33: „Alles Denken aber muß sich, es sei geradezu (directe), oder im Umschweife (indirecte), vermittelst gewisser Merkmale zuletzt auf Anschauungen, mithin bei uns auf Sinnlichkeit beziehen, weil uns auf andere Weise kein Gegenstand gegeben werden kann“.

198 Vgl. das zweite Postulat des empirischen Denkens KrV B266.

199 OP, AA 21: 216.16.

200 OP, AA 21: 216.16 – 20.

201 Vgl. OP, AA 21: 215.19 f.: „Stoff zu einem Körper“.

202 Diese Bestimmung auch der inneren Form des physischen Körpers betrifft nicht allein den inneren Aufbau im Sinne der Textur der Körper, sondern schließt auch die innere Form im Sinne der Organisation bestimmter Arten von physischer Körpern, d. h. Organismen, ein.

anderes als die Bildung der Materie selbst zu einem Körper.[203] Diese geschieht durch die bewegenden Kräfte der Materie selbst, die sie auf sich selbst in ihrer passiven Auffassung als Substrat und „Stoff zu einem Körper" anwendet, und aufgrund der „Selbstthätigkeit"[204] der Materie – ihrer Spontaneität.[205]

An dieser Stelle werden die weitreichenden Modifikationen, die Kant in „Übergang 1–14" an seiner Theorie der Materie vornimmt, erkennbar. Selbsttätigkeit und Selbstbestimmung, und damit das Moment der Selbstbezüglichkeit und Reflexivität, ja sogar Spontaneität als eine andere Form der Kausalität „als nach Gesetzen der Natur",[206] wird der Materie zugeschrieben. Diese Spontaneität der Materie manifestiert sich nicht nur bei der Erzeugung einzelner physischer Körper, sondern im Anfang der Körperbildung überhaupt. Diese neue Konzeption der Materie gibt damit eine Möglichkeit an die Hand, den problematischen ersten Anfang der Bewegung der Materie im Ganzen begreiflich zu machen. Das eine derartige Auffassung Kants bisherigem Begriff von Materialität völlig widerspricht,[207] weil sie der Materie als dem Subjekt ihrer eigenen Bestimmung innere Bestimmungen und eine gewisse Spontaneität beilegt, ist Kant bewusst. Ohne der Darstellung späterer Abschnitte von „Übergang 1–14" vorzugreifen, kann gesagt werden, dass sich Kants Umgang mit einem neuen Begriff der Materie als ein beständiges Ringen mit seinen bisherigen Auffassungen darstellt, und dass dieses Ringen in „Übergang 1–14" nicht zu einem Abschluss führt.

Ein weiterer Bestandteil der neuen Theorie ist die definitorische Abgrenzung einer formlosen „Materie überhaupt" von der Materie des Körpers. Durch diese Abgrenzung wird unter anderem auch die Bildung des physischen Körpers erklärbar. Dass Kant überhaupt einen Begriff physischer Körper im Unterschied zur Materie entwickelt geht über alle seine bisherigen Äußerungen zur Materietheorie hinaus. Auch die positive Behandlung des organisierten Naturkörpers im Rahmen der Materietheorie a priori eines „Übergangs zur Physik" wird nur durch eine

---

203 Vgl. OP, AA 21: 216.19.

204 OP, AA 21: 216.22 f.

205 Vgl. OP, AA 21: 216.20. Kant spricht zwar auch in „Übergang 1" von Spontaneität, nicht aber bezogen auf die Spontaneität der Materie selbst, aufgrund derer sie in der Lage ist, von sich aus eine Kausalkette wie die Bildung eines Körpers anzufangen, sondern bezogen auf die Spontaneität, mit der der Mensch seine eigenen Gliedmaßen zu bewegen imstande ist. In einem durchgestrichenen Satz wird jedoch der organische physische Körper, wenngleich er Naturprodukt ist, als Analogon des höchsten Kunstproduktes bezeichnet, weil bei seiner Erzeugung die bewegenden Kräfte Leben, und damit so etwas wie Spontaneität auf einer untergeordneten Stufe (nicht absolute Spontaneität, denn die wäre Freiheit), voraussetzen vgl. OP, AA 21: 210 App. zu Zeile 20.

206 KrV B472.

207 Vgl. hierzu OP, AA 21: 218.05–07.

Auffassung der Materie möglich, die das Moment der Selbstbestimmung und der Selbstorganisation beinhaltet.

„Materie überhaupt" ist auch in der Zeit (nicht nur kausal[208]) Voraussetzung der Körperbildung, muss also zeitlich vorgängig zum Beginn der Bildung physischer Körper als existierend angenommen werden. Die Möglichkeit eines notwendigen ersten Anfangs dieser Körperbildung (welcher durch die Materie selbst, spontan geschieht) ist nicht zu begreifen:

> Diese Bildung aber die von der Materie selbst geschehen soll muß einen ersten Anfang haben davon zwar die Möglichkeit unbegreiflich die Ursprünglichkeit aber als Selbstthätigkeit nicht zu bezweifeln ist.[209]

Diese Unbegreiflichkeit wird von Kant später wiederholt näher erläutert.[210] Im Rahmen dieser Erläuterungen wird der Widerspruch zwischen dem klassischen Begriff von Materie, der sich mit Kants eigener bisheriger Auffassung deckt, und der Notwendigkeit, ihr Spontaneität oder Selbsttätigkeit zuschreiben zu müssen, deutlich heraus gestellt. Dass es einen ersten Anfang gegeben haben muss und das dieser „von ihr [der Materie, vjr] selbst" begründet und verursacht wird,[211] ist ungeachtet der Unmöglichkeit, diesen Anfang zu begreifen, für Kant ohne jeden Zweifel.[212]

Aufgrund der Notwendigkeit der Existenz der Materie für die Möglichkeit der Erfahrung von Gegenständen überhaupt und die Bildung dieser Gegenstände (physische Körper) formuliert Kant einen Satz, der eine Realdefinition der „Materie überhaupt" in Gestalt einer Behauptung der Existenz dieser Materie darstellt.

---

208 Im Sinne einer anderen Art von Kausalität als einer bloß mechanischen.

209 OP, AA 21: 216.20–23.

210 Vgl. bspw. OP, AA 21: 217.19 ff. ; OP, AA 21: 220.16 ff. ; OP, AA 21: 222.21 ff.

211 OP, AA 21: 216.20.

212 Aus der in den a priori Beweis der Existenz des Weltstoffs ebenso wie in den übergeordneten systematischen Zusammenhang einer neuen Grundlegung der empirischen Naturwissenschaft auf Basis eines Systems apriorischer Begriffe gleichermaßen integrierten neuen Theorie der Materie und des Körpers sowie seiner Bildung erwächst das Problem des ersten Anfanges. Dieses betrifft den Anfang der Bildung des einzelnen Körpers (distributiv) ebenso, wie den ersten Anfang der Bildung aller Körper (kollektiv) und den ersten Anfang der Bewegung im Universum, die den Grund und die Ursache der Bildung von Körpern darstellt. Diesem Problem, in dessen Behandlung auch die Frage nach der Selbsttätigkeit und Selbstursächlichkeit und einer Spontaneität der Materie als einer nicht natürlichen und gleichsam übersinnlichen Form der Kausalität erörtert wird, widmet sich Kant in „Übergang 1–14" an verschiedenen Stellen, deren erste sich auf dem Bogen „Übergang 2" finden (vgl. bspw. OP, AA 21: 217.19–218.07 ; OP, AA 21: 220.15–26 ; OP, AA 21: 221.19–22 ; OP, AA 21: 222.20–30) und im Folgenden ausführlicher besprochen werden.

Es muß also eine Materie seyn die als innerlich alle Körper (als Last onus) durchdringende und sie zugleich beharrlich bewegend ist (als potentia) die für sich selbst ein Ganzes ausmacht welches als ein Weltganzes für sich bestehend und sich innerlich selbst//bewegend allen Anderen zur Basis aller anderen beweglichen Materie dient für sich selbst ein Weltganzes aus einem Stoffe bildet der blos die Existenz einer Materie ohne besondere Kräfte derselben mithin allgemein bezeichnet und in dieser Qvalität allein bewegende Kraft hat und aller anderen Kräfte außer der ihrer eigenen Agitation beraubt alle andere bewegende Kräfte in beständig und an allen Orten reger Wirksamkeit erhält.[213]

Diese als notwendig existierend exponierte Materie muss alle Körper durchdringen (wovon auch die Wägbarkeit der Körper, ihre „Last" abhängig ist) und sie beharrlich in Bewegung setzen, worauf sich das Bewegungspotential der Körper selbst gründet. Diese Materie ist Kant zufolge „für sich selbst ein Ganzes". Wie bereits zuvor[214] wird der Substanzcharakter der Materie und mit dem Ganzen die Einheit dieser materiellen Substanz behauptet. Der Weltbegriff eröffnet den Bezug auf eine Totalität. Es ist die eine substantielle Materie, die sich innerlich selbst bewegt und damit (aufgrund dieser primitiven Bewegkräfte) als „Basis aller anderen beweglichen Materie" dient.[215] Dieser Stoff ist jedoch keine Materie mit besonderen bewegenden Kräften. Der Stoff, der ein Weltganzes bildet, ist eine allgemeine Materie, der nur die Existenz und die Agitation zugeschrieben werden. Aufgrund der ihm eigenen Bewegung ist der Weltstoff Grundlage aller anderen bewegenden Kräfte, die an jedem Ort und beständig in Bewegung gesetzt und darin erhalten werden. In seinem Fürsichsein als Substanz im Raum stellt der Weltstoff die absolute Einheit und das absolute Ganze möglicher Erfahrung, und in dieser Form die Bedingung aller Gegenstände der Erfahrung, deren Möglichkeit seine Existenz voraussetzt, vor.[216] Als Weltganzes der Materie ohne besondere Kräfte ist er Substrat, erfüllt die Funktion einer alleinigen allgemeinen Grundlage dessen, was durch ihn Existenz, Form und besondere bewegende Kraft hat, d.h. die physischen Körper.

Im Anschluss an die obige Exposition der „Materie überhaupt" in Form einer Existenzbehauptung geht Kant dazu über, diese Behauptung im eigentlichen Sinne zu begründen. Neben den bereits genannten Gründen, aus denen Kant die Bestimmungen des Materiebegriffs abgeleitet hatte, d.h. die Notwendigkeit der Materie zur Wahrnehmung von etwas Wirklichem im Raum und ferner die Not-

213 OP, AA 21: 216.23–217.07.

214 Vgl. OP, AA 21: 216.01.

215 OP, AA 21: 217.01f.

216 Dennoch ist der Weltstoff nicht das schlechthin Unbedingte und Absolute. Sein Begriff wird als Vernunftbegriff von einer Totalität durch die Vernunft des Subjekts bedingt, d.h. gegeben (vgl. OP, AA 21: 216.05) und bewährt (vgl. OP, AA 21: 219.18).

wendigkeit der Materie als Substrat wie tätiges Subjekt der Bildung physischer Körper, begründet Kant die Existenz einer Materie und die Notwendigkeit der Annahme einer solchen a priori wie folgt:

> Der Grund zu dieser Behauptung ist: daß die Anschauungen in Raum und Zeit nur Formen sind und ohne etwas das sie auch nur blos für die Sinne kennbar machte gar keine reale Objecte an die Hand geben würden welche eine Existenz überhaupt vornehmlich auch die der Größe möglich machte mithin den Raum und die Zeit für die Erfahrung schlechterdings leer lassen würden.[217]

Grund für die Behauptung der Existenz einer so bestimmten Materie ist der rein formale Charakter der reinen Anschauungen des Raumes und der Zeit. Sie sind nichts weiter als Formen, nicht aber selbst sinnlich wahrnehmbar. Wie Kant schon zuvor dargelegt hat, muss es etwas geben, das die Formen Raum und Zeit „für die Sinne kennbar“[218] macht. Ohne etwas, dass einen Einfluss auf die Sinne ausübt, sie affiziert, gibt es weder reale Objekte in Raum und Zeit, noch überhaupt etwas Existierendes und vor allem nichts, was als extensive Größe existiert. Raum und Zeit blieben leere Anschauungen.[219] Erfahrung realer Gegenstände im Raum und in der Zeit wäre nicht möglich. Die Erfahrung selbst bliebe schlechterdings leer. Es gäbe nichts zu erfahren.

So apagogisch also erschließt Kant die Existenz des Weltstoffs:

> Dieser Stoff also der jener allgemein//möglichen Erfahrung a priori zum Grunde liegt kann nicht als blos hypothetischer sondern als gegebener ursprünglich bewegender Weltstoff angesehen nicht blos problematisch angenommen werden weil er die Anschauung die sonst leer und ohne Warnehmung sein würde zuerst bezeichnet[220]

Nunmehr wird der Weltstoff als Grundlage a priori einer allgemein möglichen Erfahrung (nicht mehr nur der Erfahrung eines Systems der bewegenden Kräfte der Materie[221]) bezeichnet. Kant beantwortet damit seine Ausgangsfrage, die er dem Beweis vorangestellt hatte, im Sinne der zweiten dort genannten Alternative:[222] Dieser Stoff ist nicht bloß hypothetischer Natur, sondern muss als gegebener und ursprünglich bewegender „Weltstoff“ betrachtet und angenommen werden.

---

217 OP, AA 21: 217.07–12.
218 OP, AA 21: 217.09.
219 Ohne irgendetwas überhaupt der Möglichkeit nach Erfahrbares wäre auch ihr Status, als reine Formen der Anschauung Bedingung der Möglichkeit a priori von Erfahrung zu sein, aufgehoben.
220 OP, AA 21: 217.12–17.
221 Vgl. OP, AA 21: 216.05f.
222 Vgl. OP, AA 21: 216.03–07.

Dass Kant an obiger Stelle zwischen Ansehen und Annehmen differenziert[223] erklärt sich durch die Unterscheidung der Realdefinition des Stoffes und der daraus resultierenden Bestimmung seines Status. Wenn der Stoff der Sache nach als ursprünglich bewegender Weltstoff und als Grundlage der Erfahrung überhaupt definiert wird, kann sein Status nicht der einer Hypothese sein. Die Annahme seiner Existenz ist nicht lediglich hypothetisch und problematisch, sondern a priori notwendig, da nur seine reale Existenz die „Anschauung [...] bezeichnet",[224] d.h. sie zuallererst zu einem Gegenstand der Wahrnehmung macht. Ohne die Existenz dieser stofflichen Grundlage der allgemeinen Erfahrung, oder der Erfahrung überhaupt, fände Erfahrung (trotz aller anderen Bedingungen ihrer Möglichkeit) nicht statt.

AA21: 217.16–218.07 „Von der ersten Bewegung und der uranfänglich bewegenden Materie (*materia primitiue movens*)"

Noch auf der ersten Seite des Bogens „Übergang 2" finden sich Bemerkungen zu der Thematik, zu denen auch eine Exposition des Problems in Form des Entwurfs einer Überschrift zählt. Es geht Kant darum, „Von den bewegenden Kräften aus der ersten Bewegung" zu handeln.[225] Aus einer ersten Bewegung als Grund und Ursache gehen die bewegenden Kräfte hervor und genau dieser erste Anfang der Bewegung ist das eigentliche Problem:[226] „Der erste Beweger scheint eine durch einen Willen wirkende Ursache vorauszusetzen die Agitation der Materie aber sich von selbst ewig zu erhalten".[227] Das „aber" deutet an, dass hier zwei Aspekte desselben Problemkomplexes, die dem Anschein nach im Widerspruch zueinander stehen, exponiert werden. Einerseits deutet der erste Beweger auf eine

223 Vgl. OP, AA 21: 217.15.

224 OP, AA 21: 217.16.

225 OP, AA 21: 217.19; die Hervorhebung stammt von Kant selbst, im Autograph jedoch als Unterstreichung.

226 Bereits im Zusammenhang der Argumentation, durch welche die Existenz und die Notwendigkeit a priori des Weltstoffs bewiesen werden sollte, wurde hinsichtlich der Selbst-Bildung der Materie in der Erzeugung eines Körpers das Problem des ersten Anfangs zum Thema gemacht: „Diese Bildung aber die von der Materie selbst geschehen soll muß einen ersten Anfang haben davon zwar die Möglichkeit unbegreiflich die Ursprünglichkeit aber als Selbstthätigkeit nicht zu bezweifeln ist" (OP, AA 21: 216.20–23). Wenngleich es hier zunächst um den Beginn einer Kausalkette in der Natur geht, zeigt der explizite Hinweis auf die Unbegreiflichkeit der Möglichkeit eines ersten Anfanges der Bildung der Materie bereits hier den Bezug auf den absolut ersten Anfang (vgl. auch die Anmerkungen zur Thesis der dritten Antinomie KrV B476 u. KrV B478). Die erste Bewegung der Materie in ihrer Gesamtheit und die daraus resultierenden Bildungsprozesse der Materie durch diese ihr eigene Bewegung stellen dasselbe Problem dar.

227 OP, AA 21: 217.20–22.

äußere Ursache, durch deren Willkür die Bewegung anhebt, da es im Widerspruch mit dem Begriff von Materie steht, durch einen Willen wirksam zu sein. Andererseits liegt die Ursache der Fortdauer der Bewegung – Kant spricht diesbezüglich von Ewigkeit[228] – scheinbar in der Materie selbst.

Bereits der Titel des neuen Abschnitts, der auf die zuletzt zitierte Stelle folgt, deutet auf eine Art vorläufige Lösung des Problems hin, die zwar nicht direkt auf diesen Titel folgend, wohl aber bereits innerhalb von „Übergang 2“ vorgestellt wird: „Von der ersten Bewegung und der uranfänglich bewegenden Materie (materia primitiue movens)“.[229] Es geht Kant um die erste Bewegung und um die uranfänglich bewegende Materie, nicht aber um die erste Bewegung der uranfänglichen Materie selbst. Durch das „und“, das hier zugleich verbindet und trennt, macht Kant deutlich, dass es zwei Dinge sind, um die es geht: einen ersten Anfang der Bewegung und eine uranfängliche Materie. Diese Unterscheidung ist ausschlaggebend für Kants vorläufige Lösung des Problems. Den ersten Anfang zu denken – das hatte bereits die Erwähnung eines ersten Bewegers angedeutet – bringt kaum lösbare Schwierigkeiten mit sich, das Postulat einer uranfänglich bewegten und bewegenden Materie hingegen klammert diese Schwierigkeiten dem Anschein nach aus.

Auf die Überschrift folgend stellt Kant zunächst zwei Möglichkeiten der Verursachung einer Bewegung durch Materie vor. Entweder versetzt die Materie mit ihren Bewegkräften „sich selbst äußerlich“ oder aber „sich innerlich“ in Bewegung.[230] Die erste Option einer Veränderung des Ortes im Raum erfordert eine ortsverändernd bewegende Kraft, die „vis locomotiua“.[231] Die zweite Option ist die innere und wechselseitige Bewegung aller Teile der Materie ohne Ortswechsel und die hierfür nötige Kraft wird als „vis interne motiua“ bezeichnet.[232] Diese zwei Arten eines Anfangs der Bewegung durch die Materie sind denkbar, nicht aber deren schlechterdings erster Anfang: „ein jeder absolute Anfang der Bewegung

228 OP, AA 21: 217.21. Hier stellt sich die Frage, was Kant unter „Ewigkeit“ versteht. Ewigkeit im eigentlichen Sinne schließt die Möglichkeit eines Anfangs ebenso aus, wie die Möglichkeit eines Endes, womit die Behauptung einer Ewigkeit der Bewegung, die ihren Grund in der Materie selbst hat, das Problem des ersten Anfangs aufheben würde. Dennoch deuten auch andere Stellen in „Übergang 2“ darauf hin, dass Kant einen Begriff der Ewigkeit für möglich hält, der mit dem Begriff eines Anfangs vereinbar ist; vgl. OP, AA 21: 224.08 f.: „Der Anfang seiner [des realen und objektiven Prinzips der Erfahrung als eines Ganzen aller bewegenden Kräfte, vjr] Bewegung ist auch die Ewigkeit desselben“.

229 OP, AA 21: 222.23–25.

230 OP, AA 21: 217.26–28.

231 OP, AA 21: 217.27.

232 OP, AA 21: 217.29.

einer Materie ist undenkbar".[233] Diese Undenkbarkeit wird hier zunächst nur behauptet, aber im weiteren Fortgang der Reflexionen auf dem Bogen „Übergang 2" näher erläutert, wobei ein Problem, dass sich mit der Annahme eines ersten Anfangs verbindet bereits genannt wurde. Erstens verweist der absolute Anfang auf ein verursachendes Subjekt im Sinne eines ersten Bewegers. Entweder ist dieser erste Beweger eine äußere, immaterielle Ursache im Sinne Gottes oder eines Demiurgen, was Kant als Möglichkeit der Lösung ausschließt,[234] oder Subjekt der ersten Bewegung müsste die Materie selbst sein. Damit Materie selbst einen absolut ersten Anfang ihrer Eigenbewegung verursachen könnte, wäre es nötig, ihr einen Willen zuzusprechen. Dies ist jedoch mit Kants Begriff von Materialität nicht zu vereinen: „Einem ersten Beweger (*primus motor*) müßte man Spontaneität d.i. ein Wollen beylegen welche der Materialität völlig wiederspricht."[235]

Es ist offensichtlich, dass Kant in „Übergang 1–14" Gesichtspunkte einer völlig neuen Theorie der Materie behandelt. Zu dieser zählt neben einem Begriff des physischen Körpers und einer formlosen Materie als Substrat und Subjekt seiner Erzeugung auch eine neue Auffassung der Materie als etwas, das über eine gewisse Art der Spontaneität, Selbsttätigkeit und (an manchen Stellen des Entwurfs) Selbstursächlichkeit hinsichtlich ihrer Bewegung und Bestimmung erkennen lässt. So ist Materie nach den bereits betrachteten Stellen des Bogens „Übergang 2" dasjenige, was „von ihr selbst (spontaneo)" die Kausalkette der Bildung ihrer selbst zu einem Körper anfängt,[236] und „sich selbst" in dieser Ausbildung innerlich wie auch äußerlich formgebend bestimmt.[237] Hier stellt sich die Frage, ob Kant seinen neuen Materiebegriff, mit dem er bereits zu Beginn des Entwurfs „Übergang 1–14" experimentiert, durch die zitierte Behauptung, Spontaneität stünde in völligem Widerspruch zur Materialität als solcher, neuerlich in Frage stellt. Diese Frage ist aus dem Kontext heraus nicht abschließend zu beantworten. Man kann jedoch davon ausgehen, dass Kant hier zunächst selbst den Widerspruch zwischen der Annahme einer Spontaneität der Materie und seinem bisherigen Begriff von Materialität[238] exponiert.[239]

---

233 OP, AA 21: 217.29–218.01.

234 Vgl. OP, AA 21: 222.28–30.

235 OP, AA 21: 218.05–07.

236 OP, AA 21: 216.19 f.

237 Vgl. nochmals die Definition des physischen Körpers OP, AA 21: 215.15–18.

238 In den *Prolegomena* wird Materialität mit Undurchdringlichkeit identifiziert (Prol, AA 04: 289) und weder die transzendentale noch die physische (phoronomische, dynamische, mechanische, phänomenologische) Bestimmung der Materie schließt innere Bestimmungen derselben ein, solche werden vielmehr ausdrücklich verworfen, vgl. KrV B333: „Ich habe also zwar nichts Schlechthin-, sondern lauter Comparativ-Innerliches, das selber wiederum aus äußeren Ver-

Wird der absolut erste Anfang der Bewegung der Materie im Ganzen ungeachtet seiner Undenkbarkeit „eingeräumt so ist auch das Aufhören oder die Verminderung derselben eben so undenkbar weil das Hindernis oder der Wiederstand im Aufheben derselben eben so wohl eine bewegende Kraft in der Entgegensetzung ist“.[240] Wenn also ein erster Anfang der Bewegung der Materie im Ganzen (in Absehung seiner Unbegreiflichkeit, ja Undenkbarkeit) angenommen wird, dauert die Bewegung unaufhörlich fort, da nur eine Kraft, die der Bewegung im Ganzen entgegengesetzt wäre, deren Verminderung oder Aufhören begründen könnte. Eine solche Kraft anzunehmen, erweist sich jedoch als widersprüchlich. Damit alle bewegenden Kräfte zu wirken aufhören, muss eine dieser Gesamtheit der Bewegung entgegengesetzte Kraft angenommen werden, die ihrerseits selbst bewegende Kraft ist. Die Auseinandersetzung mit dem Problem des absolut ersten Anfangs der Bewegung konfrontiert Kant mit einer neuen Antinomie im Weltbegriff.

Dass die einmal begonnene Bewegung der Materie fortdauert, hat Kant bereits weiter oben in „Übergang 2“ angedeutet: Der erste Beweger als Ursache des absoluten Anfangs verweist dem Anschein nach auf eine immaterielle Ursache, während die Materie sich, sofern sie einmal in Bewegung ist, dem Anschein nach selbsttätig in ihrer Bewegung erhält.[241] Kant verknüpft insofern auch die Geltung des Trägheitsprinzips mit der Spontaneität der Materie.[242] Dies ist auch im Hinblick auf die Frage nach Kants Auffassung von Ewigkeit in jenen Abschnitten von „Übergang 2“ mit zu bedenken, die sich mit dem Problem der ersten Bewegung befassen.

---

hältnissen besteht. Allein das schlechthin, dem reinen Verstande nach, Innerliche der Materie ist auch eine bloße Grille“.

239 Ein weiterer Grund für die Undenkbarkeit des absolut ersten Anfangs der Bewegung der nicht an dieser Stelle, wohl aber innerhalb „Übergang 2“ genannt wird, ist die in der Antithesis zur ersten Antinomie negierte Möglichkeit der Annahme einer leeren Zeit, die dem Anfang der Bewegung vorausgehend gedacht werden müsste; vgl. KrV B455 und B457.

240 OP, AA 21: 218.01–05. Kant reproduziert an dieser Stelle mit eigenen Worten das erste Bewegungsgesetz der Newtonschen *Principia*, das auch unter dem Namen Trägheitsprinzip bekannt ist. In Inertialsystemen verharrt ein Körper in seinem Zustand der Ruhe oder Bewegung, wofern er nicht durch auf ihn einwirkende Kräfte zu einer Änderung dieses seines Zustandes gezwungen wird („Corpus omne perseverare in statu suo quiescendi vel movendi uniformiter in directum, nisi quatenus illud a viribus impressis cogitur statum suum mutare“, Newton (1726), S.13.

241 Vgl. OP, AA 21: 217.20–22.

242 Dass dies der Fall ist, geht aus dem vorletzten Satz der dritten Seite des Bogens „Übergang 2“ hervor: „Der erste Anfang der Bewegung als Spontaneität giebt auch so wohl eine Sphäre des Elementarstoffs und eine bestandige Fortdauer der Bewegung zu erkennen“ (OP, AA 21: 222.08–10).

Die unmittelbar mit dem Anfangsproblem der Bewegung verbundenen Reflexionen enden mit der These, der zu Folge Spontaneität, d. h. ein Wollen im Widerspruch zur Materialität steht, womit ein materieller erster Beweger zumindest an dieser Stelle von „Übergang 2" der Möglichkeit nach ausgeschlossen wird.[243].
Im nur durch Gedankenstriche getrennten, weiteren Text des Abschnitts widmet sich Kant erneut der „Materie überhaupt":

> Nun folgt der nicht aus der Physik entlehnte und so empirische sondern zum Übergange von den metaph. A. Gr. der NW. gehörende a priori geltende Satz: [...]Es ist eine im Gantzen Weltraum als ein Continuum verbreitete alle Körper gleichförmig durchdringend erfüllende (mithin keiner Ortveränderung unterworfene) Materie welche man mag sie nun Aether oder Wärmestoff etc nennen kein hypothetischer Stoff ist (um gewisse Phänomene zu erklären und zu gegebenen Wirkungen sich Ursachen mehr oder weniger scheinbar auszudenken) sondern als zum Ubergange von den met. A. Gr. der NW. zur Physik nothwendig gehörendes Stück a priori anerkannt und postulirt werden kann.[244]

Dieser in den Gegenstandsbereich eines Übergangs von den metaphysischen Anfangsgründen der Naturwissenschaft[245] fallende Satz a priori,[246] stellt den Interpreten zunächst vor die Frage nach seinem Bezugstext in „Übergang 2". Kants Einleitung des Satzes mit „nun folgt" legt zumindest nahe, dass es einen solchen im Kontext gibt.[247] Der Satz beinhaltet neben bereits bekannten Thesen auch

243 Vgl. OP, AA 21: 05–07. Andere Stellen in „Übergang 2" behaupten das Gegenteil, vgl. bspw. OP, AA 21: 216.20 ff.; der erste Anfang, von dem an dieser Stelle die Rede ist, kann nicht bloß distributiv, d. h. auf die Erzeugung des einzelnen Körpers durch Bewegung bezogen werden, sondern betrifft als wirklich erster Anfang kollektiv die Erzeugung und Bewegung überhaupt.

244 OP, AA 21: 218.07–17.

245 Vgl. OP, AA 21: 218.08 f. An dieser Stelle fehlt die nähere Bestimmung, wohin der Übergang erfolgen soll.

246 Vgl. OP, AA 21: 218.10–17.

247 Weder der Apparat noch die Sachanmerkungen der Herausgeber (vgl. OP, AA 22: 805 Anm. zu OP, AA 21: 218.09 L. Bl. Presting) noch das Autograph des Bogens „Übergang 2" selbst liefern hier einen brauchbaren Hinweis. Es lassen sich jedoch Argumente sowohl für einen Bezug auf den Text zur ersten Bewegung, als auch gegen diesen direkten Bezug aus dem Text von „Übergang 2" ableiten. Für einen negativen Bezug auf die vorangegangenen Reflexionen zum Problem der absolut ersten Bewegung der Materie spricht zunächst der Umstand, dass ungeachtet der metaphysischen wie auch transzendentalen Notwendigkeit, die Materie als bewegt und bewegend zu setzen, in der oben zitierten, in Anführungszeichen stehenden Existenzbehauptung der allverbreiteten und alldurchdringenden Materie, von Bewegung keine Rede ist. Dies kann darauf hin deuten, dass Kant die zuvor erörterten Schwierigkeiten, die sich an den Begriff der notwendigen Bewegung der Materie knüpfen zumindest vorläufig auszuklammern beabsichtigt. Einen anderen und weitaus stärkeren Grund für einen Bezug liefert hingegen der Text der vierten Seite des Bogens „Übergang 2". Auch dort folgt auf eine Überschrift (vgl. OP, AA 21: 222.14–19) zuerst ein Abschnitt,

verschiedene neue Aspekte. Dass die allgemeine Materie[248] ein lückenloses Kontinuum ist und ein Ganzes ausmacht, hatte Kant bereits zuvor dargetan.[249] An dieser Stelle wird die kontinuierliche Ausbreitung des Materieganzen in der Gesamtheit des Raumes, dem Weltraum behauptet.[250] Implizit war dieser Sachverhalt bereits durch die Thesen, die Materie bilde ein stoffliches Weltganzes[251] und sei ferner dasjenige, was die Anschauung (des Raumes) zuerst bezeichne,[252] ausgedrückt worden. Diese in der Gesamtheit des einen Weltraums verbreitete Materie ist eine „alle Körper gleichförmig durchdringend erfüllende“.[253] Gleichförmigkeit hatte Kant zuvor von der Agitation des Materiekontinuums behauptet.[254] Hier kann die Bestimmung „gleichförmig“ dem Kontext nach auf die Art der Verbreitung der Materie bezogen werden. Ihre Verbreitung im ganzen Weltraum ist unterschiedslos und überall gleich. Dichteunterschiede kann es nicht geben, da die Materie als Alldurchdringende durch nichts außer durch sich selbst in ihrer Ausbreitung begrenzt wird,[255] und damit weder eine bestimmte Gestalt im Raum noch ein bestimmtes Volumen hat.[256] Unterschiede der Masse bezogen auf das Volumen

---

der sich dem Problem des Anfangs der Bewegung widmet (vgl. OP, AA 21: 222.20–30, beginnend mit „§“). Unmittelbar darauf folgt eine ebenfalls in Anführungszeichen stehende und mit „Lehrsatz“ betitelte Existenzbehauptung (vgl. OP, AA 21: 223.01–08), an welche sich ein mit „Beweis“ überschriebenes Argument für die Richtigkeit des Lehrsatzes findet (vgl. OP, AA 21: 223.09–224.02). Diese sehr ähnliche Gliederung des Textes könnte darauf hindeuten, dass Kant die Problematik der ersten Bewegung vor der Existenzbehauptung und dem Beweis derselben zu behandeln beabsichtigte. Wenn dies der Fall sein sollte, wofür es meines Erachtens Hinweise, nicht aber klare Belege im Text gibt, wäre das „Nun folgt“ nicht als logische (Schluss-)Folgerung aufzufassen, sondern auf die bloße Abfolge der behandelten Themen zu beziehen. Für einen Bezug auf einen anderen Teil des vorangegangenen Textes spricht zunächst die rein optische Trennung durch die Gedankenstriche die sich in gleicher Form auch im Autograph findet. Auch eine Auffassung des „Nun folgt“ als Ankündigung einer Schlussfolgerung würde gegen den Bezug auf die Reflexionen zum Problem eines ersten Anfangs der Bewegung sprechen. Eine abschließende Klärung des hier herausgestellten Problems ist m. E. weder auf Basis der Anmerkungen von Kants eigener Hand, oder der Herausgeber, noch auf Basis des Texts selber möglich.

248 Vgl. OP, AA 21: 217.04 f. : „Materie ohne besondere Kräfte derselben mithin allgemein bezeichnet“.

249 Vgl. OP, AA 21: 215.22 f.

250 Vgl. OP, AA 21: 218.10.

251 Vgl. OP, AA 21: 216.26 ; OP, AA 21: 217.02.

252 Vgl. OP, AA 21: 217.16 f.

253 OP, AA 21: 218.11.

254 Vgl. OP, AA 21: 216.02.

255 Vgl. OP, AA 21: 224.21 f.

256 Der Unterschied zwischen „Materie überhaupt“ und physischem Körper besteht gerade in der Gestalt- und Formlosigkeit der ersteren (vgl. nochmals OP, AA 21: 215.14–16). Ohne räumliche Gestalt, auf die die Materie begrenzt ist, kann nicht von einem bestimmten Volumen oder einer sind mithin nicht möglich. In ihrer gleichförmigen und zudem durchdringenden Verbreitung ist sie nicht nur an allen Punkten des Raumes, den sie in dieser Weise erfüllt, sondern auch an allen Stellen der Körper, die sich in diesem Raum befinden, präsent. Sie erfüllt mithin auch alle Körper im Raum indem sie dieselben durchdringt. Durch ihre Allverbreitung ist sie bereits an jedem Ort, was ferner eine ortsverändernde Bewegung dieser Materie, nicht aber deren innere Bewegung durch die vis interne motiva, ausschließt.[257] Der Name, mit dem man die in dieser Weise bestimmte Materie bezeichnet, ist, wie Kant deutlich macht, beliebig.[258] Bedeutender ist, dass mit Benennungen wie Äther oder Wärmestoff nicht auf einen hypothetischen Stoff verwiesen wird. Durch den Hinweis, dass es sich bei der hypothetischen Annahme bestimmter Stoffe als Bedingungen der Möglichkeit, physikalische Phänomene im Rahmen einer Theorie schlüssig behandeln zu können, um eine Methode handelt, „zu gegebenen Wirkungen sich Ursachen mehr oder weniger scheinbar auszudenken",[259] wird Kants abwertende Haltung jenen Theorien gegenüber, deren Erklärungskraft von der Einschaltung quasi fiktiver Zwischenmaterien abhängt, an dieser Stelle besonders deutlich. Die kontinuierliche Materie wird vielmehr als notwendig zum Übergang zur Physik gehörend „a priori anerkannt und postuliert".[260] Von der Möglichkeit, das alles erfüllende Kontinuum der Materie zu postulieren ist hier erstmals im Entwurf „Übergang 1–14" die Rede. Dies wirft die Frage auf, wie der Begriff des Postulates im Zusammenhang mit dem a priori Beweis der Existenz und Notwendigkeit eines Welt- oder Wärmestoffes zu verstehen ist, und welche Rückschlüsse Kants These, die Existenz einer Materie als Erfahrungsprinzip könne vor aller Erfahrung und unabhängig von derselben postuliert werden, bezogen auf den Status der derart postulierten Existenz zulässt.[261]

bestimmten Ausdehnung der Materie gesprochen werden. Da die Materie, von der Kant an dieser Stelle spricht alle Körper durchdringend erfüllt, kann nur die Materie in ihrer formlosen Auffassung gemeint sein.

257 Vgl. OP, AA 21: 218.11 f.

258 Vgl. OP, AA 21: 218.12 f.

259 OP, AA 21: 218.14 f.

260 OP, AA 21: 218.17.

261 Die Frage nach der Bedeutung der erstmals in „Übergang 2" formulierten These Kants, die kontinuierlich verbreitete „Materie überhaupt" sei nicht hypothetisch, sondern ihre „Existenz" (OP, AA 21: 219.14) und ihre „Wirklichkeit" (OP, AA 21: 219.20 f.) könne postuliert werden, kann, wie zu zeigen sein wird, nur im Rückblick auf den Gesamtentwurf „Übergang 1–14", vor allem aber auf die mit „Übergang 12" bezeichneten Bogen beantwortet werden.

AA21: 218.18 „Erster Satz“

Es folgt ein mit „Erster Satz“ überschriebener Abschnitt, in welchem Kant die Unzulänglichkeit einer atomistischen Auffassung der Materie zur Erklärung von Dichteunterschieden thematisiert. Grund dieser Unzulänglichkeit ist die notwendige Voraussetzung des (reinen) Leeren, die als solche, ausgehend vom Prinzip möglicher Erfahrung, nicht zulässig ist.

> Der Unterschied der Materie in so fern ein Körper in eben demselben Raum mehr oder weniger davon enthält kann nicht atomistisch (mit Epicur) durch Zusammensetzung des Vollen mit dem dazwischen befindlichen Leeren erklärt werden denn der leere Raum ist gar kein Gegenstand möglicher Erfahrung (weil keine Warnehmung des Nichtseyns eines realen Gegenstandes sondern nur die Nichtwarnehmung des Seyns möglich ist). Atomen aber als dichte Körperchen die doch mathematisch untheilbar wären enthalten einen sich wiedersprechenden Begrif; denn das Räumliche ist theilbar ins Unendliche.[262]

Eine geringere Dichte eines physischen Körpers erklärt der Atomismus durch mehr leeren Raum innerhalb der Gestalt desselben. Da das Leere nicht Gegenstand möglicher Wahrnehmung und mithin möglicher Erfahrung als gesetzmäßig verknüpfter Wahrnehmung sein kann, kann es auch nicht Bestandteil einer Theorie sein, die physikalische Differenzen von Gegenständen der Erfahrung zu erklären sucht. Die in Klammern stehende Erläuterung dieser Behauptung findet sich in unterschiedlichen Formulierungen an vielen Stellen des Entwurfs „Übergang 1–14“. Dass ein realer Gegenstand in seinem Dasein auch nicht wahrgenommen werden kann, ist ein trivialer Sachverhalt. Das vergegenständlichte „Nichtseyn“ eines solchen käme jedoch einer Lücke, bzw. einem Loch in der Erfahrung gleich. Eine zusammenhängende, einheitliche Erfahrung schließt die Möglichkeit, das Leere und damit das nicht Seiende in ihrem Raum anzunehmen, aus. Aus der Unmöglichkeit einer Wahrnehmung des absolut Leeren und damit des Nichts, kann die Kontinuität der Materie bezogen auf die Gesamtheit des Raumes aller möglichen Erfahrung erschlossen werden: „Folglich muß der Weltraum als gänzlich mit Materie erfüllt (ohne leere weder umschließende oder beschlossene Räume (Zwischenräume)) gedacht werden denn keine von beyden sind Gegenstände möglicher Erfahrung. – Die Nichtexistenz kann nicht wargenommen werden“.[263] Kants „Erster Satz“ stellt ein Argument für die durchgängige Erfüllung

262 OP, AA 21: 218.19–27.

263 OP, AA 21: 219.01–04. Bezüglich der Existenz leerer Zwischenräume finden sich in „Übergang 1–14“ andere Stellen, die dazu in direktem Widerspruch stehen, d. h. die Möglichkeit der hier negierten leeren Zwischenräume einräumen; vgl. OP, AA 21: 536.10–16: „Ein Weltraum aber als ein aus Materie (dem erfülleten) und dem leeren Raume zusammen gesetztes Ganze ist gleichwohl doch ein Gegenstand möglicher Erfahrung wenn gleich die von der Materie begrentzte Theile des Raumes auf Basis des Prinzips möglicher Erfahrung dar. Wenn Kant im Rahmen dieser Argumentation zusätzlich darauf hinweist das nicht allein die Annahme des Leeren, sondern auch das zweite Prinzip des Atomismus, nämlich die Annahme nicht allein physikalisch, sondern auch mathematisch unteilbarer kleinster Körper in sich widersprüchlich ist, da diese Körperchen Teil eines unendlich teilbaren Raumes der Geometrie sind, stellt dies nicht allein einen weiteren Grund dar, den Atomismus zu verwerfen. Es ist zudem ein weiterer Grund für die Auffassung der Materie als Kontinuum. „Materie überhaupt" hat keinen körperlichen Zusammenhang. Sie ist nichts als Bewegung und bewegende Kraft und innerhalb dieses Systems bloßer Verhältnisse[264] gibt es keine diskreten, letzten Einheiten. Wie der Raum den sie erfüllt ist auch die Materie aufgrund ihrer Kontinuität geometrisch in infinitum teilbar.[265]

AA21: 219.24 ff. „2."

Was die Reihenfolge der zu besprechenden Textstellen angeht, weicht die kommentierende Darstellung von „Übergang 2" an dieser Stelle von der Präsentation des Kantischen Textes in Band 21 der Akademie Ausgabe ab.[266] Eine detaillierte philologische Begründung, die sich auf den Inhalt der Textstellen ebenso bezieht, wie auf die Handschrift des Bogens „Übergang 2", findet sich nebst einem Fak-

dessen (leere Zwischenräume) für sich allein es nicht sind"; zudem OP, AA 21: 234.19 – 25: „Es mag auch eine Mengung leerer Räume zwischen vollen (interstitia vacua) in einem Korper anzutreffen seyn so ist auch diese kein Gegenstand möglicher Erfahrung, viel weniger noch das unendliche leere was über der Weltgrenze hinaus gedacht werden mag.

264 Vgl. KrV B66 f. sowie KrV B321.

265 Kants Auffassung der materiellen Substanz als Kontinuum bewegender Kräfte im Raum steht einerseits im Gegensatz zur vorkritischen Materietheorie in der Monadologia Physica. Dort geht Kant von letzten Einheiten aus, die als solche jedoch gerade nicht im Raum befindlich sind, wodurch sie mit diesem teilbar wären (MoPh, AA01: 481: „At sunt praeter praesentiam externam [...] aliae internae [...]. Sed internae non sunt in spatio, propterea quia sunt internae). Dennoch zeigen sich auch Übereinstimmungen, die aus Kants gleichsam ideeller Zweiteilung der Monas in deren nichträumliche innere Bestimmungen und eine äußere Wirkungssphäre resultieren. Diese äußere Wirkungssphäre der physischen Monaden (MoPh, AA01: 480: „Monas spatiolum praesentiae suae definit non pluralitate partium suarum substantialium, sed sphaera activitatis, qua externas utrinque sibi praesentes arcet ab ulteriori ad se invicem appropinquatione") ist wie die „Materie überhaupt" des „Übergangs zur Physik" räumlich und als bloßes Kraftfeld („field of force", siehe Sarmiento (2005), S. 19) teilbar ins Unendliche (MoPh, AA01: 481: „Qui itaque dividit spatium, quantitatem extensivam praesentiae suae dividit").

266 Dort folgt im Text vor „2." ein im Autograph am oberen Rand der Seiten zwei und drei des Bogens „Übergang 2" notierter Text, der aus inhaltlichen Gründen, die im Folgenden dargelegt werden, erst nach dem Abschnitt „2." einzufügen wäre.

simile der Seiten zwei und drei dieses Bogens im Anschluss an die Ergebnisse der Darstellung von „Übergang 2“.

Die Argumentation gegen die Möglichkeit einer Wahrnehmung des leeren Raumes im Abschnitt „Erster Satz“ wird in „2.“ durch ein zusätzliches Argument für die Unmöglichkeit der Existenz leerer (Zwischen-)Räume innerhalb des einen Erfahrungsraumes ergänzt, und zwar wie folgt:

> Es ist aber kein Überschritt vom Vollen durch das Leere zum Vollen als Erfahrung möglich. Denn das würde eine Warnehmung vom Nichtseyn als einem den Sinnen vorliegenden Object abgeben. Folglich ist jeder Raum im Verhältnis auf unsere äußere Sinne mit Materie erfüllt zu welchem Satz wir keine Erfahrung auch keinen auf Erfahrung gegründeten Schlus nöthig haben mithin der vollig a priori gefället werden kann. Durch den leeren Raum kann keine Wirkung der bewegenden Kräfte der Materie zu unseren Sinnen gelangen Die Erfahrung welche die Verknüpfung von einer mit der anderen machen sollte höhrt auf einmal auf und die Materie fließt (für die uns mögliche Warnehmung) in einen Punct zusammen und nimmt keinen Raum ein Wir können vom Daseyn des uns Nahen oder Weiten nicht belehrt werden ohne eine Erfüllung des zwischen beyden Puncten liegenden Raumes vorauszusetzen wir mögen nun davon Empfindung haben oder nicht.[267]

Nicht allein die Wahrnehmung des absolut leeren Raumes und somit des Nichtseienden stellt eine Unmöglichkeit dar, sondern in gleicher Weise dessen wahrnehmende Überbrückung. Jegliche Verknüpfung von Wahrnehmungsinhalten durch das erkennende Subjekt hätte an einem absolut leeren Zwischenraum innerhalb des Erfahrungsraumes seine definitive Grenze. Eine Erfahrung, die als solche Erkenntnis durch die Verknüpfung von Wahrnehmungsinhalten ist,[268] „höhrt auf einmal auf“.[269] Für die empirische Realität des Raumes, zu der seine objektiv gültige Messbarkeit gehört,[270] bedarf es der Kontinuität der Wahrnehmung oder besser der Wahrnehmbarkeit des Raumes selbst, welche wiederum kontinuierliche materielle Erfüllung voraussetzt. Dies deshalb, weil das Nichtsein nicht wahrgenommen werden kann, und das Messen von Nähe und Weite eine bestimmte Wahrnehmung darstellt. Ein Durchmessen leerer (Zwischen-)Räume würde demzufolge die für unmöglich erklärte Wahrnehmung einer Nichtexistenz voraussetzen. Daraus folgt die kontinuierliche Erfüllung jedes möglichen Raumes und somit des Raumes schlechthin rein a priori. Die Erfüllung des Raumes wird in

---

267 OP, AA 21: 219.25–220.09.

268 Vgl. KrV B161, vor allem aber das Prinzip der Analogien der Erfahrung und den Beweis dieses Prinzips KrV B218 f.

269 OP, AA 21: 220.05.

270 Vgl. auch OP, AA 21: 229.15–18: „Das wodurch der Raum überhaupt ein Gegenstand möglicher Erfahrung (des Messens, der Richtung etc.) wird, ist ein allgemein verbreiteter alldurchdringender mit bewegenden Kräften versehener Weltstoff“.

Bezug auf die Erfahrung eines Subjekts im Allgemeinen und auf dessen äußeren Sinn im Speziellen erschlossen.[271] Wenn Erfahrung möglich sein soll, dann sind es auch die dafür erforderlichen Bedingungen. Daher ist die Möglichkeit der Erfahrung als alleiniger Beweisgrund der realen Existenz des raumerfüllenden Weltstoffkontinuums hinreichend:

> Die bloße Moglichkeit der Erfahrung sichert schon genug und kann auch allein die Realität dieses alle Räume erfüllenden Stoffs sicheren; denn sonst müßte das dazwischen liegende schlechthin Unwahrnehmbare d.i. die Nichtexistenz müßte können wargenommen werden welches sich wiederspricht.[272]

Es ist die Möglichkeit der Erfahrung als einer synthetischen Einheit aller Wahrnehmungen, deren Begriff a priori das reine Leere innerhalb des Raumes dieser Erfahrung ausschließt und mithin die Kontinuität der Erfüllung desselben notwendig und transzendental beweisfähig macht.

Im Hinblick auf die Abweichung von der Darstellung des Texts von „Übergang 2" in der Akademie Ausgabe, ist vor allem die oben zitierte Feststellung Kants von Bedeutung, der zufolge „Durch den leeren Raum [...] keine Wirkung der bewegenden Kräfte der Materie zu unseren Sinnen gelangen" kann.[273] Wie an anderen Stellen in „Übergang 1–14" geht es hier auch hier implizit um die in der zeitgenössischen Naturwissenschaft kontrovers diskutierte Frage nach der Möglichkeit einer Kraftwirkung in die Ferne im Zusammenhang mit Newtons Lehre von der Gravitation.[274] Von Interesse für die Frage nach der sinnvollen Anordnung der Textstellen ist jedoch vor allem der Bezug auf die Bewegung. Wahrnehmung der bewegenden Kräfte setzt die kontinuierliche Verbreitung eines Mediums dieser Wahrnehmung voraus. Der Raum muss als erfüllt angenommen werden, damit eine wirkliche und als solche wahrnehmbare Bewegung denkbar wird. Erst an dieser Stelle des Bogens „Übergang 2" wird Kants Schlussfolgerung zu Beginn des im Autograph auf Seite zwei und drei am oberen Rand notierten Textabschnitts plausibel: „Wir können uns also keine Bewegung denken als in einem mit Materie erfülleten Raum der ein Continuum derselben ausmacht".[275] Das „also", welches die Schlussfolgerung kennzeichnet, macht den Bezug auf eine voran gegangene

271 Vgl. OP, AA 21: 219.28 f.
272 OP, AA 21: 220.10–14.
273 OP, AA 21: 220.02 f.
274 Vgl. bspw. OP, AA 21: 228.28–32 ; OP, AA 21: 604.12–23.
275 OP, AA 21: 219.05 f.

Überlegung notwendig. Die einzig plausible Bezugsstelle ist der soeben dargestellte Abschnitt „2.“.[276]

AA21: 220.15–26: „3.“

Eingangs seiner Reflexionen zum Problem eines absolut ersten Anfangs der Bewegung der Materie hatte Kant die Undenkbarkeit der Annahme eines solchen mit dem Verweis auf die Ursache eines solchen ersten Anfangs begründet. Wenn die Ursache des Anhebens der Bewegung der Materie im Ganzen auf einen ersten Beweger als Subjekt des Anfangens verweist, ist solch einem Subjekt Spontaneität und damit ein willentliches Verursachen beizulegen. Der Erste Beweger als Gedanke scheint ein Wollen zu implizieren.[277] Damit steht die Annahme, die Materie selbst könnte dasjenige sein, was aus sich heraus den ersten Anfang ihrer Bewegung setzt, in völligem Widerspruch zum herrschenden Begriff von Materie als solchem.[278] Der in dieser Weise exponierte Widerspruch wird im Abschnitt „3.“ um ein weiteres Argument gegen die Möglichkeit, einen unbedingt ersten Anfang der Bewegung zu denken, wie folgt ergänzt:

> Was die Zeit und hiemit den ersten Anfang das Anheben der Bewegung der Materie betrifft so ist ein solcher nicht begreiflich weil vor ihm eine leere Zeit und eine nachfolgende Dauer derselben angenomen werden müßte. Aber da die Spontaneitat dieses Anfangs keine andere als eine immaterielle Ursach voraussetzen laßt laßt sich von der Bewegung der Materie welche diese Zeit bezeichnet nur eine gleichformige und beharrliche Fortdauer dieser Bewegung denken. Denn die Möglichkeit der Erfahrung verstattet keinen Wechsel weder des Aufhörens noch der Zunahme weil das so viel wäre als ob sich die Zeit aufhalten oder beschleunigen ließe; eine leere Zeit aber ist kein Object möglicher Erfahrung.[279]

Dieses Argument findet sich in ähnlicher Form im Beweis der Antithesis der ersten Antinomie der reinen Vernunft.[280] Wenn ein Anfang gedacht wird, so muss, um diesen Anfang denken zu können, eine Zeit vorausgesetzt werden, die diesem Anfang vorhergeht. Ist der Anfang der schlechterdings erste, mit dem Bewegung und damit überhaupt erst Materie gesetzt ist, so geht diesem absoluten Anfang eine Zeit voraus, in welcher dasjenige, was erst durch den Anfang überhaupt ins Dasein kommt, nicht ist, d.h. eine leere Zeit. Aus einer solchen heraus ist kein Entstehen irgendeines Gegenstandes möglich, weil eine solche leere Zeit die Be-

---

276 Der von Kant am oberen Rand notierte Text (OP, AA 21: 219.05–22) ist somit nicht wie in der Akademie Ausgabe vor, sondern erst nach dem Textabschnitt „2.“ zu präsentieren.

277 Vgl. OP, AA 21: 217.20 f.

278 Kant spricht von „Materialität“ (vgl. OP, AA 21: 218.05–07).

279 OP, AA 21: 220.15–26.

280 Vgl. KrV B457.

stimmung des Nichtseins, und nicht die Bestimmung der Bedingung eines Daseins hat. Wenn Kant von der „nachfolgende[n] Dauer" einer solchen leeren Zeit spricht, hat dies nur insofern einen Bezug auf den Anfang, da in der Zeit Anfangen (zumindest an dieser Stelle) auch auf ein gedachtes Ende in der Zeit verweist. Einem solchen absoluten Endpunkt würde wiederum eine leere Zeit folgen, was ebenso undenkbar ist, wie die leere Zeit vor dem gedachten ersten Anfang. Während Kant an anderen Stellen des Bogens „Übergang 2" der Materie selbst wie gezeigt eine Spontaneität und Selbstbezüglichkeit zuschreibt, wird hier die notwendig angenommene Spontaneität als Grund eines ersten Anfangs mit einer immateriellen Ursache des Anfangens gleichgesetzt. Durch deren Annahme ist auch die beharrliche und gleichförmige Fortdauer der Bewegung begründet, da auch die Ursache eines Aufhörens oder einer Verminderung der Bewegung im Ganzen nicht in einer Spontaneität der Materie selbst liegen kann. Hier zeigt sich, dass Kant den neuen Begriff der Materialität, der an vielen Stellen mit einer Spontaneität der Materie vereinbar ist, zwar denkt, aber noch keineswegs zu Ende gedacht hat. Der Widerspruch bleibt unaufgelöst. Die beharrliche Fortdauer der Bewegung wird zusätzlich transzendental begründet. Eine Einheit der Zeit, die Bedingung der Möglichkeit der Erfahrung ist, bedarf eines letztes Parameters. Die beharrliche Bewegung der Materie ist Bedingung der Möglichkeit einer erfahrbaren, d. h. nicht leeren sondern erfüllten Zeit. Als deren letztes Substrat ist sie notwendig ebenso gleichförmig zu setzen wie die Zeit selbst, die ihrerseits weder eine Beschleunigung, noch eine Verminderung ihres Verlaufs bis hin zum Stillstand duldet.

Im Anschluss an die neuerliche Erörterung des Anfangsproblems der Bewegung unter „3." ist in Abweichung von der Präsentation des Texts in der Akademieausgabe die im Autograph am oberen Rand der zweiten und dritten Seite des Bogens „Übergang 2" befindliche Textstelle zu behandeln:

> Wir können uns also keine Bewegung denken als in einem mit Materie erfülleten Raum der ein Continuum derselben ausmacht. Der empfindbare Raum, der Gegenstand der empirischen Anschauung desselben ist der Inbegriff der bewegenden Kräfte der Materie ohne welche er kein Gegenstand möglicher Erfahrung und als leer gar kein Sinnenobject seyn würde. Dieser Urstoff der blos in Gedanken da ist mit der Eigenschaft die wir ihm beylegen müssen uranfänglich bewegend zu seyn ist nun kein hypothetisches Ding auch nicht ein Erfahrungsobiect denn da würde dieser zur Physik gehören hat aber doch Realitat und seine Existenz kann postulirt werden weil ohne die Annahme eines solchen Weltstoffs und der bewegenden Kräfte desselben der Raum kein Sinnenobject seyn und Erfahrung über dasselbe weder bejahend noch verneinend statt finden würde. – Von einem solchen formlosen alle Räume durchdringenden nur durch die Vernunft zu bewährenden Urstoffe von welchem wir nichts mehr als blos im Raume verbreitete und alldurchdringende bewegende Kräfte denken

> läßt sich seine Wirklichkeit auch vor der Erfahrung mithin a priori zum Behuf möglicher Erfahrung postuliren.[281]

Wie bereits dargetan verweist der erste Satz dieses Abschnitts auf Kants Argumentation unter „2.“. Die Überbrückung schlechterdings leerer (Zwischen-)Räume innerhalb des Erfahrungsraumes durch eine wahrnehmbare Bewegung ist unmöglich, da „[d]urch den leeren Raum [...] keine Wirkung der bewegenden Kräfte der Materie zu unseren Sinnen gelangen“ kann.[282] Deshalb muss der Raum sofern er und die darin statt findende Bewegung empfindbar sein sollen mit Materie erfüllt, und zwar durchgängig erfüllt angenommen werden. „Materie überhaupt“ hat keine Eigenschaft außer ihrer allgemeinen bewegenden Kraft.[283] Materie erfüllt den gesamten (Welt)Raum und alles in ihm Befindliche[284] durch allgegenwärtige bewegende Kräfte. Der eine empfindbare Raum ist der „Inbegriff der bewegenden Kräfte der Materie“ die ihn in seiner Gesamtheit durchgängig erfüllen. Als ein spatium sensibile ist er der eine Gegenstand jeder empirischen Anschauung des Raumes, d. h. der Wahrnehmung von Räumen als Limitationen dieses einen empfindbaren Raumes. Damit ist jeder Raum, sofern er selbst empfindbar und Gegenstand möglicher Erfahrung oder einer „empirischen Anschauung“ sein soll, als solcher nur aufgrund der Voraussetzung allgegenwärtiger bewegender Kräfte der Materie möglich. Dieser Inbegriff bewegender Kraft wird von Kant an dieser Stelle zweimal als „Urstoff“ bezeichnet.[285] Dieser Urstoff ist „blos in Gedanken da“[286] aber dennoch keine bloße Idee oder Hypothese.[287] Als Bedingung der Möglichkeit der Erfahrung des Raumes im Ganzen, d. h. als ein Inbegriff, ist er zwar nicht selbst empirisch, „hat aber doch Realität und seine Existenz kann postuliert werden“,[288] da ohne seine Annahme Erfahrung, weder des Raumes noch der Gegenstände im Raum, möglich wäre. Da der Urstoff als Inbegriff der bewegenden Kräfte und mithin Totalität nicht in seiner Gesamtheit als eine empirische Anschauung gegeben sein kann, ist seine Wirklichkeit „nur durch die Vernunft zu bewähren[...]“ und seine reale Existenz a priori nur durch die Vernunft gegeben.[289] Weil der Stoff, der nichts anderes ist als der durch ein

281 OP, AA 21: 219.05–22.
282 OP, AA 21: 220.02 f.
283 Vgl. OP, AA 21: 217.04–06.
284 Vgl. OP, AA 21: 218.11.
285 OP, AA 21: 219.10 u. OP, AA 21: 219.19.
286 OP, AA 21: 219.10.
287 Ebenso wenig – das wird an dieser Stelle erneut deutlich – kann er nur als regulative Vernunftidee und eine Art Fluchtpunkt des Verstandesgebrauchs begriffen werden.
288 OP, AA 21: 219.13 f.
289 OP, AA 21: 219.18, zum Gegebensein vgl. AA 21: 216.04 f.

allgegenwärtiges Kontinuum bewegender Kräfte erfüllte Raum, Bedingung der Möglichkeit jedweder Erfahrung ist, kann seine Realität unabhängig von Erfahrung und zur Möglichkeit derselben postuliert werden.[290]

AA21: 221.01–222.10: Anmerkungen zur Methode des Beweises

Auf Kants in „Erster Satz", „2." und „3." vorgetragene Argumentation folgen zwei inhaltlich ähnliche Anmerkungen. Deren erste lautet wie folgt:

> Diese Beweisart der Existenz eines eigenen alle Körper durchdringenden und sie innerlich beharrlich durch Anziehung und Abstoßung agitirenden Weltstoffs hat etwas befremdliches in sich; denn der Beweisgrund ist subjectiv, von den Bedingungen der Möglichkeit der Erfahrung hergenommen, welche bewegende Kräfte voraussetzt und das Leere ausschließt um den Raum mit einer immer regen Materie zu erfüllen welche allenfalls Wärmestoff oder Aether etc. genannt werden mag und dieser Satz a priori ohne Hypothese auf Begriffe zu gründen. – Nicht blos die Befugnis dazu sondern auch die Nothwendigkeit dergleichen allgemein verbreiteten Stoff zu postuliren hat ihren Grund in dem Begriffe desselben als hypostatisch gedachten Raumes. – Der Raum (wie auch die Zeit) ist eine Größe die nicht existiren kann ohne blos als Theil eines noch größeren Ganzen. Da es aber ungereimt ist daß da Theile nothwendig Gründe der Möglichkeit eines Ganzen sind ein Ding an sich blos als Theil existiren könne denn das Ganze muß zuerst gegeben seyn damit das Mannigfaltige in ihm als Theil gedacht werde[291]

Zunächst stellt Kant ein mögliches Befremden aufgrund der Art der Beweisführung fest. Dasjenige, was bewiesen werden soll, ist ein Stoff, der alle Körper durchdringt

---

290 Kant formuliert hier seine Schlussfolgerung auf Basis der voran gegangenen Argumente in den Abschnitten „Erster Satz", „3." und mit deutlich erkennbarem Textbezug auf den Abschnitt „2.", auf welche sich wiederum die anschließende „Anmerkung" (OP, AA 21: 221.01 u. ff.) bezieht. Daher ist der Textabschnitt OP, AA 21: 219.05–22 an dieser Stelle einzufügen.

291 OP, AA 21: 221.02–18. Bereits der erste Satz macht deutlich, dass sich Kant in der Anmerkung auf einen Beweis, bzw. die Methode eines solchen bezieht. Mögliche Bezugstexte in „Übergang 2" sind mithin die Argumentation OP, AA 21: 216.12–217.17 und die der Anmerkung unmittelbar vorausgehenden Abschnitte, die auf die in Anführungszeichen stehende Existenzbehauptung des Weltstoffs OP, AA 21: 218.10–17 folgen und mit der (hier im Unterschied zur Akademie Ausgabe eingeordneten) Zusammenfassung und Schlussfolgerung im Abschnitt OP, AA 21: 219.05–22 enden. Beide Bezüge sind plausibel, da es sich bei beiden Stellen um eine Argumentation handelt, die einen Beweis der den Raum erfüllenden Materie liefern, indem sie die Notwendigkeit der Existenz a priori einer solchen Materie auf Basis des Prinzips möglicher Erfahrung dartun. Dennoch ist der Bezug zum ersten Beweis in „Übergang 2" ein mittelbarer (indem sich die Anmerkung generell auf die Methode eines solchen Beweises bezieht); der Bezug zu der voran gegangenen Argumentation ein unmittelbarer, was anhand des Texts, wie zu zeigen sein wird, belegt werden kann. – Zu OP, AA 21: 221.13–18 vgl. in „Übergang 1" OP, AA 21: 208.18–23; im Unterschied zu dieser Parallelstelle ist die Bezeichnung „Ding an sich" hier i.S.v. Dinge überhaupt zu verstehen, nicht aber als das erfahrungsjenseitige Ding an sich i.S. des Kantischen Terminus.

und sie durch die Dualität repulsiver und attraktiver Kräfte in innere Bewegung setzt und sie fortdauernd in dieser Bewegung erhält. Wenngleich hier dem Anschein nach etwas Empirisches bewiesen werden soll, ist die Beweisführung selbst nicht empirisch oder objektiv. Ihr Grund ist vielmehr die Möglichkeit der Erfahrung und die Bedingungen einer solchen. Die Bedingungen, die Kant in der Anmerkung nennt sind die folgenden: Mögliche Erfahrung eines Subjekts derselben setzt bewegende Kräfte voraus (sei es als Bedingung realer Objekte möglicher Erfahrung im Allgemeinen, wozu auch der Raum Gegenstand einer empirischen Anschauung zu zählen ist, oder der Erzeugung physischer Körper im Speziellen). Mögliche Erfahrung schließt ferner das (reine) Leere aus, da es selbst kein Gegenstand möglicher Wahrnehmung ist und auch nicht, wie Kant zuvor im Abschnitt „2.“ dargetan hat, durch Wahrnehmung überbrückt werden kann.[292]

In den „Anmerkungen“ von „Übergang 2“ werden die Modifikationen, die Kant an seinem Erfahrungsbegriff vornimmt und die im Zusammenhang seines a priori Beweises des Weltstoffs erkennbar werden, erstmals reflektiert. Die Voraussetzung bewegender Kräfte als Bedingung der Möglichkeit von Erfahrung stellt eine solche grundlegende Erweiterung des ursprünglichen Begriffs von Erfahrung dar.

Mit der Möglichkeit der Erfahrung ist etwas Subjektives der Grund des Beweises. Das der Beweis ferner indirekt, d. h. durch Aufweis der Unmöglichkeit des Gegenteils verfährt, wird in dieser „Anmerkung“ zwar nicht explizit erwähnt, geht aber aus dem Text hervor. Mögliche Erfahrung schließt das Leere aus „um den Raum mit einer immer regen Materie zu erfüllen welche allenfalls Wärmestoff oder Aether etc. genannt werden mag“. Indem ausgehend von der Möglichkeit der Erfahrung das Leere negiert wird, wird der Raum erfüllt. Die subjektive Beweisführung schließt das Leere mithin aus, um genau auf diese Weise die notwendige reale Erfüllung des Raumes darzutun. Der Beweisgrund für die Notwendigkeit, den allverbreiteten Weltstoff zu postulieren, ist – wie es Kant in dieser Weise nur hier in „Übergang 2“ formuliert – der Begriff des „hypostatisch gedachten Raumes“. Durch diesen Begriff wird ein solches Postulat der Existenz eines so bestimmten Stoffes nicht allein erlaubt, sondern vielmehr geboten. Er gibt die „Befugnis“ dazu und zeigt zugleich die Notwendigkeit auf. Der Stoff im Ganzen ist die Wirklichkeit des Raumes als ein einzelnes substantielles Ding gedacht. Er realisiert die leere Form des Raumes möglicher Erfahrung und macht diesen dadurch zu einem einzelnen wirklichen Sinnengegenstand, der zwar nicht in seiner Gesamtheit selbst sinnlich wahrnehmbar, wohl aber alleinige Grundlage jeder sinnlichen Wahrnehmung räumlicher Verhältnisse und somit notwendig real ist.

292 Vgl. OP, AA 21: 219.25–220.03.

Den Raum (und ebenso die Zeit) zu hypostasieren bedeutet, dass man diese Gegenstände „zu wirklichen Gegenständen der Erfahrung macht".[293] Der Raum, wofern er hypostatisch gedacht oder hypostasiert wird, und mithin der eine allgemeine, allverbreitete Weltstoff ist ein für sich bestehendes Ganzes und zudem in seiner Totalität nicht allein regulativ sondern konstitutiv für Erfahrung überhaupt. Darin gründet sich seine transzendentale Beweisbarkeit.[294] Die Wahrnehmung des Raumes ist nie als Ganzes, sondern nur als Teil möglich. Da wir reale Räume wahrnehmen, muss ausgehend vom Prinzip möglicher Erfahrung das Ganze des Raumes ebenso real sein: „das Ganze muß zuerst gegeben seyn damit das Mannigfaltige in ihm als Theil gedacht werde".[295]

Kants zweite „Anmerkung"[296] in „Übergang 2" stellt eher den Ansatz einer Neuformulierung, als einen eigenständigen neuen Textentwurf dar. Dennoch beinhalten die zwei Sätze im Detail einige Neuerungen:

> Diese Beweisart der Existenz eines besonderen Weltstoffs der alle Korper in Substanz durchdringt und sie innerlich bewegend ist für sich selbst aber auch ein sich vereinigendes Ganze ist hat was Sonderbares an sich. – Der Beweisgrund ist subjectiv von den Bedingungen der Möglichkeit der Erfahrung hergenommen und diese ist als Effect der bewegenden Kräfte der Materie unter einem Princip.[297]

Zunächst werden deutliche Übereinstimmungen mit der voran gegangenen Anmerkung erkennbar. Auch hier geht es um die Beweisart eines Stoffes, der als Weltstoff bezeichnet wird, die, wie Kant feststellt, etwas Befremdliches oder eben Sonderbares darstellt. Das Befremden gegenüber der Methode knüpft sich an die Subjektivität des Beweisgrundes, d. h. die Möglichkeitsbedingungen von Erfahrung überhaupt. Im Unterschied zu ersten Anmerkung wird nicht allein be-

293 OP, AA 21: 227.04.

294 Hier – und dies ist einer der Gründe für die vielen Neuansätze einer Rechtfertigung des Beweises der Existenz des Stoffes bezogen auf seine Methode- ist ein eindeutiger Bruch Kants mit seiner früheren Auffassung, wie sie in der Dialektik der KrV zum Ausdruck kommt, erkennbar. Mit der Hypostasierung des Raumes verwandelt Kant das formale Prinzips des äußeren Sinnes in eine konstitutive, für sich selbst bestehende Einheit. Diese transzendentale Verwandlung der Materie aller Möglichkeit empirischer Gegenstände in ein einzelnes wirkliches Ding, ist kein dialektischer Fehlschluss mehr. Auch nach der KrV ist diese transzendentale „Unterschiebung" (KrV B648) allerdings unvermeidbar. Wie weit sich Kant von seiner vormaligen Auffassung, an den einschlägigen Stellen der Dialektik (vgl. bspw. KrV B610 f.) entfernt, und welcher systematische Status der transzendentalen Weltstoffspekulation damit zukommt, kann nur im Rückblick auf den Gesamtentwurf „Übergang 1–14" beantwortet werden.

295 OP, AA 21: 221.17 f.

296 OP, AA 21: 222.01.

297 OP, AA 21: 222.02–07.

hauptet, dass die Erfahrung ihrer Möglichkeit nach die Voraussetzung bewegender Kräfte macht,[298] sondern diese Voraussetzung wird näher erläutert. Die Voraussetzung beruht auf der Funktion des Weltstoffs, die Körper zu durchdringen und in dieser Durchdringung das innere Bewegungsprinzip der Körper zu sein. Dass es zur allgemein möglichen Erfahrung der sinnlichen Wahrnehmung einer Materie als einer Realität im Raum bedarf, hat Kant bereits mehrfach festgestellt.[299] Jede Erfahrung ist Wirkung bewegender Kräfte und als ein solcher „Effect“ steht sie unter einem Prinzip.[300] Dieses Prinzip ist die allgegenwärtige Wirklichkeit bewegender Kraft und damit der Weltstoff als Totalität des wahrnehmbaren Raumes, der alle einzelnen Wahrnehmungen begründet.[301] Dieses stoffliche Bewegungsprinzip durchdringt alle Körper, die es bewegt „in Substanz“. Der Substanzcharakter des Weltstoffes, wird nicht allein durch diese Formulierung, sondern auch durch seine weitere Bestimmung im selben Satz deutlich gemacht. Der Stoff ist „ist für sich selbst [...] ein sich vereinigendes Ganze“. Er formt und bestimmt ebenso die räumliche Gestalt der Körper, indem er sie mittels bewegender Kräfte in ihrer Ausdehnung begrenzt, wie auch seine eigene Gestalt und Ausdehnung als Kontinuum bewegender Kraft in Totalität. Nichts bestimmt oder begrenzt den Weltstoff, außer ihm selbst. Er ist selbsttätig,[302] selbständig,[303] selbstbewegend,[304] selbstbegrenzend[305] und mithin selbstbezüglich.

---

298 Vgl. OP, AA 21: 221.06

299 Vgl. bspw. OP, AA 21: 216.12 f. ; OP, AA 21: 217.07–12 ; OP, AA 21: 219.01–04 u. 06–10 , OP, AA 21: 220.10–14.

300 OP, AA 21: 222.06 u. f.

301 Der Begriff der „Materie überhaupt“ oder der Weltstoff fungiert in mehrfacher Hinsicht als ein Prinzip. Er ist „Prinzip der Möglichkeit der Erfahrung des Systems der bewegenden Kräfte“ (OP, AA 21: 216.05 f.) und als solcher der zentrale Begriff eines Übergangs zur Physik, d. h. der neuen Einteilung und philosophischen Begründung einer umfassenden Wissenschaft der Natur durch Begriffe a priori. Er ist zudem transzendentales Prinzip, ein „Princip möglicher Erfahrung“ was erstmals in „Übergang 1–14“ auf dem Bogen „Übergang 2“ expliziert wird. Zum Weltstoff als Prinzip vgl. auch die Zusammenfassung und Ergebnisse am Ende dieses Kapitels.

302 Vgl. OP, AA 21: 216.22 f.

303 Vgl. bspw. OP, AA 21: 216.01, 25, 26 ; OP, AA 21: 217.02 ; OP, AA 21: 222.01, 01 f. ; OP, AA 21: 223.27. Gerade die in „Übergang 2“ an vielen Stellen anzutreffende Behauptung der Substantialität des Weltstoffs, wie auch der Begriff des hypostasierten Raumes, werfen die Frage auf, ob es sich bei dem Weltstoff um die substantia phaenomenon und mithin eine Vorstellung handelt, die jedoch aufgrund des subjektiven Prinzips möglicher Erfahrung notwendige Realität beansprucht, oder ob man dabei eine schlechterdings selbständige Substanz und eine Hypostase „als einen wirklichen Gegenstand außerhalb dem denkenden Subjecte annimmt“ (KrV B384).

304 Vgl. OP, AA 21: 217.26–29

305 Vgl. OP, AA 21: 215.15 f.

Auf die Anmerkungen folgen zwei Sätze, deren erster im Zusammenhang mit dem Anfangsproblem der Bewegung steht und die Geltung des Trägheitsprinzips mit der Spontaneität der Materie begründet: „Der erste Anfang der Bewegung als Spontaneität giebt auch so wohl eine Sphäre des Elementarstoffs und eine beständige Fortdauer der Bewegung zu erkennen".[306] Dass dieses erste Anheben der Agitation der Materie eine „Sphäre" des Stofflichen erschließt, deutet darüber hinaus an, dass Kant eine Bewegung im Ganzen und auch im Ganzen des Raumes denkt. Der Anfang bezieht sich auf alle Bewegkräfte in kollektiver Einheit, mithin auf den Inbegriff aller bewegenden Kräfte, d. h. den erfüllten und empfindbaren Raum.[307] Der zweite Satz weist inhaltlich auf Entwürfe vor „Übergang 1–14" zurück, in welchen dem Wärmestoff keine notwendige transzendentale Funktion, sondern die einer naturphilosophischen (Hilfs-)Hypothese zukommt.[308]

AA21: 222.14–224.02: „Von einer alldurchdringenden den ganzen Weltraum erfüllenden Materie als einem nicht hypothetischen sondern *a priori* gegebenen Stoffe zum Weltsystem"

In dem Abschnitt, der auf diesen Titel folgt, widmet sich Kant zunächst der Problematik der ersten Bewegung. Darauf folgt eine mit „Lehrsatz"[309] überschriebene Existenzbehauptung der dort als „Urstoff"[310] bezeichneten Materie, an die sich ein nun ausdrücklich als „Beweis"[311] gekennzeichneter Abschnitt anschließt. Erstmals ist in „Übergang 1–14" von einem Weltsystem die Rede. Dieser neue Begriff findet sich jedoch nur in der Überschrift. Innerhalb des Textes, der größtenteils bereits bekannte Thesen in anderen Formulierungen beinhaltet, wird auf diesen neuen Begriff des Weltsystems nicht eingegangen. Auch von einem System, wie dem bereits im Zusammenhang von „Übergang 2" genannten System bewegender Kräfte der Materie[312] ist nicht die Rede.

Unter der Bezeichnung „§" wird im Anschluss an die Überschrift die Frage nach der absolut ersten Bewegung in folgender Weise behandelt:

> Obgleich der Begrif von einem ersten Anfange der Bewegung selbst unbegreiflich und eine Spontaneität der Materie im Bewegen mit dieser nicht verträglich ist so wird doch andererseits da einmal im Weltraum Bewegung ist eine uranfängliche Bewegung derselben und

---

306 OP, AA 21: 222.08–10.
307 Vgl. OP, AA 21: 219.06–08.
308 Vgl. OP, AA 21: 222.11 f.: „Von dem Wärmestoff als Hebemittel in Maschinen wegen ihrer starrigkeit oder Zähigkeit oder Schlüpf(glitsch)rigkeit.".
309 OP, AA 21: 223.01.
310 OP, AA 21: 223.05.
311 OP, AA 21: 223.09.
312 Vgl. OP, AA 21: 216.06.

> das Daseyn ihrer bewegenden Kräfte unvermeidlich postulirt; denn daß jene Bewegung immer und ewig gewesen und eben so fortdauren werde ist die Annahme einer Nothwendigkeit derselben die keinesweges angenommen werden kann der erste Beweger aber (primus motor) würde seine Bewegung auf einen Act der freyen Willkür gründen welche aber ein immaterielles Princip seyn würde von dem hier nicht die Rede ist.[313]

Es ist nicht möglich, sich einen Begriff von einem ersten Anfang der Materiebewegung zu machen, was mit der Unmöglichkeit, ihn zu denken gleichbedeutend ist. Auch hier wird wie zuvor im Kontext der Erörterung des Anfangsproblems der Bewegung fest gestellt, dass eine Selbsttätigkeit der Materie bezogen auf den Anfang problematisch ist. Im Vergleich mit der vorangegangenen Erörterung ist hier jedoch nur von der Unverträglichkeit des Gedankens einer Spontaneität der Bewegung mit der Materie die Rede, während Kant dort behauptet hatte, dass „Spontaneität d.i. ein Wollen [...] der Materialität völlig wiederspricht“.[314] Wie schon zuvor angedeutet, muss davon ausgegangen werden, dass Kant hier den Widerspruch herausstellt, sich aber nicht kategorisch von seinem neuen Begriff der Materie distanziert. Die Frage nach einer selbsttätigen und reflexiven Materie bleibt offen. Da dieses Problem des absolut ersten Anfanges der Bewegung aufgrund der damit verbundenen Schwierigkeiten (dem Anfang vorausgehende leere Zeit,[315] Annahme einer immateriellen Ursache im Sinne eines primus motor, Annahme einer Erstursächlichkeit qua Spontaneität) ungelöst bleibt, lässt Kant die Lösung offen und ersetzt die Erklärung, d. h. die Angabe der Prinzipien durch die Notwendigkeit des Postulats einer uranfänglichen Bewegung. Wenn Bewegung im Weltraum stattfindet, muss sie einen Anfang haben, da sonst eine nicht zu beweisende Notwendigkeit dieser Bewegung angenommen werden müsste. Da die wirkliche Bewegung der Materie ein Faktum ist, wird eine „uranfängliche Bewegung derselben und das Daseyn ihrer bewegenden Kräfte unvermeidlich postulirt“. Damit stellt sich die bereits im Zusammenhang der Darstellung von „Übergang 1“ behandelte Frage nach der Bedeutung von Uranfänglichkeit in „Übergang 1–14“ und im Nachlasswerk überhaupt. Kant verwendet diesen dunklen und enigmatischen Begriff an vielen Stellen des OP. Eine Stelle aus dem fünften Entwurf vom Herbst 1789 zeigt deutlich, dass Kant notgedrungen auf die Lösung zurückgreift, mithilfe der postulierten Uranfänglichkeit im Hinblick auf die Bewegung der Materie, das Problem des Anfangs zu umgehen oder auszuklammern. So heißt es im Entwurf „1–3η“:

---

313 OP, AA 21: 222.21–30.
314 OP, AA 21: 218.06 f.
315 Vgl. OP, AA 21: 220.16–19.

> Es muß ursprüngliche bewegende Kräfte geben obgleich keine Bewegung ursprunglich ist sondern jede ertheilt ist aber doch irgend eine uranfänglich seyn muß weil sonst ein Körper sich von selbst bewegen würde welches dem Gesetz der Trägheit wiederspricht.[316]

Die Parallelen zur Verwendung in „Übergang 1–14" sind offensichtlich. Mechanische, mitgeteilte Bewegung, Aggregatzustände und mithin Körperbildung setzen bewegende Kräfte voraus; ebenso Raum und Zeit als nicht bloß formale Größen. Da ein selbstbewegender Körper ebenso problematisch ist, wie ein unverursachtes erstes Anheben der Materiebewegung, wird die Uranfänglichkeit gegen den undenkbaren Anfang gesetzt. Hinsichtlich der mitgeteilten, derivativen Bewegung ist der erste Anfang weniger problematisch, als im Falle der Zeit. Ihr Anfang darf nicht zeitlich gedacht werden, da sonst das Problem einer leeren Zeit, in der besagter Anfang stattfände, auftritt. An nahezu allen Stellen, an denen Kant im Nachlasswerk von der Uranfänglichkeit der Bewegung spricht, ist diese am ehesten als ein anfangsloses, zeitloses Gründen in sich selbst aufzufassen. Ein Urgrund, aus dem alles hervorgeht. Ob diese Lösung letztlich zu befriedigen vermag, darf zu Recht bezweifelt werden.

Das Postulat der Uranfänglichkeit der Materiebewegung im Ganzen kommt einer Entscheidung zugunsten eines in zentralen Aspekten neuen Begriffs von Materie gleich. Wird die Materie als „sich selbst uranfänglich bewegend" [317] und damit als Grund des Anfangs aller Bewegung in Raum und Zeit betrachtet, ist sie notwendig selbstbezüglich, selbstursächlich und spontan, ohne der Materie deshalb einen freien Willen oder ein bewusstes Wollen attestieren zu müssen.[318] Auch die Tätigkeit des Verstandes in der Anwendung seiner Begriffe auf ein in der Anschauung gegebenes Material ist spontan, aber nicht notwendig frei.

Auf die Exposition und vorläufige Lösung des Problems eines ersten Anfangs in Absicht der Bewegung der Materie folgt eine in Anführungszeichen stehende Existenzbehauptung des Urstoffs, erstmals in „Übergang 1–14" unter dem Titel „Lehrsatz":

> „Die uranfänglich bewegende Materien setzen einen den ganzen Weltraum durchdringend erfüllenden Stoff voraus als Bedingung der Möglichkeit der Erfahrung der bewegenden Krafte in diesem Raume welcher Urstoff nicht als hypothetischer zur Erklärung der Phänomene

316 OP, AA 21: 170.13–16.

317 OP, AA 21: 208.23.

318 Schon auf dem ersten Bogen von „Übergang 1–14" hatte Kant im Rahmen der Erörterung des Begriffs organisierter, belebter Naturkörper von „Spontaneität (obgleich nicht absolute als welche Freyheit wäre)" gesprochen (OP, AA 21: 210; es ist anzumerken, dass diese Stelle im Autograph von Kant durchgestrichen wurde).

ausgedachter sondern categorisch a priori erweislicher Stoff für die Vernunft im Übergange von den metaph. A. G. der N. W. zur Physik identisch enthalten ist.“[319]

Neben dem Titel beinhaltet dieser Satz auch andere Neuerungen. Zunächst ist von Materien im Plural die Rede.[320] Alle denkbaren Materien oder Stoffe gründen in der Wirklichkeit eines allverbreiteten und alldurchdringenden Stoffes als ihrer Voraussetzung und sind insofern auch in letzter Hinsicht uranfänglich bewegt. Dieser Stoff wird jedoch nicht explizit als Basis der (uranfänglichen) Bewegung bezeichnet, sondern als Bedingung der Möglichkeit der Erfahrung im Hinblick auf die bewegenden Kräfte überhaupt. Dass dieser Stoff nicht bloß hypothetischer Natur sein kann, ist nicht neu, wohl aber, dass dieser a priori beweisfähige Stoff identisch im Übergang zur Physik enthalten sein soll. Im Autograph ist die Formulierung „zum Übergange [...] nothwendig gehört“ durchstrichen und durch „im Übergange [...] identisch enthalten“ ersetzt worden.[321] Dies ist nicht allein eine neue Art der Formulierung, sondern sagt auch dem Inhalt nach mehr aus. Die Möglichkeit, den „Urstoff“ a priori zu beweisen gehört nicht nur als ein notwendiges Stück zum Übergang,[322] sondern ist Implikat des Begriffs eines Übergangs zur Physik und macht als wirkmächtiges Prinzip den Übergang aus. Nur durch die Voraussetzung dieses Stoffes wird ein Übergang zur Physik überhaupt möglich, da nur durch seine Existenz bewegende Kräfte der Materie im Raum zu einem Gegenstand möglicher Erfahrung und damit auch der wissenschaftlichen Erkenntnis werden können. Der Weltstoff ist nicht allein Voraussetzung des Übergangs – sein Begriff ist selbst der Übergang.
Auf den Lehrsatz folgt ein „Beweis“, der auch als solcher betitelt ist:

Bewegung der Materie im leeren Raum ist kein Gegenstand möglicher Erfahrung; also ist es auch nicht der Übergang vom Vollen durch das Leere zum Vollen. Es kann also für die Sinne keine Bewegung mithin auch keine sie bewegende Kräfte geben als in einem von Materie erfülleten Raum denn von dem ist allein möglich eine Erfahrung zu haben. Da nun unter dem Mehr oder Weniger des Weltstoffs (in demselben Raumesinhalte der Materie) nur einer seyn kann welcher allein auch das Medium für die Ortbewegung der Körper ist weil Bewegung durch den leeren Raum gar kein Gegenstand möglicher Erfahrung ist und in einem erfülleten Raum keine Ortverändernde (facultas locomotiua) Bewegung statt findet sondern die Materie die ihn erfüllt in demselben Ort sich nur innerlich bewegend seyn kann gleichwohl aber ein

319 OP, AA 21: 223.01–08.

320 Hierbei ist meines Erachtens nicht von einem Schreibfehler auszugehen ist, da auch das Verb „setzen“ eine Pluralendung hat.

321 Vgl. OP, AA 21: 223 App. zu Zeile 7. Die erste Formulierung findet sich in ähnlicher Form bereits in „Übergang 2“ innerhalb des ebenfalls in Anführungszeichen stehenden Satzes OP, AA 21: 218.10 ff.

322 Vgl. OP, AA 21: 218.16 f.

> Gegenstand möglicher Erfahrung gleichsam ein materieller Raum ohne für jede andere durchdringlich ein Stoff seyn kann welcher ein Princip möglicher Erfahrung ist so wird dieser als ein uranfanglich bewegender Stoff nicht als hypothetisch gedichteter sondern seinen Kräften nach realer Stoff der allen Bewegungen der Materie zum Grunde liegt anzuerkennen und ein Continuum seyn welches auch für sich selbst betrachtet ein Ganzes der bewegenden Kräfte ausmacht dessen Existenz a priori erkannt wird.[323]

Wenn innerhalb des Beweises von einem „Mehr oder Weniger des Weltstoffs (in demselben Raumesinhalte der Materie)" die Rede ist,[324] ist dies nicht im Sinne einer ungleichmäßigen Verteilung des (einen) Weltstoffs, d.h. der „Materie überhaupt" zu verstehen. Der Weltstoff ist, wie Kant zwei Seiten weiter auf dem Halbbogen „Übergang 3" feststellt, „allerwärts gleichförmig und einzig seiner Art – kann an keinem Ort weder vermehrt noch vermindert werden".[325] Hier ist Weltstoff als der in der Welt befindliche Stoff/die Stoffe zu begreifen, die in einem bestimmten Raum (wie bspw. in einem Körper, der ein der Gestalt nach bestimmter Raum einer zusammenhängenden Materie ist) in unterschiedlicher Verteilung anzutreffen sein kann. Unter diesem mehr oder weniger des Stoffes kann nur ein bestimmter Stoff, d.h. der eigentliche Welt- Ur- oder Wärmestoff, das den Raum erfüllende Medium einer erfahrbaren Bewegung innerhalb des Raumes sein. Dieses Medium der Bewegung ist selbst im Unterschied zur Bewegung, deren Wahrnehmung es möglich macht, nur in seinem Ort und ohne Wechsel desselben

323 OP, AA 21: 223.09–224.02. Der Anfang des Beweises belegt erneut die Richtigkeit der Abweichung von der Akademieausgabe in der Präsentation des Textabschnitts OP, AA 21: 219.05–22, der erst im Anschluss an den Abschnitt „3." (OP, AA 21: 220.15–26) besprochen wurde und der dem Inhalt nach in jedem Fall erst nach dem Abschnitt „2." (OP, AA 21: 219.24 ff.) folgen sollte. In diesen Abschnitt behauptet Kant, es sei keine Bewegung denkbar, wenn nicht in einem kontinuierlich erfüllten Raum. Kants Behauptung bleibt an dieser Stelle der Akademieausgabe ohne jede Begründung, da erst der Abschnitt „2." besagte Begründung vorstellt. Hier im „Beweis" werden Begründung und Behauptung verbunden: Weder im schlechterdings leeren Raum noch diesen überbrückend ist Erfahrung bewegender Kräfte möglich. Damit macht Bewegung und deren sinnliche Wahrnehmung ebenso wie die Möglichkeit einer Erfahrung des Raumes selbst die Voraussetzung einer kontinuierlichen Erfüllung des Raumes notwendig. Die irreführende Abfolge der Texte in Band 21 der Akademie Ausgabe ist in Fällen wie diesem nicht dem Editionsprinzip geschuldet, sondern beruht auf einer fehlenden inhaltlichen Gegenüberstellung der Textstellen im Autograph. Entweder bildet man die Seiten jedes Bogens, der zum Nachlasswerk gehört im Druck so ab, wie sie im Autograph zu finden sind (mit unterschiedlichen Schriftgraden, Marginalien und an Kopf und Fuß der Seiten durchlaufenden Texten) und überlässt so jedem Leser das Urteil über die richtige Reihenfolge; oder man kann auf eine inhaltliche Beurteilung nicht verzichten, da, was am Rand steht, nicht unbedingt randständig, sondern in Fällen wie diesem gleichen Rangs wie der Haupttext ist.

324 OP, AA 21: 223.15 f.

325 OP, AA 21: 228.20 f.

bewegt. Der Raum, der qua durchgängiger Erfüllung „ein materieller Raum“ ist,[326] ist erst als solcher ein Gegenstand der Wahrnehmung. Die Materie, die ihn erfüllt, ist „für jede andere durchdringlich“,[327] was bedeutet, dass sie keine Gegenstände aus dem Platz verdrängt, an dem sie raumerfüllend anwesend ist. Sie ist das allverbreitete Medium der Gegenstände der Erfahrung selbst, wie auch aller Bewegung dieser Gegenstände. Dadurch ist sie, wie hier zum ersten Mal in „Übergang 1–14“ behauptet wird, ein Erfahrungsprinzip. Aufgrund dieser Funktion als Möglichkeitsbedingung von Erfahrung überhaupt ist das uranfänglich bewegende Kontinuum des Stoffs – hier im Singular als die kollektive Einheit der allgemeinen Materie und Bedingung der Möglichkeit jeder besonderen Materie, d.h. auch der kleinsten, elementaren Körper – realer Stoff; ein substantielles „Ganzes der bewegenden Kräfte [...] dessen Existenz *a priori* erkannt wird“.[328]

Die übrigen Kantischen Reflexionen am Ende von „Übergang 2“, die in der Akademie Ausgabe unmittelbar auf den Beweis folgen und im Autograph am Rand der vierten Seite des Bogens „Übergang 2“ notiert sind, gleichen Bündelungen von Thesen zum Wärmestoff, welche die vorherigen Ausführungen Kants in „Übergang 2“ kurz und prägnant zusammenfassen.

AA21: 224.03–09:

> Es ist nur Ein Raum und nur Eine Zeit und nur Eine Materie in welcher alle Bewegung angetroffen wird. Das reale und objective Princip der Erfahrung welche ein Einiges Gantze der Form nach ausmacht laßt keinen unerfüllten Raum ausser sich und in sich übrig. In ihm liegen alle bewegende Kräfte Dieses Zusammengesetzte ist nicht ortverändernd und kein Korper. Der Anfang seiner Bewegung ist auch die Ewigkeit desselben.

Die Einheit von Raum, Zeit und Materie wird in „Übergang 2“ in bis dahin ungekannter Deutlichkeit herausgestellt. Die Materie als Kontinuum bewegender Kräfte, die Affizierung der Sinnlichkeit durch dieselben, und der wahrnehmbare Raum als umfassendes Bezugssystem sind mit reziproker Notwendigkeit aufeinander Bezogene. Das Bedingungsverhältnis von Materie einerseits und (wahrnehmbarem) Raum bzw. (wahrnehmbarer) Zeit ist ein mittelbares Verhältnis. Um Raum und Zeit wahrnehmbar zu machen, muss der Einfluss bewegender Kräfte der Materie auf die Sinnlichkeit vorausgesetzt werden. Empirische Realität in Raum und Zeit wird einzig durch diese Voraussetzung der Existenz einer allgemeinen und an jedem denkbaren Ort des Raumes anwesenden Materie überhaupt

326 OP, AA 21: 223.22.
327 OP, AA 21: 223.23.
328 OP, AA 21: 224.01f.

gewährleistet. Materie überhaupt erweist sich somit als das „reale und objective Princip der Erfahrung".[329] Erst durch das materielle Kontinuum werden die reinen Formen des einen Raumes (und der einen Zeit) real und Gegenstände möglicher Erfahrung. Vor allem Kants These, dieses Prinzip mache „ein Einiges Gantze der Form nach" aus,[330] ist zu betonen. Es ist die Form, die durch die Vernunft als ein Ganzes gegeben wird. Diese Form ist der (Vernunft-)Begriff des Weltstoffs als Inbegriff des Ganzen möglicher Erfahrung der Materie nach. Diese Materie muss nach wie vor gegeben werden. Die Form ihrer Einheit aber liegt a priori im Subjekt, das für das Gegebene letzter Bestimmungsgrund ist. Das Subjekt macht die Erfahrung und determiniert damit auch deren Material – bis zu einem gewissen Maß.[331]

AA21: 224.10–13:

> Die Basis des Ganzen der Vereinigung aller bewegenden Kräfte der Materie ist der Wärmestoff (gleichsam der hypostasirte Raum selbst in dem sich alles bewegt) das Princip der Moglichkeit der Einheit des Ganzen möglicher Erfahrung.

Das hier Wärmestoff genannte Prinzip ist die grundlegende Bedingung der Möglichkeit einer einheitlichen Erfahrung, deren Einheit als Ganzheit begriffen wird. Der Wärmestoff ist das einheitliche Ganze aller denkbaren bewegenden Kräfte der Materie. Er ist ihre kollektive Einheit und mithin die Einheit der Er-

---

329 OP, AA 21: 224.04 f.

330 OP, AA 21: 224.5.

331 Die möglichen Antworten auf die Frage nach diesem Maß kommen einer Positionierung gleich: Ist der Kant des Nachlasswerks noch ceteris paribus identisch mit dem Kant der KrV oder hat er den Boden der kritischen Philosophie verlassen und betritt dasselbe Neuland wie Schelling oder andere spekulativ-idealistische Naturphilosophen seiner Zeit? Auch wenn Kants transzendentaler Idealismus in „Übergang 1–14" und in weiten Teilen des Nachlasswerks Modifikationen erfährt, die mit der Position der KrV in keiner Weise zu vereinbaren sind, wird hier die Auffassung vertreten, dass diese Brüche noch keine Aufhebung des formalen, transzendentalen Idealismus hin zu einem absoluten oder materialen Idealismus bedeuten. Die Vernunft oder das Denken sind nicht Ursprung des Materials. Die Welt ist nicht als Form und Materie ein „Product der Freyheit der Intelligenz" (Hegel, GW 4: 43), sondern nur der Form nach. Das „einige Ganze der Form nach", d.i. der Inbegriff der Materie zur Möglichkeit der Erfahrung, den das Subjekt im Begriff des Weltstoffs denkt, liefert den Bestimmungsgrund besonderer Naturgesetze nur in Form allgemeiner Naturgesetze. Diese – und hierin liegt ein wichtiger Unterschied zur KrV – gestatten jedoch die Ableitung der besonderen Gesetze. Der Weltstoff als metaphysisches Prinzip der Einteilung der gesamten Naturlehre und transzendentales Prinzip macht es möglich, auch den organischen Körper zu denken, ohne auf einen Verstand ausweichen zu müssen, der „nicht der unsrige" ist (KU, AA 05: 180).

fahrung in materialer Absicht. Der Raum ist reine Form der Sinnlichkeit und formale Bedingung der Möglichkeit a priori von jeder Erfahrung äußerer Sinnengegenstände. Wenn in Entsprechung zu einem „Ganzen der Vereinigung aller bewegenden Kräfte der Materie“, welches das Subjekt im Begriff des Wärmestoffs denkt, die Mannigfaltigkeit des anschaulichen Materials gegeben wird, realisiert der Wärmestoff den Raum qua Erfüllung. So verstanden ist die hier Wärmestoff genannte Materie überhaupt der Raum als Hypostase, als zu einem wirklichen Gegenstand der Erfahrung gemachter, realisierter Raum.[332] Die Realität des einen Raumes sind die bewegenden Kräfte der Materie, die ihn in kollektiver Einheit erfüllen. Wenn sich in diesem Raum „alles bewegt“,[333] so hat dies eine doppelte Bedeutung: Es bezieht sich auf die distributive Einheit aller möglichen Objekte, die als einzelne Gegenstände der Erfahrung eines menschlichen Subjekts notwendig in der Anschauung gegeben werden, und damit Objekte im Raum (und ebenso in der Zeit) sind; ebenso bezieht es sich auf alle Objekte als Inbegriff. Die eine Gesamtheit der Materie zur Möglichkeit der Erfahrung und ihrer Gegenstände.

Durch die zuletzt zitierte Stelle wird besonders deutlich, dass der Wärmestoff Begriff einer Totalität ist. Er ist ein Vernunftbegriff und wird als solcher durch Vernunft gegeben.[334] Dieser Vernunftbegriff ist jedoch kein bloß regulatives, sondern ein konstitutives Prinzip möglicher Erfahrung. Ohne das „reale und objective Princip der Erfahrung“[335] bleibt die Erfahrung „schlechterdings leer“.[336]

Bereits hier in „Übergang 2“ zeigt sich, dass es möglich ist, den Wärme-, Welt- oder Urstoff, die eine „Materie überhaupt“ in ihrer absoluten Gesamtheit als Vernunftbegriff von einer Totalität und somit als Idee zu begreifen. Dieser Inbegriff bewegender Kräfte ist eine erfahrungskonstitutive Idee. Dass eine Idee zur Möglichkeitsbedingung von Erfahrung überhaupt und als solche zum Gegenstand eines transzendentalen Beweises a priori ihrer Existenz wird, sind neben den Modifikationen an der Theorie der Materie die größten Veränderungen in Kants theoretischer Philosophie, die im Entwurf „Übergang 1–14“ erkennbar werden. Dies wird auch die Darstellung von „Übergang 11“ bis „Übergang 14“ deutlich machen.

---

332 Vgl. auf dem anschließenden Bogen „Übergang 3“ OP, AA 21: 227.03 f.

333 OP, AA 21: 224.12.

334 Vgl. OP, AA 21: 216.05.

335 OP, AA 21:224.04 f.

336 OP, AA 21: 217.12.

AA21: 224.14–20

> Wärmestoff ist der perceptibele Raum von allen andern Eigenschaften entblößt wenigstens in Gedanken als Princip der Möglichkeit der Erfahrung aller Dimensionen desselben das Gegenstück vom leeren Raum da im Raum alles Ortbewegbar ist nur der Raum selbst nicht, da kein Raum als leerer Raum Gegenstand der Erfahrung ist so ist jene Materie durch das gantze Weltgebäude ausgebreitet u. seine Existenz nothwendig nämlich relativ auf Gegenstande der Sinne

Einer der scheinbaren Widersprüche, die mit dem Begriff des Wärmestoffs verbunden sind, wird hier nochmals heraus gestellt. Sein Begriff bedeutet den wahrnehmbaren, empfindbaren Raum, der ohne weitere Eigenschaften, d. h. nur unter dem Aspekt der Wahrnehmbarkeit betrachtet wird.[337] Dennoch ist er nur „in Gedanken" das Gegenstück des leeren oder formalen Raumes und ein Prinzip möglicher Erfahrung. Dieser vermeintliche Widerspruch löst sich jedoch auf, wenn man sich klar macht, dass der Begriff des Wärmestoffs sich auf die Gesamtheit des perzeptiblen Raumes bezieht. Als Totalität kann der Raum niemals in einer Anschauung gegeben sein. Jede mögliche Wahrnehmung räumlicher Dimensionen und räumlicher Verhältnisse von Gegenständen des äußeren Sinnes setzt jedoch die Wahrnehmbarkeit des gesamten Raumes voraus. So wie Erfahrungen nur Limitationen der einen Erfahrung in ihrer absoluten Gesamtheit sind, so sind auch räumliche Wahrnehmungen nur Limitationen an dem einen perzeptiblen Raum als ihrer notwendigen Voraussetzung. Da keine Wahrnehmung des Leeren und damit der Nichtexistenz möglich ist, ist die Existenz dessen, was das Leere im Raum durch dessen vollständige und kontinuierliche Erfüllung ausschließt, relativ auf Sinnengegenstände und ihre Möglichkeit notwendig.

AA21: 224.27–32:

> Eine Materie deren Function als mit bewegender Kraft versehen nur diese ist daß sie den Raum überhaupt zum Gegenstande der Erfahrung überhaupt macht und sich innerlich selbst anziehend und abstoßend keine andere aus ihrem Platze verdrängt sondern sie insgesamt durchdringt sondern natürlicherweise uranfänglich bewegend ist um Object der Erfahrung zu seyn.

---

337 Vgl. bspw. OP, AA 21: 224.27–29. Wenn der Raum nur unter dem Aspekt der Wahrnehmbarkeit betrachtet wird, bedeutet dies nicht, dass man es mit einem erfüllten Raum ohne Eigenschaften zu tun hat. Als perzeptibler Raum hat er genau die Eigenschaften, die seine Wahrnehmbarkeit überhaupt begründen und dies sind die Eigenschaften des Wärmestoffs (an jedem Ort innerhalb des Raumes anwesend, uranfänglich und unaufhörlich bewegt und bewegend, nicht auf ein bestimmtes Volumen zu begrenzen, dadurch unwägbar und selbst keiner Wahrnehmung zugänglich).

Wenngleich sich in „Übergang 2", wie im Gesamtentwurf „Übergang 1–14" metaphysische und transzendentalphilosophische Reflexionen zur Materie, ihrem Begriff und ihrer Dynamik durchdringen und wechselseitig bedingen, stellt Kant hier die transzendentale Funktion der bewegenden Kraft der Materie explizit in den Vordergrund. Ungeachtet ihrer Rolle als metaphysisches Prinzip der Körperbildung, wird die Hypostasierung des Raumes[338] und dessen Realisierung[339] qua Erfüllung zur eigentlichen und primären Aufgabe einer allverbreiteten und durch nichts in ihrer Verbreitung beschränkten, alldurchdringenden und notwendig uranfänglich bewegten „Materie überhaupt". Dieses Primat des Transzendentalen, das hier in „Übergang 2" erstmal erkennbar wird, stellt die Durchdringung von metaphysischer und transzendentaler Funktion des materiellen Prinzips in „Übergang 1–14" nicht in Frage. Die Erfahrung von realen Objekten wie physischen Körpern in Raum setzt jedoch voraus, dass der Raum selbst erfahrbar und ein spatium sensibile ist, in dem es reale und möglicher Erfahrung zugängige Orte gibt, an denen sich erfahrbare Gegenstände wie Naturkörper befinden.[340] In einem bloß formalen Raum – dies war die zentrale Prämisse des ersten Beweises der Existenz des Weltstoffs in „Übergang 2" – findet keine Erfahrung statt.

2.2.2.1 Zentrale Konzepte und Sachprobleme in „Übergang 2"

1. Innerhalb des neuen Konzepts einer Grundlegung der Naturwissenschaft a priori legt Kant eine Bestimmung des Objekts der Naturwissenschaft vor.[341] Diese Bestimmung beinhaltet eine grundsätzliche Differenzierung des Begriffs dieses Objekts in eine formlose „Materie überhaupt" und deren geformtes Gegenstück, den physischen Körper.

Materie ist nur ohne Formbestimmung mögliche Grundlage der Bildung eines Körpers, der seiner Definition nach formbestimmte Materie ist. „Materie überhaupt" ist aufgrund ihrer Funktion als Substrat und „Subject"[342] der Körperbildung dem physischen Körper sowohl ihrem Begriff als auch ihren Eigenschaften nach entgegengesetzt. Eigenschaften der „Materie überhaupt" sind Formlosigkeit, fehlender (körperlicher) Zusammenhang, Allverbreitung und gleichförmige Agitation durch allgemeine bewegende Kräfte. Diese Bestimmungen stellen die Ne-

---

338 Vgl. nochmals OP, AA 21: 227.03 f.

339 Vgl. auf dem Bogen „Übergang 10" OP, AA 21: 564.02 f.

340 Vgl. OP, AA 21: 564.15–18.

341 Vgl. OP, AA 21: 215.14 ff.

342 OP, AA 21: 215.19.

gation der Eigenschaften physischer Körper dar. Der physische Körper ist formbestimmt, zusammenhängend, aufgrund seiner Gestalt und seines Aufbaus auf einen bestimmten Ort des Raumes beschränkt, und mit besonderen bewegenden Kräften ausgestattet. „Materie überhaupt" ist im Gegensatz dazu ein Kontinuum.[343] Durch die allgemeinen Kräfte begründet und konstituiert „Materie überhaupt" den physischen Körper. Sie ist hinsichtlich der Bildung desselben sowohl zeitlich als auch kausal früher.[344]

2. Der Begriff der Materie beinhaltet ein Moment der Selbsttätigkeit, Selbstbestimmung und Reflexivität.

Formlose „Materie überhaupt" bestimmt durch ihre allgemeinen bewegenden Kräfte sich selbst.[345] Sie bezieht sich als aktives Prinzip und Subjekt auf sich selbst als passives Substrat. Ihr eignet eine Form der Spontaneität[346] und der Selbstbezüglichkeit. Auf diese Weise begründet sie die Erzeugung geformter Materie/physischer Körper in der Zeit. Von der Materie wird damit eine Art der Kausalität ausgesagt, die nicht mechanisch, wirkursächlich und bedingt, sondern vielmehr unbedingt, überzeitlich und übersinnlich ist. Dieser Begriff von Materie als spontan steht in Widerspruch zum Begriff der Materialität als solcher im Sinne des klassischen Materiebegriffs und der bisherigen Auffassung Kants zur Materie und ihren Eigenschaften.

3. Der Begriff einer selbsttätigen und bildenden Materie ist untrennbar mit dem Begriff bewegender Kräfte verbunden.

Bewegende Kräfte sind Voraussetzung der Existenz von Körpern und gehen nicht allein kausal, sondern auch in der Zeit der Existenz von Körpern voraus.[347] Durch ihre sowohl inneren als auch äußeren Bewegkräfte fungiert die Materie als aktives

343 Vgl. OP, AA 21: 215.23.

344 Vgl. OP, AA 21: 216.16–20. Wenn in Bezug auf die Funktion der Materie hinsichtlich der Bildung physischer Körper oder den Anfang der Bewegung im Universum von einer Kausalitat derselben die Rede ist, so ist dies nicht ohne weiteres im Sinne der Kategorie der Kausalitat oder der 2. Analogie der Erfahrung zu verstehen. Wenn Kant in „Übergang 1–14" den Versuch unternimmt, den Materiebegriff neu zu denken, tritt mit dem Verweis auf die Spontaneität der Materie eine neue, andere Art der Kausalität als durch bloße Wirkursächlichkeit nach Naturgesetzen auf den Plan; vgl. KrV B475.

345 Vgl. OP, AA 21: 215.16 ;

346 Vgl. OP, AA 21: 216.20

347 Vgl. OP, AA 21: 216.17–19.

Prinzip der Formbestimmung physischer Körper.[348] Dieses aktive materielle Prinzip der Formung ist Grund der räumlichen Ausdehnung und mithin der Gestalt des Körpers, indem bewegende Kräfte diesen Körper begrenzend bestimmen. Nicht nur die extensive Größe, sondern auch die innere Struktur und den inneren Aufbau, ja selbst die Organisation der Teile eines Naturkörpers werden durch die bewegenden Kräfte des aktiven materiellen Prinzips der Form nach bestimmt.[349] Bewegende Kräfte sind darüber hinaus Grund der Widerstandsfähigkeit des Körpers gegenüber Veränderungen seiner Form durch äußere Ursachen. Bewegende Kräfte der Materie sind somit maßgebend für die Bestimmung physischer Körper – sowohl dem Begriff als auch der Sache nach. Materie, die als formlose, unkörperliche „Materie überhaupt" das Substrat der Körperbildung ist, ist nichts anderes, als allgemeine, d. h. unspezifische bewegende Kraft.[350]

4. Der Inbegriff bewegender Kräfte der Materie, d. h. der Weltstoff im Übergang ist gleichermaßen metaphysisches wie auch transzendentales Prinzip.

Der Inbegriff bewegender Kräfte der Materie und damit die „Materie überhaupt" in ihrer Auffassung als Einheit unter dem Aspekt der Ganzheit betrachtet ist der Welt- oder Wärmestoff.[351] Diese Gesamtheit der bewegenden Kräfte ist dasjenige, was die bloß formale Anschauung des Raumes „zuerst bezeichnet",[352] d. h. durch primitive bewegende Kräfte erfüllt und damit realisiert. Das was den einen Raum überhaupt erst zu einem wirklichen Gegenstand der Erfahrung und einem Ort realer Objekte macht, sind bewegende Kräfte.[353] Die unspezifische bewegende Kraft des Ganzen der Materie begründet und erhält alle besonderen Kräfte als deren allgemeine

348 Vgl. OP, AA 21: 215.19 wie auch die Definition physischer Körper ebd. 15–17.

349 Kants Begriff der Textur im Kontext des OP bezieht sich auf das Gefüge und somit den inneren Aufbau des physischen Körpers. In seiner weitesten Definition schließt dieser Begriff der Textur auch den Aspekt der Organisation ein; vgl. hierzu Refl, AA 14: 366: „Die [...] Zusammensetzung der festen Korper durch mixtur ist entweder chemisch oder hydrostatisch. Kalk, Sandstein. Die durch eine gewisse textur entweder mechanisch oder organisch. Beyde bestimmen entweder ganze Korper von bestimmter Figur und [heissen] geben alsdenn structur. oder nicht, wie die metalle, welche in eine textur, aber ohne structur gerinnen. chemische oder organische structur".

350 Vgl. OP, AA 21: 217.03–06.

351 Kant verwendet in „Übergang 1–14" unterschiedliche Bezeichnungen für das stoffliche Prinzip einer „Materie überhaupt". Diese Gleichgültigkeit des Namens im Verhältnis zur Sache selbst betont Kant an verschiedenen Stellen des Entwurfs, vgl. bspw. OP, AA 21: 215.24 ; OP, AA 21: 221.08 ; OP, AA 21: 236.22.

352 OP, AA 21: 217.16 f.

353 Vgl. OP, AA 21: 217.07–17.

Basis.[354] Bewegende Kräfte des Weltstoffs sind als metaphysisches Prinzip konstitutiv für den physischen Körper in seiner Erzeugung, Bildung und Formung, und für alle besonderen Kräfte der Materie. Als transzendentales Prinzip sind sie konstitutiv für die Wahrnehmung äußerer Sinnengegenstände dadurch, dass sie durch ihre Wirklichkeit, Wirksamkeit und Aktualität[355] im Raum möglicher Erfahrung diesen zu einem Gegenstand möglicher Erfahrung machen.
Die Materie ist als „Materie überhaupt“ in „Übergang 2“:

a. Metaphysisches „Princip der Möglichkeit der Erfahrung eines Systems der bewegenden Kräfte“,[356] d. h. Systemprinzip einer neuen begrifflichen Grundlegung der gesamten Naturlehre/-wissenschaft a priori.
b. Metaphysisches Prinzip der Körperbildung.
c. Transzendentales Prinzip der Erfahrung des Raumes und der darin existierenden „reale[n] Objecte“[357] und damit Grundlage der „allgemein//möglichen Erfahrung a priori“.[358]

5. Als transzendentales Prinzip ist der Weltstoff a priori beweisfähig und wird erstmals in „Übergang 2“ von Kant bewiesen.

Aufgrund der Notwendigkeit a priori als Grundlage einer allgemein möglichen Erfahrung hat Kant die Existenz der Materie im Ganzen bewiesen; nicht als hypothetische oder problematische Annahme sondern als „gegebener ursprünglich bewegender Weltstoff“.[359] Dieser Existenzbeweis des Weltstoffs als einer notwendigen „Bedingung der Möglichkeit der Erfahrung“[360] vereinigt in seinem Grund transzendentale und metaphysische Prämissen.

6. Ursprüngliche Bewegung und der erste Anfang der Bewegung der Materie im Universum

Mit dem neuen Begriff einer ursprünglich bewegenden und selbsttätigen Materie als Prinzip möglicher Erfahrung eröffnet sich ein neues Problemfeld. Wenn be-

---

354 Vgl. OP, AA 21: 217.05–07.
355 Das Ringen Kants mit dem neuen Begriff der Materie und ihrer Spontaneität qua bildende und formende bewegende Kräfte, spiegelt auch seine wiederholte Beschäftigung mit den Begriffen der Wirkung und des zweckmäßigen Handelns wider, vgl. bspw. OP, AA 21: 226.22–24 ; OP, AA 21: 566.19 f.
356 OP, AA 21: 216.05 f.
357 OP, AA 21: 217.09 f.
358 OP, AA 21: 217.13.
359 OP, AA 21: 217.14 f.
360 OP, AA 21: 223.02 f.

wegende Kräfte wichtigstes Definiens des Begriffs von Materie sind und diese als notwendig existierend und den Raum erfüllend angenommen werden muss, stellt sich die Frage nach einem absoluten Anfang der Materiebewegung im ganzen Universum. Hierzu bedarf es der Klärung des Begriffs der Uranfänglichkeit, wie er von Kant im Kontext des Entwurfs „Übergang 1–14“ verwendet wird.

2.2.2.2 Philologische Rechtfertigung der Darstellung von „Übergang 2“

Auf den mit „Erster Satz“ betitelten Abschnitt[361] folgt auf dem Bogen „Übergang 2“ im Autograph des Entwurfs „Übergang 1–14“ ein Textabschnitt, der mit „2.“ überschrieben ist.[362] In der Akademie Ausgabe hingegen folgt auf den „Erste[n] Satz“ ein Text, den Kant auf dem Originalbogen am oberen Rand, d. h. über dem Haupttext der Seiten zwei und drei in etwas engerer und kleinerer Schrift niedergeschrieben hat.[363] Dieser Umstand ist im Apparat der Akademie Ausgabe vermerkt.[364] Die Stelle, an welcher der Text in der Akademie Ausgabe eingefügt ist, erweist sich jedoch als unpassend, da sie den Interpreten des Textes mit dem Problem konfrontiert, worauf sich Kants Schlussfolgerung zu Beginn des Textes, man könne sich „also keine Bewegung denken als in einem mit Materie erfülleten Raum der ein Continuum derselben ausmacht“,[365] bezieht. Wie im Vorangegangenen dargetan, liefern erst die im Abschnitt „2.“ zu Papier gebrachten Reflexionen das Argument, auf welches sich die genannte Schlussfolgerung Kants beziehen lässt. Darüber hinaus hat die Bearbeitung von „Übergang 2“ gezeigt, dass der am oberen Rand der Seiten zwei und drei dieses Bogens übergeschriebene Text inhaltlich am ehesten nach dem Abschnitt „2.“ und vor der auf den Abschnitt „3.“ folgenden Anmerkung eingefügt werden müsste. In dieser Anmerkung rechtfertigt Kant seine „Beweisart der Existenz eines alle Körper durchdringenden [...] Weltstoffs“.[366] Es ist davon auszugehen, dass Kant analog zur Darstellung des Textes auf der vierten Seite des Bogens „Übergang 2“ das zu Beweisende, d. h. die Existenzbehauptung eines Materiekontinuums, in Anführungszeichen dem eigentlichen Argument voranstellt. Der in Anführungszeichen stehende Satz OP, AA 21: 218.10–17 entspräche dem „Lehrsatz“ auf OP, AA 21: 223.01–08, welchem dort ein mit „Beweis“ betitelter Textabschnitt folgt.[367] Den

361 OP, AA 21: 218.18 u. ff..
362 OP, AA 21: 219.24 u. ff.
363 Vgl. OP, AA 21: 219.05–22.
364 Vgl. OP, AA 21: 219 Apparat zu Zeile 5.
365 OP, AA 21: 219.05f.
366 OP, AA 21: 221.02–04.
367 Vgl. OP, AA 21: 223.09–224.02.

Abschnitten „Erster Satz“, „2.“ sowie „3.“ käme mithin der Charakter einer Argumentation mit dem Ziel, etwas zu beweisen, zu. Besagter am oberen Rand niedergeschriebener Text bezieht sich zusammenfassend auf diese drei Abschnitte und beinhaltet eine Konklusion. Auf diese Konklusion und den vorangegangenen Beweis in den Abschnitten „Erster Satz“, „2.“ und „3.“ bezieht sich abschließend Kants Anmerkung auf AA21: 221.01–18. Die Darstellung von „Übergang 2“ hat diese Auffassung am Text als zutreffend belegt. Zur Veranschaulichung des Sachverhalts folgt ein Faksimile der Seiten zwei und drei des Bogens „Übergang 2“.[368]

368 Quelle: Immanuel Kant, „Opus postumum“, Ms. germ. fol. 1702, Conv. II, S. 30 und 31, Staatsbibliothek zu Berlin – Preußischer Kulturbesitz, Handschriftenabteilung BBAW, Kant-Arbeitsstelle

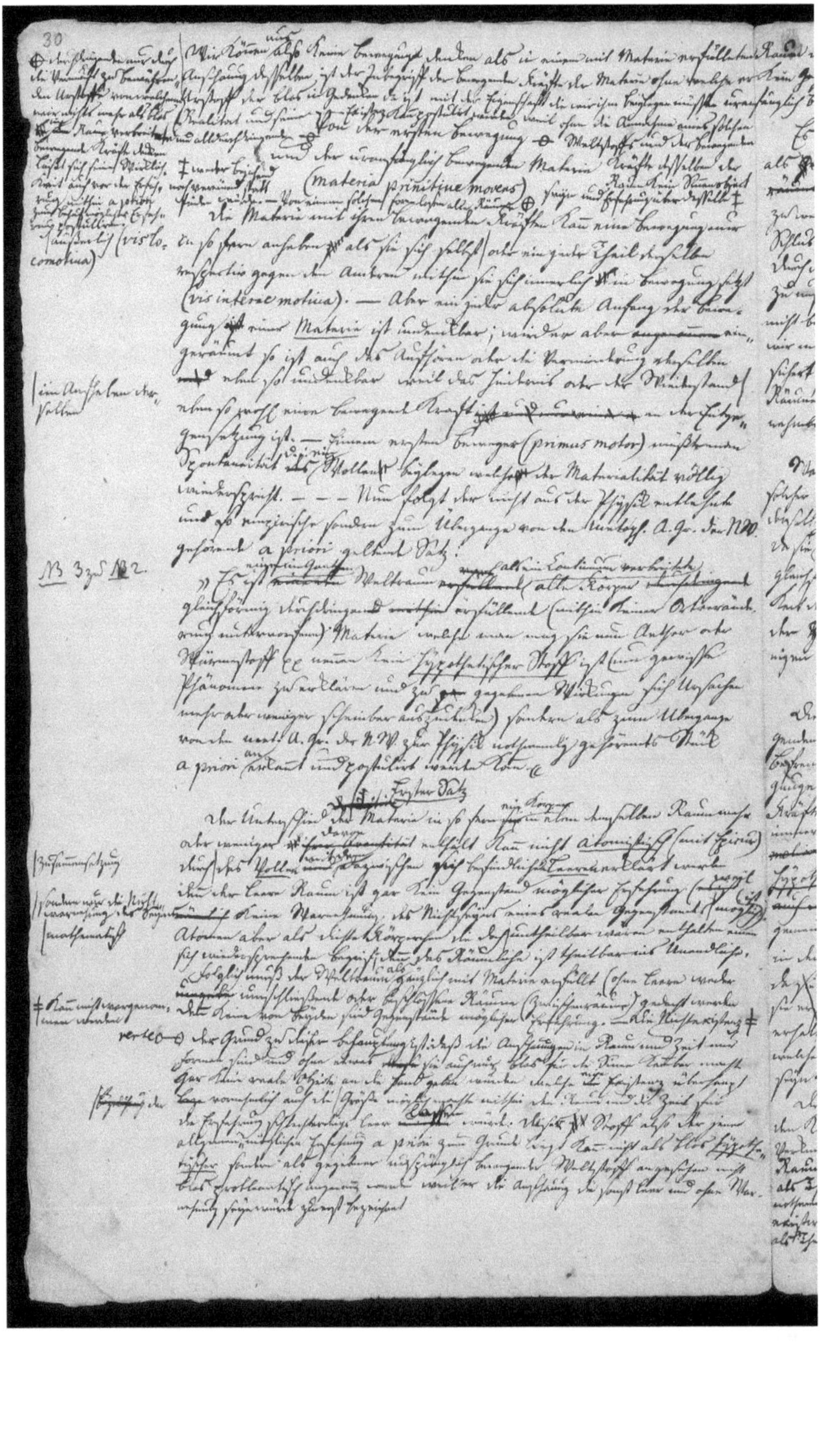

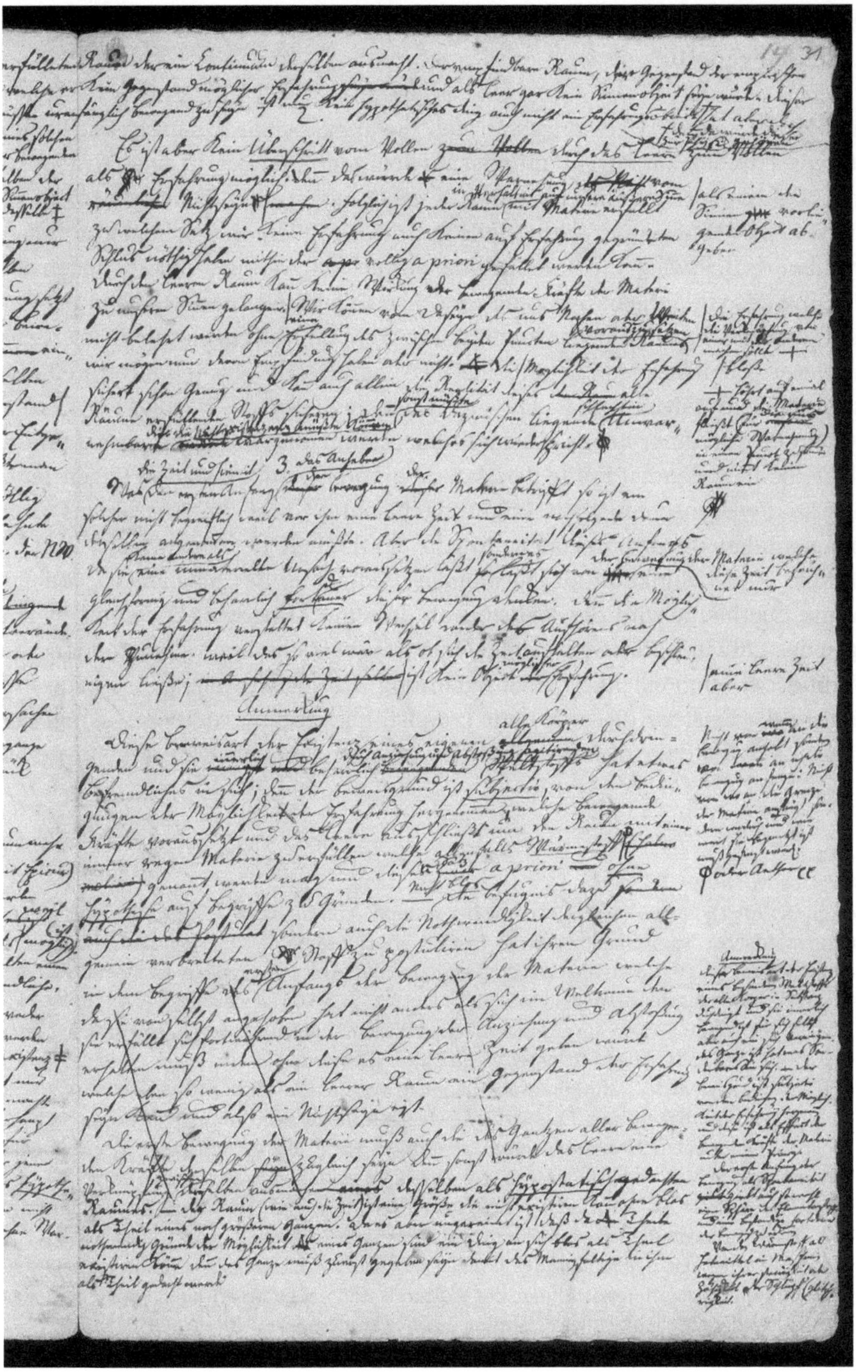

2.2.3 Kursorische Betrachtung einzelner Stellen von „Übergang 3“ bis „Übergang 10“

Kants Projekt eines „Übergangs von den metaphysischen Anfangsgründen der Naturwissenschaft zur Physik“ gründet auf dem zentralen Begriff eines Weltstoffs, der in „Übergang 1 – 14“ auch unter den Bezeichnungen eines Elementarstoffs, des Äthers, Licht-, Feuer- und Wärmestoffs auftritt. Vor allem in den späteren Teilen des Entwurfs überwiegt die Bezeichnung Wärmestoff, wenngleich Kant neben der Betonung des vorläufigen und provisorischen Charakters dieser Benennung anmerkt, dass die Erzeugung der Empfindung von Wärme kein wesentliches Merkmal dieser primitiven Materie ist.[369] Dieser Begriff einer solchen allverbreiteten ursprünglichen Materie wird im Entwurf „Übergang 1 – 14“ des Nachlasswerks zum obersten Prinzip einer neuen systematischen Einteilung der Naturlehre a priori, welche die bewegenden Kräfte der Materie in ihrer Gesamtheit zum Gegenstand einer naturwissenschaftlichen Erfahrung macht,[370] und darüber hinaus zum fundamentalen transzendentalen Prinzip der Einheit der Erfahrung selbst.[371] Aufgrund seiner Funktion als notwendige Bedingung der Möglichkeit von Erfahrung überhaupt wird der Weltstoff ab dem mit „Übergang 2“ bezeichneten Bogen des Entwurfs zum Gegenstand einer transzendentalen Argumentation, die aufgrund der Unmöglichkeit einer Erfahrung des leeren Raumes als zentraler Prämisse die Existenz dieser Materie beweist. Im Ausgang von dem Faktum der Erfahrung,[372] als dem Anfangspunkt des transzendentalen Rekurses auf deren

---

369 Vgl. bspw. OP, AA 21: 560.11 – 13.

370 Vgl. OP, AA 21: 584.06 – 08: „Übergang der metaph. Anf. Gr. der N. W. zur Physik als einem System empirischer Naturerkentnis deren Form a priori gegeben ist (System der bewegenden Kräfte der Materie)“; der Begriff des Weltstoffs fungiert dabei als das „Princip der Möglichkeit der Erfahrung des Systems der bewegenden Kräfte“ (OP, AA 21: 216.05 f., wie auch OP, AA 21: 225.16 – 18), ebenso OP, AA 21: 587.06 – 16: „Ein Stoff der zu diesem Ganzen gehört [...] soll aber nur zum Ubergange von den metaph. Anf. Gr. der N. W. zur Physik dienen und ist also in dieser Hinsicht ein a priori gedachtes System der Naturkunde überhaupt, wovon das Gantze empirisch aufzufassen und die absolute Vollstandigkeit einer Physik zu erreichen alle mögliche Erfahrung übersteigt und nur den Begriff der formalen Einheit derselben als Princip übrig bleiben läßt, und daher blos im Übergange von den Met. Anf. Gr. der N. W. zur Physik fortzuschreiten angetroffen wird“.

371 Vgl. OP, AA 21: 224.10 – 13: „Die Basis des Ganzen der Vereinigung aller bewegenden Kräfte der Materie ist der Wärmestoff (gleichsam der hypostasirte Raum selbst in dem sich alles bewegt) das Princip der Moglichkeit der Einheit des Ganzen möglicher Erfahrung.“, an anderer Stelle bezeichnet Kant die raumerfüllende Einheit des Weltstoffs und damit des erfüllten Raumes als „das oberste Princip der Möglichkeit der Erfahrung äußerer Sinnenwesen“ (OP, AA 21: 228.15 f.).

372 Vgl. OP, AA 21: 226.25 f.: „Erfahrungssatz. Es existiert Materie mit ihren bewegenden Kräften.“, AA 21: 542.26 – 543.03: „Wir müssen also da doch das Spiel der agitirenden Kräfte der Materie

Möglichkeitsbedingungen,[373] wird die absolute Einheit des ubiquitären Weltstoffkontinuums als „das oberste Princip der Möglichkeit der Erfahrung äußerer Sinnenwesen“[374] zum Gegenstand eines subjektiven Beweises, und die Existenz dieses Prinzips „analytisch nach Begriffen, d. i. nach der Regel der Identität, aus dem Princip der Zusammenstimmung mit der Möglichkeit der Erfahrung überhaupt“ geschlossen.[375] Die reale Existenz des Materieganzen liegt a priori im Begriff der Erfahrung. Bereits in den ersten Teilen des Entwurfs „Übergang 1–14“ zeigt sich die Bedeutung des spezifisch Kantischen Erfahrungsbegriffs für das gesamte Projekt einer Realbegründung der Erfahrung. Schon in „Übergang 2“ hatte Kant begonnen, die absolute Einheit der Konstituenten dieser einen Erfahrung in die Argumentation einzubeziehen.[376] Diese Tendenz verstärkt sich im weiteren Fortgang. So sind die ursprünglichen wie auch abgeleiteten bewegenden Kräfte der Materie in „Einem Raum in Gemeinschaft“.[377] Die schlechthinnige Einheit von Raum und Zeit bedingt auch die „Einheit und Gleichartigkeit des Stoffs“,[378] der die Einheit aller materiellen Bewegkräfte vorstellt.[379] Es ist der Erfahrungsbegriff, wie er innerhalb der ersten Textstufe der transzendentalen Deduktion der reinen Verstandesbegriffe auf A110 expliziert wird. Die dortige Formulierung, der zufolge von Erfahrungen nur als Teilen (i.S.v. Wahrnehmungen) einer allgemeinen und absolut einheitlichen Erfahrung gesprochen werden kann, wird von Kant in „Übergang 1–14“ an zahlreichen Stellen reproduziert, woraus sich folgern lässt, dass Kants Begriff der Erfahrung als Einheit – zumindest was

ein gegebenes Phänomen ist eine Materie annehmen deren Gegenstand das Ganze aller möglichen Erfahrung d.i. ein alldurchdringender allverbreiteter und allbewegender Weltstoff ist“.

373 Vgl. KrV B1.

374 OP, AA 21: 228.15 f.

375 OP, AA 21: 233.10–12.

376 Vgl. OP, AA 21: 224.03–06: „Es ist nur Ein Raum und nur Eine Zeit und nur Eine Materie in welcher alle Bewegung angetroffen wird. Das reale und objective Princip der Erfahrung welche ein Einiges Gantze der Form nach ausmacht laßt keinen unerfüllten Raum ausser sich und in sich übrig“; vgl. hierzu auch: OP, AA 22: 91.07 f.: „Es ist nur Ein Raum u. Eine Zeit [...] und nur Eine Erfahrung“ sowie OP, AA 22: 426.21–23: „Es ist nur Ein Raum und nur Eine Zeit und Eine Materie welche jenen erfüllt“.

377 OP, AA 21: 226.27; Kant verwendet die Großschreibung inmitten von Sätzen oft dazu, die Einheit einer Sache herauszustellen. Es ist nicht nur ein Raum, der auch einer unter vielen Räumen sein könnte; es ist schlechterdings nur „Ein“ einiger Raum.

378 OP, AA 21: 227.01.

379 Vgl. OP, AA 21: 227.02–08: „Gleichwie nun nur Ein Raum und nur eine Zeit ist wenn man beyde gleichsam hypostasirt (sie zu wirklichen Gegenständen der Erfahrung macht) so liegt beyden eine Materie zum Grunde welche die bewegende Kräfte welche blos zur Erfahrung überhaupt gehören zum Grunde legt die nichts anders als Anziehung und Abstoßung in wirklicher Bewegung in ihrem Begriffe von der Materie überhaupt enthalten.“

diesen Aspekt anbelangt – von 1781 an keine wesentlichen Abwandlungen mehr erfährt. Allein bezogen auf die Möglichkeitsbedingungen der so bestimmten Erfahrung vollzieht sich innerhalb des Nachlasswerkes, genauer im Zusammenhang des Entwurfs „Übergang 1–14“ ein radikaler Bruch der Auffassung. Der Kantische Begriff von Erfahrung wird in diesem Entwurf zu einem Axiom,[380] zu einer gleichsam unumstößlichen Voraussetzung, aus der alle notwendigen immanenten Bedingungen zur Möglichkeit dieser vorausgesetzten Erfahrung deduziert werden können.

Innerhalb dieses Kapitels soll gezeigt werden, inwiefern der Weltstoff qua Erfüllung des Raumes mit ursprünglich bewegenden Kräften zu einem transzendentalen Prinzip wird. Die allverbreitete Materie wird das „reale und objective Princip der Erfahrung welche ein einiges Gantze der Form nach ausmacht“,[381] und „zum alleinigen Princip der Möglichkeit der Erfahrung von einem absoluten Ganzen aller innerlich bewegenden Kräfte der Materie“.[382] Der Weltstoff erscheint in dieser Auffassung nicht mehr bloß als eine transzendentale Bedingung der Möglichkeit unter anderen, sie wird vielmehr zur conditio sine qua non für Erfahrung überhaupt.[383] Dieses Prinzip wird Gegenstand eines Beweises, den Kant als indirekt, analytisch, hypothetisch und negativ charakterisiert. Bereits ab dem dritten Bogen von „Übergang 1–14“ geht Kant davon aus, dass die Existenz dieser basalen transzendentalen Möglichkeitsbedingung, als welche der Weltstoff eingeführt wird, ausgehend von dem „Princip der Möglichkeit der Erfahrung selbst“ identisch ableitbar ist.[384] Die Behauptung der notwendigen objektiven Realität des primitiven Materiekontinuums erweist sich in „Übergang 1–14“ somit als analytischer Satz.[385] Betrachtet man die Bedingungen der Möglichkeit von Erfahrung als

380 Vgl. bspw. OP, AA 21: 600.23–26 ; OP, AA 22: 610. 15 ff.
381 OP, AA 21: 224.04–06.
382 OP, AA 21: 225.16–18.
383 Vgl. OP, AA 21: 551.05 f. : „erste Bedingung der Möglichkeit aller äußern Erfahrung“ wie auch OP, AA 21: 547.22 f. : „Materie [...] welche dem Princip der Möglichkeit aller Erfahrung zum Grunde liegt“.
384 OP, AA 21: 225.25 f.
385 Vgl. OP, AA 21: 559.10–14: „Ein solcher Stoff müßte alle äußere Erfahrung zu oberst möglich machen und jener Satz (von der Existenz einer solchen Materie) der alsdann a priori begründet seyn würde, würde nicht synthetisch (erweiternd) sondern analytisch (blos logisch//erläuternd) seyn und auf dem Grundsatz der Identität allein beruhend gedacht werden müssen“, ebenso OP, AA 21: 593.01–05: „Dieser Satz ist kein synthetischer (erweiternder) und von empirischen Principien abstammender sondern ein blos analytischer (erläuternder) Satz d.i. auf dem Satz der Identität gegründet und a priori erkennbar weil ohne ihn es gar keine äußere Erfahrung geben würde indem alle solche Erfahrungen nur als in Einer möglich gedacht werden.“, wie auch OP, AA 21: 600.23–28: „Dieser Satz wird hier als Axiom d.i. als ein keines Beweises bedürftiger und dessen auch nicht fähiger nicht synthetisch sondern analytisch aus einem Begriffe zu entwickelnder auf

jeweilige Implikate eines bestimmten, bspw. des spezifisch Kantischen Begriffs von Erfahrung, so ist es möglich, Sätze, die eine Bedingung der Möglichkeit von Erfahrung aufstellen, als analytische Sätze zu begreifen.[386] Ausgehend von dem Faktum der Wahrnehmbarkeit bewegender Kräfte im Raum wird auf die Realität der Bedingungen dieses Faktums geschlossen – Bedingungen die als solche im Begriff der Erfahrung liegen. Wenn unter den Begriff eines transzendentalen Arguments eine Beweisführung fällt, die im Ausgang von der Faktizität der Erfahrung jene Bedingungen als notwendig existierend aufzeigt, auf denen die Möglichkeit der Erfahrung basiert,[387] so begegnet in den allgemein als Ätherbeweisen bezeichneten Argumentationszusammenhängen des Entwurfs „Übergang 1–14" ein transzendentales Argument in Reinform.[388]

Auch wenn zahlreiche Textstellen ein derartiges Verfahren belegen, setzt Kant nicht einfach einen bestimmten Begriff von Erfahrung voraus, aus dem dann analysiert wird, was in dem Begriff notwendig enthalten ist. Vielmehr muss die Erfahrung in gewisser Weise beschaffen sein, damit die Gegenstände in der Anschauung auch gedacht werden können, indem die Kategorien in ihrer schematisierten Form Anwendung auf das sinnliche Manigfaltige finden können. Oberster Bestimmungsgrund für die Erfahrung ist der reine Verstand. Die ursprünglich synthetische Einheit der Apperzeption stiftet die Einheit der Erfahrung; der Begriff einer Erfahrung als Einheit schlechthin setzt somit diese Einheit voraus. Darin liegt der Unterschied zu einem dogmatischen Beweisverfahren. Die Analyse des Begriffs stellt eine bloße Ergänzung des Beweises dar, aus der die Existenz des Weltstoffs als analytischer Satz, nicht als synthetisches Urteil a priori im Sinne eines Grundsatzes hervorgeht.

---

dem Princip der Identität beruhender Satz aufgestellt der also a priori behauptend kein empirisches (von der Erfahrung abgeleitetes) mithin kein erweiterndes sondern nur erläuterndes Urtheil ist.".

386 Hierzu Tugendhat (1976) S. 21: „Die Sätze, die Kant als Bedingung der Möglichkeit der Erfahrung aufstellt, kann man nämlich auch als analytische Verstehen. Zur Bedingung der Möglichkeit der Erfahrung gehört eben, so kann man sagen, genau das, was analytisch im Begriff dessen enthalten ist, was wir mit Erfahrung meinen".

387 Malpas charakterisiert die „form of philosophical reasoning which goes by the name of transcendental argument" als „a form of reasoning that proceeds from the fact of experience to the necessary conditions on which the possibility of such experience rests", Malpas (1997), S. 3.

388 Es ist an dieser Stelle ausdrücklich zu betonen, dass hiermit in keiner Weise behauptet wird, eine derartige Argumentation sei spezifisch für die Analytik der KrV. Für den Entwurf „Übergang 1–14" des Nachlasswerkes hingegen kann zugegeben werden, dass diese Argumentation zumindest einen Aspekt der Versuche darstellt, die Existenz des Weltstoffs auf Basis des Prinzips möglicher Erfahrung a priori zu beweisen.

Dynamische Realisierung des einen Raumes

Da die „Nichtexistenz" oder das reine Leere nicht wahrgenommen werden kann,[389] wird der „Begriff eines Elementarstoffs" mit seinen zwei grundlegenden Bewegkräften der Anziehung und Abstoßung zur „Basis aller möglichen Warnehmungen der bewegenden Kräfte der Materie im Raume und in der Zeit".[390] Die ursprünglichen Bewegkräfte sind selbst keiner Wahrnehmung fähig, wenngleich sie allein durch ihre Existenz jede Form direkter Wahrnehmung der abgeleiteten Bewegungen physischer Körper ermöglichen. Die Funktionen, die der primitiven Materie in „Übergang 1–14" hinsichtlich der Möglichkeit von Wahrnehmungen und mithin der Erfahrung überhaupt zugesprochen werden, lassen sich wie folgt differenzieren.

Die elementare Materie des einen Weltstoffs macht „den Raum sensibel"[391]. Wie bereits innerhalb des ersten von Kant selbst als Beweis gekennzeichneten Textabschnitts in „Übergang 1–14"[392] werden Raum und Zeit als bloße Formen der Sinnlichkeit vorgestellt.[393] Sie sind als bloß formale Möglichkeitsbedingungen von Sinnlichkeit selbst kein Gegenstand möglicher Wahrnehmung.[394] Wenn diese Formen leer bleiben und nichts Anschauliches in ihnen gegeben wird, um dem Subjekt zu erscheinen, bleibt auch die Erfahrung leer.[395] Es findet keine Erfahrung statt. Erfahrung als zusammenhängende, gesetzmäßige, empirische Wahrnehmung setzt einen direkten Einfluss von Gegenständen möglicher Erfahrung auf die Sinnlichkeit voraus. Ein leerer Raum und eine leere Zeit geben aber „keine reale Objecte an die Hand".[396] Es ist daher zur Möglichkeit von Erfahrung überhaupt notwendig, den Raum in seiner Gesamtheit als materiell erfüllt anzunehmen.[397] Diese durchgängige materielle Realisierung des einen Raumes als Erfahrungsgegenstand,[398] ist dasjenige, worauf sich der Begriff des allverbreiteten Kontinu-

---

389 OP, AA 21: 219.04.

390 OP, AA 21: 225.12–14.

391 OP, AA 21: 228.25.

392 Vgl. OP, AA 21. 216.12–217.17.

393 Vgl. OP, AA 21: 217.08.

394 Vgl. OP, AA 21: 232.21–24: „Der Raum von welchem keine Warnehmung möglich ist (spatium insensibile) wäre nichts ausser mir sondern blos die Form der reinen Anschauung der äußeren Gegenstande und so weder positiv leer noch positiv voll gar kein ausser mir existirendes Object".

395 Vgl. OP, AA 21: 217.08–12.

396 OP, AA 21: 217.09 f.

397 Vgl. OP, AA 21: 227.27–29: „Der leere Raum ist kein Object möglich Erfahrung. Wenn er das letztere ist so ist er von Materie eingenommen und zwar in allen seinen Theilen".

398 Vgl. OP, AA 21: 564.02 f.

ums bewegender Kräfte bezieht: „Der Raum selbst als Gegenstand möglicher Erfahrung vorgestellt ist der Elementarstoff".[399]

Dadurch, das der überall verbreitete Stoff den Raum selbst zu einem der Möglichkeit nach sensiblen Raum macht, wird jeder Punkt innerhalb des derart realisierten Raumes zu einem Ort möglicher Gegenstände der Erfahrung, womit auch die denkbar kleinsten Objekte gemeint sind.[400] Daraus, dass innerhalb des leeren Raumes keine Objekte zur Möglichkeit der Erfahrung angetroffen werden können, und der Raum selbst in allen seinen Dimensionen nur durch seine Erfüllung wahrgenommen werden kann,[401] resultiert für Kant, „daß er vorausgesetzt werden muß um jeder Materie ihre Stelle im Raume zu bestimmen".[402]

---

399 OP, AA 21: 228.24 f.; an anderer Stelle spricht Kant von dem „durch wechselseitige Anziehung und Abstoßung sich selbst begrenzenden allerfüllenden Raum den man den allverbreiteten Wärmestoff nennen mag" (OP, AA 21: 233.06–08).

400 Vgl. OP, AA 21: 550.28–551.04: „Es muß erst Raum erfüllende sich selbst durch agitirende Kräfte (durch Anziehung u. Abstoßung) unabläßig bewegende Materie seyn ehe jedem Partikel sein Ort im Raum bestimt werden kann. Dies ist die basis jeder Materie als Gegenstandes möglicher Erfahrung. Denn diese macht zuerst Erfahrung moglich. Dieser Raum kann nicht durch Körper erfüllet werden wenn sie nicht vorher einen sensibelen Raum aus selbstthätigkeit erfüllet hat. Denn der Raum muß erst Erfahrungsobject seyn sonst kann ihm [dem Partikel oder dem Körper, vjr] keine Stelle angewiesen werden".

401 Vgl. OP, AA 21: 224.14–20: „Wärmestoff ist der perceptibele Raum von allen andern Eigenschaften entblößt wenigstens in Gedanken als Princip der Möglichkeit der Erfahrung aller Dimensionen desselben das Gegenstück vom leeren Raum da im Raum alles Ortbewegbar ist nur der Raum selbst nicht, da kein Raum als leerer Raum Gegenstand der Erfahrung ist so ist jene Materie durch das gantze Weltgebäude ausgebreitet u. seine Existenz nothwendig nämlich relativ auf Gegenstande der Sinne".

402 OP, AA 21: 228.18 f.; vgl. ferner erneut OP, AA 21: 550.28–551.04 wie auch OP, AA 21: 564.15–21: „Zuerst muß eine Materie seyn welche alle Körper durchdringend ist weil dieser Korper erstlich einen Platz haben muß der ein Gegenstand moglicher Erfahrung ist und in welchen die Körper Theile eintreten Diese Materie (der Wärmestoff) muß alldurchdringend seyn weil in ihm und seiner Expansion gerade das ist was durch Einnehmung des Raumes diesen zum Gegenstande mögl. Erfahr. macht." An anderer Stelle begründet Kant die Unsperrbarkeit des Weltstoffs und mithin dessen Alldurchdringung dadurch, dass der Grund der Sperrbarkeit aller Materie(n) nicht in einer Sache liegen kann, die selbst sperrbar ist, und mithin selbst nach einer Begründung dieser ihrer Eigenschaft verlangt (vgl. OP, AA 21: 232.03–07). Hier ist es jedoch die Funktion des Weltstoffs, den Raum selbst zum Gegenstand möglicher Wahrnehmung zu machen, aus der heraus Kant dessen Eigenschaft der Alldurchdringung begründet. Jeder Körper als Wahrnehmungsgegenstand bedarf eines Platzes in einem Wahrnehmungsraum. Dieser wird aber erst durch die Erfüllung mit einer Materie überhaupt zu einem solchen realen Raum. Also müssen alle Stellen dieses Raums erfüllt angenommen werden; auch die Stellen, an denen sich Körper befinden. Die Körper sind also an einem Ort des Raumes befindlich, der nur aufgrund der Tatsache, dass bereits der Weltstoff an dieser Stelle des Raumes anwesend ist, zu einem transzendental plausiblen Ort eines ebensolchen Raumes wird. Aus diesem notwendigen Zugleichsein am selben Ort, leitet Kant die Eigenschaft der

Durch seine Funktion, dem Raum der einen möglichen Erfahrung in seiner Gesamtheit empirische Realität zu verleihen, wird der Weltstoff in seiner Rolle als transzendentales Prinzip zunehmend aufgewertet. Dies spiegeln die Bezeichnungen wider, die Kant ab dem Bogen „Übergang 2" für den Weltstoff verwendet.[403]

Der Weltstoff macht den Raum erfahrbar, indem er die ursprüngliche Grundlage der Erfahrbarkeit bewegender Kräfte im Raum darstellt. Als solche wahrnehmbar sind jedoch nicht die primitiven Bewegkräfte des einen Weltstoffes, sondern nur die abgeleiteten Bewegkräfte körperlicher Materie(n), welche die bewegenden Kräfte an die Rezeptivität des empfindenden Subjekts übermitteln. Neben Kants Differenzierung bewegender Kräfte in ursprüngliche/primitive und abgeleitete/derivative Kräfte,[404] wird den so Unterschiedenen zusätzlich eine jeweils eigene Art der Bewegung beigelegt. So ist das „Bewegliche in so fern es nur durch die Bewegung eines anderen bewegend ist, [...] mechanisch//: in so fern es aber uranfänglich durch seine eigene Kraft bewegend ist, [...] dynamisch bewegt".[405] Die eine Materie, die den einen Raum möglicher Erfahrung durch seine kontinuierliche Erfüllung perzeptibel macht, ihn als wahrnehmbaren, dreidimensionalen Raum „bezeichnet"[406] und „in Substanz" begründet,[407] ist der Inbegriff und das Totum aller primitiven Bewegkräfte und als solches ein „für sich bestehender Stoff [...] dessen Bewegung nicht mechanisch sondern rein dynamisch ist".[408] Er ist alleiniger Grund jeglicher Wahrnehmung, die eine Wirkung bewegender Kräfte auf die Rezeptivität des Subjekts ist, und mithin Grund der Erfahrung selbst. Jegliche Weitergabe von Bewegung und somit alles Mechanische beruht auf der notwendig vorausgesetzten elementaren Dynamik.

Der solcherart als Basis aller Wahrnehmung durch Bewegung bestimmte Stoff ist kontinuierlich im Raum verbreitet. Diese durchgängige raumerfüllende Gegenwart des stofflichen Erfahrungsprinzips lässt weder Lücken im Sinne von

---

Durchgängigkeit des Äthers für alle anderen Materien ab. Besonders an dieser Stelle werden die Veränderungen, die Kant im Nachlasswerk bezogen auf seine Theorie der Materie vornimmt, erkennbar. Der Begriff einer Materie überhaupt „welche alle Körper durchdringend ist" (OP, AA 21: 564.16) stellt aus dem Blickwinkel der KrV und der MAN einen völlig neuen Gedanken dar, der die Begriffe von Materie und Raumerfüllung sowohl der MoPh (Prop. VIII) als auch der MAN (Dynamik, Lehrsätze 1–3 sowie Erklärung 4 und dazu gehörige Anmerkungen 1 und 2) sprengt.

403 Vgl. nochmals OP, AA 21: 224.04–06 ; OP, AA 21: 225.16–18 ; OP, AA 21: 551.05f. ; OP, AA 21: 547.22f.

404 Vgl. OP, AA 21: 226.26f.

405 OP, AA 21: 227.10–12.

406 OP, AA 21: 231.13.

407 OP, AA 21: 578.24.

408 OP, AA 21: 228.05f.

leeren Teilen des Raumes zu, noch duldet sie Unterschiede der Erfüllung des Raumes im Sinne von graduellen Differenzen der Dichte. Die Allgegenwart des elementaren Weltstoffes entspricht in modernen Termini seiner Homogenität und Isotropie.[409] Der stoffliche Grund von Erfahrung überhaupt ist „allerwärts gleichförmig und einzig seiner Art“, und kann zudem (denn „gleichförmig“ könnte ebenso gut auf seine Bewegung bezogen sein) „an keinem Ort weder vermehrt noch vermindert werden“.[410]

Die kontinuierliche Erfüllung des Raumes wird von Kant in „Übergang 1–14“ auch in die Überlegungen zu einer im 18. Jahrhundert kontrovers diskutierten Möglichkeit einer Kraftfernwirkung (actio in distans) einbezogen, die mit der Newtonschen Theorie der Gravitation zusammenhängt. Kant setzt sich mit dieser Thematik innerhalb des Nachlasswerkes nicht erst in „Übergang 1–14“ auseinander.[411] Der zentralen Prämisse der Beweise einer Existenz des Weltstoffs folgend kann keine Wahrnehmung leere Räume überbrücken.[412] Selbst relativ oder komparativ leere Räume[413] müssen daher mit primitiver Materie erfüllt angenommen werden, die als alleinige Basis der Wahrnehmung bewegender Kräfte fungiert. Kant kann also gegen Ende des mit „Übergang 3“ gekennzeichneten Bogens die folgende Feststellung machen: „Wenn man von der Anziehung durch den leeren Raum spricht so ist das blos Idee.“[414] Nachdem hier bereits von der Anziehung die Rede ist, wird im Folgenden expliziert, um welche mögliche Anziehung es sich handelt:

> Obgleich die Weltattraction (der Gravitation) durch den leeren Raum anzieht so bedeutet das nur so viel als sie zieht Körper ohne Vermittelung einer Zwischen Materie an actio immediata in distans so daß die Zwischenmaterie dazu nichts thut und der Raum wird respective als leer betrachtet.[415]

409 Zum Verhältnis der Kantischen Reflexionen im Nachlasswerk zur modernen Physik vgl. Kötter (1991).

410 OP, AA 21: 228.20 f.

411 Vgl. bspw. OP, AA 21: 400.05 (Oktaventwurf) oder auch OP, AA 21: 203.15 f. (A. Elem. Syst. 1–6). Am häufigsten jedoch geschieht dem Begriff einer *actio in distans* Erwähnung im Kontext der letzten Konvolute des OP (VII und I).

412 Vgl. OP, AA 21: 219.25–27: „Es ist aber kein Überschritt vom Vollen durch das Leere zum Vollen als Erfahrung möglich. Denn das würde eine Warnehmung vom Nichtseyn als einem den Sinnen vorliegenden Object abgeben.“.

413 Vgl. OP, AA 21: 588.12–16: „Aber um diese Erfahrung zu machen ob der Raum leer oder voll sey muß doch immer Materie welche den Raum einnimmt vorausgesetzt werden Also kann ein Raum nur als comparativ leer gedacht werden: denn das Nichtseyn kann nicht wargenommen werden.“.

414 OP, AA 21: 228.22 f.

415 OP, AA 21: 228.28–32.

Dass Kant hier von einer Art Untätigkeit der Zwischenmaterie, bzw. einer Kraftfernwirkung, die nicht durch diese Materie vermittelt ist, spricht, ist keinesfalls so zu verstehen, dass eine solche Wirkung in die Ferne ohne Materie überhaupt stattfände, ja ohne die Annahme einer solchen auch nur denkbar wäre. Gemeint ist vielmehr nur die fehlende Beeinflussung der wirkenden Kraft bezogen auf ihre Intensität oder Richtung. Materie überhaupt fungiert nicht als Katalysator oder Verstärker, wohl aber als Medium, Träger oder Basis der Kraftentfaltung in die Ferne. Mithin ist deren Annahme auch zum Verständnis der Theorie der Gravitation für Kant unerlässlich. Die kontinuierliche Erfüllung des Raumes ist damit die maßgebliche Voraussetzung dafür, dass scheinbar leere Räume zu Gegenständen möglicher Wahrnehmung werden; der „wahrnehmbar// leere Zwischenraum“ ist ebenso wie die Gesamtheit des der Möglichkeit nach perzeptiblen Raumes gleichbedeutend mit der Idee des Weltstoffs und daher nur „eine relativ auf unseren Sinn dem Grade nach imperceptibele Materie“.[416]

Die Überlegungen zur lückenlosen Erfüllung des Raumes stehen jedoch nicht nur mit der Problematik einer Kraftentfaltung in die Ferne in direkter Verbindung. Auch bezogen auf die Gewährleistung der objektiven Messbarkeit des Raumes spielt die Raumerfüllung eine wichtige Rolle.

> Das wodurch der Raum überhaupt ein Gegenstand möglicher Erfahrung (des Messens, der Richtung etc.) wird, ist ein allgemein verbreiteter alldurchdringender mit bewegenden Kräften versehener Weltstoff dessen Wirklichkeit blos auf dem Princip der Möglichkeit äußerer Erfahrung beruht und so a priori nach dem Satz der Identität erkannt und bewährt ist; weil ohne diesen Stoff vorauszusetzen ich auch gar keine äußere Erfahrung haben könnte.[417]

Die exakte Vermessbarkeit des Raumes und die Kohärenz der einen allgemeinen Erfahrung ist durch den einen Weltstoff real begründet. Es bedarf der lückenlosen materiellen Realisierung des Raumes, um überhaupt „vom Daseyn des uns Nahen oder Weiten [...] belehrt werden“ zu können.[418] Dies betrifft die Gesamtheit des Raumes möglicher Erfahrung als Voraussetzung der Wahrnehmbarkeit jedes einzelnen; nur die „Basis der Verknüpfung *a priori* aller bewegenden Kräfte der Materie“ durch das Prinzip des Weltstoff im Raum macht es möglich, dass „Einheit

416 OP, AA 21: 229.10 f.

417 OP, AA 21: 229.15–21. Kant selbst bezieht diese Stelle auf folgenden Abschnitt des mit „Übergang 2“ gekennzeichneten Bogens: „Wir können vom Daseyn des uns Nahen oder Weiten nicht belehrt werden ohne eine Erfüllung des zwischen beyden Puncten liegenden Raumes vorauszusetzen wir mögen nun davon Empfindung haben oder nicht.“ (OP, AA 21: 220.07–09, siehe auch OP, AA 21: 229 App. zu Zeile 8).

418 OP, AA 21: 220.07.

in dem Verhältnisse des Mannigfaltigen derselben in einem Ganzen der Materie gedacht werden könnte".[419]

Ohne die Anwesenheit kontinuierlich verbreiteter bewegender Kräfte der Materie im Raum ist die Möglichkeit einer Erfahrung im Kantischen Sinne negiert. Ohne die Kontinuität des Weltstoffs gäbe es keine räumliche Einheit und mithin keine durchgängige Gesetzmäßigkeit der einen Erfahrung.

Materie überhaupt ist die Gesamtheit bewegender Kräfte, die der eine Raum notwendig in sich begreift.[420] Wenn sie daher als eine Möglichkeit, das materiale Objekt der Naturwissenschaft aufzufassen, bezeichnet wird,[421] so ist dieses Objekt nicht Objekt einer direkten Erfahrung, sondern Materie so verstanden ist, wie auch der eine Raum, den sie realisiert,[422] das mit transzendentaler Notwendigkeit geschlossene „Object (der Möglichkeit) der Erfahrung".[423] Auch wenn dieser Inbegriff des Materiellen oder der Weltstoff nur ein „Gedankending (ens rationis)" darstellt,[424] ist er nicht bloß problematisch oder hypothetisch, d. h. beliebig. Als ein notwendiger und nicht anschaulicher Begriff der Vernunft entspricht die „Idee vom Wärmestoff"[425] der Definition einer solchen.[426] Dessen Existenz ist für Kant in „Übergang 1–14" jedoch im deutlichen Unterschied zur Bestimmung eines Vernunftbegriffs im Zusammenhang des Druckwerkes beweisfähig. Diese Beweisfähigkeit leitet sich aus der Art der Notwendigkeit ab, mit der die Existenz des Weltstoffs behauptet wird. Im Falle einer Vernunftidee, wie derjenigen Gottes, ist

419 OP, AA 21: 229.28–30.

420 Vgl. OP, AA 21: 231.08–11: „Der Raum selbst als allgemeiner Inbegrif der bewegenden Kräfte der Materie ist Object (der Möglichkeit) der Erfahrung weil er nicht leer seyn kann sondern in sich selbst in Allen Puncten desselben jeder an seinem Ort bewegt u. bewegend seyn muß."

421 Vgl. bspw. OP, AA 21: 209.16 ; OP, AA 21: 215.14 f.

422 Vgl. OP, AA 21: 564.02 f.

423 OP, AA 21: 231.09.

424 OP, AA 21: 231.01, vgl. auch KrV B347: „so ist der Gegenstand eines Begriffs, dem gar keine anzugebende Anschauung correspondirt, = Nichts, d.i. ein Begriff ohne Gegenstand, wie die Noumena [...] (ens rationis)"; wie auch KrV B248: „Leerer Begriff ohne Gegenstand, ens rationis".

425 OP, AA 21: 571.02.

426 Vgl. KrV B383: „Ich verstehe unter der Idee einen nothwendigen Vernunftbegriff, dem kein congruirender Gegenstand in den Sinnen gegeben werden kann" oder Prolegomena §40: „Ideen, worunter ich nothwendige Begriffe verstehe, deren Gegenstand gleichwohl in keiner Erfahrung gegeben werden kann". Die hier vertretene Auffassung, nach der es sich bei dem Begriff des Welt- oder Wärmestoffs um das Unikum einer erfahrungskonstitutiven Idee im Kontext der Kantischen theoretischen Philosophie handelt, wird besonders OP, AA 21: 571.01–05 deutlich: „Der Übergang der metaph. Anf. Gr. der NW. zur Physik geschieht eben durch die Idee vom Wärmestoff welcher darum kein blos hypothetischer sondern der allein alle Körper in allen Räumen Erfahrungsmäßig leitende und continuirlich verbreitete in Einer Erfahrung zusammenhängende Stoff seyn muß" deren Notwendigkeit in der Natur der Vernunft selbst begründet,[427] die nach dem Unbedingten, d. h. der „Totalität der Bedingungen zu einem gegebenen Bedingten“ sucht.[428] Der Versuch, die Existenz dieses Unbedingten zu beweisen, führt jedoch unvermeidlich in einen Widerstreit der Vernunft mit sich selbst. Die Notwendigkeit der Annahme einer real existierenden Materie überhaupt ist hingegen transzendentale Notwendigkeit. Dies daher, weil die materiale Einheit eines Kontinuums bewegender Kräfte konstitutiv für eine Erfahrung im Sinne Kants ist; einer Erfahrung, die für Kant kein Gegenstand des Zweifels ist.

Die transzendentale Notwendigkeit der Materie zur Möglichkeit von Erfahrung als einem einheitlichen und in sich abgeschlossenen absoluten Ganzen resultiert aus der Funktion des Materiekontinuums, den Raum in seiner Gesamtheit zu erfüllen. Erst qua Erfüllung wird der Raum zu einem Gegenstand möglicher Wahrnehmung. Der an sich formale und ideale Raum[429] wird perzeptibel und real und zudem zu einem realen Ort der Gegenwart von Gegenständen möglicher Erfahrung.[430]

Im Gegensatz zum Raum als reine Form der Sinnlichkeit a priori ist erst der erfüllte Raum in seiner Gesamtheit ein Gegenstand der Sinne. Bezogen auf den Raum als reine Form der Anschauung kann Kant zufolge daher gar nicht im eigentlichen Sinne von voll oder leer gesprochen werden. Dies wird in „Übergang 1–14“ dadurch verdeutlicht, dass Kant bezüglich der Raumerfüllung auch die Bezeichnungen „positiv voll“ sowie „positiv leer“ verwendet.[431] Positiv leer als Bestimmung des realisierten, d. h. erfüllten Raums bezeichnet dabei dessen komparatives Leersein. Im qua Erfüllung durch Materie wahrnehmbaren Raum sind auch die als leer wahrgenommenen Räume notwendig mit Materie erfüllt, die jedoch eine „relativ auf unsere Sinne dem Grade nach imperceptibele Materie“ ist.[432] Die transzendentale Notwendigkeit einer Allgegenwart dieser Materie des einen Weltstoffs erlaubt keine Annahme leerer Zwischenräume ohne die Kontinuität der Erfahrung aufzuheben.

---

427 Vgl. KrV B384: „Begriffe der reinen Vernunft [....] sind nicht willkürlich erdichtet, sondern durch die Natur der Vernunft selbst aufgegeben“.

428 KrV B379; vgl. auch KrV AVII.

429 Vgl. OP, AA 21: 550.26 f.: „Der Raum an sich ist bloße Form der Anschauung und nicht ein Object derselben“.

430 Vgl. OP, AA 21: 550.28–551.04.

431 OP, AA 21: 232.23 f.

432 OP, AA 21: 229.10 f.

Das dynamische Kontinuum des einen Weltstoffs ist mit dem perzeptiblen Raum in seiner Gesamtheit gleichzusetzen.[433] Das selbst durch keine andere Materie sperrbare, d.h. in seiner Ausdehnung zu begrenzende Material begrenzt ihn und mithin sich selbst einzig durch die ihm eigenen Bewegkräfte.[434] Dennoch ist dieser perzeptible Raum selbst nicht perzeptibel. Er ist die grundlegende Bedingung der Möglichkeit der Erfahrung aber selbst nicht wahrnehmbar; ein „Sinnenobject [...] ohne doch sowenig wie der Raum selbst in die Sinne sondern nur in Vernunft zu fallen“.[435] Diese scheinbar widersprüchlichen Stellen in „Übergang 1–14“ zeigen ein wesentliches Merkmal des Weltstoffs. Er ist die Grundlage aller möglichen Erfahrung, indem seine ursprünglichen Bewegkräfte alle abgeleiteten Bewegkräfte, die einen Einfluss auf die Sinne des Subjekts haben, begründen. Diese primitiven Kräfte sind aber ebenso wenig wie die absolute Ganzheit des einen Stoffes einer empirischen Anschauung fähig. Im Ganzen betrachtet ist der Weltstoff und in Entsprechung zu diesem der eine perzeptible Raum wie auch die Erfahrung selbst eine Idee.[436] Ein Vernunftbegriff einer Totalität, dem keine entsprechende Anschauung korrespondiert. Dies ist der Grund, warum Kant in „Übergang 1–14“ einen indirekten und subjektiven Beweis seiner Existenz per negationem oppositi führt.[437]

> Die Existentz dieser Materie als Einheit eines absoluten Ganzen, sie mag nun Wärmestoff oder Aether u.s.w. heissen kann nun nicht direct durch Erfahrung beglaubigt werden sondern muß a priori und zwar indirect blos auf die Nothwendigkeit der Zusammenstimmung jener Bedingungen zur Erfahrung überhaupt und der Möglichkeit derselben bewiesen werden[438]

433 Vgl. OP, AA 21: 224.14–17: „Wärmestoff ist der perceptibele Raum von allen andern Eigenschaften entblößt wenigstens in Gedanken als Princip der Möglichkeit der Erfahrung aller Dimensionen desselben das Gegenstück vom leeren Raum“.

434 Vgl. OP, AA 21: 232.03–07: „unsperrbar (incoërcibilis) [...] Dieser Stoff kann sich nur selbst beschränken“.

435 OP, AA 21: 562.09f.

436 Für den Weltstoff vgl. OP, AA 21: 571.02; für die Erfahrung bspw. KrV B384: „das absolute Ganze aller Erscheinungen ist nur eine Idee, denn da wir dergleichen niemals im Bilde entwerfen können, so bleibt es ein Problem ohne alle Auflösung.“ wie auch (jenseits der Grenzen des Entwurfs „Übergang 1–14“) OP, AA 22: 92.24f.: „Erfahrung ist die Idee welche diese durchgängige Zusammenstimmung präsumirt“.

437 Vgl. OP, AA 21: 592.20–22: „Diese Erfahrung selbst ist aber nicht direct und unmittelbar sondern nur indirect vermittelst eines Schlusses (per negationem oppositi)“, wie auch OP, AA 21: 551.27.552.01: „Dieser Beweis ist indirect so daß wen man das Gegenteil annimmt man mit sich selbst in Wiederspruch geräth“.

438 OP, AA 21: 236.21–26.

In „Übergang 1–14" unterscheidet Kant den denkbaren und den spürbaren Raum. Als „etwas denkbares (spatium cogitabile)"[439] entspricht der Raum der reinen Anschauung (subjektiv-formal, deshalb leer, wenn auch nicht positiv, i.S.v. wirklich und mithin komparativ leer). Als „etwas Spürbares"[440] ist er der einzig wahrnehmbare Raum, d.h. der erfüllte Raum (subjektiv-real und positiv voll, damit der Möglichkeit nach auch positiv leer[441]). Da die Wahrnehmung des Raumes dessen Realisierung durch anwesendes Material verlangt, kann Kant hierauf, die Möglichkeit einer Wahrnehmung des bloß denkbaren leeren Raumes negieren.[442] Auf dem zentralen Argument gegen die Möglichkeit leerer Räume basiert auch die im Kontext des Entwurfs „Übergang 1–14" immer wieder explizierte Ablehnung des Atomismus als „grundloses System".[443] Kant fasst diese Ablehnung in der Feststellung zusammen, dass aus „jenen zwey angeblichen Elementen, dem perceptibelen und imperceptibelen (*absolute tali*) [...] also eine Welt nicht gezimmert werden" kann.[444] Angebliche Elemente sind die genannten deshalb, weil sie nur zwei verschiedene Weisen der Vorstellung,[445] nicht aber zwei reale Dinge bedeuten. Daher kann durch Heranziehung des reinen Leeren als zweitem Prinzip des Atomismus keine reale Welt (der möglichen Erfahrung) „gezimmert" werden, weil das reine Leere gar nicht möglicher Bestandteil dieser realen Erfahrungswelt sein kann.

Die Differenzierungen, die Kant in „Übergang 1–14" bezogen auf den Begriff des Raumes vornimmt, sind für das Verständnis der transzendentalen Argumentation innerhalb dieses Entwurfs von größter Bedeutung. Ebenso wie Kant an vielen Stellen des Entwurfs seine Bestimmung des Erfahrungsbegriffs reproduziert, nach welcher es nur eine Erfahrung gibt, während die Rede von Erfahrung im

---

439 OP, AA 21: 235.20.

440 OP, AA 21: 235.23.

441 Vgl. OP, AA 21: 232.21–24. Ein erfüllter Raum ist Gegenstand möglicher Wahrnehmung. Da die Erfüllung durch primitive Bewegkräfte des Weltstoffs als solche nicht wahrnehmbar ist, existieren in diesem positiv-vollen Raum auch verhältnismäßig bzw. relativ leere Räume, die als komparativ leer erfahren werden können. Diese können aufgrund ihrer erfahrbaren Realität als positiv-leer bezeichnet werden.

442 Vgl. OP, AA 21: 235.28 f.

443 OP, AA 21: 236.03.

444 OP, AA 21:236.05–07. Zu dieser Formulierung Kants vgl. den Dynamikhauptteil der MAN: „Hieraus allein entspringt nun schon ein großer Vortheil für die Naturwissenschaft, weil ihr dadurch die Last abgenommen wird, aus dem Vollen und Leeren eine Welt blos nach der Phantasie zu zimmern, vielmehr alle Räume voll und doch in verschiednem Maße erfüllt gedacht werden können, wodurch der leere Raum wenigstens seine Nothwendigkeit verliert und auf den Werth einer Hypothese zurückgesetzt wird" (MAN, AA 04: 524)

445 Vgl. nochmals Kants auf den Raum bezogene Unterscheidung von denkbar und spürbar: „Wir stellen uns den Raum so wie jedes Object der Sinnlichkeit auf zwiefache Art vor" (AA 21: 235.19 f.).

Plural nur auf Limitationen dieses einen Erfahrungsganzen bezogen werden kann,[446] muss auch hinsichtlich des Raumes zwischen dem einen Raum möglicher Erfahrung und einzelnen Wahrnehmungsräumen unterschieden werden.

Wenn es im Rahmen der Beweise nicht darum geht, „den Wärmestoff [...] zum hypothetischen Stoffe sondern seine Existenz categorisch geltend“ zu machen, so ist es notwendig, dass „zu diesem Behuf nicht blos ein gewisser Raum sondern der gantze Weltraum zum Gegenstande genommen wird“.[447] Wenn es sich um einen gewissen, eben einen bestimmten Raum als Raum unter vielen Räumen, handelt, so stellt dieser den möglichen Gegenstand einer Wahrnehmung und damit einer empirischen Anschauung dar. Was auf diese Weise erfahrbar ist, kann als ein möglicher Gegenstand einer empirisch-physikalischen Wissenschaft bezeichnet werden. Innerhalb dieses partikulären Bezugsrahmens kann es keine direkte Erfahrung des Weltstoffes geben. Er ist daher für die Physik nichts weiter als ein bloß hypothetisch angenommener Stoff zur Vervollständigung bestimmter Theoriekonzepte. Für die a priori Beweise der Existenz des einen Stoffganzen ist es hingegen erforderlich, von einem partikularen und physikalischen Bezugssystem auf ein totales und transzendentales Bezugssystem überzuwechseln. Erst wenn die Gesamtheit des Erfahrungsraumes, der „gantze Weltraum“[448] und mithin die Möglichkeit einer alles in sich fassenden Erfahrung in Betracht kommen soll, wird das Weltstofftotum transzendental und eben in indirekter Weise beweisfähig. Es geht um den Beweis einer materialen Basis der Gesamterfahrung, den Weltstoff, „welcher“, wie Kant schreibt, „nicht blos ein Elementarsystem sondern auch das Weltsystem der Materie angeht“.[449]

Die Bedeutung der Einheit der Erfahrung für das Projekt eines a priori Beweises des Materieganzen im Kontext des „Übergangs zur Physik“ tritt im Fortgang der Reflexionen Kants innerhalb des Entwurfs „Übergang 1–14“ von Bogen zu Bogen immer deutlicher hervor. Laut Kant ist „Materie wirklich als dasjenige im

---

446 Vgl. bspw. OP, AA 21: 247.05–08: „Es ist objectiv betrachtet nur Eine Erfahrung und wenn subjectiv von Erfahrungen gesprochen wird so sind diese nichts weiter als Theile und gesezlich verknüpfte Aggregate einer synthetisch// allgemeinen Erfahrung“. Hier fällt besonders die starke Ähnlichkeit mit dem A110 explizierten Erfahrungsbegriff der KrV auf: „Es ist nur eine Erfahrung, in welcher alle Wahrnehmungen als im durchgängigen und gesetzmäßigen Zusammenhange vorgestellt werden: eben so wie nur ein Raum und Zeit ist, in welcher alle Formen der Erscheinung und alles Verhältniß des Seins oder Nichtseins statt finden. Wenn man von verschiedenen Erfahrungen spricht, so sind es nur so viel Wahrnehmungen, so fern solche zu einer und derselben allgemeinen Erfahrung gehören.“.

447 OP, AA 21:237.10–14.

448 OP, AA 21: 237.14.

449 OP, AA 21: 237.06f.

Raum was bewegende Kräfte hat"[450] und diese reale Existenz der Materie hat ihren Grund in der Einheit möglicher Erfahrung. Nur „wenn sie zur Möglichkeit dieser Einen Erfahrung zusammenstimmen soll wo kein Raum unerfüllt (leer) seyn kann weil sonst eine Erfahrung von dem statt finden würde was geständlich gar kein Gegenstand möglicher Erfahrung ist",[451] ist die Materie überhaupt mit den Eigenschaften, die Kant ihr zuweist,[452] wirklich im Raum. Ein schlechterdings leerer Raum ist unmöglich. Er wird durch die vorausgesetzte Einheit negiert, die ihrerseits durch den „absolut//leeren Raum" aufgehoben werden würde,[453] da keine Wahrnehmung das Nichtsein erfasst oder überbrückt. Ohne eine „Wirkung auf die Sinne (perceptibel oder imperceptibel)" wird nichts wahrgenommen und damit ist auch die relativ auf unsere Sinnlichkeit nicht perzeptible Materie notwendig im ganzen Raum verbreitet, „obgleich diese Materie keine spührbare Sinnenempfindung dieses Objects wirklich hervorbringt".[454] Es stellt sich nicht die Frage, ob mit Materie als dem Beweglichen im Raum das Kontinuum des Weltstoff oder Äthers gemeint ist, oder ob sich Kant hier auf Materie(n), auf Stoffe und mithin auf physische Körper bezieht, und in dieser Weise die Unerlässlichkeit empirischer Wahrnehmung im Erkenntnisprozess thematisiert. Dass dies nicht der Fall sein kann, lässt sich daran nachweisen, dass Kant von einer sowohl perzeptiblen wie auch einer imperzeptiblen Beeinflussung unserer Sinnlichkeit durch eben diese zuvor genannte Materie spricht. Mit letztgenannter nicht spürbarer Einwirkung kann keine direkte Erfahrung, keine physische Berührung gemeint sein. Die Materie überhaupt erfüllt auch scheinbar Unerfülltes als Gegenstand einer indirekten Erfahrung. Alles ist durch das kontinuierlich verbreitete „All der Materie" Gegenstand möglicher Erfahrung,[455] mithin auch das augenscheinlich Leere. Wären hingegen absolut leere Räume Bestandteile unseres Erfahrungszusammenhanges, so wäre dieser aufgehoben, denn das schlechterdings „Leere hindert den Zusammenhang u. die continuität".[456]

Damit die Einheit der Erfahrung durch einen durchgängig wahrnehmbaren Raum gewährleistet ist, bedarf es nicht allein der materiellen Realisierung dieses Raumes durch bloße Anwesenheit einer Materie. Diese Materie muss dasjenige sein, was ursprünglich bewegende Kraft hat und dies nicht nur, weil auf ihren Bewegungen alles „mechanisch//bewegende und das Vermögen der Bewegung

450 OP, AA 21: 535.10 f
451 OP, AA 21: 535.12–15.
452 Vgl. OP, AA 21: 231.28–232.11.
453 OP, AA 21: 535.22.
454 OP, AA 21: 535.15 f.
455 OP, AA 21: 210.01 ; OP, AA 21: 241.16 f. ; OP, AA 21: 592.13.
456 OP, AA 21: 537.23.

durch dasselbe" beruht,[457] sondern auch, um die reale Fundierung des Erfahrungssganzen leisten zu können, ist es unerlässlich, das Weltstoffkontinuum als bewegt aufzufassen: „Materie", so Kant, „muß auch im beständigen Act ihrer Bewegung begriffen seyn".[458] Ist das raumerfüllende Plenum bewegungslos, so ist der Raum „dynamisch leer" und somit kein Erfahrungs- bzw. Wahrnehmungsraum.[459] Diese transzendentale Notwendigkeit bewegender Kräfte hat einen entscheidenden Einfluss auf Kants neuen Materiebegriff in „Übergang 1–14". Die formlose, nicht sperrbare, unwägbare und nicht körperlich zusammenhängende Materie ist prinzipiell und unaufhörlich bewegt.

> Der Elementarstoff in strikter Bedeutung des Worts enthält den Begriff eines activen Princips der inneren Bewegung der Materie durch Anziehung und Abstoßung d.i. als agitirend vermittelst deren der Raum durch Bewegung erfüllt wird.[460]

Die Formulierung „durch Bewegung erfüllt" kann hier als Pendant des zuvor eingeführten „dynamisch leer" angesehen werden. Transzendentale und metaphysische Dynamik der Materie[461] sind wechselseitig aufeinander bezogen. Nur aufgrund ihrer Dynamik kann die Materie, unspürbar bewegt oder als physischer Körper spürbar bewegt, die Sinnlichkeit affizieren und mithin Raum und Zeit als reale Einheiten aktualisieren.[462] Nicht nur im Hinblick auf die Mechanik, sondern

---

457 OP, AA 21: 214.9–11; Kant folgend sind, wie es an anderer Stelle heißt, „die bewegende Kräfte in so fern einander untergeordnet [...] als eine die Maschine der Bewegung der anderen ist"; dieser Subalternierungszusammenhang macht eine „primitiv//bewegende Materie [...] welche uranfänglich und beharrlich bewegend ist" (OP, AA 21: 536.05–09) zu einer notwendigen Annahme.

458 OP, AA 21: 535.22f.

459 OP, AA 21:536.03f.

460 OP, AA 21: 537.03–06, vgl. hierzu auch OP, AA 21: 53917f.: „Begriffe der Materie als eines agitirenden Stoffs".

461 Vgl. Tuschling (1971).

462 Das materiale Objekt der Wissenschaft der Natur als entweder Materie überhaupt (formlos) oder Körper (vgl. OP, AA 21: 209.14–16 ; OP, AA 21: 215.14f) ist etwas, das die reinen Formen der menschlichen Sinnlichkeit Raum und Zeit „für die Sinne kennbar" (OP, AA 21: 217.09), d.h. zu wirklich erfahrbaren Einheiten macht. „Es muß" so Kant auf dem mit „Übergang 7" bezeichneten Bogen des Entwurfs, „in allen Stellen des Raumes und der Zeit ein Object moglicher Erfahrung folglich auch bewegende Kräfte seyn das durch kein anderes Object der Sinne verdrängt und unwirksam gemacht wird [...] Denn wenn von dem Gegenstande im Raum zu mir nicht eine Empfindung als Wirkung der bewegenden Kraft von dem Puncte aus auf meinen Sinn gar nicht wirkte so würde ich von seiner Anwesenheit gar nicht benachrichtigt werden" (OP, AA 21: 537.24–31); die hier genannte „Anwesenheit", von der ich bei Vorauszusetzender dynamischer Erfüllung des Raumes „benachrichtigt" werde, kann sowohl auf bestimmte Objekte im Raum, wie auch auf den Raum selbst bezogen werden.

in grundlegender Weise auch zur Möglichkeit der Erfahrung muss Materie als das Bewegliche im Raum angesehen werden.[463]

Transzendentale Dynamik als indirekte Erfahrung

Als unspürbar bewegte Gesamtheit der raumerfüllenden materiellen Kräfte ist der Weltstoff kein Gegenstand direkter Erfahrung oder empirischer Wahrnehmung. Kant verwendet für die mögliche Erfahrung der Existenz des Materiekontinuums den Begriff „indirecte (gefolgerte) Erfahrungen".[464] Die gefolgerte Erfahrung ist durch nichts Empirisches, sondern allein durch die Möglichkeit der Empirie überhaupt bewährt. Wir schließen notwendig auf einen Sachverhalt, der eine selbst unabdingbar notwendige Annahme zur Ermöglichung jedweder direkten Erfahrung/Wahrnehmung darstellt.

Nur eine Erfahrung als durchgängig nach Gesetzen bestimmter, absolut einheitlicher und schlechterdings kohärenter Gesamtzusammenhang ergibt aus sich heraus die Notwendigkeit, einen Weltstoff als existierend zu setzen, der die auf dem Bogen „Übergang 4" erstmals systematisch vorgestellten Eigenschaften in sich vereinigt.[465] Die so gedachte Erfahrung verklausuliert die Möglichkeit des Ätherbeweises. Laut Kant muss „die Existenz bewegender Kräfte der Materie welche den gantzen Weltraum erfüllen vorausgesetzt werden wenn auch nur Ein Gantze derselben [der einen und einzigen möglichen Erfahrung] angenommen wird".[466] Nur als ein Gegenstand, dessen Existenz und objektive Realität mit Notwendigkeit aus der Möglichkeit einer absolut einheitlichen und gesetzmäßig zusammenhängenden Erfahrung gefolgert wird, ist der Weltstoff des Entwurfs „Übergang 1–14" ein „Object moglicher Erfahrung",[467] ein „Gegenstand möglicher

463 Vgl. MAN, AA 04: 480, wie auch OP, AA 21: 535.21 f.: „Alle Räume sind also mit einem Beweglichen in denselben (Materie) erfüllt".

464 OP, AA 21: 536.17 f.

465 Vgl. OP, AA 21: 231.28–232.12.

466 OP, AA 21: 535.17–19; hier ließe sich einwenden, dass sich „derselben" in obigem Zitat auch auf die bewegenden Kräfte und nicht auf die, weiter oben im Text genannte „Möglichkeit dieser Einen Erfahrung" beziehe. Dies erscheint jedoch eher abwegig. Eine begrenzte Einheit bewegender Kräfte in einer Wahrnehmung ist denkbar, auch wenn man nicht den spezifisch Kantischen Begriff von Erfahrung als absoluter Zusammenhang gelten läßt, m.a.W. „ein Gantze" bewegender Kräfte der Materie (bspw. in einem bestimmten, wahrnehmbaren Teil des Raumes), führt nicht notwendig auf ein den ganzen (Welt-/Erfahrungs-)Raum ausfüllenden Zusammenhang derartiger Kräfte. Zudem verweist auch das von Kant in den ersten beiden Absätzen des Bogens „Übergang 7" verwendete „wenn" auf den Bezug beider Stellen aufeinander: „wenn sie zur Möglichkeit dieser Einen Erfahrung zusammenstimmen soll" (OP, AA 21: 535.12) ist Materie wirklich, und „wenn auch nur ein Gantze derselben angenommen wird" ist Erfahrung nur auf Basis eines Kontinuums bewegender Kräfte möglich.

467 OP, AA 21: 537.24 f.

Erfahrung“,[468] oder „eine Erfahrungssache“.[469] Er ist in dieser Hinsicht kein einzelnes, besonderes, sondern das eine und einzige Objekt, der eine Gegenstand und die eine Erfahrungssache überhaupt: „Alle Erfahrungen aber sind unter einander verknüpft und das Object derselben macht die Materie aus, ist also ein Object aller vereinigten moglichen Erfahrung“.[470] Dieser eine Weltstoff, der deren Ganzes bildet, ist somit, wie Kant auf dem Bogen „Übergang 7“ ausführt, ein

> in der Erfahrung gegebener (imperceptibeler) Grundstoff der [...] in der Erfahrung (obzwar nur indirect d.i. mittelbar) bewährt ist: und zwar a priori nach dem Princip der Identität eines Erfahrungs//Begriffs als eines solchen mit der Voraussetzung der Bedingung verbunden ohne welche keine Erfahrung über ein gewisses Object statt fände.[471]

Dass Begriffe a priori, die Erfahrung überhaupt möglich machen, den Beweisgrund für den Weltstoff an die Hand geben, erhellt auch aus jenen Stellen, an denen Kant, wie erstmals auf dem mit „Übergang 5“ gekennzeichneten Bogen,[472] die Einzigkeit eines a priori Existenzbeweises aus Begriffen zum Zwecke der Rechtfertigung dieses Vorhabens herausstellt.[473] Ein solches Vorhaben kann nur in diesem einen Fall als zulässig gerechtfertigt werden; dann nämlich, „wenn die subjective Möglichkeit eine Erfahrung zu machen [...] zugleich der Grund des Erfahrungssatzes selbst ist“.[474] Mit Erfahrungssatz ist hier die Behauptung der Existenz des Weltstoffes gemeint.

Der Weltstoff, der selbst ein „System activer Verhältnisse“[475] ist, begründet nach Kants Auffassung in „Übergang 1–14“ zum einen die systematische und damit wissenschaftliche Naturlehre. Auch die Erfahrung stellt als durch Gesetze verknüpfte, kontinuierliche Gesamtheit mit Empfindung verbundener Vorstellungen unter einem Prinzip ein System dar. Die Metaphysik der Natur ist in der transzendentalen Dynamik aufgehoben, denn das „Princip der Möglichkeit der Erfahrung des Systems der bewegenden Kräfte“[476] ist zugleich Prinzip möglicher

468 OP, AA 21: 246.23 f.
469 OP, AA 21: 233.14.
470 OP, AA 21: 538.20–22.
471 OP, AA 21: 537.14–20.
472 Vgl. OP, AA 21: 241.13 f.: „Dieser Beweis der Existenz einer Materie durch Begriffe a priori ist so wie diese die absolute Einheit eines Ganzen betrifft auch nur der Einzige seiner Art in der Beweisführung durch bloße Begriffe: die auf kein anderes Object anwendbar ist. Die logische Einheit die auf das Allgemeine geht wird hier mit der realen identificirt die aufs All der Materie geht“.
473 Vgl. OP, AA 21: 538.12: „Dieser in seiner Art einzige Fall“, wie auch OP, AA 21: 540.21 f.: „eine Beweisart, die in ihrer Art einzig ist wie das behandelte Object es gleichfalls ist“.
474 OP, AA 21: 538.12–15.
475 OP, AA 21: 545.03 f.
476 OP, AA 21: 216.05 f.

äußerer Erfahrung[477] und „Prinzip möglicher Erfahrung“ überhaupt.[478] Der Weltstoff systematisiert die synthetisch allgemeine Erfahrung, die das gegebene Mannigfaltige der Anschauung in ihrer Einheit befasst,[479] überhaupt a priori:

> Das Princip welches zur Basis der Verbindung aller bewegenden Kräfte der Materie in dem Gantzen aller moglichen Erfahrung dient ist die Annahme eines durch den Weltraum einformig verbreiteten und alle Körper inniglich durchdringenden Stoffs welchem dieser Stoff zur Basis dient denn dadurch allein sind die bewegende Kräfte vermögend ein System d.i. objectiv ein solches Gantze zu gründen welches subjectiv zur Moglichkeit Einer synthetisch allgemeinen Erfahrung zusammen stimt u. zwar a priori als ein solches gegeben werden kann (nämlich der Form nach) weil nur in ihm alle agitirende Krafte zur Einheit des Ganzen zu Einer Erfahrung nicht aus gesammelten Warnehmungen sondern dem formalen Princip der analytischen Einheit dieser wechselseitig und durchgängig unter einander zusammen stimmen welches ohne eine solche Materie und eine solche Bewegung derselben nicht möglich wäre.[480]

Gerade an den Stellen des Entwurfs „Übergang 1 – 14“, an denen Kant den Aspekt der durch den Weltstoff begründeten Systematizität besonders hervorhebt, rückt die Annahme der Existenz eines Weltstoffs zumindest dem Anschein nach in eine problematische Nähe zu subjektiv-regulativen Annahmen oder Maximen, wie sie im naturteleologischen Teil der Kritik der Urteilskraft begegnen. Dies zeigt sich nicht zuletzt an jenen Stellen des Entwurfs „Übergang 1 – 14“, an denen Kant von einem subjektiven Prinzip spricht.

> Das Denken eines Elementarsystems der bewegenden Kräfte der Materie (cogitatio) geht nothwendig vor der Warnehmung derselben (perceptio) voraus und ist als subjectives Princip der Verbindung dieser Elementartheile derselben in einem Ganzen a priori durch die Vernunft im Subject gegebe.[481]

Innerhalb der publizierten Einleitung in die KU stellt Kant fest, dass auch der „transscendentale Begriff einer Zweckmäßigkeit der Natur [...] weil er gar nichts dem Objecte (der Natur) beilegt“ und einzig die Art bezeichnet, wie „in der Reflexion über die Gegenstände der Natur in Absicht auf eine durchgängig zusammenhängende Erfahrung verfahren“ werden muss, nur „ein subjectives Princip (Maxime) der Urtheilskraft“ darstellt.[482]

---

477 Vgl. bspw. OP, AA 21: 228.15 f. ; OP, AA 21: 592.23 f.
478 OP, AA 21: 223.23 f.
479 Zum Begriff synthetischer Allgemeinheit vgl. in „Übergang 1 – 14“ OP, AA 21: 247.13 – 15 ; OP, AA 21: 237.18 f.
480 OP, AA 21: 540.24 – 541.10.
481 OP, AA 21: 552.18 – 22
482 KU, AA 05: 184.

Diese Erklärung findet sich auch in den §§75[483] und 78[484]. Angesichts dessen könnte man der Auffassung sein, subjektive Grundsätze oder Prinzipien seien als solche in toto als bloß regulativ zu klassifizieren. Dies ist jedoch keineswegs der Fall. Subjektive Prinzipien begründen in einer Welt als Erscheinung die Objektivität als solche. Es ist daher falsch, von der zuvor zitierten Bezeichnung des Systems bewegender Kräfte als „subjektives Princip der Verbindung [...] in einem Ganzen“[485] auf die bloß regulative Natur dieser Systemkonzeption zu schließen. Subjektive Prinzipien sind nicht per se mit regulativen gleichzusetzen.[486]

Obige Formulierung ist jedoch nicht die einzige in „Übergang 1– 14“, die den Weltstoff mit rein regulativ fungierenden heuristischen Mitteln in Verbindung zu bringen scheint. An einer anderen Stelle des Bogens „Übergang 8“ heißt es:

> Die Existenz eines Elementarstoffs [...] kann also wofern es irgend auf eine Art möglich ist nur indirect das **subjective** Princip der Möglichkeit der Erfahrung statt des objectiven der Erfahrung selbst zum Grunde legend beweisführend seyn nämlich das Vermögen überhaupt über diesen Gegenstand Erfahrung zu haben zum Beweisgrunde aufzustellen und aus diesem ihren Begriffe vom **Object** ableiten und a priori durch Vernunft die Bedingungen der Möglichkeit der Erkentnis desselben der Wirklichkeit des Objects (unter jenen Bestimmungen desselben) darstellen. – Nicht synthetisch durch ein erweiterndes sondern analytisch durch ein erläuterndes Urtheil d.i. nach dem Princip der Identität: welches eigentlich für das Subject in Ansehung der Art dem Gegenstande nachzuforschen und ihn für dasselbe zu bestimmen nicht für das Object und dessen innere Beschaffenheit geeignet ist.[487]

Der erste Teil des Zitates birgt als solcher noch keine Schwierigkeiten. Aufgrund der Unmöglichkeit direkter Beweisführung muss diese indirekt erfolgen. Das objektive Prinzip der Erfahrung selbst würde dann zum Grunde liegen, wenn der Beweis direkt, d. h. empirisch erfolgen könnte und würde.[488] Wie schon im Zuge der vorangegangenen Betrachtungen mehrfach gezeigt, belegt die Möglichkeit

---

483 Vgl. KU, AA 05: 397 f.: „ein subjectiver Grundsatz bloß für die reflectirende Urtheilskraft, mithin eine Maxime derselben, die ihr die Vernunft auferlegt“.

484 Vgl. KU, AA 05: 413: „nur eine Maxime der reflectirenden, nicht der bestimmenden Urtheilskraft ist, daher nur subjectiv für uns, nicht objectiv für die Möglichkeit dieser Art Dinge selbst gilt“.

485 OP, AA 21: 552.20 f.

486 Vgl. hierzu aus dem Zusammenhang des Nachlasswerkes bspw. die folgenden Stellen: OP, AA 22: 240.25 – 30 ; OP, AA 22: 241.14 – 19.

487 OP, AA 21: 548.14 – 549.11.

488 Vgl. nochmals OP, AA 21: 226.02 – 04: „Diese indirecte Beweisart nicht objectiv aus Erfahrung (empirisch) sondern aus dem Princip der Möglichkeit der Erfahrung überhaupt (a priori) folglich subjectiv Beweis zu führen“.

überhaupt eine Erfahrung zu haben[489] die Möglichkeit, den Stoff, der die erstgenannte Möglichkeit begründet, als notwendig wirklich existierend zu erkennen; eine Erkenntnis, an welche sich die behauptete transzendentale Beweisbarkeit anschließt.

Problematisch ist jedoch der Satzteil, dem zufolge eines der im Text genannten Prinzipien „für das Subject in Ansehung der Art dem Gegenstande nachzuforschen und ihn für dasselbe zu bestimmen nicht für das Object und dessen innere Beschaffenheit geeignet ist“.[490] Genau diese Bestimmung findet sich in der KU für die lediglich regulative Annahme bestimmter Dinge als Naturzwecke.[491] Letztere ist eine bloß subjektive Interpretationshilfe für den Menschen. der sich mit der Natur befasst und hierbei auf Phänomene stößt, welche nur unter Zugrundelegung der angenommenen Zweckmäßigkeit der Natur sinnvoll gedeutet werden können. Die Existenz von Dingen als Naturzwecken ist hierdurch aber in keiner Weise belegt. Der Interpret der Natur kann diese bestimmten Gegenstände (Pflanzen und Tiere) jedoch nicht anders auffassen als in Analogie zu den ihm bekannten Produkten einer zwecksetzenden Rationalität.

Auch wenn der Satzteil, der eine Definition beinhaltet, die in der KU für regulative Maximen der (reflektierenden) Urteilskraft verwendet wird, sich auf den Weltstoff bezieht, kann dieser meines Erachtens nicht als Beleg dafür herhalten, dessen Annahme zu einer rein regulativen abzuwerten. Dies zeigt das dem Satzteil vorgeschaltete „eigentlich“. Eigentlich, oder an sich hätte man es hier mit einem regulativen Prinzip zu tun – nicht aber in diesem einen speziellen Fall. Genauso

---

489 Kant spricht in obigem Blockzitat von dem „Vermögen überhaupt über diesen Gegenstand Erfahrung zu haben“; obwohl dies zunächst nahelegt, dass es sich hierbei um eine bestimmte Gegenstandserfahrung handelt, ist davon auszugehen, dass dieser Einschub ganz im Sinne der bisherigen Kantischen Argumentation und damit entweder als indirekte Erfahrung des einen Stoffes zur Möglichkeit der Erfahrung, oder aber mit der Bedeutung „durch diesen Gegenstand“ bzw. „vermittelt über diesen Gegenstand“ verstanden werden muss. Nur durch und vermittelt über den einen materiellen Gegenstand oder eben das „Object (der Möglichkeit) der Erfahrung“ (OP, AA 21: 231.09) können unsere formalen konstitutiven Erfahrungsbedingungen ihre Funktion erfüllen.

490 OP, AA 21: 549.08–12

491 So sind laut der Einleitung in die KU Abschnitt V die „Maximen der Urtheilskraft“ solche Regeln, „die der Nachforschung der Natur *a priori* zum Grunde gelegt werden“ (KU, AA 05: 182); als, wie Kant weiter schreibt „Leitfaden für eine [...] anzustellende Erfahrung“ (KU, AA 05: 185) bzw. als „ein heuristisches Princip [...], den besondern Gesetzen der Natur nachzuforschen“ (KU, AA 05: 411). Sie sind rein regulative transzendentale Prinzipien und mithin nicht in der Lage, das Objekt zu bestimmen, sondern allein bezogen auf die subjektive Reflexion auf dieses Objekt gesetzgebend tätig zu sein (siehe hierzu auch den Abschnitt, in welchem Kant die Autonomie und die Heautonomie der Urteilskraft einander gegenüberstellt; KU, AA 05: 185 f.); ferner KU §78: „nur eine Maxime der reflectirenden, nicht der bestimmenden Urtheilskraft [...] daher nur subjectiv für uns, nicht objectiv für die Möglichkeit dieser Art Dinge selbst“ (KU, AA 05: 413).

wie eigentlich keine Existenzbehauptung als Schlussfolgerung eines Beweises auf Basis bloßer Begriffe erfolgen kann, wäre der Begriff eines solchen Objekts, dessen Annahme die Forderung nach Systematizität[492] des Kantischen Erfahrungsbegriffs einlöst, eigentlich ein rein regulatives Instrument (wie es die Maxime einer Naturzweckmäßigkeit ist, die den Kantischen Anspruch nach durchgängiger Gesetzmäßigkeit der Erfahrung einzulösen sucht). Dies gilt aber beides nicht im Falle der einigen materialen Grundlage der Erfahrung überhaupt. Sie ist als einziger Gegenstand in der genannten Weise beweisfähig,[493] was ihre Existenz anbelangt und erschöpft sich nicht in einer nur regulativen Funktion.

Während Kant hier durch die Einschaltung des relativierenden „eigentlich" den Sonderstatus der Annahme des materialen Prinzips der Einheit der Erfahrung betont, findet sich auf dem Bogen „Übergang 8" eine Textstelle, die dieses Prinzip in der Tat zur Gänze auf einen regulativen und zudem bloß problematischen Begriff reduziert.

> Erfahrungen können nur als Theile einer gesammten nach Einem Princip vereinigten Erfahrung zusammen gedacht werden.
>
> Dieses Princip ist nun subjectiv für den Weltbeschauer (Cosmotheoros): eine Basis aller vereinigten und die Materie des ganzen Weltraums in Bewegung setzenden Krafte in der Idee; beweist aber nicht die Existenz eines solchen Stoffs (als der ist den man den alles durchdringenden und beharrlich bewegenden Wärmestoff nennt): und ist in so fern ein hypothetischer Stoff. Da aber doch die Idee von demselben den Raum selbst zuerst obgleich indirect als etwas Perceptibeles und unbedingt//Ganzes (innerlich bewegtes und äußerlich allgemein bewegendes) vorstellt so ist diese Materie als das erste Bewegende (primum mobile et mouens) subjectiv für die Basis der Theorie von den zu oberst bewegenden Kräften der Materie zum Behuf eines Systems der Erfahrung anzunehmen.[494]

492 Verstanden als absolute Einheit unter einem Prinzip; vgl. hierzu auch OP, AA 21: 553.03–05.
493 Vgl. OP, AA 21: 552.14–17: „daher auch dieser Beweis der einzige seiner Art ist weil die Idee von der distributiven Einheit aller möglichen Erfahrung überhaupt hier mit der collectiven in einen Begriff zusammenfällt". Auch hier wird die in „Übergang 1–14" immer wieder feststellbare apologetische Tendenz der Kantischen Äußerungen deutlich. Was die KrV mit klaren Worten negiert hatte (vgl. KrV B610 f.: „Daß wir aber hernach diese Idee vom Inbegriffe aller Realität hypostasiren, kommt daher: weil wir die distributive Einheit des Erfahrungsgebrauchs des Verstandes in die collective Einheit eines Erfahrungsganzen dialektisch verwandeln und an diesem Ganzen der Erscheinung uns ein einzelnes Ding denken, was alle empirische Realität in sich enthält, welches denn vermittelst der schon gedachten transscendentalen Subreption mit dem Begriffe eines Dinges verwechselt wird, was an der Spitze der Möglichkeit aller Dinge steht, zu deren durchgängiger Bestimmung es die realen Bedingungen hergiebt"; zum Begriff „hypostasieren" bei Kant siehe KrV A384), wird im Nachlasswerk in dem einen Fall des Weltstoffganzen als legitim entschuldigt. Dies kann als Beispiel der unleugbar vorhandenen einander widersprechenden Konzepte im Druckwerk einerseits und den Entwürfen des OP andererseits gelten.
494 OP, AA 21: 553.03–17.

Der Weltbeschauer[495] oder eben der Interpret der Natur, als dem Objekt aller möglichen Erfahrung[496] interpretiert diese als Einheit auf der Basis einer subjektiven Annahme, die als eine Idee (hier ganz im Sinne des Dialektik-Teilstücks der *KrV*) nur eine regulative Aufgabe erfüllt. Die Existenz der Materie überhaupt ist hier problematisch und dieselbe wird in diesem zitierten Kontext nicht allein in Absicht direkter empirischer (physikalischer) Beurteilung, sondern generell zu einem hypothetischen Stoff. Dies alles steht in eklatantem Widerspruch zu der überwiegenden Zahl der Aussagen, die Kant im Entwurf „Übergang 1–14" macht. Kant scheint dennoch auch hier die Intention zu haben, diesen Widerspruch in ähnlicher Weise wie bei dem zuvor betrachteten Textzusammenhang abzuschwächen. Darauf deutet das „Da aber doch" im Zusammenhang der oben zitierten Stelle hin. Doch auch in den hierauf folgenden Sätzen bleibt der Äther, der den Raum als absolute Einheit „vorstellt", eine bloße Annahme des erkennenden Subjekts, die so etwas wie den Zusammenhalt gewährleistenden Schlussstein eines Theoriegebäudes (hypothetischer Stoff) und das (regulative) Prinzip eines Systems darstellt. Hier begegnet somit eine Möglichkeit den Weltstoff zu verstehen, die Kant an anderer Stelle bereits polemisch verworfen hatte: ein bloßes „Einschiebsel der Stoppelung eines Systems".[497]

Kant kommt auf dem Bogen „Übergang 8", auf dem auch die zuletzt zitierten fraglichen Textstellen notiert sind, auf die Ausgangsfrage des ersten Weltstoffbeweises des Bogens „Übergang 2" zurück.[498]

> Ist der Wärmestoff ein blos hypothetischer Stoff um gewisse Erscheinungen in der Natur zu erklären und also ein empirisch bedingtes Erkentnis der Materie und ihrer bewegenden Kräfte oder ist er ein durch die Vernunft a priori gegebenes Erkentnis desselben als zum Übergange von der Metaphysik zur Physik gehörendes Object anzunehmen? oder ist er ein Object dessen Existenz categorisch und a priori erweislich (demonstrabel) ist?[499]

495 Kants im Nachlasswerk verwendete Bezeichnung „Cosmotheoros" ist zugleich Titel des Hauptwerks des Mathematikers und Astronomen Christiaan Huygens.

496 Vgl. KrV A114.

497 OP, AA 21: 216.09 f.

498 Vgl. OP, AA 21: 216.03–10.

499 OP, AA 21: 545.26–546.05; obiges Zitat scheint sogar drei mögliche Alternativen in der Beantwortung der Frage zuzulassen. Neben der Hypothetizität im Sinne der zeitgenössischen Physik und der beweisbaren Existenz, steht die bloße Annahme (problematische Existenz). Sie verbindet mit dem hypothetischen Stoff der Physiker, dass auch in ihrem Falle die Existenz nicht kategorisch behauptet wird und als beweisfähig gilt. Im Gegensatz zum hypothetischen Stoff richtet sich aber auch die Annahme nicht allein darauf „gewisse Erscheinungen in der Natur zu erklären", sondern bedingt den gesetzlichen Zusammenhang aller Erscheinungen in der Natur unter einem Prinzip.

Diese Rückbesinnung auf die ursprüngliche Frage, welchen Realitätsstatus die Hypothese[500] eines allverbreiteten Grundlagenmaterials behauptet, bedingt auch eine neuerliche Auseinandersetzung Kants mit den denkbaren Antworten auf dieselbe; Eine Beschäftigung, aus welcher heraus die vorgestellten widersprüchlichen Textabschnitte erwachsen: als äußerste Enden oder eben Extremstellen eines schriftlich fixierten Erkenntnisprozesses nach skeptischer Methode.

Ungeachtet der klaren Abgrenzung des Weltstoffs von den Zwischenmaterien der Physik, spricht Kant in „Übergang 1–14" bezogen auf den Beweis der Existenz desselben auch von einem hypothetischen Beweis.[501] Dass der Welt- oder Wärmestoff gerade nicht als hypothetischer Stoff im Sinne der Naturwissenschaft des 18. Jahrhunderts verstanden werden soll, wird von Kant ausdrücklich betont.[502] Hypothetische Stoffe sind unerlässliche Annahmen in einem limitierten Erklärungszusammenhang. Dies bedeutet, sie richten sich nicht auf eine gedachte Totalität, sondern auf einen konkreten Gegenstand möglicher Erfahrung. Für ein bestimmtes empirisches Phänomen oder eine bestimmte Klasse solcher Erscheinungen liefern die sogenannten Zwischenmaterien der bloß hypothetischen Stoffe die Möglichkeit der Erklärung, ohne selbst empirisch beweisfähig zu sein. Im Unterschied zu dieser hypothetischen Auffassung eines so genannten Äthers, stellt der Entwurf „Übergang 1–14" dessen transzendentale Bedeutung in den Vordergrund. Hierin besteht ein wesentlicher Unterschied zu vorangegangenen Entwürfen des OP Während sich diese bestimmten empirischen Sachproblemen, wie der Körperbildung, oder aber der Erklärung einzelner physikalischer Experimente widmen, geht es in „Übergang 1–14" um die Realbegründung der einen möglichen Erfahrung überhaupt: Die conditio sine qua non aller Empirie und somit den zumindest in materialer Absicht höchsten Punkt des Systems des Transzendentalen Idealismus.[503] Der eine Weltstoff ist „nicht hypothetisch sondern die Hypothese mit ihren Principien"[504] eine Hypothese, auf der die Möglichkeit der Erfahrung überhaupt beruht.

---

500 Zur Kantischen Differenzierung der Begriffe „hypothetisch" und „Hypothese" vgl. OP, AA 21: 549.11–13.

501 Vgl. OP, AA 21: 545.17–20: „Der Wärmestoff ist also kein hypothetischer Stoff: der Beweis aber seiner Wirklichkeit ist ein hypothetischer Beweis weil seine Warheit auf dem Princip der Ubereinstimmung desselben mit der Möglichkeit der Erfahrung von dem Gegenstande desselben beruht".

502 Vgl. bspw. OP, AA 22: 615.04–07: „Der Wärmestoff wird als die Basis der bewegenden Krafte der Materie categorisch behauptet (ist absolut gegeben) und ist nicht ein blos hypothetischer Stoff dergleichen man annimmt um Phänomene dürftig zu erklären".

503 Vgl. bspw. OP, AA 21: 547.22 f. ; OP, AA 21: 551.05 f. ; OP, AA 21: 554.01–03.

504 OP, AA 21: 549.11.

> Die Hypothese also von einer durch den gantzen Weltraum verbreiteten [...] Materie ist nur ein Gedankending (ens rationis) darum aber nicht eben ein blos hypothetischer Stoff [...] sondern seine Annehmung als Princip der Möglichkeit der Erfahrung eine unumganglich // nothwendige Annahme nicht um Phänomene zu erklären sondern a priori zum Behuf der Einheit der bewegenden Kräfte in einem System derselben Zusammenstimmung der Principien zur Möglichkeit der Erfahrung zu bewirken.[505]

Die Hypothese einer „Materie [...] welche dem Princip der Möglichkeit aller Erfahrung zum Grunde liegt"[506] hat keine partikuläre Erklärungs-, sondern vielmehr eine totale Begründungsfunktion. Es gibt nur eine einzige Erfahrung, d. h. es „muß alle Erfahrung als in Einer alle ihre Objecte umfassenden Erfahrung enthalten gedacht werden und wenn von Erfahrungen gesprochen wird so sind diese nichts weiter als Theile und Aggregate einer synthetisch//allgemeinen Erfahrung".[507] Diese eine Erfahrung kann in ihrer Gesetzmäßigkeit und lückenloser Einheit für Kant nur durch eine schlechterdings kontinuierliche Materie überhaupt realisiert werden. Die Hypothese der allverbreiteten Materie ist „eine **Hypothese** vom ersten Rang (hypothesis primaria)" da sie „das Daseyn einer Substanz [...] zum Princip macht".[508] Dies geht auch aus jenen Stellen des Entwurfs „Übergang 1–14" hervor, an denen dem Weltstoff die Charakteristika einer Substanz zugesprochen werden.[509] Andere Annahmen, die an ihren Platz treten und ihr „alle Haltbarkeit" nehmen könnten,[510] sind in diesem Fall nicht denkbar.

Eine weitere begriffliche Neuerung die ab dem Bogen „Übergang 8" im Zusammenhang mit dem a priori Beweis der materiellen Grundlage aller Erfahrung eingeführt wird, ist die Charakterisierung des Beweisverfahrens als negativ: „Der

505 OP, AA 21: 230.26–231.07.
506 OP, AA 21: 547.22f.
507 OP, AA 21: 549.22–25.
508 OP, AA 21: 541.20–23.
509 In „Übergang 1–14" wird das für sich Bestehen können, der Selbststand des Weltstoffs an folgenden Stellen herausgestellt: OP, AA 21: 216.01 ; OP, AA 21: 216.26: „ein Weltganzes für sich bestehend" ; OP, AA 21: 228.05: „ein für sich bestehender Stoff" ; OP, AA 21: 236.17f.: „für sich bestehendes [...] Gantze" ; OP, AA 21: 588.27: „Es existirt ein für sich subsistirender Elementarstoff" ; OP, AA 22: 610.03f.: „absolutes, für sich bestehendes Gantze" ; OP, AA 22: 612.06f.: „für sich bestehendes [...] Ganze". Substanz im kritischen Sinne, d.h. Substanz in der Erscheinung ist gerade keine solche, die im eigentlichen Sinn für sich besteht, sondern ein Inbegriff von lauter Relationen ohne innere Bestimmungen. Auch wenn die Formulierungen in „Übergang 1–14" an vielen Stellen anderes suggerieren, muss die Substanz, von der dort die Rede ist – ungeachtet der Unterschiede zur Konzeption der KrV – als eine substantia phaenomenon im kritischen Sinn betrachtet werden: einerseits abhängig von den Prädikaten der Anschauung, andererseits subjektunabhängig, insofern die Materie zur Möglichkeit der Erfahrung als solche gegeben wird.
510 OP, AA 21: 548.12.

Beweis hat einen negativen Grund".[511] Kant folgend steht die „Existenz eines gewissen Stoffs den man sich denkt [...] unter dem negativen Princip der Einstimmung des Begriffs von ihm „mit den Bedingungen der Moglichkeit der Erfahrung von demselben"".[512] Es zeigt sich anhand der Möglichkeit der Erfahrung als Beweisgrund, dass die Bezeichnungen des Beweisverfahrens als „negativ" und „indirekt" in Absicht ihrer Bedeutung korrespondieren. Auch der indirekte Beweis geht nur von der Möglichkeit der Erfahrung aus. Negativ ist der Beweis deshalb, weil ohne den Gegenstand des Beweises die Erfahrung unmöglich wäre. Der Weltstoff, bzw. seine transzendentale Beweisbarkeit gründet in der Möglichkeit einer Erfahrung als absoluter Einheit. Nur eine solche bedarf der Grundlage des materiellen Kontinuums: „Nicht viel Erfahrungen (sondern blos Warnehmungen) und nur Eine Erfahrung [...] negativ durch das Nichtseyn des leeren Raums".[513] Im Umkehrschluss bedeutet dies: nur eine Erfahrung – positiv durch die Wirklichkeit des alle Räume erfüllenden Weltstoffs. Hier zeigt sich besonders deutlich die Reziprozität des Verhältnisses der Begriffe einer Erfahrung und des einen Stoffes zur Möglichkeit dieser Erfahrung. Genau genommen werden beide Begriffe durch den Begriff der Unmöglichkeit des (absolut) leeren Raumes verbunden. Die behauptete Einheit der Erfahrung belegt für Kant diese Unmöglichkeit, aufgrund derer auch der Atomismus widerlegt wird, und macht somit die Existenz eines überall im Erfahrungsraum anzutreffenden Materials notwendig. Vor der Frage nach der Legitimität eines Beweisverfahrens, wie es sich in „Übergang 1–14" findet, muss nach dem Begriff von Erfahrung gefragt werden, von dem man ausgeht. Entspricht sie der in „Übergang 1–14" reproduzierten Definition Kants auf KrV A110 f. und teilt man zudem die Auffassung, nach der die geforderte

---

511 OP, AA 21: 545.21.

512 OP, AA 21: 547.03–06; zunächst suggeriert „demselben" in obigem Zitat, es ginge Kant allein um die Möglichkeit einer Erfahrung des Weltstoffes als solchem, nicht aber um die Möglichkeit der Erfahrung überhaupt. Diese Schwierigkeit kann ausgeräumt werden, wenn man sich vor Augen führt, das eine Möglichkeit einer Erfahrung von demselben genau genommen das selbe meint, wie die Möglichkeit der Erfahrung überhaupt; dies daher, weil der Weltstoff in letzter Konsequenz der eine und einzige erfahrbare Gegenstand ist Es geht beim Beweis der Existenz des Weltstoffs um die „Möglichkeit Einer allbefassenden Erfahrung überhaupt wobey der Gegenstand derselben als ein einziger postulirt wird." (OP, AA 21: 563.22–24): um die Gesamtheit und den Inbegriff möglicher Erfahrung und ebenso den einen „Raum selbst als Gegenstand möglicher Erfahrung", der mit dem Weltstoff in eins fällt (OP, AA 21: 228.24). Materie macht den „Raum an sich", der nur die „bloße Form der Anschauung und nicht ein Object derselben" (OP, AA 21: 550.26) ist, überhaupt erst zum möglichen Erfahrungs-Raum und begründet mittels ihrer allgegenwärtigen Erfüllung dieses Erfahrungsraumes die schlechthinnige Einheit der Erfahrung. Mithin würde der Sinn des Satzes durch Weglassung der Worte „von demselben" überhaupt keine inhaltliche Abänderung erfahren, was auch der weitere Fortgang der Argumentation an dieser Stelle belegt.

513 OP, AA 21: 580.16 f.

Einheit durch völlig leere Zwischenräume aufgehoben würde, muss man von der Realität einer Materie überhaupt, wie sie im Entwurf „Übergang 1–14" näher bestimmt wird ausgehen: „Wir können das Daseyn eines solchen Gegenstandes nicht a priori aber wohl die oberste Bedingung der Möglichkeit der Erfahrung von Gegenständen überhaupt darthun.".[514] Schließt diese oberste Bedingung die Existenz des Gegenstandes ein, so ist „jener Satz (von der Existenz einer solchen Materie) [...] alsdann a priori begründet" und wäre als Implikat des Begriffs möglicher Erfahrung überhaupt „nicht synthetisch (erweiternd) sondern analytisch (blos logisch//erläuternd [...] und auf dem Grundsatz der Identität allein beruhend".[515]

Dass der analytische Beweis der Existenz des Weltstoffs auf Basis des Princips möglicher Erfahrung schlüssig ist, zeigt die Faktizität der Erfahrung selbst. Von ihr als Ausgangspunkt rekurriert die transzendentale Argumentation Kants im Entwurf „Übergang 1–14" auf die notwendige Existenz der Bedingungen a priori dieses Faktums: „Es ist Bewegung der Materie im Raum".[516] Da wir nur aufgrund des zweifelsfreien Vorhandenseins dieser Bewegkräfte äußere Erfahrungen haben (denn ohne das etwas unsere Sinne anrührt, was bewegende Kräfte erfordert, wäre uns schlechterdings überhaupt keine Realität zur Möglichkeit der Erfahrung gegeben);[517] da ferner Erfahrungen im Plural, d.h. Wahrnehmungen, die übergeordnete Gesamtheit einer Erfahrung voraussetzen (ein Umstand den Kant im Nachlasswerk nicht müde wird zu betonen)[518] ist mit der faktisch vorhandenen Wahrnehmbarkeit bewegender Kräfte der Materie im Raum zugleich das (selbst nie erfahrbare) Ganze der einen Erfahrung und das dieser Gesamtheit korrespondierende Material als ein wirklicher Gegenstand gegeben: Als der eine und einzige Gegenstand möglicher Erfahrung. Als solcher Inbegriff ist er nicht anschauliche Idee; aber zugleich aufgrund der transzendental notwendigen Prämisse seiner Daseinswirklichkeit nicht bloß ideal, sondern aufs Ganze gesehen die äußerlich erfahrbare empirische Realität überhaupt:

---

514 OP, AA 21: 554.01–03.

515 OP, AA 21: 559.10–14.

516 OP, AA 21: 560.23, vgl. ferner OP, AA 21: 226.25 f.

517 Die Unerläßlichkeit der Bewegung zur Möglichkeit der Erfahrung betont auch der Schlußteil des fraglichen Abschnittes. Dort stellt Kant fest, dass „dieser sich innerlich selbst bewegende Urstoff als in einer bestandig oscillirenden Bewegung begriffen gedacht werden" müsse, da selbiger „so allein wenn gleich nur mittelbar ein Gegenstand möglicher Erfahrung seyn" (OP, AA 21: 561.11 f.) kann.

518 Vgl. hierzu in „Übergang 1–14" die folgenden Stellen: OP, AA 21: 247.05–08 ; OP, AA 21: 549.22 f. ; OP, AA 21: 553.03 f.; von den anderen Teilen des OP sei vor allem das siebte Konvolut genannt, in welchem Kant besonders häufig das eigentlich Unzulässige an der Rede von Erfahrung im Plural herausstellt.

Wir müssen also da doch das Spiel der agitirenden Kräfte der Materie ein gegebenes Phänomen ist eine Materie annehmen deren Gegenstand das Ganze aller möglichen Erfahrung d. i. ein [...] Weltstoff ist der zwar **direct** betrachtet blos ein hypothetischer Stoff ist [...]

indirekt aber ist er als formales Princip der Möglichkeit des Ganzen der Erfahrung überhaupt ein zum System der bew. Kr. nothwendig mithin a priori gegebener Stoff der allen bewegenden Kräften der Materie im Elementarsystem derselben zur Basis dient.[519]

Das gegebene Phänomen der einen Materie als Basis aller möglichen Bewegkräfte ist zugleich die Basis einer dynamisch-materiell vermittelten Einheit der Erfahrung, welche alle möglichen Gegenstände einer solchen einschließt, seinen sie nun direkt erfahrbare Materien bzw. physische Körper, oder eben deren verbindender indirekt erfahrbarer Einheitsgrund. „Wärmestoff“, so Kant, „ist das was die Gemeinschaft aller Materie im Raum ausmacht“.[520]
Von Bogen zu Bogen tritt in „Übergang -14“ Kants Auffassung deutlicher zutage, dass die Existenz einer Materie notwendige Bedingung der Möglichkeit von Erfahrung ist:

Wenn wir Anziehung der Materie nehmen (die an sich blos das Bewegliche im Raum ist) u. Abstoßung der Theile derselben beyde vereinigt im Anfange der Bewegung (der nicht erklärt werden kann) und Empfänglichkeit des Subjects zur Perception der Materie unter Bedingungen der Möglichkeit der Erfahrung (da nichts leeres im Raum ist) doch auch daß davon keine Erfahrung direct u. unmittelbar möglich ist so haben wir den Aether der ein Sinnenobject ist ohne doch sowenig wie der Raum selbst in die Sinne sondern nur in Vernunft zu fallen.[521]

Mit den Voraussetzungen möglicher Erfahrung ist die Existenz des Weltstoffs gegeben; Anders gewendet fällt die Existenz einer Materie überhaupt mit diesen

519 OP, AA 21: 542.26–543.11. Dass Kant den Äther als „formales Princip“ bezeichnet, ist interessant, birgt jedoch keine größeren Schwierigkeiten. Die eine Materie macht die Form des Ganzen möglicher Erfahrung aus. Form und Materie bilden hier keine Opposition, da Erfahrung nur in Form dieser einen Materie ein einiges Ganzes sein kann. Hier ließe sich der Einwand erheben, dass die formale Grundlage der Synthetizität der Erfahrung, zumindest für den Kant der KrV auf der transzendentalen Apperzeption und ihrer ursprünglichen Einheit beruht. Dagegen wäre zu erwidern, dass die Apperzeption die Einheit der Erfahrung jeweils aus der Perspektive eines erkennenden Subjekts bestimmt. Darüber hinaus wird aber schon an verschiedenen, bereits genannten und im weiteren Verlauf auszuwertenden Stellen der KrV die Forderung einer Einheit der Erfahrung erkennbar, die nicht nur als Synthese einer Mannigfaltigkeit gegebener Vorstellungen durch den reinen Verstand des Subjekts, sondern als gegebene Ganzheit des erfahrbaren Materials, der substantia phaenomenon oder der Substanz im Raume, als gleichsam substantieller Raum (wie auch substantielle Zeit) vorliegt.

520 OP, AA 21: 561.22f.

521 OP, AA 21: 562.03–10.

Bedingungen zusammen. Die erste Voraussetzung ist die Bewegung der Materie. Primitive Materie überhaupt ist das Dynamische im Raum. Diese Dynamik wird hier in eine Beziehung zu ihrem Anfang gesetzt. Was dabei implizit mitgedacht wird, ist die Differenz von uranfänglichen und abgeleiteten Bewegungen der Materie bzw. deren primitive oder eben derivative Bewegkräfte. Kant schreibt: „Wenn wir Anziehung der Materie nehmen [...] u. Abstoßung der Theile derselben".[522] Hier ist nur von Materie die Rede, welcher neben ihrer Bewegtheit noch alle möglichen weiteren Eigenschaften zukommen könnten. In der Klammer wird jedoch deren „an sich" genannt. Als Materie an sich oder Materie überhaupt ist dieselbe nur Bewegung und eben nichts weiter.[523] Beziehe man nun, wie es Kant tut, die Kräfte jedweder Materie auf ihre Grundlage und diese Grundlagenbewegtheit auf ihren Anfang, so zeigt sich die Unmöglichkeit, diesen Anfang zu erklären.[524] Im Falle der grundlegenden Bewegkräfte ist ein Prinzip des Anhebens ihrer Bewegung nicht zu erkennen. Kants erste Prämisse, die er im letzten Blockzitat anführt, ist also die Bewegung von Materie bei Unerklärbarkeit eines Anfangs derselben.

Die zweite Voraussetzung ist die „Empfänglichkeit des Subjects zur Perception der Materie" also die Bedingung der Möglichkeit, eine wirkliche Wahrnehmung realer Gegenstände im Raum zu haben. Diese Rezeptivität beruht auf den reinen Formen der Anschauung. Kant betrachtet nun diese formalen Bedingungen einer Sinnlichkeit „unter Bedingungen der Möglichkeit der Erfahrung".[525] Zur Erfahrung ist die nur formale Komponente insuffizient.[526] Es bedarf ihrer quasi Materialisierung durch eine empfindbare Realität. Diese muss, um eine Erfahrung im Sinne Kants zu realisieren, gleichsam mit dieser zusammenfallen. Der Weltstoff des „Übergangs zur Physik" ist die materiale Entsprechung des formalen Erfahrungsbegriffes.[527] Aufgrund der Forderungen, die sich aus dem Kantischen Erfahrungsbegriff ergeben (ihre räumliche und zeitliche Exaktheit, wie auch ihre

---

522 OP, AA 21: 562.03 f.

523 Die von Kant an verschiedenen Stellen des Entwurfs „Übergang 1–14" genannten Eigenschaften einer Weltmaterie stellen keinen Widerspruch zu dieser Behauptung dar. Die einzige wirkliche Eigenschaft einer solchen ist deren Bewegtsein. Alle übrigen sind Nicht-Eigenschaften, d. h. keine positiven Zuschreibungen, sondern bloße Negationen von Eigenschaften, die normalerweise an physischen Körpern festgestellt werden können.

524 Diese Unmöglichkeit, oder die Begründung einer solchen, findet sich in der Kritik der Urteilskraft. Kant macht im §78 deutlich, dass „Erklären" bedeutet, einen bestimmten Sachverhalt „von einem Princip ableiten, welches man also deutlich muß erkennen und angeben können" (KU, AA 05: 412).

525 OP, AA 21: 562.06 f.

526 Vgl. nochmals OP, AA 21: 217.07–12.

527 Beides aber subjektiv, der Äther ist kein Ding an sich.

Kontinuität, die eine durchgängige empirische Synthesis der Apprehension möglich macht), muss dieses Material, um der Erfahrung zu entsprechen, auch den im Begriff einer solchen liegenden Forderungen entsprechen. So auch in der Formulierung des Zitates, von dem wir hier ausgegangen waren. Die Bedingungen der Möglichkeit der Erfahrung sind erfüllt oder gegeben „da nichts leeres im Raum ist".[528] So gesehen muss die materiale Entsprechung der so bestimmten Erfahrung die Negation des reinen Leeren sein.

Als ein Drittes nennt Kant in obigem Zitat die relative Unspürbarkeit des Weltstoffs. Als Bedingung der Möglichkeit von Erfahrung als Ganzes ist dieses Material selbst nicht direkt erfahrbar. Schon als Gesamtheit nicht und auch in der Wahrnehmung als partikulärer Erfahrung nicht. Als ein Gegenstand direkter Erfahrung wäre die Grundlagenmaterie nicht mehr zur Begründung von Körpern und deren Eigenschaften, mithin mittelbar der Möglichkeit einer direkten Erfahrung derselben, zureichend, da dieser Begründungsversuch in einem Zirkel endigen würde. Etwas Wahrnehmbares, formal Bestimmtes und mithin Körperliches würde wahrnehmbare (physische) Körperlichkeit begründen.[529] Wenn auch von dieser materialen Entsprechung der Gesamt-Erfahrung „keine Erfahrung direct u. unmittelbar möglich ist", ist dieselbe oder der „Aether", aufgrund der soeben dargestellten Bedingungen der Möglichkeit von (sinnlicher) Erfahrung, „ein Sinnenobject". Auch der Raum als Ganzes ist ein Sinnenobjekt, d. h. der eine Gegenstand der Sinnlichkeit und ebenso wenig wie dieser kann dasjenige Substrat, welches die Gesamtheit des sinnlich-Erfahrbaren vorstellt, selbst „in die Sinne [...] fallen".[530] Ihr Erkenntnis ist allein der Vernunft, deren Vermögen auf Totalitäten ausgerichtet ist, gegeben. Doch auch dann, wenn das Dasein nicht direkt-empirisch bzw. sinnlich vermittelt ist, sondern nur indirekt, unter Zugrundelegung des Prinzips möglicher Erfahrung, durch die Vernunft erkannt wird, reicht dies dennoch (in diesem einen und einzigen Fall) zur Gewissheit der realen Existenz dieses Materials aus.

Zusammengefasst sagt das Zitat Folgendes aus: In Anbetracht der gegebenen Bewegungen im Raum und der Unerklärlichkeit ihres Anhebens, ferner unter Zugrundelegung der Bedingungen, aufgrund derer die passiv-formale Sinnlichkeit zur Möglichkeit realen Wahrnehmens aktiviert wird, wie die Unmöglichkeit rein leerer Raumteile innerhalb des Erfahrungszusammenhanges, so „haben wir" den Weltstoff im Sinne einer Gewissheit a priori im Hinblick auf seine Wirklichkeit.[531]

528 OP, AA 21: 562.07 f.
529 Zum Zirkelproblem in der Materietheorie der MAN siehe Emundts (2004), S. 74–117.
530 OP, AA 21: 562.10.
531 OP, AA 21: 562.09.

Sowohl der erfahrbare Raum als auch der erfahrbare Abstand räumlicher Gegenstände setzen die materiell vermittelte Realität des einen Raumes voraus.[532] Materie setzt die Gegenstände möglicher Erfahrung wie auch alle Teile des Raumes (= erfahrbare Räume), in denen sich diese befinden, in Gemeinschaft und befähigt dadurch das Subjekt zu einer Wahrnehmungen von Entfernungen zwischen Gegenständen im Raum.[533] Erfahrbarer Abstand enthält die Existenz raumerfüllender Materie in seinem Begriff. Indem man Abstand denkt, setzt man räumliche Gegenstände voraus; dies und die Möglichkeit der Wahrnehmung macht Materie überhaupt zu einer Bedingung seiner (Denk)Möglichkeit.[534] Besonders diesen Umstand gilt es zu betonen. Die Wahrnehmbar-/Erfahrbarkeit von Abständen bedarf des Mediums der Wahrnehmbarkeit, d. h. der kontinuierlich verbreiteten sinnfälligen Realität. Ferner ist erfahrbarer Abstand stets Abstand zwischen Gegenständen möglicher Erfahrung. Solche sind räumliche Gegenstände und mithin physische Körper in einem selbst erfahrbaren räumlichen Zusammenhang. Damit folgt die Existenz einer Materie überhaupt, die einerseits den Raum in seiner Erfahrbarkeit begründet, bzw. realisiert, und ferner als formlose materia prima auch die Existenz formal bestimmter zusammenhängender Körper bedingt, aus dem Begriff eines wahrnehmbaren Abstandes im Raum.

Fazit

Es erscheint problematisch, die Existenz eines Gegenstandes wie des einen Objekts der Erfahrung und der Naturwissenschaft subjektiv und indirekt zu beweisen.[535] Nun wird aber alle Erfahrung allein durch die reale Existenz dieses Objekts

---

532 Vgl. OP, AA 21: 563.04–06: „Denn der durch Warnehmungen den Sinnen darzustellende Abstand kann nur vermittelst dazwischen liegender Materie ein Gegenstand möglicher Erfahrung seyn [...]: so daß selbst der Gedanke davon weil er die Existenz eines räumlichen Gegenstandes in seinem Begriffe enthält unvermeidlich auf Materie stoßen muß die den Raum erfüllet".

533 Kant betont diesen Sachverhalt zusätzlich, wenn er feststellt, dass „Selbst die Gravitationsanziehung der in allen Weiten unmittelbar auf einander einfließenden Körper wenn sie ein Gegenstand möglicher Erfahrung seyn soll [...] doch stillschweigend eine dazwischen liegende und in stetiger Verbindung der Raumestheile unter einander stehenden Materie voraus" setzt (OP, AA 21: 562.28–563.02).

534 Vgl. OP, AA 21: 563.04–10: „Denn der durch Warnehmungen den Sinnen darzustellende Abstand kann nur vermittelst dazwischen liegender Materie ein Gegenstand möglicher Erfahrung seyn für welchen der absolut// leere Raum schlechterdings kein Object ist: so daß selbst der Gedanke davon weil er die Existenz eines räumlichen Gegenstandes in seinem Begriffe enthält unvermeidlich auf Materie stoßen muß die den Raum erfüllet.".

535 Vgl. OP, AA 21: 563.17–564.01.

möglich gemacht.[536] Also beweist in diesem einen Fall die subjektive Möglichkeit der Erfahrung durch den Begriff des Weltstoffes, dessen objektive Realität.[537]

Erfahrung als Einheit, ist nicht allein durch Einheit der Form nach möglich, wie es die Position Kants in der KrV war; es bedarf zudem der Einheit des Materials, durch welche die Einheit der Erfahrung auch material begründet wird. Dies bedeutet jedoch nicht, dass die Einheit der Erfahrung durch die Einheit des gegebenen Materials gleichsam von Außen begründet wird. Kant betont, dass die „bewegende Kräfte der Materie ohne welche keine Erfahrung möglich ist [...] ihrer Form nach [...] in der Vorstellung Eines Gegenstandes“ vereinigt sind.[538] Nach „Übergang1–14“ liegt die Form der Einheit im Subjekt, und in völliger Entsprechung zu dieser Vorstellung absoluter Einheit wird die Materie zur Möglichkeit der Erfahrung als Inbegriff gegeben.

Innerhalb des Entwurfs „Übergang 1–14“ begegnet mit dem Begriff des Weltstoffs, als einem Kontinuum bewegender Kräfte der Materie, die in kollektiver Einheit den Raum möglicher Erfahrung dynamisch realisieren, eine weitere Bedingung der Möglichkeit einer absolut einheitlichen Erfahrung. Da die Erfahrung bewegender Kräfte im Raum für Kant ebenso wenig ein Gegenstand begründeten Zweifels ist, wie der Begriff dieser Erfahrung selbst als gesetzmäßig bestimmter Einheit, kann in dem einen Fall des Weltstoffs als transzendentalem Prinzip die Existenz und objektive Realität des Prinzips aus dem bloßen Begriff gültig geschlossen werden.

2.2.4 „Übergang 11“

Betrachtet man den ersten Satz des Entwurfs „Übergang 1–14“ als eine der möglichen Antworten auf die Frage, was Kant unter einem „Übergang zur Physik“ versteht,[539] so zeigt die Überschrift zu Beginn des Bogens „Übergang 11“, dass Kant

---

536 Vgl. OP, AA 21: 564.01–04.
537 Vgl. OP, AA 21: 564.04–06.
538 OP, AA 21: 564.06–08.
539 Kants Zielsetzung eingangs des Bogens „Übergang 1“ war eine „Eintheilung der Naturlehre nach Principien des Überganges der metaphysischen Anfangsgründe derselben zur Physik“ (OP, AA 21: 209.25 f.). Diese Prinzipien einer neuen Einteilung des Naturlehre haben selbst keinen empirischen Ursprung, da die Einteilung sonst bereits in den Gegenstandsbereich einer empirischen Naturlehre, d. h. der Physik fallen würden, zu welcher ja der „Übergang“ erst erfolgen soll. Ist der Ursprung der gliedernden Prinzipien nicht die Erfahrung, so sind sie apriorische Prinzipien. Die Einteilung selbst ist Kant zufolge in drei Bereiche unterteilt, die erstens das Formale, d. h. die Methode der Einteilung, zweitens das Materiale, d. h. die Begriffe denkbarer allgemeiner Gegenstände der Einteilung und schließlich drittens die Einteilung der beweglichen Stoffe betrifft,

sein Vorhaben auch auf den späteren Bogen von „Übergang 1–14“ weiter verfolgt. Es geht Kant nach diesem Titel um die „Zweyte Eintheilung Vom specifischen Unterschiede der Materie zu Körpern überhaupt“.[540] „Übergang 1“ zufolge hat Kant die Absicht, im zweiten Teilbereich der in drei Bereiche segmentierten Einteilung der Naturlehre die Objektbegriffe einer Wissenschaft der Natur zu behandeln. Zu diesen zählt die Differenzierung des Begriffs der Materie und der physischen Körper ebenso, wie die weitere Differenzierung des physischen Körpers in seine organischen und unorganischen Formen. Die Überschrift am Anfang des Bogens „Übergang 11“ gehört damit zu den Stellen des Entwurfs, die der ursprünglich projektierten Gliederung entsprechen. Sie steht jedoch im Kontext des Bogens völlig isoliert, und wird zudem im Autograph durch eine geschwungene Linie vom nachfolgenden Text separiert. Wenngleich auch in „Übergang 11“ sowohl von der „Materie überhaupt“ in ihrer transzendentalen Funktion unter dem Namen des Wärmestoffs, als auch von physischen und mathematischen Körpern und ihrem Unterschied[541] sowie von der zur Körperbildung notwendigen Voraussetzung der Materie die Rede ist,[542] geht Kant – im Unterschied zu vorherigen Teilen von „Übergang 1–14“[543] – an keiner Stelle von „Übergang 11“ explizit auf die in der Überschrift genannte Unterscheidung ein.[544]

„Übergang 11“ beginnt vielmehr mit einem Existenzbeweis einer vorläufig als Wärmestoff bezeichneten Materie,[545] bei welchem die absolute Einheit des ganzen möglicher Erfahrung als zentrale Prämisse des Arguments fungiert. In deren Zusammenhang ist zum ersten Mal in „Übergang 1–14“ von einer Deduktion die Rede.

---

die unter die allgemeinen Begriffe der Gegenstände eines Übergangs zur Physik zu rechnen sind, sofern sie und ihre Bewegung a priori erkennbar sind (siehe ebd.).

540 OP, AA 21: 271.11–13.

541 Vgl. OP, AA 21: 575.09–11.

542 Vgl. OP, AA 21: 575.26.

543 Vgl. bspw. OP, AA 21: 209.14 ff. ; OP, AA 21: 215.14 ff.

544 Dies stellt die Angaben im Apparat der Akademie Ausgabe in Frage, nach der die gesamte „Überschrift wahrscheinlich nachträglich hinzugesetzt“ wurde (OP, AA 21: 571 App. zu Zeile 11–13). Wahrscheinlicher ist, dass Kant die geschwungene Linie, die den Titel von dem nachfolgenden Text trennt, später hinzugefügt hat. Meines Erachtens hatte Kant zunächst die Absicht, im Anschluss an die in „Übergang 10“ vorgenommene „Erste Eintheilung Vom specifischen Unterschiede der Naturkörper“ (OP, AA 21: 565.17 f.) nun die „Zweyte Eintheilung Vom specifischen Unterschiede der Materie zu Körpern überhaupt“ zu behandeln, ist aber von dieser Zielsetzung abgekommen und hat dies durch eine nachträglich hinzugefügte Trennlinie deutlich gemacht.

545 Vgl. bspw. OP, AA 21: 215.25 ; OP, AA 21: 560.11.

AA21: 571.14–573.20 „Deduction eines empirischen Begriffs aus den subjectiven Principien der Moglichkeit Einer Erfahrung"[546]
Das Argument wird mit der Frage nach der Möglichkeit eines Beweises der Existenz a priori einer Materie eingeleitet.

> Wenn über die Existentz einer gewissen Materie von eigenthümlicher Qvalität die Frage aufgeworfen wird ob sie a priori erweislich (demonstrabel) oder nur empirisch erweisbar (probabilis) sey so können wir nur subjective Bedingungen der Möglichkeit der Erkenntnis derselben, d.i. die der Möglichkeit einer Erfahrung von einem solchen Gegenstande erwarten. Denn das Daseyn ist nicht ein gewisses Prädicat des Dinges sondern die absolute Position desselben mit allen seinen Prädicaten – Es giebt daher nur Eine Erfahrung und wenn von Erfahrungen gesprochen wird so bedeutet das nur die distributive Einheit manigfaltiger Warnehmungen nicht die collective ihres Objects selbst in seiner durchgängigen Bestimmung; woraus dann folgt daß wenn wir a priori über Erfahrungsgegenstände urtheilen wollen wir nur Principien der Übereinstimmung der Vorstellung von dem Gegenstande mit den Bedingungen der Möglichkeit der Erfahrung von demselben verlangen und erwarten können.[547]

Fraglich ist zunächst die Art der Beweisführung: Kann die Existenz des zu Beweisenden der Möglichkeit nach Gegenstand einer erfahrungsunabhängigen Demonstration sein, oder kann sie nur auf Basis der Erfahrung selbst, bspw. durch Beobachtung nachgewiesen werden? Ist im Falle der hier genannten Materie die Möglichkeit einer empirischen Beweisführung durch ein Experiment ausgeschlossen, was Kant in „Übergang 1–14" unmissverständlich klar macht, so bleibt einzig die Demonstration a priori. Bei dieser kann jedoch nicht das Dasein selbst aus dem Begriff des zu beweisenden Gegenstandes geschlossen werden. Als Beweisgrund kann nur die Möglichkeit der Erfahrung dieses Gegenstandes gelten, womit der Beweis seiner Methode nach transzendental, subjektiv und indirekt geführt wird. Wenn der Beweis a priori möglich ist, die Existenz also nicht direkt und auf Basis der Empirie nachgewiesen wird, kann man als Grund des Beweises, d. h. als Prämisse der Argumentation „nur subjective Bedingungen der Möglichkeit der Erkenntnis derselben, d.i. die der Möglichkeit einer Erfahrung von einem solchen Gegenstande erwarten".[548] Der Grund hierfür ist die von Kant seit 1763 konsequent vertretene Auffassung, der zufolge das Dasein eines Dings nicht unter die Prädikate gezählt werden darf, die das Ding als ein solches bestimmen, und

---

546 OP, AA 21: 573.15 f. Es ist davon auszugehen, dass diese Bezeichnung sich unmittelbar auf die ihr vorausgehende Argumentation Kants bezieht, die in diesem Kapitel detailliert dargestellt wird.
547 OP, AA 21: 571.14–572.02.
548 OP, AA 21: 571.16–19.

aus eben diesem Grund auch nicht aus dem bloßen Begriff des Dings geschlossen werden kann.[549]

Nicht allein zur Klärung dieses Standpunkts, sondern auch um Kants weitere Aussagen an dieser und zahlreichen anderen Stelle von „Übergang 11" zu verstehen, erweist es sich als sachdienlich, die Gedanken der Schrift *Der einzig mögliche Beweisgrund zu einer Demonstration des Daseins Gottes* (im Folgenden BDG) – genauer ihrer ersten und zweiten Abteilung über das Dasein überhaupt und die innere Möglichkeit – als eine weitere Vergleichsfolie (neben der Kritik der reinen Vernunft) heranzuziehen.

Wenn Kant schreibt, das Dasein sei „nicht ein gewisses Prädicat des Dinges sondern die absolute Position desselben mit allen seinen Prädicaten – Es giebt daher nur Eine Erfahrung und wenn von Erfahrungen gesprochen wird so bedeutet das nur die distributive Einheit manigfaltiger Warnehmungen nicht die collective ihres Objects selbst in seiner durchgängigen Bestimmung",[550] so drückt der Gedankenstrich eine Trennung der Aussagen nur insofern aus, als die Gedanken, die das Verbindende beider Thesen darstellen, hier nicht eigens expliziert werden.

1. Dasein ist die absolute Position eines Dinges, verglichen mit der relativen Position, die das Ding nur in Beziehung zu einem Merkmal oder einer Bestimmung, die dem jeweiligen Ding zukommt, setzt.[551] Dasein bedeutet, dass das jeweilige Ding nicht allein im Hinblick auf die Prädikate, die es möglich machen, betrachtet wird, sondern im Hinblick auf die Art seines Gesetztseins. Ein Ding, dem Dasein zukommt, unterscheidet sich insofern von einem bloß möglichen Ding. Letzteres ist ein Ding ohne inneren Widerspruch, d. h. keines seiner Prädikate, die es als ein solches Ding ausmachen, schließt ein anderes notwendig aus, weshalb es innerlich und seinem Begriff nach möglich ist. Ein mögliches Ding, dessen innere Beziehungen zwischen den Prädikaten keinen Widerspruch implizieren, hat nicht weniger innere Beziehungen und Prädikate als ein wirkliches Ding.[552] Dies ist der Grund für Kants in Schriften aus

549 BDG, AA 02: 72.
550 OP, AA 21: 571.19–24.
551 BDG, AA 02: 73: „Das Dasein ist die absolute Position eines Dinges und unterscheidet sich dadurch auch von jeglichem Prädicate, welches als ein solches jederzeit blos beziehungsweise auf ein ander Ding gesetzt wird Der Begriff der Position oder Setzung ist völlig einfach und mit dem vom Sein überhaupt einerlei. Nun kann etwas als blos beziehungsweise gesetzt, oder besser blos die Beziehung (respectus logicus) von etwas als einem Merkmal zu einem Dinge gedacht werden, und dann ist das Sein, das ist die Position dieser Beziehung, nichts als der Verbindungsbegriff in einem Urtheile. Wird nicht blos diese Beziehung, sondern die Sache an und für sich selbst gesetzt betrachtet, so ist dieses Sein so viel als Dasein".
552 Vgl. BDG, AA 02: 76.

allen Schaffensperioden manifestierte Widerlegung der Auffassung, nach welcher das Dasein unter die Prädikate eines Dings zu rechnen sei.[553] Das bloß mögliche Ding wird allein im Hinblick auf seine inneren Beziehungen nach dem Satz des Widerspruchs, d. h. in bloß logischer oder relativer Weise betrachtet. Das wirkliche Ding, dem das Dasein zukommt, ist mehr als das, indem es als vollständiges Ding seinem Begriff entsprechend schlechterdings und als Sache gesetzt ist.[554]

2. Alle existierenden Dinge setzen voraus, dass sie durchgängig bestimmt sind.[555] Im Unterschied zur bloß logischen Bestimmung nach dem dazu gehörigen Grundsatz der Bestimmbarkeit, die nichts aussagt, als dass einem Ding gemäß dem Nichtwiderspruchssatz nur jeweils eine von zwei einander widersprechenden Bestimmungen zukommen kann,[556] setzt die durchgängige Bestimmung eines Gegenstandes im transzendentalen Verstand voraus, dass jedem Ding ein Prädikat aus der Summe aller möglichen Prädikate zukommen muss. Hierfür wird das Ding mit dem Inbegriff aller nur möglichen Bestimmungen „transzendental verglichen“.[557] Damit wird der Inbegriff alles Möglichen zur notwendigen Voraussetzung jedes einzelnen möglichen Dinges hinsichtlich seiner durchgängigen Bestimmung. Das Dasein eines Objekts ist die durchgängige Bestimmung desselben und die durchgängige Bestimmung jedes einzelnen Erfahrungsgegenstandes setzt das Ganze möglicher Erfahrung, ihren Inbegriff als den Grund der durchgängigen Bestimmung und damit als Bedingung seiner eigenen Möglichkeit voraus. Sowie jedes mögliche Ding den Inbegriff der Bestimmungen zu seiner Voraussetzung hat, so hat jeder wahrnehmbare Raum den einen Raum zu seiner Voraussetzung und jede Wahrnehmung in ihrer vom Verstand gestifteten distributiven Einheit das

---

553 Vgl. bspw. BDG, AA 02: 72: „Das Dasein ist gar kein Prädicat oder Determination von irgend einem Dinge“ sowie ebd.: „Es kann also nicht statt finden, daß, wenn sie existiren, sie ein Prädicat mehr enthielten, denn bei der Möglichkeit eines Dinges nach seiner durchgängigen Bestimmung kann gar kein Prädicat fehlen“; vgl. ferner KrV B626 f. Die Entscheidung Kants, sich in seiner Kritik am ontologischen Gottesbeweis auf dessen „schlechteste Form“ zu beziehen, bei der die wirkliche Existenz zu den Prädikaten zählt, wird von Hegel in aller Schärfe gerügt, siehe GW 04: 338.17–22.

554 Vgl. bspw. BDG, AA 02: 74 f.

555 In BDG verbindet Kant die Auffassung, Kriterium der wirklichen Existenz, d. h. des Daseins sei die durchgängige Bestimmung einer Sache, durch die „dasjenige ergänzt [werde, vjr] was durch die im Wesen liegende oder daraus fließende Prädicate unbestimmt gelassen ist“, mit dem Namen Baumgartens (BDG, AA 02: 76).

556 Vgl. KrV B599.

557 KrV B601.

absolute Ganze der Erfahrung in ihrer von der Vernunft gestifteten kollektiven Einheit zu ihrer Voraussetzung.[558]

3. Mögliche Erfahrung selbst ist als absolute Einheit und Ganzheit durchgängige Bestimmung im Raum und in der Zeit.[559] Der Welt- oder Wärmestoff als die Einheit aller bewegenden Kräfte der Materie in kollektiver Einheit stellt diese durchgängige Bestimmung vor. Sein Begriff ist die Form des Ganzen der Materie möglicher Erfahrungsgegenstände. Diesem Begriff entspricht das, was zur Möglichkeit der Erfahrung als absolutes Ganzes gegeben wird. Es gibt aus diesem Grund nur eine Erfahrung in der kollektiven Einheit „ihres Objects“;[560] das eine Erfahrungsobjekt überhaupt ist die Totalität der bewegenden Kräfte der Materie, die durch den Weltstoffbegriff als ein allgegenwärtiges Kontinuum vorgestellt wird. Damit liegt die durchgängige Bestimmung aller Dinge in seinem Begriff – und mit ihr die Existenz des Stoffes, der diese durchgängige Bestimmung realisiert.

Wenn Kant im Rahmen seiner Versuche, die wirkliche Existenz des Wärmestoffs als der Materie der Möglichkeit der Erfahrung a priori zu beweisen, mit dem Begriff der durchgängigen Bestimmung (determinatio omnimoda) operiert,[561] ergeben sich daraus folgende Fragen:

---

558 Erneut zeigen sich die gedanklichen Parallelen zwischen der Dialektik der Kritik der reinen Vernunft und den Reflexionen Kants in „Übergang 1–14“ hinsichtlich des Inbegriffs der Realität und seiner Notwendigkeit zur Möglichkeit von Erfahrung überhaupt. Auf der Limitation des Inbegriff des Realen in der Erscheinung, d. h. der „Materie zur Möglichkeit aller Gegenstände der Sinne“ (KrV B610), welche in „Übergang 1–14“ durch den Begriff des Welt- oder Wärmestoffs, bzw. der „Materie überhaupt“ vorgestellt wird, beruhen die Erfahrungsgegenstände ihrer Möglichkeit nach, ihre spezifische Differenz und ihre Existenz als durchgängige Bestimmung.

559 Vgl. OP, AA 22: 88.30–89.06: „Einheit des Raumes, der Zeit und der Möglichkeit der Erfahrung (d.i. der durchgängigen Bestimmung im Raum u. der Zeit) denn omnimoda determinatio est existentia Hierauf und auf dem Princip der Möglichkeit der Erfahrung grundet sich die Idee der Existenz eines allverbreiteten, alldurchdringenden etc Stoffs der die Basis der Möglichkeit Einer Erfahrung ausmacht welche also a priori eingesehen werden kann“. Zum Begriff der omnimoda determiatio, wie er in „Übergang 1–14“ erstmals auf dem Bogen „Übergang 11“ Verwendung findet (bereits in „Übergang 8“ ist an einer Stelle von durchgängiger Bestimmung die Rede, vgl. OP, AA 21: 550.11), siehe Noordraven (2001), S. 62.

560 OP, AA 21: 571.23.

561 In „Übergang 12“: „Existentia est omnimoda determinatio sagt Christian Wolf“ (OP, AA 21: 603.09 f.) sowie: „existentia est determinatio omnimoda heißt es in der Ontologie“ (OP, AA 21: 586.13 f.). Wer diesem Kantischen Herkunftsnachweis nachzugehen beabsichtigt, sei auf folgende

Ist die durchgängige Bestimmung – im Unterschied zur Auffassung in BDG – Kriterium des Daseins eines Gegenstandes?

Wenn ja, ist ein durchgängig bestimmter Gegenstand mehr als die Summe der Prädikate, die ihn, wofern ohne inneren Widerspruch, als möglichen Gegenstand bestimmen?

Ist durchgängige Bestimmung Daseinskriterium eines jeden Gegenstandes möglicher Erfahrung oder gilt dies nur für den Wärmestoff, als den einen Gegenstand der Möglichkeit von Erfahrung überhaupt, der als der Grund aller durchgängigen Bestimmung mit Notwendigkeit als wirklich existierend angesehen werden muss?

Der Versuch einer erschöpfenden Beantwortung dieser Fragen, würde Stoff für eine weitere Dissertation liefern. Im Rahmen vorliegender Studie können allenfalls Hinweise auf mögliche Antworten erfolgen.

Hatte Kant eingangs „Übergang 11" deutlich gemacht, dass bei der Frage nach der Möglichkeit, die Existenz einer Materie a priori zu demonstrieren, als Beweisgrund einzig die Möglichkeit der Erfahrung übrig bleibt, so wird im Anschluss die Klärung dieser Frage ins Zentrum eines „Übergangs zur Physik" gerückt:

> Es giebt aber in dem Übergange von den metaph. Anf. Gr. der N. W. zur Physik eine dergleichen unvermeidliche Aufgabe: ob nämlich ein im Weltraum durchgängig (mithin auch durch alle Körper durchdringend) verbreiteter Stoff den man etwa den Wärmestoff nennen könte (ohne doch dabey ein gewisses Gefühl des Erwärmens weil es blos das Subjective in einer Vorstellung als Wahrnehmung betrifft in Anschlag zu bringen) ob sage ich ein solcher Stoff als die Basis aller bewegenden Kräfte der Materie sey oder nicht sey: oder auch ob seine Existenz nur zweifelhaft sey und er als blos hypothetischer Stoff von den Physikern nur zu Erklärung gewisser Erscheinungen angenommen werde. – Diese Frage ist für die Naturwissenschaft als System von der größten Wichtigkeit zumal sie vom Elementarsystem derselben zum Weltsystem hinweiset.[562]

Die Frage nach der Existenz des Wärmestoffs zu klären ist das eigentliche Anliegen des Übergangs. Durch eine neue Einteilung der Naturlehre in ihrer Gesamtheit, die auf Prinzipien a priori fußt, wird die bloße Naturlehre zu einem System der Natur und damit erst zu einer Natur-Wissenschaft. Der Wärmestoff ist als Vernunftbegriff des Ganzen der Form nach Bedingung des in dieser Form Gegebenen. Er ist als

Texte verwiesen: In Wolffs *Ontologia* vor allem die §§225,226 und 227; im Kontext der deutschen *Metaphysik* der §180. Als weitere Quellen dieses Begriffes können genannt werden: aus Baumgartens *Metaphysica* der §114 und in Gottscheds *Erste Gründe der gesammten Weltweisheit* die §§238 und 239. Weitere Erklärungen dieses Begriffes können den Metaphysik Schulbüchern entnommen werden, die in der Tradition Wolffscher Philosophie stehen oder auf dieselbe rekurrieren, bspw. Bilfinger und Thümming.

562 OP, AA 21: 572.03–15.

solcher das oberste Prinzip eines Systems der bewegenden Kräfte die nur durch die Realität dieses Prinzips in ihrem Dasein und in ihrer Ordnung begründet sind. Nur durch seine absolute Einheit und Allheit ist die Gliederung, Ordnung und Einteilung der bewegenden Kräfte der Materie in einen übergeordneten und ganzheitlichen Zusammenhang, ein Welt-System, eingebettet. Ohne den universalen Grund dieses stofflichen Prinzips bleibt die Naturlehre auf einen partikularen Bezugsrahmen eingegrenzt. Nur der universale Bezug macht sie zur Wissenschaft der einen Natur als dem Inbegriff der bewegenden Kräfte, den der Wärmestoff vorstellt. Damit ist klar, weshalb die Frage nach der Existenz der überall durchdringend verbreiteten Materie des Wärmestoffs von größter Wichtigkeit für die Wissenschaft der Natur ist: die Möglichkeit der Naturwissenschaft im Vollsinne hängt von dieser Frage ab. Sie entscheidet über die Möglichkeit von Wissenschaft überhaupt.

Aus diesem Zusammenhang heraus wird deutlich, warum Kant hier darauf hinweist, dass die Bezeichnung Wärmestoff keine Ursächlichkeit der so bezeichneten Materie hinsichtlich der Empfindung von Wärme bedeutet. Wärme als Phänomen begreiflich zu machen, gehört in einen partikulären Erklärungszusammenhang. Als Mittel zum Zweck in einem derartigen Zusammenhang würde ein Wärmestoff der Definition eines hypothetischen Stoffes vollauf entsprechen. Er wäre nur da, um bestimmte Erscheinungen adäquat begründen zu helfen, nicht aber um als notwendige Bedingung die Erfahrung eines Systems der bewegenden Kräfte und damit die Erfahrung selbst in ihrer durchgängig gesetzlich bestimmten Einheit und Ganzheit überhaupt möglich zu machen.

Die Klärung der zentralen Frage eines „Übergangs zur Physik" nach der Existenz des hier als Wärmestoff bezeichneten materiellen Prinzips der Erfahrung erfolgt indirekt über den Nachweis der Notwendigkeit seiner Voraussetzung für das Ganze der Erfahrung. Verglichen mit dem ersten Existenzbeweis von „Übergang 1–14" auf dem Bogen „Übergang 2"[563] geht Kant hier in „Übergang 11" nicht von der Möglichkeit einer Wahrnehmung zum Ganzen der Erfahrung als Gesamtzusammenhang des Wahrnehmbaren in Raum und Zeit über, sondern geht in seiner Argumentation von der Bedingung der Möglichkeit einer Erfahrung als absoluter Einheit aus.

Der als eine logische Schlussfolgerung konzipierte Beweis beginnt wie folgt:

> Wenn bewiesen werden kann daß die Einheit des Gantzen möglicher Erfahrung auf der Existenz eines solchen Stoffs (mit den genannten Eigenschaften desselben) beruhe so ist auch die Wirklichkeit desselben zwar nicht **durch** Erfahrung sondern a priori, blos aus Bedingungen der bloßen Möglichkeit derselben **für** die Erfahrung bewiesen. Denn die be-

563 Vgl. OP, AA 21: 216.12ff..

wegende Kräfte der Materie können zur collectiv//allgemeinen Einheit der Warnehmungen in einer möglichen Erfahrung nur zusammenstimmen in sofern das Subject durch sie äußerlich und innerlich in Einen Begriff vereinigt sich selbst afficirt.[564]

Dass der Beweis der Existenz des Wärmestoffs aus der Erfahrung oder „durch Erfahrung", d. h. ein empirischer Nachweis seiner Wirklichkeit nicht möglich ist, hatte Kant bereits an anderen, früheren Stellen im Kontext des Entwurfs „Übergang 1–14" deutlich gemacht. Wäre ein solcher empirischer Beweis möglich, was allein dadurch negiert wird, dass mit dem Welt- oder Wärmestoff als dem Inbegriff der bewegenden Kräfte der Materie eine Totalität in Frage steht, die als solche niemals in einer Anschauung gegeben sein kann, würde sich das Vorhaben eines Beweises a priori erübrigen. Die Frage nach der Existenz dieser Materie hängt vielmehr von dem Beweis ab, dass deren Wirklichkeit die notwendige Bedingung der Möglichkeit der Einheit der Erfahrung ist. Wenn dieses notwendige Bedingungsverhältnis bewiesen werden kann, ist damit auch die wirkliche Existenz der so bestimmten Materie bewiesen. Nicht empirisch und damit aus der Erfahrung selbst, sondern für die Erfahrung als ihr unabdingbares Kriterium und damit rein a priori allein auf Basis des subjektiven Prinzips möglicher Erfahrung überhaupt.

Dass der Weltstoff als Prinzip möglicher Erfahrung auf der Grundlage seiner Notwenigkeit „für die Erfahrung" als existierend bewiesen wird, ist nicht neu. Weitaus interessanter erscheint dem gegenüber der zweite Teil des obigen Zitates. Hier zeigt sich in aller Deutlichkeit, dass Kant auch im Nachlasswerk einen formalen Idealismus vertritt. Das Subjekt stiftet, mittels seiner Erkenntnisvermögen die Einheit und Gesetzmäßigkeit, die Erfahrung als durchgängig verknüpfte Erkenntnis überhaupt erst möglich macht. Auch die bewegenden Kräfte der Materie, die als solche das Gegebene, das dabile zur Möglichkeit der Erfahrung, darstellen, können nur durch das Subjekt zu der kollektiven Einheit aller möglichen Wahrnehmungen im Ganzen einer Erfahrung „zusammenstimmen". Ihr Vereinigendes wird nicht gegeben, sondern gedacht. Es ist das cogitabile des Vernunftbegriffs absoluter Einheit. Die Einheit der Erfahrung liegt nicht im Gegebenen selber, sondern in dem Vernunftbegriff, der das Gegebene der Form nach vereinigt. Durch dasjenige, was das Subjekt selbst vermöge seines Vernunftbegriffs zur absoluten Einheit bestimmt, wird es affiziert – und affiziert auf diese Weise sich selbst. Das eine Objekt der Erfahrung als Inbegriff dessen, was Wahrnehmung ermöglicht, ist etwas, dass das Subjekt der Form nach selbst macht. Es zeigt sich hier eine Rede

564 OP, AA 21: 572.16–24.

von Selbst-Affektion, die in ähnlicher Form auch im Kontext der transzendentalen Ästhetik der KrV vorkommt.[565]

Wenn also, so Kants Obersatz in der Argumentation zu Beginn von „Übergang 11“ der Beweis erbracht werden kann dass die Existenz des Weltstoffs die Einheit der Erfahrung erst möglich macht, so ist zugleich der Beweis der Existenz dieses Stoffes für die Erfahrung, d. h. als Bedingung der Möglichkeit von Erfahrung, erbracht. Das Subjekt macht nicht die bewegenden Kräfte der Materie möglich, wohl aber ihre kollektive Einheit, d. h. den Weltstoff, der insofern durch die Vernunft gegeben wird.

Der geforderte Beweis für die Notwendigkeit der Existenz des Weltstoffs zur Möglichkeit von Erfahrung als absoluter Einheit und Ganzheit ist Bestandteil des anschließenden Untersatzes:

> Nun setzt der Begriff des Ganzen äußerer Erfahrung alle mögliche bewegende Kräfte der Materie in collectiver Einheit verbunden voraus und zwar im Vollen Raum (denn der leere er sey innerhalb oder ausser den Körpern ist kein Gegenstand möglicher Erfahrung.* Er setzt aber auch eine stetige Bewegung aller Materie voraus welche aufs Subject als Sinnengegenstand wirkt denn ohne diese Bewegung d.i. ohne Erregung der Sinnenorgane als jener ihre Wirkung findet keine Warnehmung irgend eines Sinnenobjects mithin auch keine Erfahrung statt als welche nur die zu jener gehörende Form enthält.[566]

Bewiesen werden muss, „daß die Einheit des Gantzen möglicher Erfahrung auf der Existenz eines solchen Stoffs (mit den genannten Eigenschaften desselben) be-

---

565 Die Stelle an der Kant auf die Affektion des Subjekts durch sich selbst zu sprechen kommt, findet sich dort im Zusammenhang des §8 Allgemeine Anmerkungen zur Transzendentalen Ästhetik; genauer in jenen Abschnitten II-VI, die erst 1787 hinzugefügt wurden. Unter II stellt Kant fest, das Raum und Zeit die formalen Grundlagen der Erfahrung sind, in die hinein, oder besser in Entsprechung zu welchen das Subjekt die „Vorstellungen äußerer Sinne“ bzw. „den eigentlichen Stoff [...], womit wir unser Gemüth besetzen“ (KrV B67) innerlich setzt. Auch hier ist es kein bloßes Hinnehmen des Gegebenen, sondern ein tätiges Aufnehmen desselben, wodurch das gegebene Material geformt wird. Bezogen auf Raum und Zeit als subjektiv-formale Gegenstände bedeutet dies, dass jene letztlich nichts anderes sind, „als die Art, wie das Gemüth durch eigene Thätigkeit, nämlich dieses Setzen seiner Vorstellung, mithin durch sich selbst afficirt wird“ (KrV B67 f.). So ist auch die begriffliche Form des Ganzen möglicher Erfahrung eine derartige Form, in Entsprechung zu der das Subjekt das Gegebene tätig aufnimmt und sich mithin „durch sie [die bewegenden Kräfte der Materie = das Gegebene, vjr] äußerlich und innerlich in Einen Begriff vereinigt [...] selbst afficirt“. Das transzendentale Subjekt macht seine Erfahrung. Im transzendentalen Idealismus Kantischer Prägung ist dies, entgegen des umgangssprachlichen Gebrauchs dieser Phrase, keineswegs ein passiv-aufnehmendes, sondern ein aktiv-aufnehmendes Geschehen: „Nur durch das was der Verstand selbst macht versteht das Subject seinen Gegenstand und dies ist das Formale der Gesammtheit der Warnehmungen in Einer möglichen Erfahrung“ (OP, AA 21: 578.21–23).

566 OP, AA 21: 572.25–573.06.

ruhe“,[567] damit bewiesen ist, dass der so bestimmte Stoff wirklich existiert. Der Stoff, der die kollektive Einheit aller materiellen Bewegkräfte vorstellt, ist Voraussetzung. Was ihn voraussetzt, ist äußere Erfahrung in ihrer lückenlosen Gesamtheit. Die völlige Entsprechung des Ganzen äußerer Erfahrung ist der Raum, sofern er erfüllt gedacht wird. Der eine Raum enthält die eine Erfahrung. Das Nichtsein als bewegungslose Leere ist innerhalb der Erfahrung unmöglich präsent, da es kein Gegenstand möglicher Erfahrung ist. Es bedarf der Bewegung, damit etwas auf die Sinnlichkeit des Erkenntnissubjekts Einfluss nimmt und sinnliche Anschauungen, d. h. Wahrnehmungen möglich macht, die durch den reinen Verstand geordnet und vergegenständlicht werden können. Ist keine Materie aus den Sinnen vorhanden, die durch die Formen des Anschauens und Denkens geordnet und strukturiert werden könnte,[568] bliebe die Erfahrung formal, d. h. leer. Kant hätte im obigen Zitat den schließenden Punkt seines letzten Satzes bereits hinter „statt“ setzen können, ohne dass durch die Weglassung eine Änderung der Bedeutung des Satzes zustande gekommen wäre. Eine Erfahrung nämlich, „welche nur die zu jener gehörende Form enthält“ ist keine Erfahrung.[569] Die Form für sich genommen, gibt keine Erkenntnis.[570]

Auf den Beweisgrund dafür, dass die Einheit des Ganzen der Erfahrung die Existenz des Weltstoffs notwendig macht, und damit den eigentlichen Beweisgrund seiner wirklichen Existenz im Untersatz des Arguments, folgt Kants Schlussfolgerung:

> Also ist ein im Raum stetig und unbeschränkt verbreiteter sich selbst agitirender besonderer Stoff als Erfahrungsgegenstand (obgleich ohne empirisches Bewustseyn seines Princips) d.i. der Wärmestoff ist wirklich und kein blos zum Behuf der Erklärung gewisser Phänomene gedichteter sondern aus einem allgemeinen Erfahrungsprincip (nicht aus Erfahrung) nach dem Grundsatz der Identität (analytisch) erweislicher und in den Begriffen selbst a priori gegebener Stoff.[571]

Dieses Ergebnis beinhaltet neben den Thesen, die sich aus der vorangegangenen Argumentation unmittelbar als Folgerungen ableiten lassen, auch Aussagen, die

567 OP, AA 21: 572.16–18.
568 Vgl. KrV B118.
569 OP, AA 21: 573.06.
570 Vgl. KrV B75 ; KrV B125. Auch Raum und Zeit, aus deren Begriffen weitere Erkenntnisse a priori ohne Beimischung des bloß Empirischen hervorgehen (vgl. §§ 3 und 5 der Transzendentalen Ästhetik) sind nur durch Bezug auf ein in der Anschauung gegebenes Mannigfaltiges möglich (KrV A107); ihre Vorstellungen werden sogar nur durch das Durchlaufen dieses Mannigfaltigen und seine synthetische Anverwandlung überhaupt erst „erzeugt“ (KrV A99 f.).
571 OP, AA 21: 573.06–14.

über den unmittelbaren Zusammenhang hinaus vorangegangene Reflexionen von „Übergang 1–14“ in den Blick nehmen.

Die Bestimmung des Stoffes als kontinuierlich und ohne jede Begrenzung im Raum verbreitet, geht direkt aus der Prämisse hervor, ihn im durchgängig erfüllten, d. h. im vollen Raum zu setzen. Die transzendentale Unmöglichkeit absolut leerer Zwischenräume innerhalb des Erfahrungsraumes macht die Allgegenwart der Materie notwendig. Dies ist jedoch nicht der einzige Grund. Wenn der Stoff Bedingung der Möglichkeit der Erfahrung als einer absoluten Einheit und Ganzheit ist, und zu diesem Zweck mit Notwendigkeit eine kollektive Einheit und einen Inbegriff aller möglichen bewegenden Kräfte der Materie ausmachen muss, kann er nur ein allgegenwärtiges Kontinuum solcher Kräfte sein. Dort wo er nicht ist, ist diese Einheit aufgehoben. Ohne Materie ist keine Erfahrung möglich und nur in seiner lückenlosen Erfüllung des einen Raumes ist der Stoff „Erfahrungsgegenstand“;[572] nicht im Sinne irgendeines, sondern des einen und einzigen Gegenstandes der Erfahrung: Erfahrung in ihrer Gesamtheit als ein einiger Gegenstand gedacht. Der Widerspruch, der von Kant in „Übergang 1–14“ immer wieder reproduziert wird, tritt auch hier zutage. Der Stoff, dessen Existenz Kant durch die transzendentale Beweisführung nachzuweisen sucht, ist Erfahrungsgegenstand, aber „ohne empirisches Bewusstseyn seines Princips“. Er ist „Sinnenobject“, ohne aber als ein solches direkt „in die Sinne zu fallen“.[573] Als Gesamtheit ist er nicht anschaulich, aber Grund und Ursache jeder sinnlichen Anschauung. Auch wenn zur Möglichkeit der Erfahrung die Allgegenwart des Kontinuums bewegender Kräfte voraus gesetzt werden muss, ist die unmittelbare sinnliche Wahrnehmung bewegender Kraft kein empirischer Beweis des allgemeinen Prinzips dieser Wahrnehmbarkeit. Die Bestimmung des Stoffes als nicht empirischer Grund jeder Erfahrung, nicht wahrnehmbare Bedingung von Wahrnehmbarkeit und gleichsam übersinnliche Grundlage jeder sinnlichen Anschauung überhaupt, beinhaltet einen Widerspruch, zu dessen Aufhebung zwei Unterscheidungen unerlässlich sind. Es muss erstens zwischen dem einen Erfahrungsgegenstand (dem einen Sinnenobjekt und dem Inbegriff bewegender Kräfte in kollektiver Einheit) und der distributiven Einheit einzelner Erfahrungsgegenstände unterschieden werden. Die Totalität die der Weltstoffbegriff vorstellt ist nur durch Vernunft, nicht aber durch sinnliche Anschauung zu bewähren. Als einiger und einziger Erfahrungsgegenstand gedacht, kann der Weltstoff nicht angeschaut werden, muss aber wirklich sein, um die rein formale Anschauung zuerst zu bezeichnen.[574] Das Gleiche gilt

572 OP, AA 21: 573.08.
573 OP, AA 21: 562.09 f.
574 Vgl. OP, AA 21: 217.16 f.

zweitens für seine grundlegenden Bewegkräfte, die von den daraus abgeleiteten Bewegkräften zu unterscheiden sind. Die Agitation des Materieganzen in unaufhörlicher Anziehung und Abstoßung ist als Primitivkraft ebenso wenig wie der eine Stoff in seiner Totalität der direkten Wahrnehmung durch die Rezeptivität des Subjekts fähig. Sie ist allgemeine bewegende Kraft[575] und „Basis" jeder anderen materiegetragenen Bewegung.[576] Gegenstand direkter, unmittelbarer Wahrnehmung sind jedoch nur die besonderen bewegenden Kräfte, deren Existenz diese allgemeine Basis des unaufhörlich bewegten Weltstoffs voraus setzt. Diese Differenzierungen von kollektiver und distributiver Einheit einerseits, und primitiven wie derivativen bewegenden Kräften[577] der Materie andererseits, sind zur Hebung des Widerspruchs, der aus Kants Bestimmung des Weltstoffs als Erfahrungsprinzip erwächst, unabdingbar.

Besondere Aufmerksamkeit verdient der Schluss des obigen Zitats. Schon auf dem mit „Übergang 3" bezeichneten Bogen stellt Kant fest, dass „der Begriff eines Elementarstoffs" die „Basis aller möglichen Wahrnehmungen der bewegenden Kräfte der Materie im Raume und in der Zeit ist".[578] Aufgrund dieser Funktion als allgemeiner Basis der Wahrnehmbarkeit überhaupt wird der Begriff dieses Stoffes „zum alleinigen Prinzip der Möglichkeit der Erfahrung von einem absoluten Ganzen aller innerlich bewegenden Kräfte der Materie gemacht [...] und nach der Regel der Identität als ein solches erkannt".[579] Dass das Subjekt seine Erfahrung, ihre Gegenstände und Gesetze und deren Objektivität durch seine Begriffe selbst macht, ist die Kernthese des transzendentalen Idealismus. Im Falle des Begriffs eines absoluten Ganzen der Erfahrung, der das stoffliche Prinzip der Erfahrung der (begrifflichen) Form nach vorstellt, macht sich das Subjekt diesen Begriff einer einheitlichen Erfahrung. Es denkt diese absolute Identität im und durch den Begriff des Weltstoffs und bestimmt damit die Erfahrung selbst. Die Pointe ist, dass im Denken der Einheit der Erfahrung durch den Begriff der einen „Materie überhaupt" diese Einheit und der sie realisierende Stoff real wird. Die Form wird objektiv real, indem sie durch das, was in dieser Form gegeben sein muss, notwendig erfüllt wird. Die Wirklichkeit des Stoffes realisiert den Erfahrungsbegriff.[580] Daher kann Kant wie schon in den vorangegangenen Teilen des Entwurfs

575 Vgl. OP, AA 21: 217.03–05.

576 OP, AA 21: 581.01 f. ; OP, AA 21: 217.01 f.

577 Vgl. OP, AA 21: 275.12–18; die Unterscheidung primitiver und derivativer Kräfte, findet sich bereits bei Leibniz im *Specimen Dynamicum* vgl. GM 6, S. 236.

578 OP, AA 21: 225.01–03.

579 OP, AA 21: 225.16–19.

580 Vgl. OP, AA 21: 225.20–26: „Diese Form eines solchen allverbreiteten alldurchdringenden und an seiner eigenen Stelle continuirlich bewegenden Weltstoffs characterisirt nun die ursprünglich

„Übergang 1 – 14“ feststellen, dass die hier in „Übergang 11“ Wärmestoff genannte „Materie überhaupt“ ein „nach dem Grundsatz der Identität (analytisch) erweislicher und in den Begriffen selbst a priori gegebener Stoff“ ist.[581] Die reale Existenz des Materieganzen liegt a priori im Begriff der Erfahrung, die nicht nur eine beliebige Erfahrung im Sinne einer Wahrnehmung ist, sondern die eine und einzige überhaupt mögliche Erfahrung.

Deshalb bezeichnet Kant am Rand der Seite, auf welcher sich der soeben betrachtete Beweisgang findet, sein Argument als eine „Deduction eines empirischen Begriffs aus den subjectiven Principien der Moglichkeit Einer Erfahrung welche alsdann ein Erkentnis *a priori* ausmacht, nach dem Princip der Identität (analytisch)“.[582] Der Gebrauch des Weltstoffbegriffs wird auf Basis des Prinzips möglicher Erfahrung gerechtfertigt. Wenngleich empirische Begriffe gar keiner Deduktion im Sinne eines Beweises ihrer Befugnis zur Anwendung bedürfen, wird hier ein empirischer Begriff deduziert. Wiederum zeigt sich der Widerspruch, der mit dem Begriff des Inbegriffs der Materie verbunden ist. Als Totalität des Empirischen ist der Weltstoff gerade nicht empirisch, sondern sein Begriff, der die materielle Einheit der Erfahrung überhaupt vorstellt, ist a priori durch die Vernunft gegeben. Deshalb bedarf im Falle des Wärmestoffs ein empirischer Begriff einer Deduktion zu seiner Rechtfertigung.[583]

Wenngleich ihnen eher der Charakter stichpunktartiger Ergänzungen eignet, dürfen die übrigen Marginalien Kants zu seiner Argumentation keinesfalls vernachlässigt werden:

---

bewegende Materie nicht zu einem blos hypothetischen Stoffe als gedichtet um gewisse Phänomene nach gegebenen Erfahrungsgesetzen zu erklären sondern zu einem realen, existirenden Stoff, nach dem Princip der Möglichkeit der Erfahrung selbst und verschafft dadurch dem Begriffe desselben objective Realität“.

581 Vgl. auch OP, AA 21: 233.07 – 14: „Wärmestoff [...] ist die Basis zum System der bewegenden Kräfte welche analytisch nach Begriffen d.i. nach der Regel der Identität, aus dem Princip der Zusammenstimmung mit der Möglichkeit der Erfahrung überhaupt, hervorgeht also keinen hypothetischen der immer nur problematisch bleibt sondern categorisch und in Beziehung auf welche jener Stoff selbst eine Erfahrungssache wird“.

582 OP, AA 21: 573.15 – 17. In „Übergang 1 – 14“ ist nur an zwei Stellen von einer Deduktion die Rede; vgl. auch OP, AA 21: 586.19: „Deduction des Wärmestoffs“. Weitaus häufiger spricht Kant von einem Beweis.

583 Während im Falle der reinen Verstandesbegriffe durch deren Deduktion gezeigt wird, dass und wie sich Begriffe von Gegenständen überhaupt (vgl. KrV B128) a priori auf ein in der Anschauung gegebenes Mannigfaltiges beziehen, wird hier gezeigt, dass und wie die Einheit der Erfahrung auf der Annahme eines kontinuierlich durch Bewegung erfüllten Raums beruht, dessen Existenz damit zu ihrer Möglichkeit notwendig gesetzt werden muss.

Distributive Einheit der Warnehmungen in einer collectiven der bewegenden Kräfte. – Jener Stoff ist die Basis zu Erfahrungen

Äußere Erfahrung selbst beruht auf den das Subject selbst afficirenden bewegenden Kräften der Materie. Das Förmliche der Verknüpfung dieser Eindrücke in Einer Erfahrung[584]

Bereits die erste Randbemerkung Kants erhellt unter Bezug auf den Weltstoffbegriff und die Erfahrung das Verhältnis von Verstand und Vernunft. Der Verstand erweist sich durch die transzendentale Apperzeption in ihrer Vermittlung durch die Kategorien als einheitsstiftend. Die Einheit, die der Verstand zu stiften vermag bezieht sich einerseits auf die Gegenstände der Erfahrung, als auch auf die Erfahrungen selbst. Die distributive Einheit des Verstandes erfasst jedoch keine Totalitäten. Sie verbindet in der Sinnlichkeit gegebene anschauliche Vorstellungen durch allgemeinste Denkformen zu Objekten und zu gesetzlich bestimmten Wahrnehmungen. Diese Wahrnehmungen oder Erfahrungen setzen aber, um gesetzlich bestimmte Einheiten und als solche Teile eines absolut einheitlichen gesetzmäßigen Ganzen zu sein, dieses absolute Ganze voraus. Auch bezogen auf das absolute Ganze begegnet eine Dualität von Stoff und Form. Die Form des Ganzen der Erfahrung gibt die Vernunft. In Entsprechung zu dieser absoluten begrifflichen Form wird der Stoff als ein Inbegriff, eine kollektive Einheit der bewegenden Kräfte der Materie gegeben. Diese stoffliche Allheit, die die Einheit der Erfahrung material vorstellt, ist „die Basis zu Erfahrungen", d. h. zu einzelnen Wahrnehmungen als Limitationen an der vorausgesetzten Einheit. Die äußere Erfahrung setzt – dies hatte Kant bereits an den Anfang seines ersten Beweises a priori der Existenz und der Notwendigkeit der Voraussetzung des Weltstoffs gestellt – die Affektion des Subjekts voraus. Diese Sinneseindrücke, das Material der Erfahrung zu bündeln und in Form einer kollektiven Einheit zu denken obliegt der Vernunft als dem Vermögen, Totalitäten im Denken zu begreifen.

Auf den Bogen „Übergang 11" und „Übergang 12" werden diese Gedanken zu immer größerer Deutlichkeit herausgearbeitet.[585]

AA21: 573.25–574.12 „Anmerkung 1"[586]

Auf die im Vorangegangenen dargestellte Beweisargumentation folgen zwei Anmerkungen. Während „Anmerkung 2" eine neue Rechtfertigung des Beweisver-

584 OP, AA 21: 573.18–22.

585 Vgl. insbesondere Kants Anmerkung auf der zweiten Seite des ersten Bogens „Übergang 12" OP, AA 21: 586.09–24.

586 Der gesamte Text der zweiten Seite des X. Bogens im fünften Konvolut ist von Kant mit einer vertikalen Linie durchstrichen. Welche Rückschlüsse dies bezüglich der Aussagen des dort befindlichen Texts zulässt, bleibt jedoch fraglich. Kant hat nach Angaben der Herausgeber der Akademie Ausgabe die „Ziffern zu den Anmerkungen wahrscheinlich später hinzugesetzt", was

fahrens beinhaltet, stellt Kants erste Anmerkung eher eine ergänzende Erläuterung zum Beweis dar. Sie lautet wie folgt:

> Äußere Warnehmung als Stoff zur Erfahrung kann selbst nichts anders als Wirkung agitirender Kräfte der Materie in dem Subjecte seyn. Diese müssen also a priori vorausgesetzt werden. – Der leere Raum aber (er mag der eingeschlossene oder umgebende seyn) ist kein Gegenstand möglicher Erfahrung. Die subjective analytische Einheit also der Möglichen Erfahrung ist zugleich die objective synthetische der Gegenstände der Erfahrung – Äußere Erfahrung selbst beruht auf den das Subject (als physischen Körper) bewegenden Kräften der Materie nur daß die distributive Einheit der von diesen bewirkten Warnehmungen desselben in die collective der dazu erfoderlichen bewegenden Krafte der Form der Einheit (Gesammtheit) in dem Ganzen der Erfahrung gemäß gedacht und so der die Sinne bewegende Stoff welcher subjectiv gedacht eben darum auch objectiv als Gegenstand der Erfahrung schlechthin gegeben wird.[587]

Kants erste Anmerkung in „Übergang 11“ bündelt nahezu alle zentralen Gedanken des Gesamtentwurfs „Übergang 1–14“ und zeigt überdies sehr deutlich die Modifikationen, die Kant in diesem Entwurf an seinem Erfahrungsbegriff und seinem System des transzendentalen Idealismus vornimmt. Jede Wahrnehmung von etwas Äußerlichem ist eine Empfindung, d. h. die subjektive Entsprechung zu demjenigen, was äußerlich wahrgenommen wird.[588] Sie wird durch die Gegenwart des Äußerlichen bewirkt und korrespondiert demjenigen, was die Ursache zu dieser Wirkung oder Affektion ist. Um etwas Äußeres wie bspw. eine Veränderung zu erfahren, sind auch in der Konzeption der KrV bewegende Kräfte vonnöten.[589] Erfahrung setzt also auch nach Kants erster Kritik bewegende Kräfte voraus. Dass diese Voraussetzung von etwas Empirischen wie der bewegenden Kräfte a priori ist, und bewegende Kräfte der Materie zu den Bedingungen der Möglichkeit a priori von Erfahrung überhaupt gezählt werden müssen, wird jedoch allenfalls implizit an wenigen Stellen der ersten Kritik erkennbar.[590] Auch wenn die Notwendigkeit der Materie als Inbegriff des zur Erfahrung Gegebenen Kant zufolge

---

gegen die Auffassung spricht, Kant habe durch seine Durchstreichung den Text beider Anmerkungen verworfen; vgl. OP, AA 21: 573 App. zu Zeile 23. Dagegen spricht ferner, dass Kant beim Durchstreichen ganzer Textabschnitte meist mehrere schräge oder vertikale Linien verwendet; vgl. bspw. im Autograph die dritte Seite des Bogens X und erste Seite des XI. Bogens im fünften Konvolut. Für derlei offenkundige Durchstreichung verwendet die Akademie Ausgabe das Symbol Δ.

587 OP, AA 21: 573.25–574.12.

588 Vgl. KrV B34.

589 Vgl. KrV B252.

590 Vgl. bspw. die Dritte Analogie der Erfahrung KrV B260 f.; hierzu Edwards (2000), S. 6: „Moreover, the Third Analogy's argument against empty space presupposes, that a universal dynamical plenum can only be a continuum of the original forces of matter.“

bereits aus den „Verhandlungen der transzendentalen Analytik folgt",[591] werden die agitierenden Kräfte der Materie hier in „Übergang 1–14" zu einer weiteren Bedingung der Möglichkeit von Erfahrung überhaupt und zum Gegenstand einer Deduktion. Hier manifestiert sich ein deutlicher Einschnitt. Auch wenn an einigen Stellen der ersten Kritik die Voraussetzung bewegender Kräfte der Materie erkennbar wird, sind die übrigen Thesen Kants in obigem Zitat verglichen mit dem Konzept der Transzendentalphilosophie in der KrV völlig neu. Das Subjekt denkt die zur distributiven Verstandeseinheit der Wahrnehmungen notwendigen Kräfte der Materie in kollektiver Einheit. Dieser subjektiv gedachten absoluten Einheit der Gesamterfahrung entsprechend wird der Stoff, der diese Gesamtheit der Erfahrung in materieller Hinsicht darstellt, gegeben. Wie in der KrV bestimmt das denkende Subjekt seinen Gegenstand, nur dass dieser Gegenstand hier in „Übergang 11" kein beliebiger Erfahrungsgegenstand ist, der durch die reinen Formen des Denkens im Verstand des Subjekts seine Bestimmung zur Objektivität erhält, sondern eine Totalität, für die nicht ein Verstandesbegriff, wohl aber ein Vernunftbegriff die a priori bestimmende Funktion ausübt. Er wird „subjectiv gedacht" und „eben darum auch objectiv als Gegenstand der Erfahrung schlechthin gegeben". Das Verstandesdenken bestimmt a priori den Erfahrungsgegenstand; das Denken der Vernunft bestimmt a priori die Einheit der Erfahrung als Gegenstand, mit dem Unterschied, dass dieser eine und einzige Gegenstand nicht empirisch angeschaut werden kann. Im Entwurf „Übergang 1–14" erfüllt ein nicht anschaulicher Vernunftbegriff von einer Totalität a priori eine für die Erfahrung überhaupt konstitutive Funktion.

Von besonderem Interesse ist auch der im obigen Zitat durch Gedankenstriche innerhalb des Kontexts separierte Passus: „— Der leere Raum aber (er mag der eingeschlossene oder umgebende seyn) ist kein Gegenstand möglicher Erfahrung. Die subjective analytische Einheit also der Möglichen Erfahrung ist zugleich die objective synthetische der Gegenstände der Erfahrung —".[592] Diese zwei Thesen Kants stellen den Interpreten vor folgende Schwierigkeiten. Erstens ist zu fragen, was Kant in diesem Kontext unter der subjektiv analytischen und der objektiv synthetischen Einheit möglicher Erfahrung versteht und zweitens, wie beide Sätze aufeinander zu beziehen sind. Dass beide Thesen in einem Zusammenhang stehen wird durch das „also" ebenso nahe gelegt, wie durch den Umstand, dass beide Sätze von Kant durch die Gedankenstriche deutlich aus dem umgebenden Kontext heraus gehoben wurden. Eine Antwort auf die erste Fragestellung wird dadurch erschwert, dass von einer subjektiv analytischen Einheit nur an dieser Stelle in

591 KrV B610.
592 OP, AA 21: 274.01–05.

„Übergang 1–14" die Rede ist. Eine plausible Deutung der fraglichen Textstelle wird jedoch durch Einbeziehung des §16 der Transzendentalen Deduktion der reinen Verstandesbegriffe in Ausgabe B der KrV ermöglicht.[593] Auch dort stellt Kant eine analytische und eine synthetische Einheit in ein Bedingungsverhältnis, das in äußerster Kürze wie folgt dargestellt werden kann:

Die analytische Einheit des Bewusstseins ist die gedankliche Einheit verschiedener Vorstellungen. In Allgemeinbegriffen werden verschiedene Vorstellungen denen ein gemeinsames Merkmal zukommt zu einer analytischen Einheit des Bewusstseins verbunden. Damit diese Einheit zustande kommen kann, ist es notwendig, vorauszusetzen, dass Vorstellungen überhaupt mit einem Merkmal, das als solches ebenfalls eine Vorstellung ist, verbunden sein können. Es bedarf einer vorausgesetzten Bedingung der Möglichkeit, Vorstellungen zu verbinden, damit die auf ein bestimmtes Merkmal bezogene Verbindung von Vorstellungen in einem Allgemeinbegriff, d. h. die analytische Einheit des Bewusstseins möglich ist. In seinem Beispiel nennt Kant den Begriff der Farbe Rot. Der Gedanke „rot überhaupt"[594], d. h. der Begriff der roten Farbe, ist als Vorstellung unabhängig von der Vorstellung bestimmter Dinge, denen das Merkmal ‚von roter Farbe' zukommt. Dennoch setzt seine Genese als Allgemeinbegriff der roten Farbe notwendig voraus, dass das Merkmal ‚von roter Farbe' mit verschiedenen Gegenständen verbunden sein kann.

Bezogen auf die Einheit des Bewusstsein *als Vorstellung*, um welche es Kant an der betreffenden Stelle des §16 geht, ist das gemeinsame Merkmal die Vorstellung des Bewusstseins selbst als dasjenige, was allen möglichen bewussten Vorstellungen als deren Gemeinsames zukommt. Kant drückt dieses gemeinsame Merkmal durch den Satz „Ich denke" aus. Der Möglichkeit nach muss ich alle möglichen Vorstellungen mit der Vorstellung „Ich denke" verbinden können. Dafür, dass das Bewusstsein selbst auf den Begriff gebracht wird und ein conceptus communis des Bewusstseins überhaupt möglich ist, d. h. zur Möglichkeit der analytischen Einheit des Bewusstseins bezogen auf die Vorstellung des Bewusstsein selbst, bedarf es dem zufolge der basalen Bedingung der Möglichkeit, Vorstellungen überhaupt zu verbinden. Diese Verbindung ist ursprünglicher und grundlegender als die Verbindung, die das Denkvermögen im Zuge der Genese eines Allgemeinbegriffs stiftet.[595] Die verbindende Tätigkeit des Verstandes als des

593 Ob Kant selbst diesen Bezug gesehen hat, was die in „Übergang 1–14" eher seltene Verwendung des Begriffs „Deduction" im selben Kontext des Bogens „Übergang 11" erklären könnte, bleibt ungeachtet der Gründe, die dafür sprechen mögen, reine Spekulation.

594 KrV B134.

595 Vgl. KrV B133: „Also nur dadurch, daß ich ein Mannigfaltiges gegebener Vorstellungen in einem Bewußtsein verbinden kann, ist es möglich, daß ich mir die Identität des Bewußtseins in

Vermögens der Begriffe (die allesamt synthetische Vorstellungen sind) setzt den „Verstand selbst",[596] d.h. die synthetische Einheit des reinen transzendentalen Selbstbewusstseins voraus.

In „Übergang 11" stehen die subjektiv analytische Einheit der Erfahrung und deren objektiv synthetische Einheit in einem ähnlichen Bedingungsverhältnis. Der Erfahrungsbegriff, d.h. die subjektiv analytische Einheit der Erfahrung ist das Produkt eines transzendentalen Rekurses auf die Bedingungen der Möglichkeit von Erfahrung überhaupt als der Gesamtheit gesetzmäßig verknüpfter Wahrnehmungen. Zu diesen Bedingungen zählt mit Notwendigkeit die absolute Einheit der Erfahrung, die ihrerseits unerlässliches Kriterium ihrer schlechthinnigen Gesetzmäßigkeit ist. Damit diese Einheit der Erfahrung gewährleistet wird und statt finden kann, bedarf es mithin eines notwendigen Grundes der Verbindung jeder möglichen Wahrnehmung zur Einheit der einen Erfahrung überhaupt. Alle äußere Wahrnehmung setzt Empfindung als Wirkung bewegender Kräfte der Materie im Subjekt voraus. Die Verknüpfung dieser Wahrnehmung zu einer durch transzendentale Naturgesetze bestimmten Einheit, und damit zu einer Erfahrung im Sinne des Begriffs einer solchen, ist aber nur möglich, wenn die Einheit der formalen subjektiven Möglichkeitsbedingungen wie Raum und Zeit auch dadurch real wird, dass die zur Wahrnehmung notwendig vorausgesetzten bewegenden Kräfte an jeder Stelle des Raumes präsent sind. Der leere Raum, sei er nun ein eingeschlossener Raum oder eine Grenze des Raumes kann nicht zur Erfahrung als Einheit gehören. Er widerspricht dem Begriff von Erfahrung. Damit wird die Erfüllung des Raumes durch bewegende Kräfte der Materie zu einer notwendigen Bedingung von Erfahrung überhaupt. Diese Notwendigkeit verbindet beide Thesen des obigen Zitates. Die Realität liegt a priori im Begriff der Erfahrung und der Begriff ist nur möglich unter der Voraussetzung der Erfahrung selbst: Die subjektiv analytische Einheit der Erfahrung in ihrem Begriff setzt also die objektiv synthetische Einheit der Erfahrung „als Gegenstand",[597] d.h. als Inbegriff der Wahrnehmungen, der Erscheinungen (Natur), und der bewegenden Kräfte voraus – sie ist mit ihr identisch. In „Übergang 11" und auch auf den nachfolgenden Bögen „Übergang 12" wird die Identität des Subjekts und Objekts bezogen auf das absolute Ganze der Erfahrung explizit.

Dies zeigt sich auch in der anschließenden zweiten Anmerkung Kants in „Übergang 11".

---

diesen Vorstellungen selbst vorstelle, d.i. die analytische Einheit der Apperception ist nur unter der Voraussetzung irgend einer synthetischen möglich".

596 KrV B134.

597 OP, AA 21: 574.11.

AA21: 574.13–575.08 „Anmerkung 2"

Kants zweite Anmerkung beinhaltet in ihrem ersten Absatz erstens eine Rechtfertigung des Beweises selbst und zweitens eine Darstellung seiner Methode. Der zweite Absatz stellt eine Erläuterung des eigentlichen Beweisgrundes dar, der ihrerseits der Charakter einer Argumentation zukommt.

Der erste Absatz der „Anmerkung 2" lautet wie folgt:

> Der Beweis des obigen Satzes ist in seiner Art einzig welches doch nicht befremden darf weil auch das Object Einer gesammten Erfahrung auf welches die Begriffe von den bewegenden Kräften der Materie bezogen werden, selbst einzeln ist. Im Grunde wird hiebey indirect verfahren d.i. die Warheit des Satzes durch die Unmöglichkeit des Gegentheils dargethan: nämlich weil wiedrigenfalls der leere Raum ein Gegenstand möglicher Erfahrung seyn würde welches sich wiederspricht[598]

Dass die Betonung der Einzigkeit des Beweises einer erfahrungskonstitutiven Materie, seine Rolle als Unikum und Sonderfall in den Kontext seiner Rechtfertigung gestellt wird, ist deshalb von Bedeutung, weil es zeigt, dass Kant keinesfalls seine Restriktion der Möglichkeit, aus bloßen Begriffen einen Existenzbeweis zu führen,[599] aufhebt. Jede Rechtfertigung des Beweises der Existenz des Weltstoffs hat ihren Grund in dieser Restriktion im Zusammenhang der Dialektik der KrV und kann als ein Beleg für deren Gültigkeit auch im Entwurf „Übergang 1–14" angesehen werden. Jenes durchaus legitime Befremden, auf das Kant in nahezu allen beweisapologetischen Anmerkungstexten dieses Entwurfs hinweist, resultiert genau aus der Einsicht, dass ein derartiger Beweis im Rahmen einer kritischen Transzendentalphilosophie allem Anschein nach eine Unmöglichkeit darstellt. Kant stellt diesem legitimen Befremden angesichts der Argumentation die Betonung entgegen, dass es sich dabei um eine Ausnahme handelt. Der a priori Beweis der Existenz des Inbegriffs der Materie, auf den sich der Begriff des Weltstoffs bezieht, ist dabei nicht eine Ausnahme unter vielen, sondern die eine und einzige legitime Ausnahme überhaupt.[600] Der Beweis ist ebenso einzig, wie sein Gegen-

---

598 OP, AA 21: 574.13–20.

599 Vgl. KrV B620 ff.

600 Die deutlichste Stelle hierzu findet sich auf dem zweiten Bogen „Übergang 12", vgl. OP, AA 21: 592.05–15: „Es ist objectiv nur Eine Erfahrung und alle Warnehmungen stehen in einem nicht gedichteten sondern gegebenen System des absoluten Ganzen derselben d.i: „es existirt ein Absolut// Ganzes als System der bewegenden Krafte der Materie denn der Begrif von einem solchen ist objectiv ein Erfahrungsbegrif mithin ist ein solcher gedachte Gegenstand wirklich" (hier, aber auch nur in diesem einzigen Fall, kann gesagt werden a poße ad esse valet consequentia) Dieser Begrif ist einzig in seiner Art (vnicus), darum weil sein Object auch einzeln (conceptus singularis) ist; denn das All der Materie bezeichnet nicht eine distributive sondern stand, nämlich „alle mögliche bewegende Kräfte der Materie in collectiver Einheit verbunden“ und sein Beweisgrund. Auch die Erfahrung ist schlechthin einzig[601] und „der Begriff des Ganzen äußerer Erfahrung“ ist es, der die Existenz des zu Beweisenden als Bedingung seiner Möglichkeit nach voraus setzt. Diese Voraussetzung bedingt die Methode des Beweises, der per negationem oppositi,[602] d.h. durch die Darlegung der Unmöglichkeit der gegensätzlichen Annahme geführt wird. Wenn diese zuträfe und die Existenz einer allverbreiteten, den Raum dynamisch erfüllenden Materie ausgeschlossen würde, müsste die Möglichkeit einer Wahrnehmung der Nichtexistenz, d.h. des schlechterdings Leeren eingeräumt werden. Der Grund dafür ist die unzweifelhafte Einheit der Erfahrung. Die durch den reinen Verstand gestiftete Einheit der Erfahrung zu bezweifeln würde den transzendentalen Idealismus aufheben. Da Wahrnehmung Affektion voraussetzt, wäre die Annahme des Gegenteils der Existenz allgegenwärtiger auf das Subjekt wirkender bewegender Kräfte, widersprüchlich.

Fraglich ist und bleibt jedoch, ob eine derartige Ausnahme, wie sie der a priori Beweis des Welstoffs in „Übergang 1–14“ darstellt, nicht selbst eine Aufhebung des kritischen transzendentalen Idealismus bedeutet.

Der zweite Absatz der „Anmerkung 2“ lautet wie folgt:

> Der Wärmestoff ist also für sich selbst und objectiv gedacht ein blos hypothetischer Stoff dessen Begriff aber subjective Realität hat welches doch seiner Allgemeinheit als Princip a priori keinen Abbruch thut Idee kein Gegenstand möglicher Erfahrung, aber doch die Basis derselben ist weil die synthetische Einheit des Ganzen möglicher Erfahrung objective Realität hat indem der Begrif desselben vor allen Erfahrungen als formales Princip d.i. a priori im Verstande vorhergehen muß um die Verknüpfung derselben (der Erfahrungen) die eine Gesamteinheit ist möglich zu machen. Diese Basis liegt in dem Vorstellungsvermögen des Subjects; weil dieses aber auf die Einheit des Ganzen möglicher Erfahrung überhaupt zuerst bezogen wird und die Erfahrungsvorstellungen nicht anders als in dieser Form ins Gemüth kommen können so hat der Begrif von dieser Einheit (des Wärmestoffs als Basis der Vereinigung der bewegenden Kräfte der Materie) auch objective Realität; denn selbst die Existenz der Vorstellung eines Sinnenobjects durch welches das Subject afficirt wird ist die Wirkung der bewegenden Kräfte einer Materie welche zuerst bewegend ist[603]

Die These Kants, der so genannte Wärmestoff sei „für sich selbst und objectiv gedacht ein blos hypothetischer Stoff“ steht nicht im Widerspruch zu vorherigen Behauptungen. Bereits auf dem Bogen „Übergang 4“ hat Kant ebenfalls im Kontext

collective Allgemeinheit der Gegenstände die zur Absoluten Einheit aller möglichen Erfahrung gehören“.

601 Vgl. bspw. OP, AA 21: 571.21; OP, AA 21: 576.20.

602 Vgl. OP, AA 21: 592.22.

603 OP, AA 21: 574.21–575.08.

einer den Beweis rechtfertigenden Anmerkung deutlich gemacht, dass die so bezeichnete Materie bei einer direkten Beurteilung und Beziehung der Vorstellung auf das Objekt selbst, nur ein hypothetischer Stoff genannt werden könne.[604] Der Beweis der Existenz desselben verfährt aber gerade „nicht objectiv aus Erfahrung (empirisch)“[605], sondern indirekt. Direkt betrachtet bleibt die Existenz des Wärmestoffs eine bloße Hypothese, die keiner Demonstration fähig ist.[606] Dies ist schon durch den Begriff des Wärmestoffs ausgeschlossen, der einen Inbegriff darstellt. Als Begriff einer Totalität ist er notwendig „Idee kein Gegenstand möglicher Erfahrung“ im Sinne einer empirischen Anschauung.[607] Indem er aber als allgemeine Form der Erfahrung und Grund ihrer Einheit a priori im (transzendentalen) Subjekt fungiert, ist er keine bloße Hypothese, sondern beansprucht den selben Realitätsstatus wie alle erfahrungskonstitutiven Prinzipien. In „Übergang 11“, wie schon auf dem vorherigen Bogen „Übergang 10“ wird explizit, was schon die früheren Teile von „Übergang 1–14“ erkennen ließen:[608] der Wärmestoff ist eine Idee, der bezogen auf Erfahrung die Rolle eines Prinzips und einer nicht allein regulativen Bedingung der Möglichkeit zugewiesen wird.[609] Dies ist die bedeutendste Veränderung, die Kant in „Übergang 1–14“ an seinem Erfahrungsbegriff vornimmt.

Im Falle des Welt- oder Wärmestoffes fallen die subjektive und objektive Realität in eins. Als allgemeines Prinzip möglicher Erfahrung a priori ist der Begriff des Wärmestoffs als die Form der gesamten äußeren Erfahrung subjektiv real. Durch diese Form a priori, die der Vernunftbegriff eines Inbegriffs bewegender Kräfte der Materie ist, wird das zur Möglichkeit der Erfahrung überhaupt gegebene Material formiert. Es erhält die Form einer absoluten Einheit, die durch das subjektive Denkvermögen gestiftet wird. Da sämtliche „Erfahrungsvorstellungen nicht anders als in dieser Form ins Gemüth kommen können so hat der Begrif von dieser Einheit (des Wärmestoffs als Basis der Vereinigung der bewegenden Kräfte

---

604 Vgl. OP, AA 21: 230.13–15.

605 OP, AA 21: 226.01.

606 Kants Verwendung des Begriffs Demonstrieren/Demonstration ist in „Übergang 1–14“ uneinheitlich. Einmal wird er – ganz im Sinne meiner obigen Verwendung – für eine empirische, direkte und anschauliche Beweisführung, bspw. auf dem Wege des Experiments, verwendet (vgl. bspw. OP, AA 21: 603.22 f); an anderer Stelle – so auch einmal in „Übergang 11“ steht er für den indirekten Weg des Beweises, vgl. OP, AA 21: 571.15 f.

607 OP, AA 21: 574.23 f.

608 Vgl. in „Übergang 10“ bspw. OP, AA 21: 563.11–15 ; OP, AA 21: 564.01–12.

609 Vgl. OP, AA 21: 571.01–05 : „Der Übergang der metaph. Anf. Gr. der NW. zur Physik geschieht eben durch die Idee vom Wärmestoff welcher darum kein blos hypothetischer sondern der allein alle Körper in allen Räumen Erfahrungsmäßig leitende und continuirlich verbreitete in Einer Erfahrung zusammenhängende Stoff seyn muß“.

der Materie) auch objective Realität".[610] Die objektive Realität eines Stoffes, der Erfahrung überhaupt möglich macht, wird in einer Form gegeben, die durch das Subjekt a priori bestimmt ist. Was nicht dieser subjektiven Form im Begriff der einen „Materie überhaupt" entspricht, d. h. der schlechterdings leere Raum innerhalb (oder auch außerhalb) des einen Raumes möglicher Erfahrung, gehört nicht zur Erfahrung und ist kein Gegenstand einer solchen. Ohne etwas in dieser Form Gegebenes, das durch bewegende Kräfte Einfluss auf die Sinnlichkeit ausübt, ist keine Vorstellung möglich.

Am Rand neben den beiden Anmerkungen notiert Kant eine Reihe von Thesen, die untereinander nur durch ihren Bezug auf die übergeordneten Themen des gesamten Entwurfs „Übergang 1–14" verbunden sind. Auch der Bezug auf die Anmerkungen ist nur mittelbar.

Zuerst unterscheidet Kant den physischen und den mathematischen Körper.[611] Die Erkenntnis physischer Körper ist nur a posteriori möglich, die des mathematischen Körpers hingegen a priori. Mathematische Körper nach der Definition, die Kant an dieser Stelle formuliert, beruhen auf einer Limitation des Raumes als reiner Anschauung a priori. Der Raum entspricht dem Raum der euklidischen Geometrie. Mathematischer Körper ist ein „*a priori* [...] beschränkter Raum nach den 3 Abmessungen" der Länge, Breite und Höhe.[612] Dieser mathematische Körper ist Voraussetzung physischer Körper[613] insofern, als der physische Körper als ausgedehnter Erfahrungsgegenstand den Raum selbst voraussetzt. Lediglich seine empirische Beschaffenheit als physischer Körper, wie Schwere, Textur etc. sind Dinge, die erst durch die Erfahrung des Naturkörpers erkannt werden.[614]

Die anschließende Reflexion widmet sich der Unterscheidung der Bewegung der Materie in eine ursprüngliche und eine abgeleitete Form.[615] Die Bemerkung zur primitiven Materiebewegung bietet nichts wirklich Neues; die so bezeichnete Bewegung ist eine solche, die ihren Ort nicht verändert, d. h. innere Bewegung. Ihre Agitation fußt auf der Dualität der Grundkräfte Attraktion und Repulsion;

610 OP, AA 21: 575.02–05.
611 Vgl. OP, AA 21: 575.09–11.
612 OP, AA 21: 575.10 f.
613 Vgl. OP, AA 21: 575.11. „Der erstere [der physische Körper] setzt den letzteren Voraus".
614 Vgl. hierzu auch KrV B11 f.
615 Vgl. OP, AA 21: 575.12–19: „Die primitive Bewegung der Materie ist diejenige welche nicht locomotiv (ortverändernd) sondern nur in ihrem eigenen Platz durch Anziehung und Abstoßung ihrer Theile beweglich und bewegend agitirend ist. Mit welcher die Bewegung anhebt. Beyder Bewegung setzt einen Anfang voraus der von selbst innerlich geschieht. Die derivative Bewegung ist die welche ein Object moglicher Erfahrung ist dadurch daß sie den Raum als äußeres Sinnenobject Basis überhaupt vorstellig macht imgleichen leere Zeit ohne Bewegungen welche vorhergingen".

dadurch ist sie als Konkussions- oder Erschütterungsbewegung klassifiziert.[616] Interessanter ist der zweite Teil der Reflexion (obwohl Kants Satz unvermittelt abbricht), den Kant am Rand des Bogens notiert hat. Hier zieht Kant – im Unterschied zu vorangegangenen Erörterungen der Frage nach einem Anfang der Materiebewegung – das spontane Anheben der Bewegung nicht in Zweifel, sondern stellt ohne Weiteres fest, dass dieser Anfang „von selbst innerlich geschieht“.[617] Ein weiterer Widerspruch innerhalb des unvollständigen Satzes ist die Behauptung, dass nicht die primitiven, sondern die derivativen Kräfte Grund der Erfahrbarkeit des Raumes überhaupt sind. Die Vermutung liegt nahe, in diesen widersprüchlichen Aussagen den Grund dafür zu sehen, dass der Satz ein Fragment geblieben ist.

Ebenfalls am Rand ist der Satz notiert, mit dem die Akademie Ausgabe den Abdruck der zweiten Seite von „Übergang 11“ enden lässt.[618] Kant gründet auch die räumliche Gemeinschaft des Zugleichseins der entferntesten Gegenstände, der „Weltkörper“, d. h. der Planeten, auf die Omnipräsenz der subtilen Materie des Wärmestoffes. Kant stellt die These auf, dass der Raum, den der Wärmestoff, verglichen mit wägbaren Materie der Körper einnimmt, gegen unendlich geht und zieht dies zur Begründung der weiten Distanzen, die das Licht durch den Raum zurücklegt, heran. Während in der dritten Analogie der Erfahrung eine „mittelbare Gemeinschaft“ durch das Licht ermöglicht wird, welches „zwischen unserem Auge und den Weltkörpern spielt“,[619] wird in „Übergang 11“ die Fähigkeit des Lichts, diese Gemeinschaft und die Wechselwirkung der zugleich im Raum befindlichen Gegenstände zu stiften, mit der Existenz der unwägbaren Materie des Wärmestoffs verknüpft, die den Raum durch ein Kontinuum bewegender Kraft „nicht in [körperlicher, vjr] Substanz, sondern in Erschütterung“ erfüllt.[620]

Kants Reflexionen zu Beginn der dritten Seite des Bogens „Übergang 11“ knüpfen an vorangegangene Überlegungen zur Körperbildung an. Da Materie in ihrer allgemeinen Auffassung nichts Anderes ist, als bloß bewegende Kräfte in Anziehung und Abstoßung und diese Kräfte notwendig zur Bildung physischer

616 Vgl. OP, AA 21: 575.24 sowie OP, AA 22: 610.04 f.

617 OP, AA 21: 575.16; an diesen Stellen werden die Nähe der Leibnizschen und Kantischen Weise, den Kraftbegriff zu denken offenbar. Wo Kraft ist, da ist Substanz und Tätigkeit (vgl. KrV B249 f.). Die Kraft ist bei Leibniz „le constitutif de la substance“ und „le principe d'action“ und hinsichtlich der Materie dasjenige, was sie „rend [...] capable d'agir et de résister“ (GP 4, 472). Wie Kant in „Übergang 11“ verbindet auch Leibniz im Specimen Dynamicum den Begriff primitiver Kraft mit dem Potential, unabhängig von äußeren Ursachen aus sich selbst heraus tätig zu werden (GM 6, 236).

618 Vgl. OP, AA 21: 575.20 – 24.

619 KrV B260.

620 OP, AA 21: 575.24.

Körper vorausgesetzt werden müssen, muss Kant zufolge „Materie seyn deren bewegende Kraft körperbildend ist“.[621] Nach dem Kant solcher Art die Notwendigkeit der Existenz von Materie auf Basis ihrer Funktion als metaphysisches Prinzip der Körperbildung festgestellt hat, wirft er die Frage nach der Wesensart einer solchen Materie auf: „Von welcher Beschaffenheit denkt man sich diese Materie um uranfänglich bewegend und bildend zu seyn“.[622] Der verbleibende Teil des Bogens „Übergang 11“ widmet sich einer erneuten detaillierten Klärung dieser Frage in Form einer transzendentalen Argumentation. Den Anfang macht ein von Kant mit dem Titel „Vom Wärmestoff“ versehener Abschnitt.[623]

> Die Existenz einer allverbreiteten alldurchdringenden und allbewegenden Materie welche den Weltraum erfüllt anzunehmen ist eine Hypothese welche zwar durch keine Erfahrung bewährt wird aber doch wenn sie Grund hat a priori als eine Idee aus der Vernunft hervorgehen muß; es sey um gewisse Phänomene zu erklären da alsdann jene Materie als ein blos hypothetischer Stoff nur gedacht wird oder sie zu postuliren ist, weil doch von irgend einer Bewegung die bewegenden Kräfte der Materie zu agitiren anheben müssen.[624]

Zunächst macht Kant deutlich, worauf sich die Existenzannahme bezieht. Es geht um eine allverbreitete Materie, die den Raum in seiner Gesamtheit erfüllt, alles in diesem Raum zu durchdringen, und zudem dasjenige, was sie durchdringt in Bewegung zu setzen vermag. Zunächst einmal handelt es sich bei einer solchen Annahme um eine Hypothese, da auf Basis der Erfahrung keine Gewissheit der Existenz eines derartigen Stoffes zu erhalten ist. Wenn die Annahme der Existenz jedoch begründet ist, wird die Verunft zum Ursprung dieser Idee. Bereits durch diese Ursprungsbestimmung der hypothetisch als existierend angenommenen Materie wird deutlich, dass nur die Materie in ihrer Totalität gemeint sein kann. Es ist der Vernunftbegriff a priori von Materie, ihre Idee. Für das Hervorgehen dieser

---

621 OP, AA 21: 575.26.

622 OP, AA 21: 575.27 f.

623 OP, AA 21: 576.01. Vor dem Hintergrund aller vorangegangenen Reflexionen des Entwurfs „Übergang 1–14“ erweist sich dieser Titel als eher unpassend. Wenn, so Kant im vorangegangenen, wie in der zeitgenössischen Physik von Wärmestoff die Rede ist, ist diese Rede allenfalls provisorischen Charakters (vgl. OP, AA 21: 215.24 ; 560.11). Zwar verwendet Kant auf den späteren Bogen von „Übergang 1–14“ die Bezeichnung Wärmestoff verhältnismäßig häufiger; dennoch distanziert er sich meist im selben Kontext von der Auffassung, Wärmestoff sei wie die Zwischenmaterien der Physik für die Empfindung von Wärme oder deren Erzeugung als ursächlich anzusehen (vgl. bspw. OP, AA 21: 233.08 f. ; OP, AA 21: 560.11–13 ; OP, AA 21: 572.07–09 ; OP, AA 21: 600.13 f.). Auch in dem mit der Überschrift „Vom Wärmestoff“ betitelten Abschnitt wird zwischen der Auffassung des so bezeichneten Stoffes als bloße Hypothese in naturwissenschaftlichen Zusammenhängen und als notwendiges Postulat differenziert.

624 OP, AA 21: 576.02–09.

Idee einer Materie aus der Vernunft nennt Kant zwei Gründe. Deren erster ist bloß heuristisch, der zweite Grund ist die Notwendigkeit einen Anfang der Bewegung aller Materie zu setzen. Im unmittelbar nachfolgenden Abschnitt führt Kant jedoch noch weitere Gründe an.

> Man sieht leicht daß die Existenz eines solches Stoffs zwar nicht als Gegenstand der Erfahrung und von dieser abgeleitet d.i. empirisch erweislich aber doch als Gegenstand möglicher Erfahrung postulirt werden müsse welches auch bedingterweise indirect a priori gar wohl geschehen kann wenn nur das Sinnenobject überhaupt was gar kein Gegenstand möglicher Erfahrung ist, dergleichen der leere (einschließende oder eingeschlossene) Raum seyn würde imgleichen eine leere Zeit die entweder vor der Bewegung dieser Materie vorhergehe oder durch einen dazwischen gebrachten absoluten Stillstand der eben so ein Nichts ist eingeschoben würde[625]

Die Existenz des Stoffes welcher der Vernunftidee a priori einer Materie korrespondiert, kann nicht auf Basis der Empirie, d. h. direkt nachgewiesen, wohl aber mit Notwendigkeit postuliert werden, was Kant zufolge unschwer einzusehen ist. Um die Existenz des Stoffes a priori nachzuweisen bedarf es nur, sich die Gründe seiner Notwendigkeit a priori zu vergegenwärtigen. Das „Sinnenobject überhaupt", von dem Kant spricht, ist der erfahrbare und damit notwendig erfüllte Raum in seiner Gesamtheit. Von Materie getragene Bewegung macht den Raum überhaupt erst zu einem Sinnenobjekt; das Leere innerhalb und außerhalb dieses einen Erfahrungsraumes hingegen hebt seine Einheit auf. Aus bereits mehrfach genannten Gründen – unter anderem dem Antinomien Problem[626] – ist auch die Annahme einer leeren Zeit ein Unding. Die Materie ist im Raum, sie ist im ganzen Raum und sie ist in fortwährender Bewegung. Es zeigt sich auch hier wie an vielen vorangegangenen Stellen des Entwurfs „Übergang 1–14", dass die einzelnen Gründe dafür, die notwendige Existenz der einen Materie überhaupt a priori zu behaupten, nichts weiter sind, als Explikationen des Begriffs der Einheit der Erfahrung. Dies zeigt besonders deutlich der nachfolgende Abschnitt der Kantischen Argumentation auf der dritten Seite des Bogens „Übergang 11":

> Es ist aber objectiv nur Eine Erfahrung und wenn von Erfahrungen gesprochen wird so sind diese nur als subjectiv in einer stetigen Reihe möglicher Warnehmungen verknüpfte Vorstellungen der Existenz der Dinge Denn wäre ein Lücke **zwischen** denselben so würde eine Kluft (hiatus) der Uberschritt von einem Act der Existenz zum Andern und so die Einheit des Leitfadens der Erfahrung zerrissen seyn zu welcher Begebenheit um sie sich vorzustellen

625 OP, AA 21: 576.10–19.
626 Vgl. KrV B455.

> selbst wiederum Erfahrung gehören müßte, welches unmöglich ist weil das Nichtseyn kein Erfahrungsgegenstand seyn kann.[627]

Alles was nach Kants Konzeption eines transzendentalen Idealismus in das Gemüt des erkennenden Subjekts eingeht, sind Vorstellungen.[628] Erfahrungen, d.h. empirische Vorstellungen von Gegenständen möglicher Erfahrung in Raum und Zeit, sind nur Limitationen an einer vorausgesetzten schlechthinnigen Einheit; der Einheit der Erfahrung, der Einheit des Raumes als umfassendem Bezugssystem der Gegenstände möglicher Erfahrung in ihrem Nebeneinander, und der Einheit der Zeit als umfassenden Bezugssystem der Gegenstände möglicher Erfahrung in ihrem Nacheinander und ihrem Bezogensein als Relata in einem Ursache-Wirkungs Verhältnis. Die Einheit der Erfahrung setzt voraus, dass eine kontinuierliche Verknüpfung der subjektiven Wahrnehmungen möglich ist. Keine Wahrnehmung ist in der Lage, das Leere zu überwinden und Einheit der Erfahrung auch in der Vorstellung über ein absolut Leeres hinweg zu ermöglichen. Die Einheit der Erfahrung ist nur dann vorstellbar, wenn eine durchgängige empirische Synthesis der Apprehension möglich ist, d. h. wenn es dem erkennenden Subjekt möglich ist, kontinuierlich Wahrnehmung an Wahrnehmung zu knüpfen. Die Tätigkeit des Wahrnehmens wird hier von Kant als ein Akt der Existenz bezeichnet. Dies drückt zum einen aus, dass Wahrnehmung selbst Tätigkeit ist, zum anderen bringt diese Formulierung den Kerngedanken eines transzendentalen Idealismus auf den Punkt. Das Subjekt macht Erfahrungen, indem es ein in der Anschauung gegebenes Mannigfaltiges tätig apprehendiert, und es macht Erfahrung, indem es im erkennenden Aufnehmen des Gegebenen die allgemeine Gegenständlichkeit und Gesetzmäßigkeit der Erfahrung selbst konstituiert.[629] Besonders interessant an obigem Zitat ist jedoch die Feststellung, dass selbst die Vorstellung einer Lücke, d. h. eines leeren Raumes innerhalb des Erfahrungsganzen, die den Leitfaden der Erfahrung einer durchgängigen empirischen Synthesis der Apprehension zu zerreißen im Stande wäre, nicht möglich ist. Das Leere vorzustellen ist unmöglich, da nur Gegenstände möglicher Erfahrung auch als Vorstellungsinhalte möglich sind.

Im nächsten Abschnitt der Argumentation, den Kant mit einem „§" überschreibt, wird die Ausgangsfrage beantwortet. Dieser Paragraph von „Übergang 11" zählt aufgrund seiner inhaltlichen Dichte zu den schwierigsten Passagen des Gesamtentwurfs „Übergang 1–14". Stück für Stück werden die Bedingung der

627 OP, AA 21: 576.20–577.04.

628 Vgl. KrV B376 f.

629 Heidegger verwendet in seiner Kant Interpretation für die konstitutive Funktion des reinen Verstandes hinsichtlich allgemeiner Gegenstände (Naturdinge) die Bezeichnung „ontologische Erkenntnis", vgl. Heidegger (1995), bspw. S. 47, 186.

Möglichkeit einer Erfahrung als absoluter Einheit transzendentallogisch zusammengefügt.

> Äußere Warnehmungen aber zur möglichen Erfahrung (denen nur noch die Form der Verknüpfung derselben mangelt) sind selbst nichts anders als Wirkung agitirender Kräfte der Materie auf das warnehmende Subject und ehe noch gefragt wird welche Objecte der Sinne Gegenstände der Erfahrung seyn oder nicht seyn mögen ist nur von der Form ihrer Verknüpfung d.i. vom Formalen möglicher Erfahrung die Rede und die Frage ob es dieser gemäß sey oder nicht (Forma dat eße rei), wo von der collectiven Einheit der Erfahrung und den Bedingungen derselben gehandelt wird Die Einheit derselben in der durchgängigen Bestimmung des Objects ist zugleich die Wirklichkeit desselben[630]

Ausgangspunkt sind äußere Wahrnehmungen, die nichts anderes sind als Affektionen die das Subjekt durch bewegende Kräfte der Materie erleidet. Diesen empirischen Vorstellungen als Wirkungen bewegender Kräfte fehlt zunächst dasjenige, was ihre Einheit formal begründet. Wenn Kant davon spricht, dass den Wahrnehmungen „noch die Form der Verknüpfung [...] mangelt“, so ist dies nicht in einem zeitlichen Sinne zu verstehen. Es geht um die Bedingung der Möglichkeit, Wahrnehmungen als empirische Vorstellungen zu verknüpfen. Diese Bedingung, d.h. die Form von Erfahrung als kollektive Einheit aller möglichen Wahrnehmungen, ist dann wirklich, wenn sie Grund einer durchgängigen Bestimmung des Objekts ist: jedes einzelnen Erfahrungsobjekts, dass in der übergeordneten Einheit der gesamten Erfahrung aufgehoben ist und diese als Bedingung seiner Möglichkeit voraussetzt. Die Form der Verknüpfung aller Wahrnehmungen zu einer Einheit leitet zu dem eingangs bezüglich seiner Existenz infrage gestellten Stoff über.

> Wenn nun ein gewisser zwar anfangs nur hypothetisch angenommener Stoff als Gegenstand moglicher Erfahrung gedacht wird so ist die Zusammenstimmung seiner Reqvisite wenn der Begriff davon zugleich die durchgängige Bestimmung desselben nach dem Satz der Identität enthält zugleich ein Beweis seiner Wirklichkeit (existentia est omnimoda determinatio) und da diese auf das All der mit einander Verbundenen Kräfte geht seiner Einzigkeit (vnicitas) daß nämlich jedes Ganze desselben im Raumesverhältnis zu anderen Systemen mit diesen relativ auf die bewegende Kräfte der Materie ein absolutes Ganze und absolute Einheit aller moglicher Gegenstände der Erfahrung hiemit aber zugleich die Existenz eines solchen Ganzen ausmacht, dessen Erkennbarkeit mithin Möglichkeit das Daseyn einer solchen a priori (als nothwendig) darzuthun davon die Folge ist.[631]

630 OP, AA 21: 577.06–15.
631 OP, AA 21: 577.16–578.02.

In diesem Satz kulminieren nahezu alle bisherigen Überlegungen des Entwurfs „Übergang 1–14" bezogen auf die „Materie überhaupt" und ihre transzendentale Funktion. Wenn ein allgegenwärtiger, alles durchdringender, bewegter und bewegender und den Raum durch Bewegung erfüllender Stoff als ein Kontinuum aller möglichen bewegenden Kräfte gedacht wird, der durch diese seine Bestimmung zum Grund der Einheit aller Gegenstände der Erfahrung und der Erfahrung selbst wird, so liegt die wirkliche Existenz dieses Stoffes a priori im Begriff. Der Stoff ist Bedingung der Möglichkeit der Verknüpfung aller Wahrnehmungen, Bedingung der Möglichkeit der Einheit aller räumlichen Subsysteme innerhalb des einen übergeordneten Bezugssystems des Raumes und als allein denkbarer Grund der absoluten Einheit der Erfahrung des Ganzen ihrer Gegenstände zugleich die Wirklichkeit dieses Ganzen. Ein so gedachter Stoff ist als Inbegriff alles dessen, was zur Möglichkeit der Erfahrung in Form bewegender Kräfte gegeben ist der Grund der durchgängigen Bestimmung eines jeden einzelnen existierenden Erfahrungsgegenstandes; er ist jedoch ebenso Grund der durchgängigen Bestimmung der Erfahrung selbst als existierendem Gegenstand. Existenz und durchgängige Bestimmung sind gleichbedeutend. Die im Begriff des fraglichen Stoffes liegende absolute Ganzheit und Einheit der Erfahrung ist, wenn dieser Stoff selbst als Gegenstand möglicher Erfahrung gedacht wird Grund seiner Wirklichkeit. An keiner Stelle kommen die Kantischen Reflexionen des Entwurfs „Übergang 1–14" den im Kapitel *Von dem transzendentalen Ideal* im Dialektik Teilstück der KrV entwickelten Gedanken näher als auf den Bogen „Übergang 11" und „Übergang 12". Wenn der Gedanke dieses zunächst nur hypothetisch angenommenen Stoffes und der „Zusammenstimmung seiner Reqvisite" ein solches Reflexionsniveau erreicht hat,[632] erübrigt sich alles weitere Beweisen, da die Existenz des Gegenstandes in diesem einen und einzigen Fall im Begriff des einen Gegenstandes möglicher Erfahrung überhaupt liegt. Die gedankliche Nähe der Reflexion die Kant in „Übergang 11" anstellt und der Reflexionen zum transzendentalen Ideal wird auch anhand der von Kant verwendeten Begriffe deutlich.

> Das Object Einer allbefassenden Erfahrung enthält in sich alle subjectiv//bewegende mithin sinnlich afficirende und Warnehmungen bewirkende Krafte der Materie deren Gesammtheit Wärmestoff heißt als die Basis dieser allgemeinen Krafterregung welche alle (physische) Körper und hiemit auch das Subject selbst afficirt und aus deren synthetischem Bewustseyn welches nicht empirisch seyn darf die formale Bedingungen dieser die Sinne bewegenden Kräfte in Anziehung und Abstoßung entwickelt werden.[633]

632 OP, AA 21: 577.17 f.
633 OP, AA 21: 578.03–10.

Von einer allbefassenden Erfahrung ist nur hier und im Kapitel von dem transzendentalen Ideal die Rede.[634] Alles was sich zur Möglichkeit der Erfahrung im Raum befindet, ist nichts anderes, als Bewegung, die Wahrnehmung möglich macht, indem sie die Sinnlichkeit des Subjekts affiziert. Anders ausgedrückt ist das, was zur Möglichkeit der Erfahrung gegeben ist, nichts anderes als bloße Verhältnisse.[635] Der Inbegriff dieser Verhältnisse, bzw. der attraktiven und repulsiven bewegenden Kräfte der Materie, für welchen Wärmestoff eine mögliche, wenngleich nicht ideale Bezeichnung ist, ist damit das eine Objekt möglicher Erfahrung, ihr einiger Gegenstand, und die alleinige Basis, das Prinzip aller durch sinnliche Affektion zustande gekommenen Vorstellung, mithin der Erfahrung überhaupt. Die Form einer absolut einheitlichen Erfahrung, und damit dasjenige was der Begriff des Wärmestoffs vorstellt, darf Kant zufolge nicht empirisch sein. Kants formaler transzendentaler Idealismus, der im Entwurf „Übergang 1–14“ wie auch in den anderen Entwürfen des Nachlasswerkes zwar bis an den Rand seiner Selbstaufhebung modifiziert, nicht aber hin zu einem im Vollsinne materialen Idealismus aufgehoben wird, begründet die Objektivität und Gesetzmäßigkeit der Erfahrung durch subjektive Formen a priori, sei es der Sinnlichkeit in den reinen Anschauungen von Raum und Zeit, sei es der Dinge durch die reinen Formen des Denkens, die Kategorien. Nur die Apriorität dieser subjektiven Form garantiert die Objektivität der Erfahrung und damit auch die Möglichkeit, sie zum Gegenstand einer Metaphysik, die den Anspruch erhebt Wissenschaft zu sein, zu machen. Die notwendige Apriorität der Form betrifft in „Übergang 1–14“ nicht allein die formalen Bedingungen einzelner Gegenstände der Erfahrung, sondern die gegenständlich gedachte Erfahrung selbst. Dies wird besonders durch Kants Fußnote zu dem zuletzt zitierten Abschnitt von „Übergang 11“ deutlich gemacht:

> Nur durch das was der Verstand selbst macht versteht das Subject seinen Gegenstand und dies ist das Formale der Gesammtheit der Warnehmungen in Einer möglichen Erfahrung. – Der leere Raum ist kein Gegenstand möglicher Erfahrung; also nur der von Materie durchgangig in Substanz eingenommene Raum. Die leere Zeit d.i. die Existenz des Beweglichen als eines solchen in so fern es ohne Bewegung folglich (was die Coëxistenz und Succession betrift) kein Sinnenobject ist, ist gleichfalls kein Gegenstand möglicher Erfahrung.[636]

Die eine Erfahrung, andersgewendet die Natur als das eine Objekt und der Inbegriff aller möglichen Erfahrungen,[637] ist nur dann verständlich, also dem Verstehen zugänglich, wenn sie verständlich, also durch den (reinen) Verstand im

634 Vgl. KrV B610.
635 Vgl. KrV B66.
636 OP, AA 21: 578.21–28.
637 Vgl. KrV A114.

Ganzen wie in ihrem Teilen formal bestimmt ist.[638] Der Verstand versteht nur dasjenige in der Natur, was er selbst als strukturierende Form in die Natur hinein legt.[639]

Eine absolut objective, d.h. einheitliche Erfahrung die das Subjekt der Form nach denkt, und für die dieses Denken Bedingung der Möglichkeit ist, ist nur dann wirklich, wenn die vom Subjekt gedachte Form des einen Raumes von Materie durchgängig in Substanz eingenommene Form ist. Nur Materie an jedem Ort ermöglicht eine durchgängige empirische Synthesis der Apprehension, also die stetige kontinuierliche Verknüpfung von Wahrnehmungen als Limitationen an dieser übergeordneten absoluten Einheit.

Die Substanz im Raum das eine allgegenwärtige Bewegliche ist Grundlage möglicher Wahrnehmungen und zugleich Grundlage der Strukturierung aller Wahrnehmungsinhalte in ihrem Vor- bzw. Nacheinander und in ihrer Gleichzeitigkeit. Substanz im Raum und die Zeit sind untrennbar miteinander verbunden. Das was den Raum erfüllt, zu einem Gegenstand der Erfahrung macht, und das Leere ausschließt, stellt auch die Zeit empirisch vor. Es ist Grundlage ihrer Vorstellung und ihr letztes Substrat. So wie das Fehlen des Beweglichen an einer Stelle des Raumes die Einheit desselben und damit die Einheit der Erfahrung aufhebt, hebt auch das Fehlen des Beweglichen, der Gedanke eines völligen Stillstands die Zeiteinheit und mit ihr die Einheit der Erfahrung auf. Das notwendige wechselseitige Bedingungsverhältnis von Raum, Zeit, und materieller Substanz, welches Kant bereits auf dem Bogen „Übergang 2" deutlich gemacht hatte,[640] tritt immer wieder als maßgeblicher Grund hervor, den Wärmestoff a priori mit Notwendigkeit existierend zu setzen. Wenn Erfahrung wirklich eine Einheit ist, so ist das Substrat dieser Einheit wirklich, und kann als solches a priori bewiesen werden.

Dass dieser Beweisgrund rein subjektiv ist und die wirkliche Existenz des so genannten Wärmestoffs durch Kants Argumentation a priori nur relativ auf das Erkenntnisvermögen des Subjekts bewiesen wird, wird Kant nicht müde zu betonen.

> Da es hier nun in der Frage ob es einen alldurchdringenden u.s.w. Elementarstoff gebe nur auf das Subjective der Empfänglichkeit für das Sinnenobject jenen zum Gegenstande einer synthetisch//allgemeinen Erfahrung zu haben ankömmt nicht ob er mit jenen Attributen an sich existire sondern ob die empirische Anschauung desselben als zum Gantzen Einer

638 Stellen wie diese belegen, dass auch Kants gedankliche Neubestimmung des Verhältnisses von Verstand und Vernunft in „Übergang 1–14" hinsichtlich des Zustandekommens der Erkenntnis nicht über das Stadium eines Entwurfs hinaus gelangt.

639 Vgl. KrV BXVIII.

640 Vgl. OP, AA 21: 224.03f.

> moglichen Erfahrung gehörend jene schon in ihrem Begriffe (nach dem Grundsatz der Identität) enthalte sondern nur relativ auf das Erkentnisvermögen in so fern es in der Idee das Ganze möglicher Erfahrung in einer Gesammtvorstellung befaßt und so als a priori gegeben denken muß so muß jener subjectiv als die Basis der Vorstellung des Ganzen Einer Erfahrung auch objectiv als ein solches Princip der Vereinigung der bewegenden Kräfte der Materie geltend seyn.[641]

Es geht in der Frage nach der Existenz der „Materie überhaupt“ oder des Wärmestoffs mit seinen von Kant genannten Eigenschaften um die Rezeptivität des Subjekts überhaupt und damit darum, ob es dem Subjekt überhaupt möglich ist, eine synthetisch allgemeine Erfahrung zu haben, zu welcher der Wärmestoff das gegenständliche Korrelat vorstellt.[642] Eine synthetisch gedachte Allgemeinheit ist gerade nicht eine solche, die eine Einheit in der Vielheit durch Abstraktion, wie bei der Genese empirischer Begriffe, zu Stande bringt, sondern vielmehr eine Einheit, welche die Vielheit in sich begreift.[643] Ebenso wie der Wärmestoff sind auch der Raum, die Zeit, und die Erfahrung als synthetisch allgemein in diesem Sinne zu begreifen. Kants Hinweis, dass es beim Versuch, die Frage nach der Existenz des Wärmestoffs zu klären, nicht um eine Existenz „an sich“ gehen kann, für die die subjektiven Erkenntnisbedingungen keine Rolle spielen, erscheint auf dem Boden einer kritischen Transzendentalphilosophie beinahe überflüssig. Es zeigt sich an Stellen wie dieser, dass es nur als ein Missverständnis der Kantischen Position in „Übergang 1–14“ betrachtet werden kann, wenn man Kant eine Wende zu einem absoluten oder materialen Idealismus attestiert. Wenn überhaupt, so wird eine Hinwendung zu dem Gedanken erkennbar, die bestimmende Funktion der subjektiven Erkenntnisvermögen auf einen zuvor unbestimmten Bereich auszuweiten. Es bleibt die „absolute Aposteriorität“ des Gegebenen;[644] sie erfährt jedoch durch den neuen Materiebegriff, mit dem Kant im Entwurf „Übergang 1–14“ experimentiert, eine weitere Beschränkung. Der Wärmestoff oder die Materie überhaupt ist die Vorstellung eines Gegenstandes, der der subjektiven Form absoluter Einheit der Erfahrung entspricht. Indem das Subjekt die Form der Einheit und Ganzheit der Erfahrung denkt, ist die wirkliche Existenz des Stoffs der diese Einheit ent-

641 OP, AA 21: 578.11–579.02.

642 Vgl. auch OP, AA 21: 581.04–07: „Es kommt bey der Frage über die Existentz des Wärmestofs wenn sie a priori erkannt werden soll darauf an nicht wie das Object sondern wie die Erfahrung von diesem Object als Gesammtbegrif von dem Object (nach der collectiven Einheit desselben) also subjectiv möglich sey“.

643 Vgl. hierzu OP, AA 21: 247.13–15 : „Analytisch// allgemein ist ein Begriff durch den eines in Vielem, – synthetisch// aber wodurch Vieles in einem als zusammen unter einen Begriff gebracht wird“.

644 So die Bezeichnung des jungen Hegel in der Vorrede zur „Differenz...“-Schrift, GW 4: 06.

spricht, mitgegeben – aber eben mit-gegeben. Das Subjekt bestimmt durch sein Denken das zur Möglichkeit der Erfahrung gegebene Material der Form nach in seiner Gesamtheit und in seiner allgemeinsten Auffassung. Den subjektiven Erkenntnisvermögen entspringt keine besondere Materie. Es werden keine bestimmten Sinnesdaten erzeugenden bewegenden Kräfte a priori begründet. Dasjenige, was das Subjekt a priori antizipiert, ist einzig die Materie als transzendentales Prinzip einer allgegenwärtigen, Wahrnehmungen möglich machenden Agitation. Aus diesen allgemeinen bewegenden Kräften der Materie können jedoch noch weitere derivative Kräfte und Bedingungen abgeleitet werden.[645]

Durch die Existenzbeweise des Entwurfs „Übergang 1–14“ wird also nur die Frage beantwortet, ob und inwiefern die Existenz der Materie überhaupt a priori im Begriff von Erfahrung als Bedingung ihrer Möglichkeit liegt, und auf dem Wege einer analytischen Beweisführung aus diesem Begriff geschlossen werden kann; also die Frage nach der subjektiven Wirklichkeit dieser Materie.[646] Mit der subjektiven Wirklichkeit, von welcher Kant an verschiedenen Stellen des Entwurfs „Übergang 1–14“ spricht, ist keine bloße Subjektivität gemeint. Die Frage nach einer transzendentalen Realität des Wärmestoffs „an sich“ wird – dies hatte das letzte Zitat gezeigt – überhaupt nicht gestellt; seine subjektive Wirklichkeit als transzendentales Prinzip ist jedoch mit seiner empirischen Realität gleichbedeutend.

Das Ergebnis der Argumentation ist die erneute Feststellung dieser Realität:

---

645 Es bedarf, wie manche Passagen von „Übergang 1–14“ nahelegen, keiner bloß reflektierenden Urteilskraft mehr um das Unbestimmte zu denken, als wäre es a priori bestimmt. Phänomene wie Organismen werden in der neuen Materietheorie des „Übergangs zur Physik“ a priori denkbar – wenn auch als Grenzbegriffe der Propädeutik, die der Übergang, oder die Metaphysik der Natur hinsichtlich einer wissenschaftlichen Physik zu geben vermag (vgl. OP, AA 21: 214.03–05). Den allgemeinen Bestimmungsgrund liefert die subjektive Erkenntnis in den transzendentalen Naturgesetzen der Grundsätze des reinen Verstandes und im Begriff einer spontanen, sich selbst organisierenden „Materie überhaupt“. Aus ihr können die besonderen Gesetze der Natur abgeleitet werden. Im Unterschied zur Auffassung des Entwurfs „Übergang 1–14“ hatte Kant in 1781 noch festgestellt, der Ursprung besonderer Gesetze der Natur sei nicht der reine Verstand, wenngleich diese Gesetze nur „besondere Bestimmungen der reinen Gesetze des Verstandes“ seien (Vgl. KrV A127 f.); sechs Jahre später hatte Kant behauptet, die vollständige Ableitung besonderer Gesetze aus jenen, die nur die allgemeine Gesetzmäßigkeit der Natur überhaupt beruht, d. h. den transzendentalen Naturgesetzen des reinen Verstandes in der Anwendung der Kategorien auf ein in Raum und Zeit gegebenes Mannigfaltiges der Erscheinung, sei nicht möglich, auch wenn die besonderen Gesetze „alle insgesamt unter jenen stehen“ (KrV B165). Diese Ableitung des Besonderen aus dem Allgemeinen wird jedoch in „Übergang 1–14“ nicht nur als Möglichkeit behauptet, sondern soll durch den „Übergang zur Physik“ geleistet werden.

646 Vgl. OP, AA 21: 581.13–24.

> Der Wärmestoff ist wirklich weil der Begrif von ihm (mit den Attributen die wir ihm beylegen) die Gesammteinheit der Erfahrung möglich macht. Nicht als Hypothese für wargenommene Objecte um ihre Phänomene zu erklären sondern: unmittelbar um die Möglichkeit der Erfahrung selbst zu begründen ist er durch die Vernunft gegeben.[647]

Zwei Dinge werden durch die Formulierung besonders hervorgehoben: zum einen erneut die Subjektivität des Wärmestoffbegriffs, zum anderen die erfahrungskonstitutive Funktion seiner Idee. Es sind nicht die Attribute eines Stoffes an sich, sondern Eigenschaften die er durch das Subjekt erhält, die ihm das Subjekt beilegt, damit er die Erfahrung möglich machen und begründen kann. Der Begriff des Wärmestoffs als Begriff eines absoluten Ganzen geht nicht als bloße Richtschnur des Denkens, sondern als Bedingung der Möglichkeit von Erfahrung überhaupt aus der Vernunft hervor.

Wie bei vielen vorangegangenen argumentativen Klärungen der Frage nach der Existenz des Wärmestoffs lässt Kant auch diesem Beweis eine rechtfertigende Anmerkung folgen. Im Unterschied zu vorherigen Anmerkungen ähnlichen Inhalts fügt er in diesem Falle jedoch keinen Zwischentitel in den Text ein und widmet der beweisapologetischen Anmerkungen einen eigenen Abschnitt, sondern fügt die Rechtfertigung der Beweismethode der obigen Existenzbehauptung als Fußnote bei.

> Diese indirecte Beweisart der Existenz eines Dinges ist einzig in ihrer Art und darum auch befremdlich; aber sie wird weniger befremden wenn man bedenkt daß der Gegenstand derselben auch einzeln und kein Begriff ist der mehreren gemein ist. Denn so wie es nur Einen Raum und nur Eine Zeit (als Objecte der reinen Anschauung) giebt so giebt es auch nur Einen Gegenstand möglicher äußerer Erfahrung im Felde der Caussalität der Warnehmung von Aussendingen denn alle sogenannte Erfahrungen sind immer nur als Theile Einer Erfahrung vermöge des allverbreiteten unbeschränkten Wärmestoffs welcher alle Weltkörper in einem System verbunden und in Gemeinschaft der Wechselwirkung versetzt[648]

Die reale Existenz des Gegenstandes, der dem Begriff des Wärmestoffs entspricht, folgt – so der Kerngedanke des indirekten Beweises seiner Realität – aus dem Begriff von Erfahrung als absoluter Einheit bzw. aus der Unmöglichkeit einer solchen bei Annahme der Nichtexistenz.[649] Wenn Kant wiederholt im Kontext seiner Anmerkungen zur Rechtfertigung des Beweises und eines indirekten Verfahrens feststellt, dass ein Befremden in Anbetracht des Beweises zwar durchaus legitim ist, aber durch die Betonung der schlechthinnigen Einzelheit des auf diese

647 OP, AA 21: 579.02–07.
648 OP, AA 21: 579.22–31.
649 Vgl. OP, AA 21: 580.16–18: „Nicht viel Erfahrungen (sondern blos Warnehmungen) und nur Eine Erfahrung negativ durch das Nichtseyn des leeren Raums“.

Weise bewiesenen Gegenstandes gehoben werden kann, so muss stets mitbedacht werden, dass diese Einzelheit eine solche im Feld möglicher Erfahrung ist. Im Falle eines schlechterdings erfahrungsjenseitigen Gegenstandes, d. h. eines transzendenten Schöpfers, kann die Behauptung der Einzelheit des zu beweisenden Gegenstandes nicht zur Rechtfertigung eines Existenzbeweises aus dem bloßen Begriff herangezogen werden. Nur der Begriff möglicher Erfahrung als Einheit impliziert die Existenz des einen Gegenstandes der diese Einheit realisiert.

Die transzendentale Realisierung des Erfahrungsganzen durch den Gegenstand des Existenzbeweises a priori wird in obigem Zitat besonders dadurch deutlich, dass Kant explizit Raum und Zeit als Objekte der reinen Anschauung von dem „Einen Gegenstand möglicher äußerer Erfahrung im Felde der Caussalität der Warnehmung von Aussendingen" unterscheidet. Raum und Zeit als reine Anschauungen und bloße Formen der Anschauung a priori sind zwar formale Bedingungen der Möglichkeit empirischer Anschauungen eines gegebenen Mannigfaltigen im Subjekt, aber aufgrund ihres bloß formalen Status nicht hinreichend, eine Wahrnehmung von Außendingen adäquat zu begründen. Es bedarf des in Raum und Zeit gegebenen Mannigfaltigen in einem Inbegriff und als ein einzelner Gegenstand gedacht.[650] Nur durch die Realität dieses einen Gegenstandes – des raumerfüllenden Kontinuums bewegender Kräfte in Anziehung und Abstoßung – werden alle Systeme innerhalb der Erfahrung (so auch die Gemeinschaft der Weltkörper respektive Planeten) im übergeordneten systematischen Zusammenhang der einen Erfahrung integriert und in Beziehung und Wechselwirkung gesetzt.[651]

Ähnlich wie bei „Übergang 2" finden sich auch am Ende des Bogens „Übergang 11" eine Reihe von Thesen und Reflexionen, denen der Charakter einer

650 Vgl. auch OP, AA 21: 579.15–19: „Das Object der collectiv// allgemeinen Erfahrung (der synthetischen Einheit der Warnehmungen) ist also gegeben; das Object der distributiv// allgemeinen Erfahrung wovon sich das Subject einen Begriff (der analytischen Einheit der moglichen Erfahrung) macht wird nun blos gedacht denn es gehört blos zur Form derselben". Auch die Form der absoluten Einheit der Erfahrung im Begriff des Wärmestoffes, in Entsprechung zu welcher das Objekt der synthetischen Einheit aller möglichen Wahrnehmungen gegeben wird, ist ein cogitabile, d. h. ein Gegenstand des Denkens. Als Begriff der Totalität des zur Möglichkeit der Erfahrung gegebenen Materials ist seine Einheit jedoch nicht die distributive Einheit des Verstandes, sondern die kollektive Einheit der Vernunft. Einem Vernunftbegriff kollektiver Einheit bzw. synthetischer Allgemeinheit entspricht das Gegebene in seiner kollektiven Einheit.

651 Vgl. auch folgende Notiz auf der vierten Seite von „Übergang 11": „Man kan in der ursprünglichen Causalverbindung nicht von den Theilen zum Ganzen sondern nur umgekehrt von der Idee des Gantzen zu den Theilen gehen. – Die Einheit aller Weltsysteme u. ihre Gemeinschaft" (OP, AA 21: 580.12–15).

äußerst knappen und prägnanten Zusammenfassung der bis dahin von Kant herausgearbeiteten Gedanken eignet.[652]

> Die Materie deren bewegende Kräfte in einem Subject vereinigt aus allen Erfahrungen Eine Gesammterfahrung macht ist die Basis aller Erfahrungen und der Wärmestoff Dieser ist daher alldurchdringend etc[653]

Der letzte Grund der Einheit der Erfahrung liegt im Subjekt – genauer im reinen Verstand desselben. Wenngleich Kant hier nicht explizit die Einheit des transzendentalen Selbstbewusstsein als Möglichkeitsbedingung dafür nennt, dass die bewegenden Kräfte der Materie „in einem Subject vereinigt“ sein können und dadurch die Erfahrung als Einheit möglich machen, wird innerhalb „Übergang 1–14“ – und auch im übrigen Nachlasswerk – kein anderer letzter Grund der Einheit im Subjekt genannt, der an die Stelle der Apperzeption treten könnte. Einheit der Vorstellungen schafft allein der reine Verstand. Im Unterschied zur Gestalt des Transzendentalen Idealismus, wie sie sich in der KrV manifestiert, artikuliert sich diese einheitsstiftende Funktion jedoch in „Übergang 1–14“ nicht nur in den Kategorien bezogen auf einzelne Objekte der Erkenntnis, sondern ebenso in dem Begriff des Wärmestoffs bezogen auf die quasi gegenständliche Einheit der Gesamterfahrung selbst. Damit ist der Wärmestoff ein Begriff, in dem die Funktion des Verstandes und der Vernunft in eins fallen, bzw. die strikte Grenzziehung zwischen transzendentaler Analytik und transzendentaler Dialektik (in diesem einen und einzigen Falle) durchlässig wird.[654] Er ist ein Vernunftbegriff der Totalität des Erfahrbaren, der wie ein Verstandesbegriff konstitutiv für Erfahrung ist, indem er die einheitsstiftende Funktion des transzendentalen Selbstbewusstseins auf die kollektive Einheit des Gegebenen bezieht und damit Erfahrung selbst zu einem Objekt macht.[655]

---

652 Eine Ausnahme stellen die Notizen Kants zur Exzentrizität der Planetenbewegungen und zur Fortpflanzung dar (vgl. OP, AA 21: 579.20 f u. OP, AA 21: 580.01–10), da sie eher in den Bereich einer speziellen Metaphysik der Natur und nicht in den einer allgemeinen transzendentalphilosophischen und metaphysischen Grundlegung derselben fallen.

653 OP, AA 21: 580.19–21.

654 Schulze geht in seines Studie ebenfalls von einer gewissen Aufhebung der Grenzziehung zwischen Analytik und Dialektik aus, siehe Schulze (1994), S. 29. Ich hatte bereits im Vorangegangenen kritisch hierzu Stellung genommen und meine Sichtweise von Schulzes Auffassung abgegrenzt.

655 Vgl. OP, AA 21: 241.02 f.: „Die Einheit des Objects aller möglichen äußeren Erfahrung überhaupt“; ferner OP, AA 21: 231.08 f.: „Der Raum selbst als allgemeiner Inbegrif der bewegenden Kräfte der Materie ist Object (der Möglichkeit) der Erfahrung“, sowie OP, AA 21: 537.24–27: „Es muß in allen Stellen des Raumes und der Zeit ein Object moglicher Erfahrung folglich auch bewegende

Die Eigenschaften des Wärmestoffs oder der „Materie überhaupt“ folgen – auch dies zeigt das obige Zitat – aus seiner transzendentalen Funktion. Es sind, wie Kant weiter oben deutlich gemacht hatte, die „Attribute[…] die wir ihm beylegen“[656] und keine Eigenschaften eines Gegenstandes an sich.[657] Weil dieser Stoff aus allen Erfahrungen eine Gesamtheit zu machen fähig sein soll, ist er notwendigerweise alldurchdringend (damit reale Objekte einen Ort innerhalb eines wahrnehmbaren Raumes einnehmen können, ohne dass die Materie der Körper und die raumerfüllende „Materie überhaupt“ einander aus dem Platz verdrängen); ferner allgegenwärtig (damit der Raum in seiner Gesamtheit ein wahrnehmbarer Raum ist), und unaufhörlich im Zustand einer internen Bewegung in Anziehung und Abstoßung begriffen (um derivative Bewegung der wahrnehmbaren Gegenstände zu begründen, welche auf die Sinnlichkeit des Subjekts einwirken und um durch die prinzipielle Einheit des Beweglichen im Raum die Einheit der Zeitvorstellung als deren letzter, invarianter Parameter zu gewährleisten[658]).

> Daß sich die Form der Verhältnisse der bewegenden Kräfte nach der Form richte nach welcher sie a priori zu Einer Erfahrung zusammenstimmen; weil diese subjective Gesetzlichkeit eben das ist was dieses objective Ganze der Erfahrung moglich macht. Und daß die Idee des Wärmestoffs nach seinen Eigenschaften allverbreitet, alldurchdringend u. allbewegend zu seyn nichts Anders als die allgemeine Basis der in der Erfahrung bewegenden Kräfte der Materie sey so fern sie Eine ist.[659]

Wiederum wird die Identität des Subjekts und Objekt innerhalb einer Erfahrung, die Erscheinung des Subjekts und als solche eine Applikation subjektiver Formen und Gesetze auf ein in der Anschauung gegebenes Mannigfaltiges ist, deutlich. Diese Identität wird von Kant auf den anschließenden Bögen „Übergang 12“ noch deutlicher ausgesprochen und innerhalb der Argumentation noch höher gewichtet. Das Subjekt konstituiert das Objekt durch seine Begriffe; sowohl die einzelnen Objekte diskursiv durch objektkonstitutive Formen des Verstandesdenkens, als auch kollektiv durch die auf die Einheit der gesamten Erfahrung abzielenden dynamischen Grundsätze des Verstandes und – die ist die Erweiterung der transzendentalen Analytik, die im Entwurf „Übergang 1–14“ geschieht – durch den einzigen konstitutiven Vernunftbegriff aller vereinigten bewegenden

---

Kräfte seyn das durch kein anderes Object der Sinne verdrängt und unwirksam gemacht wird Wärmestoff“.

656 OP, AA 21: 579.03 f.

657 Vgl. OP, AA 21: 578.14 f.

658 Siehe hierzu Weizsäcker (1973).

659 OP, AA 21: 580.26–581.02.

Kräfte der Materie, d.h. den Welt- oder Wärmestoff. Seine „Idee“ ist es, die die Einheit der Erfahrung selbst zu einem Objekt macht.

2.2.5 „Übergang 12“

Wenn eine Argumentation a priori zur Klärung der Frage nach der Existenz des Welt- oder Wärmestoffs eine Erkenntnis liefert, so ist diese transzendentale Erkenntnis: Nicht der Gegenstand, wie er an sich ist, ist Gegenstand des Beweises, sondern der Gegenstand, wie er erkannt wird. Nicht Gegenstandserkenntnis, sondern die Erkenntnis, wie die Erfahrung von dem fraglichen Gegenstand möglich ist;[660] die Art und Weise seines Erkanntwerdens mit allen Bedingungen ihrer Möglichkeit, die als solche Voraussetzungen des Erkennens sind und mit allen Bedingungen der Möglichkeit, die als Voraussetzungen weiterer Erkenntnisse aus seiner Erkenntnis abgeleitet werden können. Da er sich nicht auf den Gegenstand in seinem an sich Sein richtet, sondern auf die Gegenstandserkenntnis eines erkennenden Subjekts, ist der Beweis subjektiv. Dies jedoch nicht im Sinn bloßer Subjektivität des Meinens oder der Empfindung, sondern transzendentaler Subjektivität, durch die empirische Realität überhaupt gegründet wird. Was durch den Beweis erkannt wird, ist „subjectiv wirklich“[661] und nicht objektiv wirklich im Sinne einer Objektivität an sich. Es ist aber dennoch objektiv wirklich als Gegenstand einer empirisch realen Erfahrung eines allgemeinen, das ist transzendentalen, Erkenntnissubjekts. Es geht Kant in seiner theoretischen Philosophie um die Frage nach der Möglichkeit von Metaphysik als Wissenschaft und im Rahmen dieser Fragestellung und ihrer Beantwortung um die transzendentale Erkenntnis menschlicher Subjekte, durch die objektive Wirklichkeit subjektiv-objektiv a priori begründet wird.

Die Subjekt-Objekt-Identität transzendentaler Erkenntnis ist eines der Leitmotive der Kantischen Reflexionen auf den mit „Übergang 12“ gekennzeichneten Bogen.[662] Im Entwurf „Übergang 1–14“ geht es um eine subjektive Wirklichkeit a priori. Die Einheit der Erfahrung wird durch das Wirken bewegender Kräfte einer Materie überhaupt bewirkt, welche das Subjekt kollektiv zu einer Gesamtheit verbunden im Begriff des Welt- oder Wärmestoffs denkt.

> Es kommt bei Lösung der Aufgabe nämlich der Frage über die Existenz des Wärmestoffs als mit bewegenden Kräften versehener Materie wenn a priori darüber geurtheilt werden soll

660 Vgl. KrV B25.
661 OP, AA 21: 581.20.
662 Vgl. nochmals den Hinweis auf Heideggers Kant-Interpretation in Anm. 716.

> nicht darauf an auszumachen wie das Object (quaestionis) sondern wie die Erfahrung von diesem als Gesamtbegriff desselben in seiner collectiven Einheit nämlich Einer Erfahrung mithin subjectiv möglich ist; denn stimmt dieser Begrif mit den Bedingungen der Möglichkeit Einer Erfahrung (der Einheit derselben) zusammen so ist jener Gegenstand subjectiv wirklich; denn es wird hier nicht nach dem gegebenen Gegenstande sondern nur nach unserer Erkentnis des Gegenstandes gefragt: und dieses ist zur Lösung unserer Aufgabe als welche nicht Begriffe aus der Erfahrung sondern Erfahrung aus Begriffen ableitet, hinreichend.[663]

Wie schon im Zusammenhang des Bogens „Übergang 11" macht Kant bereits im ersten Absatz von „Übergang 12" unmissverständlich klar, dass der Beweis a priori der Existenz des Wärmestoffs keine Antwort auf die Frage nach dem Dasein „an sich" einer mit bewegenden Kräften versehenen Materie zu geben vermag.[664] Die Beurteilung der Existenz geht nicht auf das infrage stehende Objekt einer so bestimmten Materie selbst, sondern steht unter dem subjektiven Prinzip möglicher Erfahrung dieses Objekts als Gesamtbegriff. Es geht um die mögliche Existenz einer kollektiven Einheit der Materie mit ihren bewegenden Kräften als Gegenstand der Erfahrung, also um die subjektive Möglichkeit, dass ein solcher Gegenstand existiert. Zweimal ist in diesem kurzen Abschnitt von „Einer Erfahrung" die Rede, wobei Kant durch die zweimalige Großschreibung deutlich macht, dass es sich nicht um eine mögliche Erfahrung, sondern um die absolute Einheit der möglichen Erfahrung eines Subjekts überhaupt handelt. Die subjektive mögliche Existenz des Wärmestoffs bezeichnet die Möglichkeit der Erfahrung eines Inbegriffs (hier Gesamtbegriff) dieses Stoffs, wobei dessen kollektive Einheit und synthetische Allgemeinheit der Einheit der Erfahrung schlechthin korrespondiert. Diese Korrespondenz ist der eigentliche Grund des Beweises. Wenn der Begriff des infrage stehenden Objekts mit den Bedingungen der Möglichkeit einer einheitlichen Erfahrung zusammen stimmt, so ist allein auf Basis des Prinzips möglicher Erfahrung als absoluter Einheit die Existenz dieses Gegenstandes im Sinne seiner subjektiven Wirklichkeit bewiesen. Wie bei jedem Gegenstand möglicher Erfahrung meint diese subjektive Wirklichkeit nicht die bloße Subjektivität einer reinen Denkmöglichkeit, sondern ist gleichbedeutend mit der empirischen Realität die-

663 OP, AA 21: 581.13–24.
664 Vgl. OP, AA 21: 578.11–19: „Da es hier nun in der Frage ob es einen alldurchdringenden u.s.w. Elementarstoff gebe nur auf das Subjective der Empfänglichkeit für das Sinnenobject jenen zum Gegenstande einer synthetisch// allgemeinen Erfahrung zu haben ankömmt nicht ob er mit jenen Attributen an sich existire sondern ob die empirische Anschauung desselben als zum Gantzen Einer moglichen Erfahrung gehörend jene schon in ihrem Begriffe (nach dem Grundsatz der Identität) enthalte sondern nur relativ auf das Erkentnisvermögen in so fern es in der Idee das Ganze möglicher Erfahrung in einer Gesammtvorstellung befaßt und so als a priori gegeben denken muß".

ses Gegenstandes in einer phänomenalen Welt. Die Aufgabe die sich Kant im Rahmen seiner neuen metaphysischen und transzendentalphilosophischen Grundlegung der gesamten Naturwissenschaft stellt, nämlich die Frage nach dem Status der Existenz des Gegenstandes des begrifflichen Prinzips dieser Grundlegung ist nicht empirisch zu lösen, wenngleich die Möglichkeit der Empirie von ihrer Lösung abhängt. Im Unterschied zum Empirismus der seine Begriffe aus der Erfahrung abzuleiten vermag, geht es bei der Lösung der Aufgabe im transzendentalen Idealismus und die Ableitung der Erfahrung selbst aus Begriffen a priori,[665] welche die notwendige Bedingung der Möglichkeit objektiver Erkenntnis überhaupt sind. Die Existenz des Wärmestoffs wird transzendental erkannt.[666] Wie auch immer der Gegenstand an sich gegeben sein mag: uns als erkennenden Subjekten ist er nur insofern gegeben, als sein Begriff mit den Bedingungen der Möglichkeit seiner Erfahrung übereinstimmend gefunden wird.

Bereits eingangs „Übergang 12“ wird deutlich, dass ein Urteil a priori über den Wärmestoff allein die Erkenntnis seiner subjektiven Wirklichkeit als Möglichkeitsbedingung einheitlicher Erfahrung liefert, was jedoch hinreichend für eine erschöpfende Beantwortung der Frage nach seiner Existenz und der Möglichkeit ihres Beweises a priori im Kontext ist. Dieser Kontext („unserer Aufgabe“)[667] ist Kants theoretische Philosophie als Tranzendentalphilosophie. Wenn Kant bezogen auf diesen Abschnitt in der anschließenden „Anmerkung“ von „Beweis“ spricht,[668] ist damit nicht gemeint, dass er dem Abschnitt selbst Beweiskraft zuschreibt. Die Geltung der zentralen Prämisse („denn stimmt dieser Begriff“)[669] ist gerade nicht erwiesen. Es geht vielmehr um die Möglichkeit des Beweises im Kontext der genannten Aufgabe, die Rechtfertigung seiner Methode sowohl als den Status der Erkenntnis, die diese zu liefern vermag. Der allgemeine Bezug der Anmerkung wird auch dadurch deutlich, dass Kant von einem Satz spricht, der bewiesen werden soll. Im unmittelbaren Zusammenhang ist ein solcher Satz nicht zu finden, wenngleich er durch den Text unschwer herzuleiten ist. Eine mögliche Formulierung des fraglichen Satzes wäre: Es existiert eine bestimmte allgemeine Materie unter dem Namen des Wärmestoffs, die als kollektive Einheit aller bewegenden Kräfte der Materie die Einheit der Erfahrung überhaupt möglich und wirklich macht. Vor allem die Wirklichkeit, das Bewirken der Erfahrung durch bewegende Kräfte und ihre Wirkungen, wird von Kant herausgehoben. Es geht im indirekten Beweis nicht darum, die logische Unmöglichkeit einer Annahme der

665 Vgl. KrV A111/B197 sowie in „Übergang 1–14“ OP, AA 21: 581.22–24.
666 Vgl. KrV B25.
667 OP, AA 21: 581.22.
668 OP, AA 21: 581.25–582.04.
669 OP, AA 21: 581.18.

Nichtexistenz des Wärmestoffs aufzuzeigen, sondern die reale Unmöglichkeit einer Erfahrung als Einheit schlechthin im Falle des Nichtseins bewegender Kräfte in kollektiver Einheit.

Die Nichtexistenz des Wärmestoffs steht im Widerspruch zur Möglichkeit der Erfahrung als solcher. Diesen Widerspruch, d. h. die Unmöglichkeit der Annahme der Nichtexistenz, zeigt der indirekte, transzendentale Beweis der subjektiven Wirklichkeit (empirischen Realität) des Wärmestoffs auf. Die Nichtexistenz ist der Möglichkeit von Erfahrung entgegengesetzt, wobei dieser Gegensatz „nicht logische Entgegensetzung der Begriffe ist welche analytisch sondern durch reale der einander entgegenwirkenden Kräfte mithin synthetisch als zur Moglichkeit der Erfahrung gehörend vorgestellt wird (wo nicht *a* und *non a* sondern *a* und *–a* einander entgegen stehen).“.[670]

Der gesamte folgende Abschnitt ist mit „Propädeutik“ überschrieben. Wie bereits an anderem Ort anhand verschiedener Textstellen aufgezeigt, kann die Frage, ob es sich bei Kants Übergang zur Physik um Propädeutik zur Wissenschaft oder Wissenschaft handelt, nicht im Sinne eines entweder-oder, sondern nur mit sowohl als auch beantwortet werden. Hierin gleicht der Übergang zur Physik der propädeutischen Wissenschaft, die Kant in der Kritik der reinen Vernunft als Propädeutik zum System der Metaphysik vorlegt.[671] Bezogen auf die Physik ist der Übergang eine wissenschaftliche Vorstufe, die die Wissenschaftlichkeit der empirischen Physik, ihren Systemcharakter a priori begründet.

> Der Übergang von den metaph. Anf. Gr. der N.W. zur Physik nicht der Sprung auf ein anderes Territorium hebt von dem subjectiven Princip der Verbindung des Mannigfaltigen der bewegenden Kräfte der Materie in Einer Erfahrung an und das Object dieser Gesammteinheit (omnitudo collectiva) die Idee des Ganzen derselben ist die Basis aller theilweise durchgängigen Bestimmung (omnitudo distributiva) des Gegenstandes aller möglichen Erfahrungsbegriffe von dem Object namlich der Materie. Denn Physik ist die Wissenschaft der Zusammenordnung aller empirischen Vorstellungen (aller Warnehmungen) zu einem System des Ganzen derselben zu welchem nichts weiter als die Form dieser durchgängigen Verknüpfung a priori durch den Verstand gegeben ist.[672]

670 OP, AA 21: 581.27–582.04. Der hier beschriebene Gegensatz erinnert an die Unterscheidung der logischen Opposition und der realen Opposition in den Vorkritischen Schriften (vgl. NG, AA 02: 171 ff.). Eine Studie, die allen Bezügen des Kantischen Nachlasswerks zu den sog. vorkritischen Schriften im Detail nachgeht, ist ein Desiderat der forschenden Beschäftigung mit dem OP.

671 Vgl. hierzu erneut die in Kapitel 2.1.2 Anm. 16 aufgeführten Stellen.

672 OP, AA 21: 582.06–16.

Der Übergang als „Brücke“[673] ermöglicht den Schritt auf das Territorium der empirischen Erforschung der Naturphänomene als tragfähiges Gerüst und Basis. Ausgangspunkt ist ein subjektives Prinzip. Das Subjekt stellt sich die Mannigfaltigkeit aller bewegenden Kräfte der Materie als in einem Objekt in kollektiver Einheit verbunden vor. Gegenstand der Vorstellung ist die Einheit der Erfahrung selbst, die als Objekt gedacht wird. Diese Idee des Ganzen ist jedoch nicht bloße Idee als regulatives Leitbild des Erkennens, sondern notwendig und konstitutiv in zweifacher Hinsicht.

Erstens transzendental-logisch, indem die kollektive Einheit der Materie zur Basis durchgängiger Bestimmung möglicher Erfahrungsbegriffe vom Objekt, d. h. der Gegenstände möglicher äußerer Erfahrung wird; Gegenstände die alle Materie sind oder als Wirkung bewegender Kräfte erfahren werden. Zweitens metaphysisch, indem die vorausgesetzten primitiven und allgemeinen Kräfte der Materie zur realen, wirklichen Basis aller anderen abgeleiteten Kräfte werden, durch welche die Körperbildung (Aggregatzustände der Materie, anorganische Körper ebenso wie organisierte Körper) und ebenso alle mechanische Bewegung nicht allein erklärbar wird, sondern ihre reale Begründung a priori erhält.

Im Anschluss an die Exposition des „Übergangs“ als Propädeutik zur Physik (der systematischen Naturlehre in ihrer Gesamtheit) und als Grund der Einheit der Erfahrung selbst, formuliert Kant ein erstes Argument.

> Der leere Raum zwischen zweyen Ganzen der Materie und die leere Zeit zwischen zwey Augenblicken als Begrenzungen sind keine Gegenstände möglicher Erfahrung denn das Nichtseyn kan nicht wargenommen werden mithin entspringen hieraus folgende Sätze:
>
> **Es ist** äußere Erfahrung als collectives Ganze aller Warnehmungen d.i. als Eine allbefassende mögliche Erfahrung Es existirt ein Sinnenobject ausser uns zu dessen Warnehmung äußerlich bewegende Kräfte der Materie erfordert werden deren empirische Vorstellung in einem Subject verbunden die Basis aller Erscheinungen ist die zusammen die Einheit der Erfahrung ausmachen.[674]

Da das Nichtsein – weder zwischen Körpern (Ganzen der Materie) noch zwischen Zeitpunkten – kein Gegenstand möglicher Wahrnehmung ist, muss Erfahrung alle Wahrnehmungen als lückenlose Ganzheit in sich befassen. Da äußere Erfahrung unzweifelhaft stattfindet („**Es ist** äußere Erfahrung“[675]), muss sie als eine kollektive Einheit der Wahrnehmungen gedacht („empirische Vorstellung in einem

673 OP, AA 21: 620.16. Vgl. auch das einleitende Kapitel zu Aufgaben und Funktionen des „Übergangs zur Physik“.
674 OP, AA 21: 582.17–583.02.
675 OP, AA 21: 582.21.

Subjekt verbunden"[676]) werden, um überhaupt objektiver Zusammenhang und eine Einheit sein zu können. Dieses Kollektiv der Wahrnehmungen stellt ein „Sinnenobject" dar, zu dessen Möglichkeit die Voraussetzung bewegender Kräfte notwendig ist.

> Nun ist die Agitation der Sinne des Subjects durch irgend eine Materie das, was allein äußere Warnehmungen möglich macht und diese bewegende Kräfte müssen a priori, als in Einer Erfahrung ohne Lücke (d.i. ohne ein dazwischen gemischtes Leere weil es kein Gegenstand möglicher Warnehmung ist) in einem absoluten Gantzen verbunden gedacht werden welches doch, als ein solches, auch kein Gegenstand möglicher Erfahrung ist. – Also ist das Princip dieser synthetischen Einheit des Ganzen des Gegenstandes möglicher Erfahrung blos subjectiv (des Zusammensetzens nicht der Möglichkeit des Zusammengesetzten ausser der Vorstellung des Gegenstandes). – Mithin ist die objective Realität, (das Daseyn eines Stoffs im Raum der ein Object äußerer zugleich auch allbefassender Erfahrung ist und das Ganze der bewegenden Kräfte enthält) nach dem Satz der Identität, logisch, nicht durch Hypothese um gewisse Erscheinungen zu erklären, physisch begründet; denn was formaliter zur Einheit möglicher Erfahrung überhaupt gehört ist auch realiter in der Erfahrung enthalten d.i. das Ganze dieses Stoffs ist wirklich und Object der Physik.*[677]

Die Voraussetzung ist als solche Gegenstand des Denkens, ein cogitabile, kein Gegenstand der Erfahrung selbst. Diese Idealität ist der Totalität des Gegenstandes (absolutes Ganzes) geschuldet. Es ist die Notwendigkeit der subjektiven Vorstellung des Gegenstandes, welche die Argumentation darlegt. Dass „blos subjectiv" hier wiederum nicht im Sinne von Meinung oder Empfindung verstanden werden kann, wird durch Kants Schlussfolgerung deutlich. Der Gegensatz logisch-physisch steht nicht im Widerspruch zu der vorherigen Feststellung, der indirekte Beweis beruhe nicht auf logischer, sondern auf realer Entgegensetzung. Hier geht es um transzendentale Logik als Frage nach der Bedingung der Erfahrung im Denken und keineswegs um bloße Widerspruchsfreiheit im Denken von Begriffen. Die objektive Realität der subjektiven Vorstellung ist (transzendental) logische Notwendigkeit, kein heuristisches Mittel empirischer Naturforschung, die eine Annahme nutzt, um Phänomene theoretisch beschreibbar zu machen. Mit dem Satz, der den eigentlichen Argumentationsverlauf vorläufig abschließt, fasst Kant nicht nur den Beweisgrund in Worte, sondern bringt den Kerngedanken des formalen transzendentalen Idealismus und ihres zentralen Theoriestücks, der Deduktion der reinen Verstandesbegriffe, zum Ausdruck. Erfahrung ist die Form, die das Subjekt denkt, in der empirischen Realität enthalten. Die Form macht die Objektivität und die Welt wirklicher Dinge zu einem Gegenstand wissenschaftli-

---

676 OP, AA 21: 582.25–583.01.
677 OP, AA 21: 583.03–19.

cher Betrachtung. Die Form erst macht das Objekt der Naturwissenschaft und Physik in Kants Verständnis ist die wissenschaftliche (weil ganzheitlich systematische) Naturlehre. Die Form des Ganzen möglicher Erfahrung und einer der maßgeblichen Gründe ihrer Objektivität a priori ist der Begriff des Wärmestoffs und daher ist „das Ganze dieses Stoffs [...] wirklich und Object der Physik“.[678]

Das ist es, was Kant in der erläuternden Anmerkung zu seiner Schlussfolgerung zum Ausdruck bringt:

> Die Materialen Principien möglicher Erfahrung (die Warnehmungen) geben empirische Urtheile welche nur theilweise die Erfahrungsurtheile an die Hand geben. Aber im bloßen Ubergange von der Met. zur Physik muß das Princip ihrer Zusamensetzung der Form nach folglich a priori gegeben seyn ein object der Physik als die Basis aller Verbindung der bewegenden Krafte zu Einer Erfahrung materialiter in der Vorstellung des Subjects zu postuliren: Denn ein Object der absoluten Einheit des Ganzen möglicher Erfahrung zu seyn ist selbst Erfahrung von dem Gegenstande der Erfahrung und als das Ganze der Bestimmungen dieses Gegenstandes (omnimoda determinatio) die Existenz des Gegenstandes.[679]

Was Kants Anmerkung erläutert, ist nicht allein die Konklusion, sondern darüber hinaus der Beweisgrund. Empirische Urteile, die auf Wahrnehmung beruhen, reichen für die Objektivität des Erfahrungsurteils – insbesondere der Urteile, die Anspruch auf wissenschaftliche Objektivität erheben – nicht hin. Der Übergang zur Physik gibt das formale Prinzip der Zusammensetzung und Verbindung aller Wahrnehmungen zu einem Ganzen an die Hand. Dieses Ganze der Form nach ist a priori Grund der materiellen Vorstellung dieses Ganzen im Gemüt des Subjekts: Der Vorstellung a priori eines Ganzen der Materie. Der Begriff von dieser Vorstellung ist der Wärmestoff mit seinen Attributen des Zusammenhangs, der unaufhörlichen Bewegung, der räumlichen Unbeschränktheit und Masselosigkeit.[680]

---

678 OP, AA 21: 583.18 f.

679 OP, AA 21: 583.20–29.

680 Vgl. OP, AA 21: 584.25: „allverbreitet, alldurchdringend, allbewegend“, OP, AA 21: 591.05–08: „allverbreitet, alldurchdringend, innerlich allbewegend (sich selbst in allen seinen Theilen agitirend) und in dieser Agitation perennirend zu seyn“, wie auch OP, AA 21: 593.12–15: „Es existirt eine allverbreitete, alldurchdringende, innerhalb dem Raum den sie einnimmt (*occupat*) oder auch abstoßend erfüllt (*replet*) sich selbst in allen ihren Theilen gleichförmig agitirende und in dieser Bewegung endlos fortwärende Materie“; im Unterschied zur systematischen Einteilung der Attribute des Weltstoffs nach den Kategorientiteln, wie Kant sie auf dem Bogen „Übergang 4“ erstmals vorgenommen hatte (vgl. OP, AA 21: 231.28–232.11), spielt die Unwägbarkeit in „Übergang 12“ keine Rolle mehr. Neu ist auch, dass die Eigenschaften, die unter Relation und Modalität geführt werden, Aspekte der unaufhörlichen Bewegung des Kontinuums materieller Kräfte sind. Dass bewegt Sein als Eigenschaft steht nicht nur in Relation des allverbreiteten Stoffs auf sich selbst, seiner Eigenbewegung, sondern auch in Relation auf alle materiellen Gegenstände die

Die Existenz dieses Stoffes der Vorstellung wird zum Gegenstand eines Postulats, einer notwendig zur Möglichkeit der Erfahrung gesetzten Bedingung a priori. Dieses theoretische Postulat sagt mehr als die Postulate der praktischen Vernunft. Die Existenz des Gegenstandes a priori wird nicht allein als das notwendige Unbedingte im Vernunftgebrauch angenommen, sondern auf dem Wege der transzendentalen Argumentation bewiesen: „Die Existenz des Wärmestoffs ist die Basis der Möglichkeit Einer Erfahrung" und wird als solche zum Gegenstand einer Klärung des Rechtsgrundes ihrer Annahme a priori – einer transzendentalen Deduktion.[681]

Vor allem die Erläuterung der Gründe des Beweises der Existenz mit der die Anmerkung Kants abschließt, verdient genaue Betrachtung. Was das Ganze der Erfahrung gegenständlich vorstellt („Objekt der absoluten Einheit des Ganzen möglicher Erfahrung"[682]) wird selbst Gegenstand der Erfahrung, wenngleich nur indirekt. Erfahrung findet statt,[683] kann aber nur Erfahrung im Sinne des Begriffs sein, wenn sie eine kollektive Einheit der Wahrnehmungen voraussetzt, d. h. den Wärmestoff als Prinzip ihres Verbunden-Seins zur absoluten Einheit. Was als das „Ganze der Bestimmungen des Gegenstandes"[684] nicht allein Grund der durchgängigen Bestimmung jedes möglichen Gegenstandes ist, sondern selbstinklusiv als Gegenstand zur Klasse der Gegenstände möglicher Erfahrung zählt, ist notwendig existierend. Es enthält selbst die wirkliche und vollständige „Requisite" seiner Bestimmungen[685] und ist insofern causa sui aufgrund der Gleichbedeutung von durchgängiger Bestimmung und Existenz. Die Feststellung dieser Bedeutungsgleichheit, als deren Urheber Kant in „Übergang 12" Christian Wolff nennt,[686] wird an mehreren Stellen expliziert.[687]

Die Verbindung metaphysischer und transzendentaler Prinzipien im Begriff des Wärmestoffs wird besonders deutlich, wenn Kant in seiner Argumentation von den Attributen des Stoffes zur Einheit der Erfahrung fortschreitet. Der Stoff, der als Wärmestoff bezeichnet wird, ohne dass er notwendig „Wärme um sich verbreitet",[688] wird als allverbreitet, alldurchdringend und allbewegend charakteri-

durch seine primitive Bewegung derivativ (mechanisch) bewegt werden, vgl. OP, AA 21: 593.09 f.: „die Basis (die uranfänglich bewegende Kraft) aller bewegenden Kräfte der Materie".

681 OP, AA 21: 584.18 f.

682 OP, AA 21: 583.26 f.

683 Vgl. OP, AA 21: 582.21.

684 OP, AA 21: 583.28.

685 Vgl. OP, AA 21: 577.16 – 21 und die Abschrift dieser Stelle OP, AA 22: 553.08 – 13 sowie KrV B568 und KrV B635.

686 Vgl. OP, AA 21: 603.09 f.

687 Vgl. bspw. OP, AA 21: 583.17 f. ; OP, AA 21: 586.13 f.

688 OP, AA 21: 584.29 f.

siert.[689] Aufgrund dieser Charakteristik ist der Wärmestoff Prinzip a priori in zweifacher Hinsicht. Er gibt in einer neuen metaphysischen Grundlegung empirischer Naturwissenschaft die systematischen Prinzipien a priori an die Hand, nach denen die einzelnen Phänomene im Bereich des Natürlichen kategorisiert, klassifiziert und vollumfänglich theoretisch erfasst werden können; nicht allein in einem bloßen Nominalsystem, dessen Begriff für den Kant des Opus postumum mit dem Namen Linnés vebunden ist,[690] sondern in einem System, welches aufgrund genannter Prinzipien Vollständigkeit im Sinne systematischer Abgeschlossenheit beansprucht. Von einem transzendentalphilosophischen Standpunkt betrachtet, zielen „alle diese Begriffe aber [...] darauf ab [...] ein materielles Princip der Einheit möglicher Erfahrung welche alle Erfahrungen zu Einer verbindet, zu haben ohne welche und deren Form kein Zusammenhangendes Gantze der Erfahrung die alsdann nur Aggregat der Warnehmungen nicht Erfahrung als System seyn würde statt findet“.[691] Metaphysik und Transzendentalphilosophie sind in der neuen Dynamik des „Übergang zur Physik“ zwar unterscheidbar, nicht aber voneinander zu trennen.

Alle diese Feststellungen Kants in „Übergang 12“ stehen in einem Argumentationszusammenhang, in dem folgende prinzipielle Funktionen des Wärmestoffs und seines Begriffs und ihre Notwendigkeit zur Möglichkeit der Erfahrung als Prämissen dienen, die Behauptung seiner wirklichen Existenz a priori zu stützen und zu rechtfertigen.

1. Notwendigkeit der prinzipiellen Begründung systematischer und damit wissenschaftlicher Physik; d. h. im zeitgenössischen Verständnis der gesamten Naturlehre.[692]
2. Notwendigkeit der Attribute des Wärmestoffes zur realen (nicht bloß logischen) Begründung der Einzelphänomene (physische Körper, Aggregatzustände der Materie, globale Mechanik).

---

689 Vgl. OP, AA 21: 584.25.

690 Vgl. bspw. OP, AA 21: 567.20.

691 OP, AA 21: 585.16–21.

692 Vgl. OP, AA 21: 587.06–16: „Ein Stoff der zu diesem Ganzen gehört ist kein hypothetischer Stoff der etwa blos zum Behuf der Erklärung gewisser Phänomene geeignet wäre; denn alsdann gehörte er zur Physik als einer empirischen Wissenschaft. Er soll aber nur zum Ubergange von den metaph. Anf. Gr. der N. W. zur Physik dienen und ist also in dieser Hinsicht ein a priori gedachtes System der Naturkunde überhaupt, wovon das Gantze empirisch aufzufassen und die absolute Vollstandigkeit einer Physik zu erreichen alle mögliche Erfahrung übersteigt und nur den Begriff der formalen Einheit derselben als Princip übrig bleiben läßt, und daher blos im Übergange von den Met. Anf. Gr. der N. W. zur Physik fortzuschreiten angetroffen wird.“.

3. Notwendigkeit eines Prinzips der Einheit der Erfahrung, welches dieselbe nicht allein formal sondern auch material vorstellt und begründet.[693]

„Übergang 1–14“ ist ein Entwurf und enthält allenfalls grob gegliedertes Rohmaterial. „Übergang 12“ zählt zu jenen Teilen dieses Entwurfs, in denen dieser Umstand besonders deutlich wird. Alle Reflexionen der zu „Übergang 12“ gehörenden Bogen stehen im mittelbaren Zusammenhang mit der Argumentation zum Aufweis der Existenz eines materialen Erfahrungsprinzips a priori. Die Reflexionen zu einzelnen Naturphänomenen[694] und ihrer Beschreibung im Rahmen einer Metaphysik der Natur sind Elemente des einen Begründungszusammenhangs; ebenso wie die Abschnitte, die die Gründe des Beweises darlegen, oder die Anmerkungen, die sich seiner Rechtfertigung widmen.

Ein indirekter Existenzbeweis aus Begriffen ist nur in einem einzigen Fall gerechtfertigt. Dem einen Fall einer kollektiven Einheit der Erfahrung, die als ein kontinuierlich im Raum verbreitetes System bewegender Kräfte der Materie die Erfahrung real begründet. Der Begriff des Welt- oder Wärmestoffs, mit dem Kant die Grundlage dieses System in „Übergang 1–14“ bezeichnet, ist Wirklichkeit, die jeden einzelnen Erfahrungsgegenstand und die Gesetzmäßigkeit der Natur begründet.

> Anmerkung Dieser indirecte Beweis ist **einzig** in seiner Art welches nicht befremden darf, da er auch einen **einzelnen** Gegenstand welcher nicht logische sondern reale Allgemeinheit bey sich führt, betrifft. – Es ist hier eine Gesammteinheit (omnitudo collectiva) der Gegenstände Einer Erfahrung statt der vertheilbaren (omnitudo distributiva) welche blos logisch ist und von der Existenz des Objects abstrahirt, vorhanden. Was mit jener zusammenstimmt ist wirklich (existentia est determinatio omnimoda heißt es in der Ontologie); aber diese durchgängige Bestimmung empirisch (wie im Übergange von den metaph. Anf. Gr. zur Physik beabsichtigt wird) zu Stande zu bringen ist schlechterdings unmöglich; wohl aber in Beziehung auf die absolute Einheit möglicher Erfahrung überhaupt in so fern das Object dieses Begriffs Eines und Alles der äußeren Sinnenobjecte ist und die Deduction des Wärmestoffs als der Basis jenes Systems bewegender Kräfte hat ein Princip a priori nämlich das der nothwendigen Einheit in dem Gesammtbegriffe der Möglichkeit Einer Erfahrung zum Grunde liegen welche zugleich die Wirklichkeit dieses Objects identisch also nicht synthetisch sondern analytisch mithin zu Folge einem Princip a priori bey sich führt.[695]

---

693 Vgl. OP, AA 21: 584.18 f.: „Die Existenz des Wärmestoffs ist die Basis der Möglichkeit Einer Erfahrung“ ; OP, AA 21: 585.16–21 : „alle diese Begriffe aber zwecken darauf ab um ein materielles Princip der Einheit möglicher Erfahrung welche alle Erfahrungen zu Einer verbindet, zu haben ohne welche und deren Form kein Zusammenhangendes Gantze der Erfahrung die alsdann nur Aggregat der Warnehmungen nicht Erfahrung als System seyn würde statt findet.“

694 Vgl. bspw. OP, AA 21: 587: 17–26

695 OP, AA 21: 586.07–24.

Der indirekte Existenzbeweis a priori ist ein Einzelfall, da auch sein Gegenstand einzeln ist. Reale Allgemeinheit, Gesamteinheit, kollektive Einheit kann es nur einmal geben. Sie ist eines, weil sie alles ist.[696] Die singuläre Vorstellung einer nicht allein logischen, sondern realen Allgemeinheit a priori ist notwendige Bedingung der Wirklichkeit jedes einzelnen Gegenstandes der Erfahrung. Reale Allgemeinheit ist kollektive Einheit und somit einfache Gesamtheit aller möglichen Erfahrungsgegenstände. Real ist sie deshalb, weil hier nicht von der Existenz abstrahiert wird, sondern allein die reale Existenz dieser Einheit schlechthin Bedingung der Möglichkeit aller Gegenstände als einzelner sein kann, die in dieser wirklichen Gesamteinheit befasst sind. Mit den explizit genannten Gegensatzpaaren real – logisch, kollektiv – distributiv ist die Differenz Verstandesdenken – Vernunftdenken mitgegeben. Das diskursive Verstandesdenken richtet sich auf die einzelnen Gegenstände, die Vernunft auf die Totalität. Sie begreift die Gesamtheit als notwendig existierend. Damit ist aber „in dem Gesamtbegriffe der Möglichkeit einer Erfahrung", den der Begriff des Wärmestoffs als Einheit des Materials vorstellt, „zugleich die Wirklichkeit dieses Objects" a priori erwiesen. Die Wirklichkeit liegt in diesem schlechterdings einzelnen Fall a priori im Begriff. Die Deduktion, die Rechtfertigung der Annahme der Wirklichkeit a priori, gründet in dem Prinzip der Einheit der Erfahrung als Bedingung ihrer Möglichkeit. Ohne die reale, kollektive Einheit aller Wahrnehmungen ist Erfahrung als einheitlicher, gesetzmäßiger und systematischer Zusammenhang der Wahrnehmungen und wahrnehmbaren Gegenstände unmöglich.

Kants oben zitierte zweite „Anmerkung" zum Beweis in „Übergang 12" ist aus drei Gründen von besonderer Bedeutung. In den früheren Teilen des Entwurfs „Übergang 1–14" bestand die Funktion des Weltstoffs vor allem darin, als metaphysisch-dynamisches Prinzip die besonderen Gesetze der Natur und die darauf beruhenden Phänomene im Bereich des Natürlichen als Gegenstände einer empirischen Naturlehre zu begründen und diese metaphysische Dynamik in eine übergeordnete transzendentale Dynamik zu integrieren, in der das bewegte und bewegende Kontinuum der Materie die Erfahrung überhaupt begründet, indem es Prinzip jeder Wahrnehmung im Raum ist. In „Übergang 12" kommt eine weitere Prinzipienfunktion hinzu. Als kollektive Einheit wird der Gegenstand des Beweises zum Prinzip durchgängiger Bestimmung und damit zum Kriterium der Existenz als solcher. Was existiert, ist durchgängig bestimmt und diese Bestimmung ist gegründet. Erneut wird die thematische Nähe zum Kapitel Von dem transzendentalen Ideal in der Dialektik der KrV deutlich. Aus der Notwendigkeit durchgängiger Bestimmung aller Gegenstände folgt die Wirklichkeit des Grundes

---

696 Vgl. OP, AA 21: 586.18 f.: „Eines und Alles der äußeren Sinnenobjekte".

der Bestimmung. Die Materie aller Möglichkeit, der Inbegriff aller Gegenstände, die kollektive Einheit der Erfahrung ist Voraussetzung der distributiven Einheit, die der Verstand stiftet. Sie ist grundlegende Voraussetzung des Verstandeshandelns und insofern notwendige Konsequenz transzendentaler Analytik.[697]

Wenn Kant in der „Anmerkung" feststellt, das die Wirklichkeit des Objekts des Begriffs absoluter Einheit der Erfahrung „nicht synthetisch sondern analytisch" folge,[698] so betrifft diese Bemerkung das Zustandekommen des Satzes der Existenz des Wärmestoffes. Als implizit im Erfahrungsbegriff enthalten, kann er aus diesem analytisch gefolgert werden. Als Satz hingegen stellt er ein synthetisches Urteil a priori dar. Dies trifft auf alle Bedingungen der Möglichkeit von Erfahrung zu. Auch die transzendentalen Naturgesetze der KrV sind synthetische Urteile a priori, die aus der Anwendung der reinen Verstandesbegriffe auf ein in der Anschauung gegebenes Mannigfaltiges resultieren. Zugleich sind sie als Bedingungen der Möglichkeit von Erfahrung überhaupt notwendige Bestandteile des Erfahrungsbegriffs und gehen analytisch aus ihm hervor.[699]

Wichtig ist auch der Hinweis darauf, dass Kant in der fraglichen „Anmerkung" in „Übergang 12" hinsichtlich des Arguments für die Existenz des Wärmestoffs von „Deduction"[700] spricht. Auch wenn die Rede von den „Ätherdeduktionen" in der Sekundärliteratur zum Opus postumum (vor allem im angelsächsischen Sprachraum) gebräuchlich ist, verwendet Kant selbst diesen Begriff sehr sparsam. Die weitere Darstellung von „Übergang 12" wird dazu beitragen, die Bezeichnung aus dem Kontext zu erhellen.

Von allen Teilen des Entwurfs „Übergang 1–14" zeigt „Übergang 12" am deutlichsten den transzendentalen Idealismus Kants im Nachlasswerk.[701] Formales Apriori im Denken des Subjekts und die Voraussetzung materieller Wirklichkeit a priori bedingen und durchdringen sich wechselseitig. Äußere Erfahrung (und damit auch Erfahrung als innere Reflexion) bedarf mit Notwendigkeit der sinnlichen Affektion. Nur durch bewegende Kräfte, die auf die Sinne wirken und Wahrnehmung bewirken, findet Erfahrung statt. Daher kann die Wirkung die Existenz ihres Grundes beweisen.[702] Erfahrung ist synthetische Einheit der

697 Zu den Übereinstimmungen des Entwurfs „Übergang 1–14" mit dem Kapitel der KrV *Von dem Transzendentalen Ideal* siehe auch Abschnitt 3.1.4.

698 OP, AA 21: 586.23 f.

699 Siehe hierzu Anm. 385.

700 OP, AA 21: 586.19.

701 Vgl. bspw. OP, AA 21: 581.13–24 ; OP, AA 21: 586.25–27; OP, AA 21: 588.04–06 (vgl. KrV A111/B197) ; OP, AA 21: 589.09–12.

702 Vgl. OP, AA 21: 587.27–30: „Alle äußere Erfahrung beruht darauf daß das Subject äußerlich durch bewegende Kräfte der Materie afficirt wird (denn die synthetische Einheit der Warnehmung

Wahrnehmungen[703] als Einheit der bewegenden Kräfte der Materie im Raum – jedoch nur unter der Bedingung eines formalen Grundes dieser Einheit im Subjekt.

> Äußere Warnehmungen mithin auch solche Erfahrungen sind unter dem Einflus der bewegenden Kräfte der Materie auf das Subject und die Einheit desselben
>
> Der subjective Grund der Möglichkeit Einer allbefassenden Erfahrung ist zugleich ein objectiver Grund der Wirklichkeit des Gegenstandes dieser Erfahrung selbst.[704]

Bewegende Kräfte wirken auf die Sinnlichkeit des Subjekts ein und indem diese Wirkung im Gemüt zu Vorstellung von Dingen, Beziehungen von Dingen und der (Verstandes-)Gesetze, die diese Beziehungen regeln, werden, wird der Einfluss der Kräfte auf das Subjekt zugleich subjektiv beeinflusst. Zur Perzeption tritt die Einheit des transzendentalen Selbstbewusstseins und macht aus Sinnesreizen Wahrnehmungen von Gegenständen in synthetischer Einheit, d. h. Erfahrung. Die Einheitsstiftung des transzendentalen Selbstbewusstseins macht nicht allein die Gegenstände der Erfahrung möglich, sondern den Gegenstand wirklich: Den Gegenstand einer allbefassenden Erfahrung; ihren Inbegriff und ihr Prinzip. Dieses Prinzip – sowohl transzendentalphilosophisch als auch metaphysisch im Hinblick auf eine Systematik der Naturlehre – ist der Welt- oder Wärmestoff.[705]

Kants Reflexionen zu Beginn der letzten Seite des ersten Bogens von „Übergang 12“ lassen deutliche Parallelen zum ersten Versuch eines Beweises der Existenz des Weltstoffs in „Übergang 2“ erkennen.

> Der Raum überhaupt ist blos das Subjective der Form der reinen äußeren Anschauung a priori mithin in sofern weder leer noch voll. – Um eins von diesen letzteren zu sagen muß schon eine Materie also ein äußeres Object der empirischen Anschauung vorausgesetzt werden. Aber um diese Erfahrung zu machen ob der Raum leer oder voll sey muß doch immer Materie welche den Raum einnimmt vorausgesetzt werden Also kann ein Raum nur als comparativ leer gedacht werden: denn das Nichtseyn kann nicht wargenommen werden.[706]

---

ist das was man Erfahrung nennt) deren äußere Existenz aber durch dieser ihre Wirkung bewiesen wird“.

703 Vgl. OP, AA 21: 587.28 f.

704 OP, AA 21: 588.01–06.

705 In den späteren Teilen des Entwurfs „Übergang 1–14“ tritt die Rede von „Weltstoff“ hinter die Bezeichnung „Wärmestoff“ für die eine Materie zurück. Dass dieser Name nicht die beste mögliche Bezeichnung ist, zeigen Kants häufige Hinweise darauf, dass der sogenannte Wärmestoff nicht Ursache für das subjektive Gefühl oder die Empfindung von Wärme ist; vgl. bspw. OP, AA 21: 228.25 f. ; OP, AA 21: 560.10–13 ; OP, AA 21: 584.29 f ; OP, AA 21: 600.12–14.

706 OP, AA 21: 588.09–16.

Die bloße Form ist kein Gegenstand im Sinne eines realen Objekts von dem Erfahrung möglich ist. Raum und Zeit als formale Sinnlichkeit a priori sind „nur Formen“, die ohne eine Bedingung, durch die sie als Gegenstände „für die Sinne kenbar“ gemacht werden, „keine reale Objecte an die Hand geben würden“.[707] Zum Überschritt von der formalen zur empirischen Anschauung braucht es „eine Materie“.[708] Auch die unbestimmte Rede bezogen auf das „Object der empirischen Anschauung“[709] zeigt die Übereinstimmung mit den Parallelstellen in „Übergang 2“.[710]

Ebenso die Aussagen zu Leere oder Erfüllung des Raumes. „Schlechterdings leer“[711] ist der Raum kein Gegenstand der Erfahrung, den die Zuschreibungen „leer“ oder „voll“ setzen die Existenz des Empirischen voraus. Um den Raum als formale, unendliche gegebene Größe und damit Einheit aller denkbaren (Teil-) Räume erfahrbar zu machen, ist die vollständige Einnahme des Raumes durch ein Objekt der empirischen Anschauung, welches an allen Punkten desselben gegenwärtig ist,[712] notwendig. Das eine Ganze muss einheitlich und ganzheitlich erfüllt sein, um als dieses eine Ganze Gegenstand der Wahrnehmung (wenn auch immer nur in Teilen) sein zu können. Nur lückenlos und kontinuierlich durch Materie eingenommen und erfüllt, kann der wahrnehmbare Raum voll oder leer sein – weshalb das Leere stets nur „comparativ leer gedacht“ werden kann.[713]

Der folgende Absatz zählt zu den wichtigsten Texten im Zusammenhang des Entwurfs „Übergang 1 – 14“. Die Kernaussagen Kants zu den Fragen: *Was ist der „Übergang zur Physik“? In welchem Verhältnis stehen Metaphysik der Natur und Transzendentalphilosophie im „Übergang zur Physik“? Was unterscheidet den Erfahrungsbegriff der Kritik der reinen Vernunft von jenem, der im Entwurf „Übergang 1 – 14“ begegnet? Warum existiert eine Materie unter dem Namen des Wärmestoffs mit den Eigenschaften, die von ihr in „Übergang 1 – 14“ ausgesagt werden? Ist die*

707 OP, AA 21: 217.08 – 10.

708 OP, AA 21: 588.11.

709 OP, AA 21: 588.12.

710 Vgl. OP, AA 21: 216.12 – 16: „Vom leeren Raum kann es keine Erfahrung, auch keinen Schlus auf das Object derselben geben. Von der Existenz einer Materie belehrt zu seyn dazu bedarf ich Einflus einer Materie auf meine Sinne. Der Satz also: es giebt leere Räume kann nie ein weder mittelbarer noch unmittelbarer Erfahrungssatz seyn: sondern ist blos vernünftelt“

711 OP, AA 21: 217.12.

712 Vgl. MAN, AA 04: 497.

713 OP, AA 21: 588.15; vgl. auch MAN, AA 04: 535: „Denn alle Erfahrung giebt uns nur comparativleere Räume zu erkennen, welche nach allen beliebigen Graden aus der Eigenschaft der Materie ihren Raum mit größerer oder bis ins Unendliche immer kleinerer Ausspannungskraft zu erfüllen, vollkommen erklärt werden können, ohne leere Räume zu bedürfen“.

neue, spekulative Materietheorie des Entwurfs „Übergang 1 – 14“ noch transzendentaler Idealismus? werden in diesem Absatz gebündelt.

> In dem Übergange von den metaph. Anf. Gr. der NW. zur Physik als einem System der empirischen Erkentnis der Natur im Ganzen Einer moglichen Erfahrung, nicht in ihrer distributiven sondern collectiven Einheit ist die Existenz einer allverbreiteten alldurchdringenden und allbewegenden Materie benannt Wärmestoff nicht von der subjectiven (inneren) Afficirung des Organs im Gefühl so benannt sondern als äußerliches Sinnenobjects die Basis und die Vereinigung aller bewegenden Kräfte der Materie nicht als bloßes Aggregat (sparsim) sondern als in einem System (conjunctim) im Ganzen Einer Erfahrung gedacht das Princip des Uberganges von der Met. zur Phys.[714]

Bereits das „als“ zu Beginn des Satzes macht deutlich, dass eine Begriffsbestimmung des „Übergangs zur Physik“ folgt. Als was ist der „Übergang zur Physik“ zu verstehen? Als ein „System der empirischen Erkentnis der Natur im Ganzen Einer moglichen Erfahrung“. Diese Begriffsbestimmung des Übergangs offenbart zugleich das Verhältnis von Transzendentalphilosophie mit der Frage nach der Möglichkeit von Erfahrung überhaupt und den Bedingungen dieser Möglichkeit einerseits und der Metaphysik der Natur, als einer eigenen Art und Weise, die spezifisch wissenschaftliche Erkenntnis zu fundieren. Der Übergang gibt das System der empirischen Erkenntnis der Natur. Dies ist der Übergang als Metaphysik, den das System kann nicht aus der Erfahrung selbst geschöpft werden. Es wird vielmehr a priori auf Basis begrifflicher Prinzipien erstellt. Diese Grundlegung der Wissenschaft des Natürlichen ist integraler Bestandteil eines übergeordneten Ganzen der einen Erfahrung. Die Metaphysik ist Teil der Transzendentalphilosophie. Die Beantwortung der transzendentalen Frage nach den Bedingungen der Möglichkeit von Erfahrung gibt ein Prinzip an die Hand, das zugleich auf die Frage nach der Möglichkeit der Naturwissenschaft als System (im spezifisch Kantischen Sinne eine Tautologie) antwortet. Die Verbindung von Metaphysik und Transzendentalphilosophie im Übergang wird auch durch die Begriffe „Basis“ und „Vereinigung“ deutlich. Die allverbreitete, alldurchdringende und allbewegende Materie ist „Basis und Vereinigung aller bewegenden Kräfte der Materie“.[715] Auch hier zeigt sich die Übereinstimmung mit „Übergang 2“, wo das Weltganze der Materie als die „Basis aller anderen beweglichen Materie“ bezeichnet wird.[716] Das Prinzip der Erfahrung ist Prinzip des Systems der einen Natur als dem objektiven Ganzen möglicher Erfahrung.[717] Die eine dyna-

714 OP, AA 21: 588.17 – 26.
715 OP, AA 21: 588.23 f.
716 OP, AA 21: 217.01 f.
717 Vgl. bspw. KrV A114 ; KrV B873.

mische Materie ist Grundlage aller Mechanik, der Weitergabe von Bewegung in der Materie bzw. durch materielle Körper. Sie ist Grundlage der Bildung der Naturkörper und aller Gesetze, die ihre mechanischen und dynamischen Verhältnisse bestimmen. Nicht umsonst ist in der Überschrift zu dem hier dargestellten Absatz die Rede: „Von den Mechanischen u. Chemischen Potentzen".[718] Hier ist das metaphysische Prinzip im „Übergang zur Physik" gemeint. Die Materie als dynamisches Kontinuum ist aber auch „Vereinigung aller bewegenden Kräfte der Materie in einem System (*conjunctim*) im Ganzen Einer Erfahrung" und dies a priori „gedacht".[719] Das metaphysische Prinzip ist ebenso Grund der Einheit der Erfahrung und daher Grund der Erfahrung überhaupt und somit transzendentales Prinzip. Indem das Subjekt das Ganze aller Materie als Grund der Erfahrung denkt, ist die Wirklichkeit dieses Ganzen als äußerlichem Sinnenobjekt begriffen und erwiesen. Dieser Schritt vom Denken zum Sein, zur Existenz *ist* der Übergang: „die Existenz einer [...] Materie [..] als äußerliches Sinnenobject[...] im Ganzen Einer Erfahrung gedacht" ist „das Princip des Uberganges von der Met. zur Phys.".[720] Erfahrung überhaupt und wissenschaftliche Erkenntnis kann nur im Denken gegründet sein. Der Gegenstand dieses Denkens ist die Wirklichkeit. Dies rechtfertigt die Rede von der „Deduction des Wärmestoffs".[721] Die Deduktion – jede Deduktion – zeigt die Notwendigkeit der gedachten Bedingungen für die Wirklichkeit der Erfahrung auf und beweist damit deren eigene Wirklichkeit. In „Übergang 1–14" wird gezeigt, dass die Notwendigkeit der „Einheit in dem Gesammtbegriffe der Möglichkeit Einer Erfahrung [...] zugleich die Wirklichkeit" des Objekts dieser Einheit „zu Folge einem Princip *a priori* bey sich führt"[722]. In den Gedanken zu einer fundamentalen Dynamik der Materie, wie sie der Entwurf „Übergang 1–14" beinhaltet, sind Metaphysik der Natur und Transzendentalphilosophie untrennbar miteinander verbunden. Dies wird vor allem anhand „Übergang 2" und „Übergang 12" deutlich.

Die Modifikationen, die Kant in „Übergang 1–14" an seinem Erfahrungsbegriff vornimmt, zeigen sich in obigem Zitat durch die Differenzierung der distributiven und kollektiven Einheit der Erfahrung. Von einer kollektiven Einheit der Erfahrung ist in der transzendentalen Analytik der KrV nicht die Rede – zumindest nicht explizit. Implizit ist die Einheit des transzendentalen Selbstbewusstseins auch in KrV A und B Grund einer Einheit der Erfahrung, die es ermöglicht, selbige als

718 OP, AA 21: 588.08, vgl. ferner OP, AA 21: 590.25: „Von mechanischen und dynamischen Potenzen".

719 OP, AA 21: 588.23–26.

720 OP, AA 21: 588.20–26.

721 OP, AA 21: 586.19.

722 OP, AA 21: 586.21–24.

absolut gesetzmäßig und damit als durchgängige Einheit zu begreifen. Auch in der KrV ist Erfahrung synthetische Einheit aller Wahrnehmungen.[723] Dennoch bleibt das absolute Ganze, die kollektive Einheit der Erfahrung problematisch[724] und als Inbegriff des Materials möglicher Erfahrung notwendiger Fluchtpunkt des Verstandesgebrauchs, transzendentale Idee und Ideal. In „Übergang 1–14“ hingegen wird die kollektive Einheit Wirklichkeit. Im Begriff des Weltstoffs wird der Gegenstand „Einer allbefassenden Erfahrung“[725] und die Basis a priori ihres Zusammenhangs vorgestellt.

Die Sätze, mit denen der erste Bogen von „Übergang 12“ abschließt, zeigen zunächst erneut die Nähe zum ersten Versuch eines Existenzbeweises des Wärmestoffs in „Übergang 2“. Die Existenz der hier „Elementarstoff“ genannten Materie, die „ursprünglich bewegend“ ist, wird behauptet, weil „durch deren Bewegung der Raum allererst ein Gegenstand möglicher Erfahrung wird“.[726] In „Übergang 2“ hatte Kant ausgeführt, dass ein „ursprünglich bewegender Weltstoff [...] nicht blos problematisch angenommen“ werde, „weil er die Anschauung die sonst leer und ohne Warnehmung sein würde zuerst bezeichnet“.[727] Die bloße Hypothetizität der einen Materie wird in beiden Teilen von „Übergang 1–14“ im Kontext bestritten.[728]

Die im Vorfeld wiederholt herausgestellte Durchdringung von Metaphysik und Transzendentalphilosophie in „Übergang 12“, zeigt auch der vorletzte Absatz. Hier wird eine der Eigenschaften des Weltstoffs stellvertretend für die übrigen mit dessen Funktion als Einheitsprinzip verknüpft – ein Gedanke der in dieser Form noch an keiner vorherigen Stelle von „Übergang 1–14“ begegnet war.[729]

> Die Materie welche schon in ihrem Begriffe das Princip der Einheit moglicher Erfahrung enthält (z.B. alldurchdringend ist etc) ist zugleich die Basis aller Gegenstande moglicher Erfahrung und macht die Einheit der Erfahrung moglich und nothwendig[730]

---

723 Vgl. KrV B226 ; KrV A110 ; KrV A97 (Definition von Erkenntnis) ; KrV B296 (Erfahrung als Inbegriff von Erkenntnis).
724 Vgl. KrV B384.
725 OP, AA 21: 588.04 f.
726 OP, AA 21: 588.27–589.03.
727 OP, AA 21: 217.14–17.
728 Vgl. OP, AA 21: 589.04 und OP, AA 21: 217.14.
729 Dennoch klingt er bereits an anderer Stelle von „Übergang 12“ an, ebenfalls im Kontext einer Auflistung der Eigenschaften des Wärmestoffs: „Die Attribute dieses Stoffes (weil er allbefassend einzeln (*vnica*) und die Basis aller zur Einsicht des Objects der (einen) Erfahrung ist) sind nun nach dem Satz der Identität gegeben nämlich daß er allverbreitet, alldurchdringend und allbewegend ist (nicht aber daß er selbst in seinem Platze beweglich (*locomotiva** d.i. Ortverändernd) und es als ein solcher nothwendig d.i. auch alldaurend ist“ (OP, AA 21: 584.22–28).
730 OP, AA 21: 589.05–08.

Der Welt-, Wärme-, oder Elementarstoff ist schon aufgrund seiner Eigenschaften, die seinen Begriff bestimmen, einheitsstiftend. Er hat die Einheit durch seine Bestimmung in sich und in seinem Begriff. Dabei wird die Alldurchdringung nur exemplarisch genannt, denn alle Eigenschaften gehen aufs Ganze. Das All steckt in ihnen allen. Was sich überall befindet, alles durchdringt und alles bewegt, ist das eine einigende Ganze. Es gibt (zumindest im Bereich möglicher Erfahrung) kein außerhalb zu diesem All. Der Gedanke, den Kant hier Ausdruck verleiht, könnte einer der Gründe für die positive Benennung der Eigenschaften der einen Materie sein, die Kant vor allem in „Übergang 12" sehr häufig verwendet. In früheren Teilen von „Übergang 1–14" überwiegen die negativen Bezeichnungen – etwa „unsperrbar" für alldurchdringend.[731]

Die bereits mehrfach geäußerte Auffassung, dass vor allem „Übergang 12" den Transzendentalen Idealismus Kants im Nachlasswerk bestätigt und zugleich die tiefgreifenden Modifikationen, die Kant am System dieses transzendentalen Idealismus vornimmt, zu erkennen gibt,[732] wird auch durch den anschließenden letzten Absatz des ersten Bogens von „Übergang 12" und den ersten Abschnitt des zweiten Bogens bestätigt.

> Die Gesammteinheit (omnitudo collectiva) der Erfahrung ist nicht das was eine äußere wirkende Ursache aus allen Gegenständen möglicher Erfahrung objectiv aus den bewegenden Kräften macht sondern was der Verstand subjectiv zur Einheit derselben aus sich selbst macht ist die Basis worauf alle besondere Erfahrung aus allen moglichen Warnehmungen (omnitudo distributiva) beruht.
>
> [...]
>
> Man kann nicht vom Object, der Materie im Raume, anfangen als Gegenstande empirischer Anschauung und Inbegriff einer unendlichen Menge möglicher Warnehmungen in Einer empirischen Anschauung: – denn das wäre schon ein Überschritt zur Physik als einem System der Erfahrung – sondern von dem Verstandesbegriffe im Subject so fern dieses sich ein Gantzes der bewegenden Kräfte der Materie denkt; denn wo es auf Principien a priori der synthetischen Erkentnis ankommt muß das Förmliche der systematischen Darstellung des Mannigfaltigen der Warnehmungen an einem Object dieses seiner Anordnung (coordinatio) zu einem Ganzen zum Grunde gelegt werden.[733]

Auch wenn der Wärmestoff, das Kontinuum bewegender Kräfte der Materie in kollektiver Einheit der sensible Raum und der Inbegriff des Erfahrbaren ist, beruht

731 Vgl. bspw. OP, AA 21: 232.03.

732 Veränderungen, die je nach Standpunkt auch als eine Aufhebung des transzendentalen Idealismus gesehen werden können. Betrachtet man die Position Kants in der KrV als definitive Äußerung dessen, was transzendentaler Idealismus heißen kann, ist selbiger durch Texte wie „Übergang 1–14" überholt.

733 OP, AA 21: 589.09–30.

die Einheit möglicher Erfahrung, die durch diese Materie verwirklicht wird, auf einer subjektiven Bedingung. Wie alle Bedingung der Möglichkeit von Erfahrung, die nach Kants transzendentalen Idealismus a priori im Verstand liegen, ist auch die Bedingung der Gesamteinheit der Erfahrung formaler Natur.[734] Die Konstituierung von Erfahrung geht vom Subjekt zum Objekt von der Möglichkeit zur Wirklichkeit.[735] Konstitutiv für Erfahrung ist das, was der Verstand aus sich selbst macht. Da es im „Übergang zur Physik" um die Konstituierung von Erfahrung als Einheit und Wirklichkeit geht, muss auch das gedachte Ganze der bewegenden Kräfte der Materie als Verstandesbegriff aufgefasst werden. In „Übergang 12" zeigt sich erneut das Problem der richtigen Auffassung des Wärmestoffs und seines Begriffs. Ist der Begriff des Wärmestoffs wie oben ausgeführt ein Verstandesbegriff im Subjekt und als solcher konstitutiv für die Einheit der Erfahrung oder ist er, weil er auf das absolute Ganze geht, ein Vernunftbegriff?[736] Das Problem einer Lösung zuzuführen wird dadurch erschwert, dass beide Auffassungen richtig sind. Es ist eine Frage des Blickwinkels. Je nach Perspektive ist der Weltstoffbegriff Idee oder Verstandesbegriff. Diese Unschärfe begegnet in „Übergang 12" sogar in einzelnen Abschnittstiteln, etwa in der Überschrift zu dem zweiten der oben zitierten Absätze: „Physisch//Cosmologischer Grundsatz Vom Elementarsystem aller Welt Materie".[737] Die Natur ist gesetzmäßig bestimmt; Naturgesetze in ihrer allge-

734 Vgl. OP, AA 21: 595.06 – 12: „Die Gesammteinheit (omnitudo collectiva) aller dieser möglichen Warnehmungen mithin auch der die Sinne bewegenden Kräfte der Materie zu diesem Behuf unter einem formalen Princip ihrer Vereinigung zu Einer Erfahrung ist nun objectiv das Elementarsystem welches die Materie (den Stoff) zu demselben aber nur dadurch daß es subjectiv ein Gantzes der bewegenden Vorstellungskräfte in sich enthält".

735 Vgl. OP, AA 21: 592.05 – 15: „ Es ist objectiv nur Eine Erfahrung und alle Warnehmungen stehen in einem nicht gedichteten sondern gegebenen System des absoluten Ganzen derselben d.i: „es existirt ein Absolut// Ganzes als System der bewegenden Krafte der Materie denn der Begrif von einem solchen ist objectiv ein Erfahrungsbegrif mithin ist ein solcher gedachte Gegenstand wirklich" (hier, aber auch nur in diesem einzigen Fall, kann gesagt werden a poße ad esse valet consequentia) Dieser Begrif ist einzig in seiner Art (vnicus), darum weil sein Object auch einzeln (conceptus singularis) ist; denn das All der Materie bezeichnet nicht eine distributive sondern collective Allgemeinheit der Gegenstände die zur Absoluten Einheit aller möglichen Erfahrung gehören."

736 Vgl. OP, AA 21: 591.21 – 592.04 : „Thesis Es existirt ein allgemeines Object äußerer Sinne an dem Gegenstande Einer allein möglichen Erfahrung und wenn von Erfahrungen (in plurali) geredet wird so bedeuten diese nichts weiter als ein Aggregat von Warnehmungen die allererst in das Ganze einer Erfahrung nach dem formalen Princip der Vereinigung des Mannigfaltigen derselben zu Einer Erfahrung durch einen Vernunftbegriff (folglich a priori) als durchgängig unter sich verbunden gedacht werden so daß das subjective Princip des Formalen der Verbindung der gegebenen Vorstellungen (von bewegenden Kräften der Materie überhaupt) vor dem Materialen (dieser Kräfte selbst) vorhergeht".

737 OP, AA 21: 589.16 – 19.

meinsten, transzendentalen Form sind Grundsätze des Verstandes. Hier verweisen sowohl die Begriffe Grundsatz als auch System auf den Verstand als Gesetzgeber und Ordnung stiftendes Vermögen der Regeln. Gleichzeitig wird jedoch der Grundsatz als kosmologischer eingeführt, der als solcher auf das Ganze aller Weltmaterie geht.

Der Ganzheitsbezug, der die Rede von einem Begriff der Vernunft angemessener erscheinen lässt – auch wenn Kant auch bezogen auf das Denken dieser Ganzheit und Allheit von einem Verstandesbegriff spricht[738] – ist in „Übergang 12" wie auch in den vorangegangenen Teilen des Entwurfs „Übergang 1–14" allgegenwärtig. Wenn Kant etwa die Frage nach der Existenz stellt: „Existirt unter dem Nahmen des Wärmestoffs eine Materie mit den Attributen: allverbreitet, alldurchdringend, innerlich allbewegend (sich selbst in allen seinen Theilen agitirend) und in dieser Agitation perennirend zu seyn",[739] so wird der Bezug auf das Ganze der Materie und die Gesamteinheit der Erfahrung bereits durch die aufgelisteten Attribute der Wärmestoff genannten Materie hergestellt, ohne das die absolute Einheit und Ganzheit explizit genannt werden müsste. Dies bestätigt auch der Nachsatz, der sich an diese im Zentrum des „Übergangs zur Physik" stehende Aufgabe anschließt.[740] Es ist nicht möglich, die Existenzbehauptung des Wärmestoffs durch Erfahrung zu bestätigen, denn in diesem Falle müsste die Erfahrung ebenso allgemein sein, wie der Gegenstand der Existenzbehauptung. Die Allgemeinheit, um die es hier geht ist nicht analytische Allgemeinheit im Sinne des Begriffs, der Eine Bestimmung herausstellt, die Vielen gemein ist, sondern eine synthetische Allgemeinheit, die Vieles nicht abstrakt, sondern konkret in ihrer Einheit befasst.[741] Erfahrung von synthetischer Allgemeinheit, d.h. Allheit

738 Vgl. nochmals OP, AA 21: 589.25–27.

739 OP, AA 21: 591.05–08.

740 Vgl. OP, AA 21: 591.09f.: „Dieser Satz läßt sich nicht auf Erfahrung gründen denn eine Erfahrung die so aufs allgemeine hinausgeht ist unmoglich".

741 Vgl. hierzu folgende Stellen in „Übergang 1–14": OP, AA 21: 247.05–08: „Es ist objectiv betrachtet nur Eine Erfahrung und wenn subjectiv von Erfahrungen gesprochen wird so sind diese nichts weiter als Theile und gesezlich verknüpfte Aggregate einer synthetisch//allgemeinen Erfahrung" und OP, AA 21: 247.13–15: „Analytisch//allgemein ist ein Begriff durch den eines in Vielem, – synthetisch// aber wodurch Vieles in einem als zusammen unter einen Begriff gebracht wird" sowie OP, AA 21:237.18f.: „Das Analytisch allgemeine wird durch Abstraction das Synthetisch// allgemeine durch Aggregation hervorgebracht", wie auch OP, AA 21: 549.20–25: „Der Beweis der Existenz eines alldurchdringenden und allbewegenden Elementarstoffs in einem System der Materie wenn er aus Principien a priori hervorgehen soll muß alle Erfahrung als in Einer alle ihre Objecte umfassenden Erfahrung enthalten gedacht werden und wenn von Erfahrungen gesprochen wird so sind diese nichts weiter als Theile und Aggregate einer synthetisch// allgemeinen Erfahrung", ferner OP, AA 21: 561.28–30: „Es muß eine synthetisch allgemeine kann es nicht geben, womit erneut der Gedanke an absolute Einheit der Erfahrung im Sinne einer Idee, eines Vernunftbegriffs naheliegt.

Mit der Frage nach der Existenz einer derart allgemeinen Materie verknüpft Kant eine weitere Fragestellung:

> Mit dieser Aufgabe verbindet sich natürlicher // weise die zweyte: „wenn ihr Daseyn eingeräumt wird, ist diese Materie ein blos hypothetischer nur zur Erklärung gewisser Phänomene angenommener oder ist er ein für sich selbst als Gegenstand der Erfahrung gegebener **Stoff?**“[742]

Mit der Annahme eines bestimmten Sachverhalts stellt sich ganz von selbst die Frage nach dem Status dieser Annahme. Inwiefern wird die Existenz eingeräumt? Wie bereits in „Übergang 2“, im Kontext des ersten Beweisversuches der Existenz des Weltstoffs, ist auch bei dieser Formulierung die eine Alternative zur Beantwortung der Frage eine bloß als heuristisches Mittel in der Naturwissenschaft dienende Zwischenmaterie: ein hypothetischer Stoff. Hierbei zeigt sich die Hypothese als subsidiär. Sie dient einem Zweck und dieser ist die Erklärung bestimmter Naturphänomene. Wenn Kant die Existenz der allgemeinen, einzelnen und einzigen Materie annimmt, so ist diese Annahme oder Hypothese gerade keine bloß dienende, sondern sie ist die Ursprungsannahme. Eine originäre Hypothese.[743] Mit dieser Auffassung korrespondiert die Bezeichnung der Existenzbehauptung des fraglichen Stoffes als Axiom, die an anderer Stelle in „Übergang 12“ begegnet.[744] Es ist eine Ursprungsannahme, die nicht weiter hinterfragt werden müsste, aufgrund ihrer transzendentalen Notwendigkeit aber dieser Hinterfragung fähig ist. Wenn Kant im Anschluss an die Formulierung der zweiten Aufgabe, der Klärung des (Existenz-)Status der als existierend eingeräumten Materie, erneut die Bezeichnung Wärmestoff thematisiert und deutlich macht, dass sie sich nicht von der Ursächlichkeit für die Wärme ableitet, erscheint dies zunächst bekannt, auch wenn Kant hier von der Wärme als solcher und nicht von der (subjektiven) Empfindung oder dem Gefühl von Wärme spricht.

Dennoch ist diese Stelle von Bedeutung. Grund dafür ist die explizite Unterscheidung von Materie und Substanz:

(allverbreitete) basis der bewegenden Kräfte der Materie seyn die bloß den Grund der Moglichkeit der Erfahrung von einem Daseyn im Raume enthält (Spatium sensibile)“.

742 AA 21: 591.12–15.

743 Vgl. hierzu OP, AA 21: 584.01 f.: „Der Wärmestoff ist nicht Hypothesis *subsidiaria* sondern *originaria* also nicht hypothetisch d.i. bedingt sondern categorisch gegebener Stoff“.

744 Vgl. OP, AA 21: 600.23.

> Bei diesem Nahmen (nämlich des Wärmestoffs) hat man indessen nicht nöthig sich an die Eigenschaft Ursache der Wärme zu seyn zu binden denn diese Beschaffenheit ist nur eine von den Wirkungen und Modificationen der Materie, nicht das, wornach eigentlich gefragt wird, nämlich eine besondere Substanz[745]

Fasst man die im weiteren Kontext vorgelegten Bestimmung der besonderen Substanz des Wärmestoffs zusammen, ergibt sich folgendes Bild: die Substanz geht aufs Allgemeine.[746] Sie hat bestimmte Attribute[747] und Modi.[748] Zu ersteren zählt die Selbstursächlichkeit hinsichtlich ihrer Bewegung: „innerlich allbewegend (sich selbst in allen seinen Theilen agitirend) und in dieser Agitation perennirend".[749] Sie ist „ein allgemeines Object äußerer Sinne"[750] und „ein Absolut// Ganzes als System der bewegenden Krafte der Materie".[751] Wenn die These von einem Spinozismus Kants im Nachlasswerk an dem Entwurf „Übergang 1–14" geprüft werden soll – einem Teil des Opus postumum, in welchem im Unterschied zu anderen Entwürfen desselben von Spinozismus nicht explizit die Rede ist[752] – so kann festgestellt werden, dass ein spezifisch transzendentalphilosophischer

745 OP, AA 21: 591.15–20. Die alternative Formulierung hierzu findet sich OP, AA 21: 593.12–594.05: „Es existirt eine allverbreitete, alldurchdringende, innerhalb dem Raum den sie einnimmt (occupat) oder auch abstoßend erfüllt (replet) sich selbst in allen ihren Theilen gleichförmig agitirende und in dieser Bewegung endlos fortwärende Materie:* – nicht als blos hypothetischer (um gewisse Phänomene zu erklären) sondern in der Natur begründeter Stoff welcher der Analogie wegen **Wärmestoff** heissen mag (weil Wärme eine Qvalität der durchgängigen Mittheilung der Bewegung in der Berührung der Körper mit anderen ist) ohne sich doch dafür zu verbürgen: ob jene Basis eine besondere bewegliche Substanz oder nur eine Modification derselben sey." Im Unterschied vorliegender Stelle wird die Existenz behauptet und nicht als Frage in den Raum gestellt. Ferner wird in der Formulierung noch mehr Gewicht auf Bewegung und Beweglichkeit der besonderen Substanz gelegt.

746 Vgl. OP, AA 21: 591.09 f.

747 Vgl. OP, AA 21: 584.22 ; OP, AA 21: 591.06 ; OP, AA 21: 562.01 f.

748 Vgl. OP, AA 21: 599.15: „Modos".

749 OP, AA 21: 591.06–08.

750 OP, AA 21: 591.22.

751 OP, AA 21:592.07 f.

752 Kant spricht von Spinoza und Spinozismus in den Konvoluten 1, 7 sowie 10. Die Erwähnungen stellen den Interpreten vor folgende Fragen: Ist die referierte Position tatsächlich auf Spinoza zurückzuführen oder haben die von Kant im Nachlasswerk Spinoza zugeschriebenen Auffassungen einen anderen Ursprung? Ist die von Kant als spinozstisch bezeichnete Position mit Spinozas Philosophie vereinbar, oder stellen sie eine bereits durch Kants Verständnis gefilterte und modifizierte Position dar, die mit derjenigen Spinoza nicht zur Deckung gebracht werden kann? Vgl. bspw. folgende Stelle: „Der transscendentale Idealism ist der Spinosism in dem Inbegriff seiner eigenen Vorstellungen das Object zu setzen Von Spinozens Idee alle Gegenstände in Gott anschauen heißt so viel als alle Begriffe welche das Formale der Erkentnis in einem System d. i. die Elementarbegriffe ausmachen unter Einem Princip fassen" (OP, AA 22: 64.06–11).

Substanzmonismus begegnet. Eine Substanz die „Eines und Alles der äußeren Sinnenobjecte ist“[753] und zu deren wesentlichen Bestimmungen die Selbsturſächlichkeit zählt, macht die Rede von einem Pseudo-Spinozismus plausibel. Pseudo deshalb, weil die Göttlichkeit der einen Substanz hier keine Rolle spielt. Hier ist die Substanz (der eine) Erfahrungsgegenstand und als solcher (entsprechend dem „subjective[n] Princip des Formalen der Verbindung“[754]) gegeben.

Neben der Problematik einer adäquaten Auffassung des Begriff eines Welt oder Wärmestoffs als Verstandes oder Vernunftbegriff findet sich in „Übergang 12“ ein weiterer Widerspruch. Dieser Widerspruch ist unmittelbar mit dem Vorhaben verbunden, die Existenz dieses Stoffes zu beweisen.

Von den zwei explizit als Beweisversuchen gekennzeichneten Abschnitten in „Übergang 12“ wird der zweite im Folgenden ausführlich dargestellt. Dies nicht allein aufgrund der stark korrumpierten Textgestalt des ersten Beweises, sondern weil besagter Widerspruch im Zusammenhang des zweiten Beweisversuches auftritt.

Bereits durch die Überschrift des Abschnitts, der den zweiten Beweisversuch in „Übergang 12“ beinhaltet, macht Kant unmissverständlich klar, dass der argumentative Nachweis der Existenz des Wärmestoffs Dreh- und Angelpunkt des Übergangs zur Physik ist. Es geht um: „Die Existenz des Wärmestoffs als das oberste Princip des Überganges von den metaph. Anf. Gr. der N. W. zur Physik“.[755] im Anschluss wird erläutert, inwiefern hier von einem obersten Prinzip gesprochen werden muss: „Denn ohne einen solchen Stoff als die Basis aller bewegenden Krafte welche zusammen das reale Princip Einer moglichen Erfahrung ausmachen würden wir lauter Warnehmungen haben und kein Gantzes der Erfahrung durch bewegende Kräfte omnimode determinirt“.[756] Wie bereits im vorangegangenen wird der Wärmestoffs als Basis wie auch als Vereinigung der bewegenden Kräfte vorgestellt. Alle besonderen bewegenden Kräfte im Bereich der Erfahrung gründen ihre Existenz und die Möglichkeit ihrer Verbindung zum realen Prinzip möglicher Erfahrung auf dem zu Grunde liegenden Stoff. Er ist die Vereinigung aller möglichen Wahrnehmung zur durchgängig bestimmten Einheit der Erfahrung. Bewegende Kräfte der Materie werden zum Grund der durchgängigen Be-

---

753 OP, AA 21: 586.18 f.
754 OP, AA 21: 592.01 f.
755 OP, AA 21: 600.01–04. Im Unterschied zum ersten Existenzbeweis in „Übergang 12“ – von Kant mit „Beweis der Existenz des Wärmestoffs als das oberste Princip des Überganges von den metaph. Anf. Gr. der NW. zur Physik“ betitelt (OP, AA 21: 594.11–13) – wird an dieser Stelle zunächst das oberste Prinzip erläutert und genannt, bevor sich ein weiterer Paragraph dem Beweis im eigentlichen Sinn widmet.
756 OP, AA 21: 600.05–08.

stimmung und damit der Existenz als solcher. Dem erläuternden Anfangssatz folgt zunächst ein Paragraph mit der Existenzbehauptung des Wärmestoffs.[757] Sie entspricht den für „Übergang 1–14" typischen Behauptungen der Existenz,[758] wie sie sich auch in „Übergang 12" an mehreren Stellen finden. Die Attribute des als existierend behaupteten Stoffs werden vorgestellt; es folgt eine Erklärung zur (provisorischen) Namensgebung desselben und weitere Erläuterungen zu den im Vorfeld genannten Attributen.

Von Interesse ist hingegen der nachfolgende Paragraph. Er beinhaltet einen völlig neuen Gedanken den (zuvor in Form einer Existenzbehauptung vorgebrachten) Satz der Existenz des Wärmestoffes betreffend. Dieser neue Gedanke führt (zumindest dem Anschein nach) zu einem unmittelbaren Widerspruch im Kontext.

> § Dieser Satz wird hier als Axiom d.i. als ein keines Beweises bedürftiger und dessen auch nicht fähiger nicht synthetisch sondern analytisch aus einem Begriffe zu entwickelnder auf dem Princip der Identität beruhender Satz aufgestellt der also a priori behauptend kein empirisches (von der Erfahrung abgeleitetes) mithin kein erweiterndes sondern nur erläuterndes Urtheil ist.[759]

Von Axiom ist hier zum ersten Mal in „Übergang 1–14" die Rede. Die späteren Teile des Entwurfs erwecken aufgrund ihrer noch deutlicheren Binnengliederung in Paragraphen, Lehr- bzw. Grundsätze, Thesen, Anmerkungen und Axiome den Anschein, Kant habe zumindest mit dem Gedanken gespielt, einen fertigen Text zum „Übergang zu Physik" ähnlich den Metaphysischen Anfangsgründen der Naturwissenschaft gliederungstechnisch an den Vorgaben der mathematischen

---

757 Vgl. OP, AA 21: 600.09–20: „§ Es existirt ein allverbreiteter, alldurchdringender, innerlich allbewegender (agitirender) und in dieser Agitation gleichformig beharrender (perennirender) Elementarstoff **Wärmestoff** genannt [welche Benennung aber nicht eine subjective Modification des Gefühls (des Erwärmens) sondern nur eine Analogie der Mittheilung der Empfindungen der Erwärmung einander berührender Körper bedeutet und an jenen Attributen des gedachten Stoffs keinen Antheil nimmt]. Unter dem Begriff der Agitation versteht man eine innerhalb dem Raum den sie einnimmt sich selbst anziehend und abstoßend in ihren Theilen also nicht Ortverändernd (locomotiua) sondern innerlich bewegende (interne motiua) Materie".

758 Vgl. OP, AA 21: 593.12–594.05:"„Es existirt eine allverbreitete, alldurchdringende, innerhalb dem Raum den sie einnimmt (occupat) oder auch abstoßend erfüllt (replet) sich selbst in allen ihren Theilen gleichförmig agitirende und in dieser Bewegung endlos fortwärende Materie:* – nicht als blos hypothetischer (um gewisse Phänomene zu erklären) sondern in der Natur begründeter Stoff welcher der Analogie wegen **Wärmestoff** heissen mag (weil Wärme eine Qvalität der durchgängigen Mittheilung der Bewegung in der Berührung der Körper mit anderen ist) ohne sich doch dafür zu verbürgen: ob jene Basis eine besondere bewegliche Substanz oder nur eine Modification derselben sey.".

759 OP, AA 21: 600.22–28.

Methode zu orientieren.[760] Dies soll jedoch hier nicht Thema sein. Weitaus wichtiger ist, dass Kant nicht allein den Begriff des Axioms als einer nicht weiter hinterfragbaren und aus keiner erkennbaren Bedingung abgeleiteten Grundannahme aus der Mathematik entlehnt, sondern dessen Bedeutung noch eigens expliziert. Axiome sind nicht beweisfähig. Sie sind vorhanden und Prinzip weiterer Erkenntnisse. Einen Beweis braucht es zu ihrer Geltung nicht, zumal ein solcher nicht vorgelegt werden kann. Eine Herleitung oder im Kantischen Sinne eine Erklärung[761] ist nicht möglich. Der hier als Axiom bezeichnete Satz, d. h. die zuvor aufgestellte Existenzbehauptung des Wärmestoffs mit den genannten Attributen, geht ohne weitere Bedingungen unmittelbar aus dem Begriff hervor. Gemeint ist der Begriff möglicher Erfahrung, wie der Folgesatz belegt.[762] Die Existenz kann analytisch aus diesem begrifflichen Prinzip geschlossen werden. Dennoch ist es fraglich, ob damit der Satz der Existenz ein analytisches Urteil a priori ist. Hier ist erneut an die Möglichkeit zu denken, alle synthetischen Urteile a priori aus dem Bereich der transzendentalen Analytik der Kritik der reinen Vernunft – etwa die Grundsätze des reinen Verstandes als insofern analytisch zu begreifen, als auch sie im Begriff möglicher Erfahrung enthalten sind.[763] Wenn Kant an obiger Stelle feststellt, dass die Existenzbehauptung „a priori behauptend“ und daher „kein empirisches (von der Erfahrung abgeleitetes) mithin kein erweiterndes, sondern nur erläuterndes Urtheil ist“ scheint er für einen kurzen Moment außer Acht zu lassen, dass sich seine theoretische Hauptschrift der Frage nach der Möglichkeit synthetischer Urteile a priori befasst und diese Möglichkeit erschöpfend dargetan hatte. Hier wird allein die Zweiteilung möglicher Urteile in empirisch, d. h. erweiternd und a priori, d. h. (einen Begriff) erläuternd zur Wahl gestellt.

Der (scheinbare) Widerspruch folgt in direktem Anschluss: Die Negation der Beweisfähigkeit wird neuerlich negiert: „Ein solcher Satz ist aber möglich wenn er nicht von der Erfahrung abgeleitet sondern für die Möglichkeit der Erfahrung von äußeren Sinnesgegenständen überhaupt gedacht wird und ist so fern auch be-

---

760 Vgl. MAN, AA 04: 478: „Ich habe in dieser Abhandlung die mathematische Methode, wenn gleich nicht mit aller Strenge befolgt (wozu mehr Zeit erforderlich gewesen wäre, als ich darauf zu verwenden hätte), dennoch nachgeahmt, nicht um ihr durch ein Gepränge von Gründlichkeit besseren Eingang zu verschaffen, sondern weil ich glaube, daß ein solches System deren wohl fähig sei“.

761 Vgl. KU, AA 05: 412: „Erklären heißt von einem Princip ableiten, welches man also deutlich muß erkennen und angeben können“.

762 Vgl. OP, AA 21: 601.01 – 04: „Ein solcher Satz ist aber möglich wenn er nicht von der Erfahrung abgeleitet sondern für die Möglichkeit der Erfahrung von äußeren Sinnesgegenständen überhaupt gedacht wird und ist so fern auch beweisfähig“.

763 Vgl. nochmals Anm. 385.

weisfähig".[764] Dass hier mit einem Mal von der Möglichkeit des Satzes gesprochen wird, verwundert. Die Behauptung der Existenz einer bestimmten Materie a priori impliziert keinen logischen Widerspruch. Vielmehr geht es um die Frage nach Wahrheit oder Falschheit der Aussage, die der Satz transportiert. Wie also ist die Rede von der Möglichkeit an dieser Stelle zu verstehen und auf welchen Satz bezieht sich die Aussage? „Ein solcher Satz" ist die Behauptung der Existenz des Wärmestoffs, wie Kant sie zuvor aufgestellt hatte.[765] Dieser Satz, d. h. der sich nicht aus der Erfahrung gewinnen lässt, sondern a priori behauptet wird, ist ungeachtet der Ermangelung einer empirischen Basis möglich, wenngleich er eigentlich unmöglich ist. Eine Existenzbehauptung a priori, die einen Anspruch auf Wahrheit (zu recht) erhebt, kann es nicht geben. Und dennoch ist ein „solcher Satz aber möglich" und der einzige Grund, auf dem diese spezielle Möglichkeit aufruht, ist die Abhängigkeit der Möglichkeit aller Erfahrung von seiner Geltung. Den Beweis der Existenz im eigentlichen Sinne – ihr Nachweis a posteriori – ist nicht zu erbringen. Insofern ist das Axiom der Existenzbehauptung ein „keines Beweises [...] fähiger" Satz. Als Bedingung der Möglichkeit von Erfahrung ist er dennoch „auch beweisfähig" und dieser Beweis ist die transzendentale Deduktion der Existenz aus dem Prinzip möglicher Erfahrung. Aus dem Prinzip der Möglichkeit von Erfahrung mit dem Begriff der Erfahrung als einer synthetischen Einheit aller Wahrnehmungen folgt auch die schlechthinnige Einheit dieser a priori als existierend angenommenen stofflichen Kondition.

Die „Deduction des Wärmestoffes",[766] wie Kant den Beweis in „Übergang 12" nennt, wird im Anschluss an diese prima specie paradoxe, in Wahrheit aber pointierte Passage vorgelegt: „§ Beweis der Existenz des Wärmestoffs".

Zuoberst stellt Kant die Einheit der Erfahrung.

> Es ist von Gegenständen im Raum so wie nur Ein Raum ist, auch nur Eine Erfahrung möglich und, wenn von Erfahrungen gesprochen wird, so sind diese nichts anders als Wahrnehmungen, deren verknüpfung unter einem formalen, a priori gegebenen, Princip auf fragmentarische Art zwar für die Physik wohl ein Aggregat ausmacht welches aber nie vollständig werden kann sondern weil die Data empirisch sind des Fortschreitens von den metaphysischen Anf. Gr. der N. W. zur Physik, als einem System derselben, kein Ende erwarten läßt.[767]

Die Feststellung, dass die Rede von Erfahrung im Plural nur dann einen Sinn ergibt, wenn unter Erfahrungen Wahrnehmungen verstanden werden,[768] findet

---

764 OP, AA 21: 601.01–04.
765 Vgl. OP, AA 21: 600.10–12.
766 OP, AA 21: 586.19.
767 OP, AA 21: 601.07–14.
768 Vgl. KrV A110.

sich in „Übergang 12" an mehreren Stellen.[769] Aus dem Blickwinkel empirischer Naturwissenschaft bleibt die Erfahrung zwar ein Aggregat verschiedener Einzelwahrnehmungen und aufgrund des empirischen Charakters der Physik prinzipiell unabgeschlossen; dennoch ist die Einheit durch dasjenige an der Naturwissenschaft, wodurch sie erst Wissenschaft wird, das formale Prinzip ihres Systems a priori, das den unendlich vielen empirischen Einzelerkenntnissen ihre Stelle zuweist, ebenso prinzipiell abgeschlossen. Der „Übergang zur Physik" ist daher endlich und unendlich zugleich. Endlich durch die Form der Einheit, die absolut ist, den rein apriorischen Teil, unendlich durch jenen Teil, der bloß empirisch ist und auf Beobachtung und Experiment aufbaut. Das reine formale systematische Prinzip ist notwendig für die Naturwissenschaft und die Erfahrung selbst. Metaphysik und Transzendentalphilosophie sind eins.

> Gleichwohl ist die Idee von diesem [dem „System derselben", d. h. der Physik, s. o.] subjectiv, als nothwendige Aufgabe unumgänglich gegeben nämlich die der Verknüpfung der Warnehmungen als Wirkungen der bewegenden Kräfte auf das Subject in Einer Erfahrung Was nun zur Erfahrung die nur Eine seyn kann als Bestimmungsgrund derselben gehört ist auch objectiv gegeben d.i. wirklich.[770]

Die Wahrnehmungen müssen verbunden sein und was diese Verbindung bewirkt, ist wirklich. Schon hier ist der Beweis zu Ende geführt: „Also existirt eine Materie mit jenen Attributen als Basis der bewegenden Kräfte derselben in so fern sie bewegend sind als ein absolutes Gantze".[771] Die mit „Beweis" überschriebenen Argumente der späteren Teile des Entwurfs „Übergang 1–14" zeigen, dass mit dem Begriff von Erfahrung und dem Prinzip ihrer Möglichkeit, die Wirklichkeit des Materials der Erfahrungseinheit mitgegeben ist. Das Argument schreitet nicht zum Schuss voran, sondern tritt gleichsam auf der Stelle. Die Konklusion ist der Prämisse implizit. Die Abschnitte, die wie Ober- und Untersatz anmuten, sind nur immer wieder neue Perspektiven und Darlegungen der a priori notwendigen Wirklichkeit. Das viermalige „Also" innerhalb des einen Beweises zeigt, dass

---

769 Vgl. die Parallelstelle im ersten explizit als „Beweis der Existenz des Wärmestoffs als das oberste Princip des Überganges von den metaph. Anf. Gr. der NW. zur Physik" bezeichneten Abschnitt: „Es ist so, wie nur Ein Raum ist, auch nur Eine Erfahrung von äußeren Gegenständen als die Sinne des Subjects bewegenden und empirische Anschauungen in demselben (welche mit Bewustseyn verbunden Warnehmungen heissen) bewirkende Kräfte der Materie Wenn also von Erfahrungen geredet wird so wird darunter nur ein Aggregat der Warnehmungen die zusammen als Elemente zu Einer Erfahrung gehören, aber sie noch nicht ausmachen, verstanden" (OP, AA 21: 594.11–15 und die Fortführung OP, AA 21: 595.01–06), vgl. ferner OP, AA 21: 591.22–592.04 und OP, AA 21: 596.17–21.

770 OP, AA 21: 601.15–20.

771 OP, AA 21: 601.20–22.

viermal die Existenz dargetan wird – durch vier unterschiedlich akzentuierte Formulierungen des einen Sachverhalts.[772] Wenn die Wahrnehmungen, d. h. die empirischen Vorstellungen, die auf der Wirkung bewegender Kräfte auf die Sinnlichkeit des Subjekts beruhen, zur Einheit der Erfahrung gebracht werden sollen, müssen die Vorstellungen bewirkenden Kräfte – die „Vorstellungskräfte"[773] – ebenso Einheit sein. Diese Einheit ist das hier „Elementarstoff" genannte Kontinuum.

Die Einheit der gesamten Erfahrung ist subjektiv-objektiv. Das Subjektive der Wahrnehmungen wird in der Gesamtheit bewegender Kräfte der Materie objektiv als Einheit vorgestellt und als dieses Ganze der Wirklichkeit gegeben. Das Subjekt stiftet die Einheit als formales Prinzip a priori im Denken. Ohne diese Leistung des Subjekts blieben die Wahrnehmungen allesamt „tumultuarisch".[774] Formlos, ortlos und gesetzlos.[775] Nur durch die absolute, aufs Ganze und Allgemeine gehende Einheit der subjektiven, begrifflichen Form wird die Einheit objektiv – in Gegenständen der Erfahrung und in der Erfahrung als Gegenstand. Das cogitabile *ist* das dabile. Die Form gibt das Sein.[776] Dies spiegeln die scheinbar paradoxen Formulierungen des Entwurfs „Übergang 1–14" wieder: die Existenz des Stoffs ist a priori gegeben. Subjektive Einheit und objektive Ganzheit sind identisch und ebenso sind im Denken dieser Einheit und Ganzheit der Verstand und die Vernunft identisch: „Was nun zur absoluten Einheit möglicher Erfahrung gehört ist wirklich. Also ist ein solcher Stoff als ein nicht blos distributiv// sondern zugleich collectiv//allgemeiner Weltstoff wirklich".[777] Die Verknüpfung der Wahrnehmungen wird nicht nur durch den Verstand diskursiv bewerkstelligt, indem sie in die Einheit des Selbstbewusstseins apprehendiert werden. Die Einheit des Denkens geht immer schon a priori aufs Ganze. Nicht distributiv sondern kollektiv wird die Einheit der Erfahrung, des Raums, und der Materie gedacht und bewirkt.

Besonders anhand „Übergang 12" lässt sich belegen, dass es Kant zumindest 1799 noch nicht darum geht, das Prinzip des transzendentalen Idealismus als solches infrage zu stellen. Im Gegenteil: dieses Prinzip des transzendentalen Idealismus findet immer wieder seinen Ausdruck in unterschiedlichen Formu-

772 Vgl. OP, AA 21: 601.20 ; OP, AA 21: 602.06 ; OP, AA 21: 602.12 ; OP, AA 21: 602.20.
773 OP, AA 21: 595.12.
774 OP, AA 21: 604.02.
775 Vgl. Kants Zinnober-Beispiel im Kontext der Vorbereitung der transzendentalen Deduktion der reinen Verstandesbegriffe KrV A100 f.
776 Vgl. bspw. OP, AA 21: 552.18–22: „Das Denken eines Elementarsystems der bewegenden Kräfte der Materie (cogitatio) geht nothwendig vor der Warnehmung derselben (perceptio) voraus und ist als subjectives Princip der Verbindung dieser Elementartheile derselben in einem Ganzen a priori durch die Vernunft im Subject gegeben (Forma dat eße rei)".
777 OP, AA 21: 602.11–14.

lierungen. Es kommt im transzendentalen Idealismus Kant zufolge „nicht darauf an auszumachen welche Objecte uns für die Erfahrung gegeben sind sondern wie die Erfahrungen beschaffen seyn müssen um diese Objecte zu geben“.[778] Insofern ist der „subjective Grund der Möglichkeit Einer allbefassenden Erfahrung [...] zugleich ein objectiver Grund der Wirklichkeit des Gegenstandes dieser Erfahrung selbst“.[779]

Der Gedanke Kants, die reale Existenz des Wärmestoffs als Implikat des Erfahrungsbegriffs a priori aufzufassen, tritt in den späteren Teilen von „Übergang 1–14“ immer deutlicher zutage. Anstelle des Versuchs eines Beweises a priori steht nunmehr die Analyse des Begriffs. Die Erläuterung der Bedingungen der Möglichkeit, die im Begriff der Erfahrung liegen, zeigt a priori die Wirklichkeit dieser Bedingungen auf.

2.2.6 „Übergang 13“

„Übergang 13“ wird im Rahmen vorliegender Darstellung des Entwurfs „Übergang 1–14“ nur kurz betrachtet. Der Grund dafür ist, dass Kant hier, wie auch in Teilen von „Übergang 14“, erstmals im Zusammenhang des Entwurfs „Übergang 1–14“ mit einer am Kategorienschema orientierten Systematisierung bewegender Kräfte der Materie beginnt. Große Teile der frühen Entwürfe des OP stellen ähnliche Versuche einer derartigen Systematisierung dar. Diese frühen Versuche ermangeln jedoch eines Prinzips als Möglichkeitsbedingung jedweder Systematisierungsanstrengungen. Erst nach der Wende zur neuen Auffassung des Äthers in 1799 steht mit dem Weltstoff ein solches Prinzip, und mit den Eigenschaften dieser Materie überhaupt, deren Negationen ein grundlegendes Raster der Eigenschaften körperlicher Materien bereitstellen, eine Anlage eines Systems bewegender Kräfte der Materie zur Verfügung. Hierin besteht die Antizipation der Erfahrung a priori in materieller Absicht, die als solche eine Topologie der bloß empirischen physikalischen Einzelerkenntnisse vorstellt. „Übergang 13“ und Teile von „Übergang 14“ enthalten erste Versuche, einzelne Phänomene und Beobachtungen aus dem Bereich der Naturlehre in ein System bewegender Kräfte der Materie zu integrieren. Diese neue Grundlegung empirischer Naturwissenschaft wird durch die Be-

---

778 OP, AA 21: 586.25–27.

779 OP, AA 21: 588.04–06. An Stellen wie dieser liefert „Übergang 1–14“ einen Beleg dafür, dass Hegels Kant Interpretation in den Schriften der Jenaer Periode, der zufolge die Identität von Subjekt und Objekt, das „Princip der Spekulation“ (GW 4: 06) bei Kant im Zentrum der theoretischen Philosophie steht, nicht allein für das Druckwerk, sondern auch und in besonderem Maße für das Nachlasswerk Geltung beanspruchen kann.

griffe des „Übergangs zur Physik“ möglich gemacht. Diese Versuche können als ein Beleg dafür angesehen werden, dass die transzendentale Materiespekulation in „Übergang 1–14“ die naturphilosophischen Überlegungen der frühen Konvolute in sich aufhebt.

Hinsichtlich des Inhalts unterscheidet sich „Übergang 13“ deutlich von den übrigen Teilen des Entwurfs „Übergang 1–14“. Nicht nur hinsichtlich des Projekts einer systematischen Einteilung bestimmter Naturphänomene anhand von Begriffe a priori stellt „Übergang 13“ gewissermaßen einen Anachronismus dar; auch was die Erörterung der Naturphänomene selbst anbelangt, weist dieser Bogen auf die frühesten Teile des Nachlasswerks zurück. Die transzendentale Dynamik, die im Zentrum des Entwurfs „Übergang 1–14“ steht, tritt hinter die spezielle Metaphysik der Natur zurück. Wenn überhaupt vom Äther oder Wärmestoff und dessen Dynamik die Rede ist, erfüllt dieser im Kontext eine bloße Erklärungsfunktion für bestimmte natürliche Phänomene. In dieser Funktion ähnelt die Materie überhaupt den hypothetischen Stoffen der Physik des 18. Jahrhunderts. Man kann sagen, dass Kants Äther je nach Zusammenhang von bloßer Hypothetizität über bedingte Notwendigkeit zu absoluter Notwendigkeit der Existenz variiert. Ersteres ist in den genannten naturphilosophischen Kontexten der Fall. wenn bspw. Glanz und Reibung oder andere, bloß empirische Erscheinungen erörtert werden. Letzteres dann, wenn der transzendentale Aspekt im Vordergrund steht. Die Mittelstellung nehmen Erklärungszusammenhänge wie Kants allgemeine Körperbildungstheorie ein. Hier vermischen sich die natur- und transzendentalphilosophischen Aspekte des „Übergang“.

Aufgrund des nur mittelbaren Bezugs von „Übergang 13“ auf die transzendentalphilosophische Materietheorie des Gesamtentwurfs „Übergang 1–14“ beschränkt sich die Darstellung auf eine Inhaltsangabe.[780]

780 V. Konvolut, XIV. Bogen, Seite 1:

OP, AA 21: 606.02–11: Auf eine Überschrift („Des Elementarsystems der bewegenden Kräfte der Materie Eintheilung nach dem objectiven Princip des Überganges von den Metaph. Anf. Gr. der N.W. zur Physik“) folgt die Feststellung, dass eine apriorische Systematisierung bewegender Kräfte der Materie allein anhand der vier Kategorientitel erfolgen kann (alle weiteren Texte von „Übergang 13“ stellen einen Entwurf für eine derartige Systematisierung dar).

OP, AA 21: 606.12–607.05: nach einer weiteren Überschrift und einem „§“ befasst sich Kant mit den Problemen der Gewichtsermittlung von Materie. Im Falle einer Homogenität und völliger Dichtegleichheit aller Materie ließe sich diese mechanisch ermitteln, womit an dieser Stelle den Schluss von der Messung des erfüllten Raumes auf das Gewicht der den jeweiligen Raumteil erfüllenden Materie bedeutet. Da dies jedoch nicht der Fall ist, bedarf es zur Feststellung des Gewichts eines dynamischen Mittels, der Waage.

OP, AA 21: 607.06–10: Begründung der Unwägbarkeit des Wärmestoffs aus dessen Homogenität.

2.2.7 „Übergang 14"

Wie schon in „Übergang 13", widmet sich Kant auf dem Bogen „Übergang 14" zunächst einzelnen Problemen, die in den Zusammenhang einer speziellen Metaphysik der Natur zu rechnen sind. Erst gegen Ende wird das Thema einer material vermittelten Einheit der Erfahrung und damit das zentrale Problem der neuen transzendentalen Dynamik des Entwurfs „Übergang 1–14" wieder aufgenommen. Die Darstellung von „Übergang 14" wird sich daher darauf beschränken, auf einige wenige Details aufmerksam zu machen.

OP, AA 21: 607.11–17: Auf ein „§" folgt ein Absatz, der wiederum die Differenz mechanischer und dynamischer Gewichtsermittlung thematisiert. Ein mechanisches Mittel wie die Waage (die noch kurz zuvor selbst als dynamisches Mittel bezeichnet wurde) bedarf zu ihrer Funktion eines dynamischen Mittels, welches den Zusammenhang/-halt der Teile des Waagbalkens gewährleistet. Die Differenzierung zwischen einem idealen oder mathematischen und einem physischen Hebel leitet zu der Problematik der Wägmaschine und der Auseinandersetzung mit Kästner über.

V. Konvolut, XIV. Bogen, Seite 2:

OP, AA 21: 607.19–608.14: Zunächst Weiterführung der Erörterung der Wägmaschinen Problematik; daran anschließend die Feststellung, dass die Dynamik aller Mechanik vorausgeht, und mithin zur Möglichkeit der Mechanik vorausgesetzt werden muss. Abschließend wird die Möglichkeit mathematischer Anfangsgründe der Naturwissenschaft verworfen.

OP, AA 21: 608.15–27: Einer (Abschnitts-)Überschrift(„Zweyter Abschnitt. Von der Qvalität der Materie.") und einem „§" folgend wird die grundlegende Differenz zweier Aggregatzustände von Materie(n), der Flüssigkeit und Festigkeit behandelt. Kant zählt hier auch Gase zu den Flüssigkeiten. Anhand der Beispiele des Wassers und der Luft wird der Unterschied von Art (Flüssigkeit oder Festkörper) und Zustand (flüssig oder fest) einer Materie dargelegt.

V. Konvolut, XIV. Bogen, Seite 3:

OP, AA 21: 609.01–10: Absatz beginnt mit einem „§"; Wärme bewirkt Flüssigkeit aber Wärmestoff (als die primäre Materie) bewirkt aufgrund seiner Bewegkräfte sowohl Flüssigkeit als auch Verfestigung in Abhängigkeit von den jeweils verschiedenen sekundären Materien.

OP, AA 21: 609.11–610.03: Unter einem weiteren „§" behandelt Kant bestimmte Bewegungsgesetze von flüssigen und festen physischen Körpern.

OP, AA 21: 610.04–21: Auf ein „§" und einen Zwischentitel („Von dem Zusammenhange und der Abstoßung des Flüßigen mit dem Vesten") folgt die Fortführung der Betrachtung flüssiger und fester Körper unter den Gesichtspunkten der Kohäsion/Attraktion und Repulsion.

OP, AA 21: 610.22–611.16: Einzelne Sätze zu naturphilosophischen Problemkreisen.

V. Konvolut, XIV. Bogen, Seite 4:

OP, AA 21: 611.18–612.07: Einer weiteren (Abschnitts-)Überschrift („Dritter Abschnitt. Von der Relation der vesten Materie mit ihren bewegenden Kräften") folgt die Erörterung des Zusammenhanges bei Festkörpern.

OP, AA 21: 612.08–13: Übereinstimmungen und Unterschiede verschiedener naturphilosophischer Systeme (Newton/Brown).

OP, AA 21: 612.14–16: „Übergang 13" schließt mit vermischten Bemerkungen, bspw. zum Zusammenhang bei Flüssigkeiten.

An erster Stelle ist hier die wiederholte Betonung des Substanzcharakters des Welt- oder Wärmestoffs zu erwähnen, die sich bereits in früheren Teilen von „Übergang 1–14"[781] findet.[782] In „Übergang 14" geht Kant an zwei Stellen auf diese Thematik ein. Die Substantialität der Materie überhaupt wird hier Bestandteil ihrer Definition:

> Unter dem Begriffe des Wärmestoffs verstehe ich eine allverbreitete, alldurchdringende, innerlich in allen seinen Theilen gleichförmig bewegende und in dieser inneren Bewegung (agitation) beharrlich begriffene Materie welche ein den Weltraum als Elementarstoff einnehmendes (occupans) und zugleich erfüllendes (replens) absolutes, für sich bestehendes Gantze ausmacht[783]

Die zweite Stelle folgt auf den Titel „Theorem".[784] Kant formuliert hier einen typischen Lehrsatz. Die Existenz des Kontinuums aller Materie wird behauptet, seine Beweisfähigkeit a priori, und nicht zuletzt die Differenz des Wärmestoff genannten Materiekontinuums und bloß (physikalisch) hypothetischer Zwischenmaterien dargelegt. Man könnte sagen, dass in obiger Definition der Umfang des Begriffs verdeutlicht wurde, während der Lehrsatz im Anschluss daran die reale Existenz des derart bestimmten Gegenstandes feststellt. So heißt es:

> Es existirt ein absolutes und einziges Gantze einer Materie von obbenannten Attributen welches kein hypothetischer um gewisse Phänomene schicklich erklären zu können sondern ein a priori erweislicher Stoff ist der unter dem Namen Wärmestoff (doch ohne an dem Gefühl welches Wärme heißt gebunden zu seyn) ein für sich bestehendes innerlich durch seine bewegende Kräfte continuirlich agitirtes Ganze ausmacht.[785]

Wenn Kant innerhalb des Entwurfs „Übergang 1–14" den Substanzcharakter der einen Materie deutlich macht, ist klar, dass damit nicht die, wie auch immer aufzufassende[786] Substanz „an sich" gemeint sein kann. Auch wenn Formulierungen wie „für sich bestehendes [...] Ganze" den Wärmestoff durchaus in die Nähe der vom Subjekt und seinen Erkenntnisbedingungen unabhängigen Dinge an sich rücken. Der Welt- oder Wärmestoff erfüllt den Raum. Dadurch dass er in ihm anwesend ist, wird das, was ohne ihn und seine Existenz leere Anschauung, reine Form derselben bliebe, zu einem Gegenstand möglicher Erfahrung. Der

781 Vgl. hierzu bspw. OP, AA 21: 216.01.
782 Vgl. OP, AA 21: 588.27.
783 OP, AA 22: 609.27–610.4.
784 OP, AA 22: 612.01.
785 OP, AA 22: 612.02–07.
786 Als eine Substanz oder eine Vielheit individueller Substanzen (Leibniz).

Wärmestoff ist dasjenige, was die „Anschauung [...] zuerst bezeichnet“.[787] In „Übergang 1–14“ ist es stets die Anschauung des Raumes, um die und um deren Erfüllung es Kant zu tun ist. Kein absoluter Raum, der selbst so etwas wie Substanz ist, wäre ein Unding im Sinne der „Partei der mathematischen Naturforscher“,[788] nicht aber die aus einer kritischen, transzendentalphilosophischen Perspektive einzige Möglichkeit, den Raum zu denken (vom qua definitionem unerfüllten, unerfahrbaren rein formalen Raum der Geometrie einmal abgesehen). Absolut und für sich bestehend ist das eine Kontinuum der Materie insofern, als es losgelöst ist von jedweder Form konkreter Gegenständlichkeit. Es ist kein Ding und steht als absolut für sich bestehend in keiner unmittelbaren Relation zu Dingen/Gegenständen der Erfahrung. Seine Relation zu diesen ist einzig, ihre Bedingung der Möglichkeit in Hinsicht auf das zu sein, was an ihnen Stoff ist. Wärmestoff ist die Summe alles dessen, was zur Möglichkeit einer Erfahrung in materialer Absicht Eingang in das Gemüt bzw. die Sinnlichkeit des Subjekts finden kann. Indem es aber ins Gemüt eingeht, ist es bereits den subjektiv-formalen Bedingungen der Möglichkeit dieses Eingehens unterworfen und diese formalen Konditionen beziehen sich auf die schlechthinnige Einheit dessen, was Erfahrung wirklicher Gegenstände für das erkennende Subjekt möglich macht. Der Wärmestoff ist somit subjektiv präformiert und mithin Erscheinung. Mit anderen Worten: die behauptete Substantialität betrifft die Substantia phaenomenon. Der Äther ist Substanz in der Erscheinung, und dies kann in einem doppelten Sinne verstanden werden. Zum Einen als das (bloß) Phänomenale im Unterschied zu einem an-sich-Sein. Darüber hinaus aber auch in Bezug auf die einzelnen Phänomene in einer Wahrnehmung. Hier ist die Substanz in der Erscheinung dasjenige, was bleibt, während alles andere dem steten Wechsel unterworfen ist. Hinter den direkten Erscheinungen bleibt deren eines Substrat als indirekte Erscheinung. So begriffen wird der Weltstoff zum Substrat einer Natur im Sinne der KrV[789] und ähnelt in dieser Grundlagenfunktion auch der einen Substanz der ersten Analogie der Erfahrung, die als einheitlicher Parameter der subjektiv-objektiven Vorstellung einer Zeit zugrunde liegt.[790]

Ein weiterer Aspekt, auf den bei „Übergang 14“ hingewiesen werden muss, betrifft eine rein terminologische Neuerung. Eines der Ergebnisse dieser Untersuchung der beweisnahen Passagen der „Übergang“-Entwürfe ist, dass Kant an vielen Stellen mit binären Oppositionen arbeitet, um seine Versuche eines a priori Beweises der Materie überhaupt zu erläutern und zu rechtfertigen. Die am häu-

---

787 OP, AA 21: 217.16 f.

788 KrV B56.

789 Vgl. KrV A114 „Objekt aller möglichen Erfahrung, d. i. Natur“.

790 Vgl. KrV B225; auf diesen Aspekt wird im dritten Teil dieser Arbeit näher eingegangen.

figsten begegnenden Unterscheidungen waren die zwischen direkt und indirekt, sei es nun bezogen auf die empirische Beurteilung der Natur, die Verfahrensart beim Beweis oder die Art, eine Erfahrung zu machen; ferner die Differenz von Subjektivität und Objektivität, Analytizität und Synthetizität des Beweises oder Urteils, und zuletzt die Unterscheidung von bloß logisch und real/wirklich, die sich auf die zu beweisende Existenz des Wärmestoffes bezog. Diese Unterscheidung präsentiert sich im Zusammenhang des vierzehnten Entwurfs zum „Übergang" in einer neuen begrifflichen Einkleidung. In der letzten „Anmerkung" des Entwurfs „Übergang 1–14" unterscheidet Kant ein bloß logisches von einem metaphysischen Verhältnis:

> Dieser Beweis wird durch seine Leichtigkeit auf gewisse Weise verdächtig; indem er blos erläuternd (analytisch) nicht erweiternd (synthetisch) hervorzugehen und blos ein logisches Verhältnis zu enthalten scheint. Aber es ist in der That ein metaphysisches nämlich das der Zusammenstimmung des Manigfaltigen empirischer Anschauungen zu Einer Erfahrung[791]

Inwiefern liegt hier ein metaphysisches Verhältnis vor? Die Antwort geht aus den Grundlagen der Kantischen kritischen Philosophie selbst hervor. Wie, so lautet eine der Grundfragen des Kritizismus, ist eine Metaphysik als Wissenschaft überhaupt möglich.[792] Sie ist möglich, indem sie sich allein auf dasjenige, was Bestandteil einer dem Menschen möglichen Erfahrung sein kann, bzw. auf die Möglichkeit dieser spezifischen Erfahrung selbst beschränkt. Sie ist somit als Wissenschaft vom Menschen möglich,[793] und als Wissenschaft der Gegenstände menschlicher Erkenntnis, die nur deshalb Gegenstände objektiver Erkenntnis sind, weil das erkennende Subjekt sie selbst zu solchen macht (zumindest der Form nach, durch welche die Objektivität der Erfahrung und aller in ihr enthaltenen Gegenstände begründet wird). Metaphysik ist so betrachtet als Transzendentalphilosophie möglich. Daraus erklärt sich, warum ein transzendental not-

---

791 OP, AA 22: 615.09–14.

792 Vgl. KrV B22 , sowie die „**Auflösung** der allgemeinen Frage der Prolegomenen" Prol, AA 04: 365.

793 Zur Reduktion der Philosophie auf Anthropologie vgl. Kants berühmte drei Fragen (KrV B832f.) und deren anthropologische Verklammerung in einem Schreiben Kants an Stäudlin Br, AA 11: 429: „welcher [gemeint ist die dritte der Kantischen Fragen, d. h. jene nach der Berechtigung menschlicher, auf das Jenseitige gerichteter Hoffnungen] zuletzt die vierte folgen sollte: Was ist der Mensch? (Anthropologie; über die ich schon seit mehr als 20 Jahren jährlich ein Collegium gelesen habe)"; gerade dieser willentliche Verzicht auf den Anspruch der Philosophie, das Absolute zu erkennen und sich anstelle dessen auf den Menschen und seine Erfahrung zu beschränken, hat der Kantischen Philosophie (wenn auch nicht dieser allein) vonseiten Hegels die schwersten Vorwürfe eingebracht vgl. bspw. in *Glauben und Wissen* GW 4: 315.28–316.21 sowie GW 4: 318.10–14.

wendiges, weil zur Möglichkeit menschlicher Erfahrung unabdingbares Verhältnis, eben jenes der Existenz des Äthers zur Möglichkeit der Erfahrung überhaupt, hier als „metaphysisches“ Verhältnis bezeichnet wird. Dass die Wirklichkeit des Gegeben-Seins der einen Materie in dieser Weise transzendentale (oder eben metaphysische) Notwendigkeit beansprucht, wird ebenfalls innerhalb des transzendentalphilosophischen Teils von „Übergang 14“ expliziert. Der Weltstoff des „Übergangs zur Physik“ ist ein

> wirkliches Ding dessen Begründung zugleich als die Basis der primitiven Wirkungen der Materie im Raum das oberste Princip des Fortgangs der metaph. A. G. der N. W. zur Physik enthalt. Dieses Princip ist aber nicht als empirisch anzusehen: es ist nicht von der Erfahrung abgeleitet (denn alsdann wäre es von der Physik abgeleitet) sondern ist zum Behuf der Erfahrung a priori* mithin als nothwendig constituirt anzusehen.[794]

Weil er für die Möglichkeit der Erfahrung als einer absoluten Einheit konstitutiv ist, wird die Idee eines solchen Stoffes mit transzendentaler Notwendigkeit durch die Vernunft konstituiert; und stellt als solche die subjektive Form des in dieser Form wirklich zur Möglichkeit einer Erfahrung im Sinne Kants gegebenen Materials dar.

Nicht nur hier, sondern auch an einer weiteren Stelle „Übergang 14“ formuliert Kant nicht nur präzise, sondern überaus pointiert. Ein weiterer Beleg für den Umstand, dass zumindest bezogen auf jene Entwürfe des OP, welche vor dem Jahr 1800 verfasst wurden, die Rede von seniler Verödung des Kantischen Geistes, als unzutreffend bezeichnet werden muss. Wenngleich dies für manche der schriftlichen Äußerungen des sehr alten Kant in dessen letzten beiden Lebensjahren durchaus zutreffen mag, sind die Thesen, die Kant in „Übergang 1–14“ äußert, zwar aus dem Blickwinkel der KrV in vieler Hinsicht „unerhört“, weil in dieser Form völlig neu und nicht selten auch im Widerspruch zu den dort vertretenen Auffassungen stehend; keinesfalls aber dürfen sie zu Aussagen gezählt werden, die „postphilosophisch“[795] anmuten.

Ein weiterer, vor allem bezogen auf die mit dieser Arbeit vorgelegte Interpretation des Entwurfs „Übergang 1–14“ wichtiger Gesichtspunkt des letzten Entwurfs, ist die Kennzeichnung der Einheit der Erfahrung als „Axiom“.[796] Bereits im Vorangegangenen war auf die, von Kant wahrscheinlich beabsichtigte, am mos geometricus orientierte, Abfassung eines „Übergang von den metaphysischen Anfangsgründen der Naturwissenschaft zur Physik“ hingewiesen worden. Gerade

794 OP, AA 21: 613.07–13.
795 Kühn (2003), S. 481.
796 OP, AA 22: 610.15.

in „Übergang 14" wird diese mögliche Absicht sehr deutlich erkennbar. Es ist von „Definition",[797] „Theorem"[798] und eben „Axiom" die Rede. Die reale Existenz des Weltstoffes soll mit gleichsam mathematischer Exaktheit deduziert werden und bei diesem Ansinnen erfüllt die Einheit der Erfahrung eine quasi axiomatische Funktion. Sie ist die selbst nicht beweisbedürftige und nicht weiter zu hinterfragende Grundbedingung. Der alles einschließende formale Gedanke, oder die Idee, die es zu realisieren gilt, und zu deren Realität der Inbegriff des Materiellen gegeben werden muss. Kants „Axiom" des vierzehnten „Übergang" lautet: „Es ist subjektiv betrachtet nur Eine Erfahrung denn es ist nur ein Raum".[799]

Schon einmal zuvor war in „Übergang 1–14" von einem Axiom die Rede. Im Unterschied zur Existenzbehauptung des Wärmestoffs, dem „Axiom" in „Übergang 12",[800] ist es in „Übergang 14" die Einheit der Erfahrung, die als Axiom, als erster Satz, die Deduktion der Existenz des Materials dieser Einheit aus der nicht mehr weiter hinterfragbaren Grundannahme erlaubt. Dadurch wird der Widerspruch gehoben, das Axiom des Satzes der Existenz des Wärmestoffes als eigentlich nicht beweisbar zu definieren[801] und im selben Kontext dennoch den Beweis als möglich zu bezeichnen,[802] ja unmittelbar folgen zu lassen.[803] Wenngleich wie oben gezeigt auch diese Stelle eine in sich schlüssige Lesart ermöglicht, erweist sich die hier als Axiom bezeichnete Behauptung als weitaus ursprünglicher. Es gibt keinen Versuch, die Erfahrung und ihre Einheit zu deduzieren.[804]

797 OP, AA 22: 609.26.
798 OP, AA 22: 612.01.
799 OP, AA 22: 610.16 f.
800 Vgl. OP, AA 21: 600.23.
801 Vgl. OP, AA 21: 600.24.
802 Vgl. OP, AA 21: 601.03 f.
803 Vgl. OP, AA 21: 601.06 u. ff.: „Beweis der Existenz des Wärmestoffs".
804 Zumindest nicht explizit. Implizit wird die Einheit durch die Begriffe des Raumes und der Zeit zum Gegenstand einer Deduktion, deren Notwendigkeit erst aus der Deduktion der reinen Verstandesbegriffe hervorgeht. Diese Deduktion zu leisten, ist Gegenstand der Transzendentalen Ästhetik, vgl. KrV B119–121: „Wir haben oben die Begriffe des Raumes und der Zeit vermittelst einer transscendentalen Deduction zu ihren Quellen verfolgt und ihre objective Gültigkeit a priori erklärt und bestimmt. Gleichwohl geht die Geometrie ihren sichern Schritt durch lauter Erkenntnisse a priori, ohne daß sie sich wegen der reinen und gesetzmäßigen Abkunft ihres Grundbegriffs vom Raume von der Philosophie einen Beglaubigungsschein erbitten darf. Allein der Gebrauch des Begriffs geht in dieser Wissenschaft auch nur auf die äußere Sinnenwelt, von welcher der Raum die reine Form ihrer Anschauung ist, in welcher also alle geometrische Erkenntniß, weil sie sich auf Anschauung a priori gründet, unmittelbare Evidenz hat, und die Gegenstände durch die Erkenntniß selbst a priori (der Form nach) in der Anschauung gegeben werden. Dagegen fängt mit den reinen Verstandesbegriffen das unumgängliche Bedürfniß an, nicht allein von ihnen selbst, sondern auch vom Raum die transscendentale Deduction zu suchen,

Erfahrung findet statt. Sie „**ist**" und indem sie ist belegt sie die Wirklichkeit der Voraussetzungen, aufgrund derer allein sie so ist, wie sie ist.[805]

Weitere analoge Formulierungen lauten:

> Es gibt objectiv einen Gegenstand äußerer Sinne d.i. eine Materie (dabile) und subjectiv ein Ganzes derselben in Einer Erfahrung (cogitabile): denn es ist nur ein Raum (so wie innerlich nur eine Zeit)[806]

Wenn, und dies ist so etwas wie die Quintessenz der Ätherbeweise des Entwurfs „Übergang 1–14", dieser Satz, oder eben dieses Axiom Zustimmung erfährt, ist das Dasein eines solchen Stoffes bereits erschöpfend dargetan. Alle weiteren Schritte des Beweisens sind lediglich analytische Explikationen dessen, was a priori im Begriff von Erfahrung bereits enthaltenen ist. Wer diesen so definierten Begriff akzeptiert, akzeptiert auch die behauptete Existenz einer Materie überhaupt in dieser Form.

Den Abschluss der hier vorgelegten kommentierenden Darstellung des Entwurfes „Übergang 1–14" macht eine Fußnote polemischen Inhalts, sowie ein kurzer Abschnitt von zwei Sätzen, der dem Inhalt dieser Fußnote entspricht.

> Der lächerliche Abscheu den die der Critik der r. V. unkundige fühlen wenn sie sich reinen Vernunftprincipien, als bey welchen sie sich voller Sicherheit gewärtigen, sondern diese nur vom Empirischen erwarten wo bey dem Mangel der Allgemeinheit gar keine Sicherheit, ist eine Art vom horror vacui logicus der sich aus seichten Köpfen schwerlich verbannen lässt.[807]

In besagtem inhaltlich zugehörigen Abschnitt lautet die Formulierung: „Wie der lächerliche Abscheu vor Erkentnissen a priori und Hang zum Empirischen. Er ist

---

weil, da sie von Gegenständen nicht durch Prädicate der Anschauung und der Sinnlichkeit, sondern des reinen Denkens a priori reden, sie sich auf Gegenstände ohne alle Bedingungen der Sinnlichkeit allgemein beziehen, und die, da sie nicht auf Erfahrung gegründet sind, auch in der Anschauung a priori kein Object vorzeigen können, worauf sie vor aller Erfahrung ihre Synthesis gründeten, und daher nicht allein wegen der objectiven Gültigkeit und Schranken ihres Gebrauchs Verdacht erregen, sondern auch jenen Begriff des Raumes zweideutig machen, dadurch daß sie ihn über die Bedingungen der sinnlichen Anschauung zu gebrauchen geneigt sind, weshalb auch oben von ihm eine transscendentale Deduction von nöthen war".

805 OP, AA 21: 582.21f. (Hervorhebung im Original): „**Es ist** äußere Erfahrung als collectives Ganze aller Warnehmungen d.i. als Eine allbefassende mögliche Erfahrung".

806 OP, AA 22: 612.15–18.

807 OP, AA 22: 613.24–28.

horror metaphysicus vor dem Leeren".[808] Es handelt sich hierbei um ein weiteres Beispiel einer hochgradig pointierten Formulierung. Die Zuschreibung „leer" (vacuus) bedeutet in beiden Zitaten so viel wie: bloß a priori und ohne einen Beleg aus oder an der Erfahrung. Die Pointe ist, dass dieses vermeintlich logische oder eben metaphysische Leere der Existenzbehauptung a priori einer Materie überhaupt, gerade die Funktion erfüllt, in einer Erfahrung als subjektiv-objektive Erscheinung das transzendental unmögliche physische Leere (als absolutes Vakuum) zu negieren.

2.3 Beweisapologetik

Kants Versuche, das Beweisverfahren der Weltstoffbeweise zu rechtfertigen, finden sich ausschließlich in Abschnitten, die von Kant mit „Anmerkung" überschrieben wurden. Zu den Anmerkungstexten dieser Art zählen innerhalb von „Übergang 1–14" die folgenden Stellen:

OP, AA21: 221.01–18 ; OP, AA21: 222.01–07 ; OP, AA21: 226.01–11 ; OP, AA21: 230.07–26 ; OP, AA21: 237.04–17 ; OP, AA21: 538.01–26 ; OP, AA21: 551.26–552.17[809] ; OP, AA21: 563.16–564.12 ; OP, AA21: 574.13–20.

In den Zusammenhang der Beweisrechtfertigungsversuche zählen zudem all jene Stellen, an denen Kant die Einzigartigkeit dieser Art Beweis zu führen betont.[810]

Mit der Anmerkung auf AA21: 547 endet die Beweisapologetik des Entwurfs „Übergang 1–14". Weitere inhaltlich vergleichbare Anmerkungstexte stellen die

808 OP, AA 22: 615 App. zu Zeile 18. Warum Kant die letztzitierten Zeilen mehrfach durchgestrichen hat, ob er Doppelungen vermeiden wollte, oder ihm die Formulierung des horror vacui logicus besser gefiel, bleibt im Bereich bloßer Spekulation.

809 Diese Anmerkung stellt einen Sonderfall innerhalb des Entwurfs „Übergang 1–14" dar. Kant scheint zwischenzeitlich von der Rechtfertigungsabsicht des Beweisverfahrens Abstand zu nehmen. So stellt er an einer anderen Stelle im Zusammenhang von „Übergang 8" fest, dass „Beweise der Existenz eines Dinges welches nicht unmittelbar als Sinnenobject perceptibel ist [...] auf zweyerley Art geführt werden: entweder direct aus Gründen der Erfahrung oder indirect aus Principien der Zusammenstimmung des Begriffs dieser Existenz blos mit den Bedingungen möglicher Erfahrung. Im ersteren Falle ist er empirisch begründet im zweyten stützt er sich auf Begriffen *a priori*" (OP, AA 21: 546.06–11). In Übereinstimmung mit dieser Aussage beginnt der Anmerkungstext nicht mit dem sonst üblichen Hinweis auf das Befremdliche des indirekten Beweisverfahrens, sondern mit der schlichten Feststellung des Beweises als indirekt verfahrender Argumentation. Ansonsten entspricht diese Anmerkung inhaltlich den apologetischen Anmerkungstexten (bspw. wird auf die Einzigartigkeit des Existenzbeweises a priori auf Basis der Möglichkeit von Erfahrung verwiesen).

810 Vgl. bspw. OP, AA 21: 241.13 f. ; OP, AA 21: 538.12 ; OP, AA 21: 563.18 ; OP, AA 21: 574.14.

indirekte Methode des Beweises fest, ohne auf ein legitimes Befremden gegenüber dieser Verfahrensweise hinzuweisen und auf ein solches argumentativ zu reagieren.[811] Erst die Anmerkungen in „Übergang 14“ sprechen wiederum von einem Befremden aufgrund der „Leichtigkeit“[812] mit welcher der Beweis geführt werden kann.[813]

Kants Anmerkung zur Rechtfertigung des Beweises findet sich erstmals innerhalb des Entwurfs „Übergang 2“. Daraus wird ersichtlich, dass die Notwendigkeit, die Beweisversuche gegenüber einem berechtigten Zweifel an deren Vorgehensweise zu verteidigen, Kant von Beginn an klar gewesen sein muss.

Als Gründe für ein mögliches und durchaus legitimes Befremden angesichts des Beweises nennt Kant die Subjektivität des Beweisgrundes.[814] Ferner den Umstand, dass der Existenzbeweis eine empirische Beurteilung a priori vornimmt.[815] Dies deckt sich mit jenen Stellen, an denen Kant ein mögliches Befremden seiner Leser darin begründet sieht, dass der vorgelegte Beweis einer Materie überhaupt indirekt, d. h. aus Prinzipien verfährt, anstelle des in diesem Falle zu erwartenden direkten und mithin empirischen Existenzbeweises aus der Erfahrung selbst.[816] Ein weiterer Punkt, an dem Anstoß genommen werden kann, ist der Versuch, die reale Existenz eines Gegenstandes „a priori aus bloßen Begriffen“ zu demonstrieren.[817] Die nachfolgend zitierte Anmerkung steht exemplarisch für die apologetischen Anmerkungen zum Beweis des Wärmestoffs in „Übergang 1–14“.

> Es ist befremdlich: es scheint so gar unmöglich die Existenz eines Gegenstandes der Sinne und Objects einer blos möglichen Erfahrung a priori beweisen zu wollen wie dieses der Fall mit der Annahme des allverbreiteten Wärmestoffs ist von dem hier behauptet wird daß er nicht als blos hypothetischer Stoff gedacht werden solle: denn empirisch (durch Warnehmung) kann er, als imperceptibel, nicht bewiesen werden wenigstens würde die Behauptung desselben nicht aus Principien a priori die insgesammt mit der Wirklichkeit zugleich die Nothwendigkeit des Satzes bey sich führen hervorgehen können.

811 Vgl. bspw. OP, AA 21: 581.03–11 ; OP, AA 21: 581.13–24 ; OP, AA 21: 581.25–582.04 ; OP, AA 21: 586.06–24 ; OP, AA 21: 603.03–19.

812 OP, AA 21: 614.12 sowie OP, AA 21: 615.09.

813 Vgl. OP, AA 21: 613.14–614.19 ; OP, AA 21: 615.08–15.

814 Vgl. OP, AA 21: 221.04–06 ; OP, AA 21: 222.05 f. ; OP, AA 21: 226.03 f. ; OP, AA 21: 564.04.

815 Vgl. OP, AA 21: 221.09 ; OP, AA 21: 226.04 ; OP, AA 21: 230.09 ; OP, AA 21: 538.06 ; OP, AA 21: 564.04.

816 Vgl. OP, AA 21: 230.18 ; OP, AA 21: 237.09 f. ; OP, AA 21: 538.07 f. ; OP, AA 21: 563.19 ; OP, AA 21: 563.27 f.

817 OP, AA 21: 538.23.

> Dieser in seiner Art einzige Fall aber tritt alsdann doch ein wenn die subjective Möglichkeit eine Erfahrung zu machen sie mag nun in Ansehung des Objects und seiner Existenz bejahend oder Verneinend seyn zugleich der Grund des Erfahrungssatzes selbst ist.
>
> Nun kann man im leeren (imgleichen in einem zum Theil leeren zum Theil vollen) Raume keine Erfahrung machen als nur in so fern er ein mit Materie erfülleter Raum ist und dieser also nicht bloßes Gedankending sondern ein existirendes Object möglicher Erfahrung und ausser der Vorstellung wirklich ist. – Alle Erfahrungen aber sind unter einander verknüpft und das Object derselben macht die Materie aus, ist also ein Object aller vereinigten moglichen Erfahrung. – Nach der Regel der Identität also und a priori aus bloßen Begriffen ohne eine Hypothese zum Grunde zu legen ist die Basis aller äußeren Sinnenvorstellungen d. i. des allerfüllenden Stoffs als Gegenstand für alle mogliche bewegende Kräfte der Materie gegeben.[818]

Kant macht in seiner Exposition zunächst auf ein legitimes Befremden angesichts des Versuches aufmerksam, a priori etwas über die Existenz eines Sinnengegenstandes auszumachen. Ein solcher ist vor aller Erfahrung lediglich als ein bloß mögliches Erfahrungsobjekt erkennbar und ein solches wäre jeder Gegenstand überhaupt, d. h. ein solcher, der allein durch die apriorischen Formen des Denkens, mithin allgemein-kategorial, nicht aber irgend empirisch-konkret bestimmt wäre. Wenn nun ein Gegenstand wie der überall verbreitete Weltstoff gerade nicht als bloß hypothetische Annahme, sondern im Gegenteil als kategorisch gegebener Stoff deduziert werden soll, dies aber auf dem Wege eines Beweises a posteriori gerade nicht möglich sein soll, da dieser Stoff in direktempirischer Absicht als absolut unspürbar bezeichnet werden muss, ist dies nicht allein befremdlich, sondern allem Anschein nach ein Ding der Unmöglichkeit.

Der mittlere Abschnitt des obigen Anmerkungstextes liefert nun die entscheidende Prämisse der Beweisapologetik Kants in „Übergang 1–14“: die subjektive Bedingung der Möglichkeit überhaupt eine Erfahrung zu machen, belegt die objektiv reale Existenz dieser Möglichkeitsbedingung selbst. Die nächstfolgenden Sätze erscheinen selbst als Erläuterungen der subjektiven Bedingung der Möglichkeit von Erfahrung. Hier nennt Kant zunächst die material vermittelte Einheit der Erfahrung als Gemeinschaft im Raum, bzw. die damit einhergehende Negation der Möglichkeit absolut leerer Räume oder Raumteile im Erfahrungsraum. Selbst das relativ oder eben komparativ Leere setzt, sofern man es als einen Gegenstand möglicher Erfahrung auffassen will, seine primäre Erfüllung durch das stoffliche Medium der Erfahrbarkeit und der Erfahrungseinheit voraus. Der nächste, von Gedankenstrichen eingerahmte Satz,[819] expliziert die Gemeinschaft der Gegenstände möglicher Erfahrung in der alles in sich befassenden Erfahrung

818 OP, AA 21: 538.01–26.
819 Vgl. OP, AA 21: 538.20–22.

überhaupt als material vermittelt. Materie überhaupt ist sowohl Objekt dieser allgemeinen und durchgängigen Verknüpfung, wie auch der Erfahrung selbst im Ganzen, womit es sich als „Object aller vereinigten möglichen Erfahrung“ erweist.[820] Aus diesen Voraussetzungen leitet Kant im letzten Satz sein Fazit ab. In diesem einzigen Fall einer Materie überhaupt zur Möglichkeit der Erfahrung auf Seiten des transzendentalen Subjekts ist die erfahrungsvorgängige oder unabhängige Beweisführung aus Begriffen, oder besser aus dem Begriff von Erfahrung im Kantischen Sinne legitim. Nur hier folgt aus der subjektiven Möglichkeit die objektive Realität des Begriffs. Nur in diesem einen Fall führt die notwendige Konsequenz von der Möglichkeit zum Dasein. Indem er diese transzendentale Notwendigkeit aufzeigt, erweist sich der Abschnitt zwar nicht als der Beweis des Weltstoffs selber, wohl aber als der Beweis oder eben die Rechtfertigung der Beweisbarkeit eines solchen. Ist der Äther eine der unerlässlichen Bedingungen möglicher Erfahrung überhaupt, muss er auch einer transzendentalen Klärung des Rechtsanspruchs seiner Annahme fähig sein – eines transzendentalen Beweises oder einer transzendentalen Deduktion. Der oben zitierte Abschnitt könnte sogar selbst als Beweis angesehen werden, wenn die Bedingungen möglicher Erfahrung nicht einfach nur genannt, sondern selbst argumentativ begründet würden.

Gerade der Umstand, dass Kant in seiner „Anmerkung“ auf ein legitimes Befremden angesichts eines (allem Anschein nach unmöglichen) Existenzbeweises aus dem bloßen Begriff aufmerksam macht, leitet zu einer Vermutung über, die im Folgenden gestützt werden soll. Es ist davon auszugehen, dass sich Kant im Zusammenhang seiner Beweis-Apologetik nicht allein mit den Zweifeln künftiger, allgemein philosophisch geschulter Leser auseinandersetzt, sondern vielmehr den Leser der KrV, also den mit kritischer Philosophie vertrauten Leser anspricht. Anders gewendet ließe sich sagen: Kant rechtfertigt sich in letzter Konsequenz vor sich selbst, d. h. vor seiner eigenen Position in 1781 und 1787. Kant hatte in der Dialektik der KrV gerade diese Beweismethode in seiner Ablehnung Versuches, die Existenz Gottes aus dem Begriff Gottes zu beweisen, d. h. das ontologische Argument, wie es sich in seiner Ursprungsgestalt im *Proslogion* Anselms von Canterbury findet, verworfen. Direkter Bezugstext der Kantischen Ablehnung des ontologischen Gottesbeweises KrV B620 ff. ist jedoch eher die Gestalt, die das Argument in seiner Formulierung durch Mendelssohn erhält.[821]

---

820 Ebd. 22.

821 Auf die Kantische Negation gerade dieser speziellen Fassung des ontologischen Beweises macht Hegel in *Glauben und Wissen* aufmerksam. Innerhalb des dortigen Kapitels über Kantische Philosophie schreibt er bezogen auf Kants „Kritik der speculativen Theologie“ (GW 4: 338.10 f.): „Der bornirte Verstand genießt hier seines Triumphes über die Vernunft, welche ist absolute Identität der höchsten Idee und der absoluten Realität, mit völlig mißtrauenloser Selbstgenüg-

Wie Kant in der Postulatenlehre der KpV deutlich macht, kann das Dasein bestimmter Ideen der Vernunft, wie bspw. der Idee Gottes oder der unsterblichen Seele, zur Rechtfertigung moralischen Handelns für das handelnde Subjekt mit seinen auf den Erwerb der Glückseligkeit abzielenden Erwartungshaltungen postuliert werden.[822] Auch wenn das Postulat der Existenz eines Gottes auf ein Bedürfnis des moralischen Menschen reagiert und ungeachtet der Notwendigkeit, mit der die menschliche Vernunft die Frage nach der Existenz Gottes, durch die sie aufgrund ihrer eigenen Beschaffenheit „belästigt" wird,[823] stellt, geht Kant von der Beweisunfähigkeit des postulierten Daseins der Idee Gottes aus. Sie bleibt eine „bloße Idee, [...] deren objective Realität dadurch, daß die Vernunft ihrer bedarf, noch lange nicht bewiesen ist".[824] Betrachtet man den Begriff, den man sich von Gott macht, so zeigt sich, dass aus diesem Begriff eines ens necessarium in einem analytischen Urteil a priori auf die Unmöglichkeit des Nichtseins eines solchen Wesens geschlossen werden kann. Damit ist jedoch kein Daseinsbeweis geliefert, sondern lediglich den Begriff eines „absolut nothwendigen Wesens" auf seine Bestandteile und logischen Implikate hin befragt worden.[825] Für die Frage nach dem Dasein eines Wesens, das wir mit dem Begriff des necessarium bezeichnen können, ist allerdings durch diese bloße Begriffszergliederung[826] nichts gewonnen.[827] Dies wird auch durch eine wichtige Differenzierung, die Kant im weiteren Gang seiner dortigen Argumentation vornimmt, bestätigt. So macht er deutlich, dass die „unbedingte Nothwendigkeit der Urtheile", und mit solchen hatten sich die begriffsanalytisch operierenden Beweisversuche ausschließlich befaßt, „nicht eine absolute Nothwendigkeit der Sachen" ist; „Denn", so Kant weiter „die absolute Nothwendigkeit des Urtheils ist nur eine bedingte Nothwendigkeit der

---

samkeit. Kant hat sich seinen Triumph dadurch noch glänzender und behaglicher gemacht, daß er dasjenige, was sonst ontologischer Beweis fürs Daseyn Gottes genannt wurde, in der schlechtesten Form, welcher er fähig ist, und der ihm von Mendelssohn und anderen gegeben wurde, welche die Existenz zu einer Eigenschaft machten, wodurch also die Identität der Idee und der Realität als ein Hinzuthun von einem Begriff zu einem anderen erscheint, aufgenommen hat; wie denn Kant überhaupt eine Unwissenheit mit philosophischen Systemen und Mangel an einer Kenntniß derselben, die über eine rein historische Notiz ginge, besonders in den Widerlegungen derselben zeigte." (GW 4: 338.14–25)

822 Vgl. hierzu KpV, AA 05: 122–134.

823 KrV AVII.

824 KrV B620.

825 KrV B620.

826 Kant spricht von einer „Namenerklärung" (KrV B620).

827 Vgl. KrV B620 f.: „man wird hiedurch um nichts klüger in Ansehung der Bedingungen, die es unmöglich machen, das Nichtsein eines Dinges als schlechterdings undenklich anzusehen, und die eigentlich dasjenige sind, was man wissen will, nämlich ob wir uns durch diesen Begriff überall etwas denken, oder nicht.".

Sache, oder des Prädicats im Urtheile“.[828] Wie aus dem Begriff eines schlechterdings notwendigen Wesens die Unmöglichkeit seines Nichtseins, so kann aus dem, von Kant beispielhaft verwendeten Begriff eines Dreiecks die Dreizahl der in einem solchen anzutreffenden Innenwinkel deduziert werden. Ein Dreieck denken bzw. „setzen“ und dabei dessen drei Innenwinkel zu negieren, oder, wie Kant sich auszudrücken beliebt, „aufheben“ zu wollen,[829] führt in einen Widerspruch. Ebenso verhält es sich mit anderen logisch möglichen Begriffen wie dem eines ens neccesarium, denn „unter der Bedingung, daß ich dieses Ding als gegeben (existirend) setze“ wird „auch sein Dasein nothwendig (nach der Regel der Identität) gesetzt“.[830] Aber nirgends ist die Notwendigkeit zu sehen, den Begriff eines allernotwendigsten Wesens oder eines Dreiecks überhaupt zu setzen. Mit der Aufhebung oder eben Nicht-Setzung des Begriffes selbst sind auch dessen notwendige Implikate mit aufgehoben. Soweit also das knappe Referat der Kantischen Argumentation gegen die Möglichkeit eines derartigen Gottesbeweises in KrV B620 ff.

Im Nachlasswerk ist sich Kant des Umstandes bewusst, ähnlich der von ihm in der ersten Kritik abgelehnten Weise zu verfahren. Dennoch ist sich Kant, worauf ich hiermit hinweisen möchte, dem Anschein nach nicht wirklich sicher, ob die in der KrV manifestierte Ablehnung auch auf seinen Beweis des Weltstoffs zutrifft.

Offenkundig ist die dortige Kritik eines Existenzbeweises a priori aus bloßen Begriffen, welcher analytisch nach der Regel der Identität geführt wird, kein Grund, im Falle des stofflichen Prinzips der Möglichkeit von Erfahrung überhaupt nicht in genau dieser Weise zu verfahren. Die Legitimität einer solchen, aus kritischem Blickwinkel befremdlichen Beweismethode ist, dies belegt ein Großteil der weiteren Texte in „Übergang 1–14“, nur in einem einzigen Falle gegeben. Kant wird, dies hatte die vorherige Darstellung des Entwurfs dargelegt, nicht müde, diese Einmaligkeit zu betonen.[831] Dieser eine Fall ist die Möglichkeit von Erfahrung selbst:

> Dieser Beweis der Existenz einer Materie durch Begriffe a priori ist so wie diese die absolute Einheit eines Ganzen betrifft auch nur der Einzige seiner Art in der Beweisführung durch bloße Begriffe: die auf kein anderes Object anwendbar ist. Die logische Einheit die auf das Allgemeine geht wird hier mit der realen identificirt die aufs All der Materie geht[832]

828 KrV B621 f.

829 KrV B622.

830 KrV B622.

831 Vgl. bspw. OP, AA 21: 241.13 f. ; OP, AA 21: 538.12 ; OP, AA 21: 540.21 f. ; OP, AA 21: 552.14 f. ; OP, AA 21: 563.17 f. ; OP, AA 21: 586.07–09 ; OP, AA 21: 592.10 f.

832 OP, AA 21: 241.12–17.

Wenn sich die bloß formalen Möglichkeitsbedingungen von Erfahrung als ungenügend zur Realität der Erfahrung erweisen, bedarf es dessen, was diese Realität begründet. Mit der Erfahrung nimmt, KrV B1 folgend, alles seinen Anfang. Erfahrung ist daher, und dies begründet die Legitimität des identischen Schlussverfahrens, selbst kein Begriff, bei welchem es zweifelhaft ist, „ob wir uns durch diesen Begriff überall etwas denken, oder nicht".[833] Erfahrung ist selbst ein als solches nicht zu bezweifelndes Faktum: „Erfahrungssatz. Es existirt Materie mit ihren bewegenden Kräften".[834] Diese Betonung der Faktizität einer Erfahrung zur Rechtfertigung der Existenzbehauptung des Äthers findet sich auch in „Übergang 7". Hier wird vor allem die Notwendigkeit der Existenzannahme betont, wenn Kant schreibt, man müsse, „da doch das Spiel der agitirenden Kräfte der Materie ein gegebenes Phänomen ist eine Materie annehmen deren Gegenstand das Ganze aller möglichen Erfahrung d.i. ein alldurchdringender allverbreiteter und allbewegender Weltstoff ist".[835] Aufgrund des faktischen Gegebenseins (abgeleiteter) bewegender Kräfte einer Materie im Raum ist es für Kant unumgänglich, auch die primitive Möglichkeitsbedingung dieser Ableitung als gleichermaßen gegeben anzunehmen. Es ist nicht möglich, die Erfahrung selbst aufzuheben. Dennoch bleibt ein denkbarer Einwand bestehen. So könnte man zwar die Tatsächlichkeit von Wahrnehmungen zugestehen, Kants eigenen Erfahrungsbegriff, der absolute Ganzheit, Einheit und Gesetzmäßigkeit der Erfahrung einschließt, hingegen ablehnen. Nur wenn man diesen Begriff einer Erfahrung akzeptiert, folgt daraus die Möglichkeit, aus dem quasi axiomatisch fungierenden Erfahrungsbegriff die Notwendigkeit von einem „realen, existirenden Stoff" nach der Regel der Identität abzuleiten.[836] Nur im Falle der Materie aller empirischen Möglichkeit wird die Restriktion der transzendentalen Dialektik der KrV bezogen auf die Möglichkeit, auf das Dasein einer Sache aus ihrem Begriff zu schließen gelockert. Der Weltstoffbegriff wird aufgrund der transzendentalen Notwendigkeit der realen Existenz seines Gegenstandes zur einzigen Ausnahme der kritischen Regel gegenüber und sein Gegenstand, die Materie überhaupt ein „aus einem allgemeinen Erfahrungsprincip (nicht aus Erfahrung) nach dem Grundsatz der Identität (analytisch) erweislicher und in den Begriffen selbst a priori gegebener Stoff".[837]

Betrachtet man abschließend noch einmal die Stellen in „Übergang 1–14", an denen Kant eine „Anmerkung" zur Rechtfertigung seines Beweisverfahrens formuliert in ihrer Abfolge, so lässt sich eine Vermutung anstellen. Allem Anschein

833 KrV B621.
834 OP, AA 21: 226.25 f.
835 OP, AA 21: 542.26–543.03.
836 OP, AA 21: 225.24 f.
837 OP, AA 21: 573.06–13.

nach erschreibt sich Kant eine Sicherheit in der Sache, die schlussendlich zur Aufgabe der apologetischen Anstrengung führt. Anhand von „Übergang 2“ ließ sich feststellen, dass zugleich mit den ersten formellen Beweisen einer Materie überhaupt auch die „Anmerkung“ zum Verfahren dieser Beweise auf den Plan tritt. Im Zuge seiner Ausarbeitung der Entwurfs „Übergang 1–14“ entfernt sich Kant jedoch zunehmend von dieser Rechtfertigungsanstrengung, je mehr er die reale Existenz des Weltstoffs als Implikat seines Erfahrungsbegriffes erkennt. Kant gelangt somit in der direkten Auseinandersetzung mit seiner eigenen Position in der KrV zu einiger Sicherheit in der Frage der Möglichkeit eines Weltstoffbeweises. Indem er den Weltstoff als „die oberste Bedingung der Möglichkeit der Erfahrung von Gegenständen überhaupt“ erkennt,[838] erkennt er dessen Gegebensein anhand der Faktizität des Wahrnehmens: Die distributive Einheit des Verstandesgebrauchs in den einzelnen Wahrnehmungen setzt die kollektive Einheit des Erfahrungsganzen und mit dieser die materiale Bedingung der Möglichkeit dieser kollektiven Einheit notwendig voraus. Als Grund der materiellen Realisierung des Erfahrungsganzen liegt im einen Fall des Weltstoffs dessen Realität im Begriff der Erfahrung selbst und kann in diesem einen Fall legitim aus diesem deduziert werden. Proportional zur zunehmenden Klarheit, zu der Kant im Verlauf der Abfassung des Entwurfs „Übergang 1–14“ in dieser Frage gelangt, tritt das Projekt einer Apologetik der Weltstoffbeweise in den Hintergrund.

838 OP, AA 21: 554.02f.

3 Einheit der Erfahrung als Problem – „Übergang 1–14“ als Vorschlag einer Lösung

3.1 Die Perspektive der Kritik der reinen Vernunft

3.1.1 Einheit als Bezugsgröße – Weltstoff und Erste Analogie der Erfahrung

Innerhalb der Darstellung des Entwurfs „Übergang 1–14“ hatte sich gezeigt, dass ungeachtet der weitaus häufigeren Thematisierung des Raumes der Weltstoff in gleichem Maße die Einheit der Zeit vorstellt, bzw. als deren materiales Substratum fungiert.[1] Dieser funktionale Aspekt der Materie überhaupt eröffnet den Bezug der Weltstoffspekulation des „Übergang“ auf Kants Erste Analogie der Erfahrung. Mit diesem In-Beziehung-Setzen des Entwurfs „Übergang 1–14“ und der Ersten Analogie stellt sich zugleich die Frage nach dem Verhältnis der Idee des Weltstoffs zu dem Begriff der Substanz, wie er innerhalb des ersten der dynamischen Grundsätze eingeführt wird. Es geht hierbei nicht um eine umfassende Darstellung des Kantischen Substanzbegriffs und der dazugehörigen Literatur. Eine solche auch nur anzureißen, würde den Rahmen dieser Dissertation sprengen.[2] Daher werde ich auch nicht auf den Unterschied von Kategorie und Schema der Substanz in der KrV bzw. den Prolegomena eingehen. Es genügt hier zunächst festzuhalten, dass die Substanzdefinition der Grundsätze eher der Substanzdefinition des Schematismus-Kapitels der KrV entspricht.

Bevor es nunmehr darum geht, die Frage nach dem Verhältnis des Weltstoffs und der Substanz in den genannten Texten zu beantworten, wird ein kurzer Überblick der Argumentation Kants in der Ersten Analogie der Erfahrung vorgelegt. Hierbei wird zunächst den Grundsatz wie auch das Argument der Ausgabe von 1781 und im Anschluss daran die Veränderungen an der Grundsatzformel und dem anschließenden Beweisgang der 1787er Ausgabe dargestellt. In einem weiteren Schritt werden die Argumente beider Ausgaben der KrV zum Grundsatz der Ersten Analogie synoptisch in Beziehung gesetzt.

1 Vgl: bspw. OP, AA 21: 220.15–26.

2 Für eine genaue Darstellung der historischen Genese wie auch der problematischen systematischen Implikationen der Verwendung unterschiedlicher Substanzbegriffe durch Kant siehe Hahmann (2009).

3.1.1.1 Kants Erste Analogie der Erfahrung 1781 – Grundsatz und Beweis.

Zunächst ist zu klären, was unter dem im Folgenden als Beweis der Ausgabe A bzw. dem Beweis der Ausgabe B eigentlich zu verstehen ist. Dies deshalb, weil abgesehen vom Grundsatz und dem zweiten und dritten Satz des Beweises, der vollständige Text des Arguments der ersten Auflage in die zweite Auflage übernommen wurde. Wenn im Folgenden vom B-Beweis die Rede ist, bezieht sich dieser Ausdruck auf das 1787 neu hinzugekommene Argument, das mit dem ersten Satz des Beweises der Ausgabe A beginnt. Das Kant diesen neuen Beweis als ein vollständiges Argument einführt, wird auch an der Struktur des Textes ersichtlich. Wie im Falle des Beweises der Ausgabe A schließt auch der neue Beweis in KrV B mit einer Wiederholung des Beweisgegenstandes in Form einer Schlussfolgerung ab.

3.1.1.1.1 Der Grundsatz der Ausgabe A

Das Demonstrandum der ersten Analogie in KrV A steht unter der Überschrift „Grundsatz der Beharrlichkeit" und lautet wie folgt: „Alle Erscheinungen enthalten das Beharrliche (Substanz) als den Gegenstand selbst und das Wandelbare als dessen bloße Bestimmung, d.i. eine Art, wie der Gegenstand existirt".[3] Das Beharrliche als der Gegenstand selbst wird mit der Substanz identifiziert. Dem steht das Wandelbare als bloße Bestimmung der Existenzweise dieses Gegenstandes selbst gegenüber. Hierin offenbart sich die Nähe dieser Definition von Substanz als das Beharrliche, wie sie auch das Schematismus-Kapitel der KrV beinhaltet, zum reinen Verstandesbegriff der Substanz, da auch innerhalb des Grundsatzes nach Ausgabe A ein Subsistenz-Inhärenz Verhältnis zwischen dem Beharrlichen und dem Wandelbaren besteht. Diese Relation ist für jede einzelne Erscheinung unter allen möglichen Erscheinungen vorauszusetzen. Wenn Kant also im Grundsatz der Ersten Analogie nach Ausgabe A davon spricht, das alle Erscheinungen das Beharrliche als Subjekt der Bestimmung und das Wandelbare als diesem inhärierende Bestimmungen enthalten, so ist hierunter keine kollektive Allgemeinheit im Sinne des Inbegriffs aller Erscheinungen zu verstehen. Vielmehr geht es um eine distributiv aufzufassende Allgemeinheit im Sinne eines mathematischen Allquantors. Für alle (einzelnen) X (für sich genommen), oder anders gewendet für jedes einzelne X aus der Summe aller X gilt: X enthält das Beharrliche und das Wandelbare. Betrachtet man nur den Grundsatz nach Ausgabe A sind ferner zwei unterschiedliche Deutungen des Begriffs „Gegenstand selbst" möglich. Bezieht man den Grundsatz auf die distributive Allgemeinheit aller mögli-

3 KrV A182.

chen einzelnen Erscheinungen, ist es möglich, unter dem Gegenstand selbst eine individuelle Substanz zu verstehen. Der Gegenstand selbst wäre dann so etwas wie der „Gegenstand nur als etwas überhaupt = X"[4] oder entspräche einem „Gegenstande überhaupt" wie Kant ihn im Zusammenhang seiner „Erklärung der Kategorien" vorstellt.[5] Er bedeutet in diesem Verständnis eine individuelle Substanz der bestimmte Prädikate als das Wandelbare inhärieren. Alternativ wäre die Deutung möglich, unter dem Gegenstand selbst nicht den genannten Gegenstand überhaupt zu begreifen, sondern so etwas wie ein Ding an sich, Hypokeimenon oder substantiale. Dieser Auffassung stünde das Wandelbare als alles prädikativ bestimmte gegenüber, wobei die ontologische oder kategoriale Prädikation ebenfalls hierzu zu zählen wäre. Auch das, was den Gegenstand als ein einzelnes, wenngleich allen anderen einzelnen Objekten bezüglich dieser Merkmale vergleichbares Objekt erscheinen lässt, d.h. die „Begriffe von einem Gegenstande überhaupt", wären in dieser Auffassung dem Wandelbaren zuzurechnen.

Wie schon die Überschrift der Ersten Analogie in KrV A verdeutlicht, betrifft die Beweisanstrengung das Beharrliche, während die Erwähnung des Wandelbaren als bloßer erläuternder Zusatz erscheint. Betrachten wir nunmehr das Beweisargument der ersten Auflage.

3.1.1.1.2 Der Beweis der Ausgabe A

Ausgangspunkt der Beweisargumentation zur Ersten Analogie der Erfahrung in der ersten Auflage der KrV ist die Zeit. Wenn Kant zu Beginn des Beweises die Feststellung macht: „Alle Erscheinungen sind in der Zeit"[6] wird eine grundlegende Unterscheidung der reinen Formen der Anschauung in der transzendentalen Ästhetik der KrV reproduziert. Die Zeit als die Form des inneren Sinnes befasst im Unterschied zum Raum als der Form des äußeren Sinnes alle Erscheinungen in sich. Aufgrund dieses In-der-Zeit-Seins aller Erscheinungen wird auch deren Verhältnis untereinander zeitlich determiniert. Die einzig möglichen Bestimmungen dieser Relation sind die der Simultaneität und der Sukzession, weshalb das zeitliche Verhältnis der Erscheinungen entweder als zeitlicher Umfang (im Falle der Gleichzeitigkeit), oder aber als Aneinanderreihung, als eine lineare zeitliche Abfolge begriffen werden kann. In der Wahrnehmung dieser beiden Möglichkeiten, Erscheinungen in der Zeit aufzufassen, besteht jedoch keine derartige Dichotomie. Der Natur unseres Wahrnehmens gemäß gestaltet sich

4 KrV A104.
5 KrV B128.
6 KrV A182.

Kant zufolge die „Apprehension des Mannigfaltigen der Erscheinung [...] jederzeit successiv und ist also immer wechselnd".[7] Auf der Basis einer bloßen Wahrnehmung der Phänomene bleibt demzufolge die Frage nach der zeitlichen Relation derselben, d. h. die Frage „ob dieses Mannigfaltige als Gegenstand der Erfahrung zugleich sei oder nach einander folge" unauflösbar.[8] Dieser Umstand der Nichtwahrnehmbarkeit unterschiedlicher zeitlicher Relationen leitet zur Bedingung der Möglichkeit einer Feststellung des Unterschiedes von Simultaneität und Sukzession bei Gegenständen der Erfahrung über. Diese Bedingung ist eine Grundlage, an der dieser Unterschied erfahrbar wird. Eine solche Grundlage ist das Beharrliche oder die Substanz als „das Substratum der empirischen Vorstellung der Zeit selbst, an welchem alle Zeitbestimmung allein möglich ist" und macht insofern „das beständige Correlatum alles Daseins der Erscheinungen" bezogen auf ihre simultane oder sukzessive Existenzweise aus.[9] Beharrlichkeit ist das Substrat der Bestimmung des Verhältnisses von Phänomenen in der Erfahrung. Die Abfolge der Phänomene geschieht in der Zeit, die selber keinem Wechsel unterworfen sein kann, da sonst eine weitere Zeit als Rahmen dieses Wechsels angenommen werden müsste, was zu einem infiniten Regress führen würde. Ebenso wenig wie die unterschiedlichen phänomenal-temporären Relationen ist die Zeit als solche ein Gegenstand möglicher Wahrnehmung.[10] Es sind mithin zwei unterschiedliche Möglichkeiten der Auffassung des Substrats der Zeitbestimmung, die auch anhand der jeweiligen Bezugsrahmen differenziert werden können: Zum einen ist das Beharrliche „an den Erscheinungen das Substratum aller Zeitbestimmung".[11] Der Bezugsrahmen ist bei dieser Funktion die jeweilige einzelne Wahrnehmung. Der Bezug ist somit ein partikulärer. Im Falle der zweiten Funktion ist der Bezugsrahmen die Totalität des Empirischen und das Beharrliche fungiert in dieser Absicht als „Bedingung der Möglichkeit aller synthetischen Einheit der Wahrnehmungen, d.i. der Erfahrung".[12]

Weil eine Wahrnehmung der zeitlichen Relationen ebensowenig möglich ist, wie die Wahrnehmung der Zeit selbst, wir aber dennoch alle Erscheinungen in Form bestimmter Verhältnisse zur Zeit, oder zu einander in der Zeit strukturieren, muss es das Zugrundliegende dieser Ordnungsleistung des transzendentalen Subjekts geben. Kant schließt den ersten beweiskräftigen Textteil mit einer nicht wortgleichen Wiederholung des zu beweisenden Grundsatzes der Ersten Analogie

7 KrV A182.
8 KrV A182.
9 KrV A183.
10 Vgl. KrV A183: „Nun kann die Zeit an sich selbst nicht wahrgenommen werden".
11 KrV A183.
12 KrV A183.

ab: „Also ist in allen Erscheinungen das Beharrliche der Gegenstand selbst, d.i. die Substanz (*phaenomenon*), alles aber, was wechselt oder wechseln kann, gehört nur zu der Art, wie diese Substanz oder Substanzen existiren, mithin zu ihren Bestimmungen“. [13] Hier ist nicht zuletzt die Bezeichnung des Beharrlichen als „Gegenstand selbst“ von Interesse. Diese Bezeichnung fand sich bereits innerhalb des Grundsatzes der Ersten Analogie in KrV A.[14] Die Substanz ist der Gegenstand oder das Ding selbst. Diese Bestimmung rückt die Substanz jedoch nicht in die Nähe der Dinge an sich, sondern macht sie zur Grundlage der besonderen Möglichkeit von Gegenständen der Erscheinung. Sie erscheint als deren Realität, die sie von einem Gegenstand überhaupt zu einem besonderen Gegenstand sinnlicher Erfahrung macht.

Da es im Zusammenhang vorliegender Studie nicht darum geht, die Beweise der Ersten Analogie in beiden Textstufen der KrV erschöpfend zu kommentieren und zudem der bislang betrachtete Beweisteil ein vollständiges Argument ausmacht, was schon anhand der Struktur desselben, d. h. der Wiederholung des Grundsatzes in Form einer Schlussfolgerung am Ende des Beweises ersichtlich ist, werden aus dem übrigen beweiskräftigen Textbestand der Ersten Analogie in KrV A nur einige besonders prägnante Formulierungen herausgegriffen. Auch für das im weiteren Verlauf darzustellende Verhältnis der Beweise in der KrV A und KrV B sind die ausgewählten Textstellen von einigem Interesse.

Von besonderer Bedeutung ist vor allem die Betonung der radikalen Einheit der Zeit. Einheit der zeitlichen Struktur ist ein zentraler Aspekt des alles umfassenden Erfahrungsbegriffs. Wenn die beharrliche Grundlage „das eigentliche Substratum aller Zeitbestimmung sein soll“,[15] so ist für die Einheit der Zeit auch die Einheit dieser Grundlage zu setzen. Diese Einheit ist Kontinuität. Das Dasein der Grundlage ist ein solches „zu aller Zeit“;[16] sie ist insofern dasjenige, „was jederzeit ist“,[17] indem sie das „beständige Corellatum“ der Zeitvorstellung selbst ist.[18]

An einer Stelle, die in Anbetracht der übergeordneten Fragestellung dieses Kapitels, nach dem Verhältnis des Weltstoffbegriffs zur Substanz in Kants Erster Analogie der Erfahrung von besonderem Interesse ist, spricht Kant von

13 KrV A183 f.

14 An anderem Ort bezeichnet Kant die Materie aller empirischen Möglichkeit oder den Inbegriff des Realen als dasjenige „was das Ding selbst [...] ausmacht“ (KrV B609 f.).

15 KrV A185.

16 KrV A185.

17 KrV A182.

18 KrV A183.

> der Erfahrung [...] deren Einheit niemals möglich sein würde, wenn wir neue Dinge (der Substanz nach) wollten entstehen lassen. Denn alsdann fiele dasjenige weg, welches die Einheit der Zeit allein vorstellen kann, nämlich die Identität des Substratum, als woran aller Wechsel allein durchgängige Einheit hat.[19]

Die Einheit der Erfahrung schließt alle Einzelwahrnehmungen oder Erfahrungen im Plural ein, oder befasst sie unter den Begriff ihrer Allheit und Einheit. Der Wechsel dieser phänomenalen Ausschnitte der Gesamterfahrung hat selbst an der Identität der Grundlage der Einheit von Zeit und mithin von Erfahrung, seine durchgängige Identität. Einheit ist die Form der Erfahrung.[20] Dies betrifft die räumliche Einheit in gleicher Weise wie die der Zeit, die innerhalb der Ersten Analogie der Erfahrung im Vordergrund steht. So wie Kant die Singularität der Erfahrung betont, und die Rede von Erfahrung im Plural nur als Rede von Limitationen (einzelnen Wahrnehmungen) dieser einen und einzigen Erfahrung legitimiert, betont der Beweis der Ersten Analogie in KrV A die Singularität der Zeit: „Denn es ist nur Eine Zeit, in welcher alle verschiedene Zeiten nicht zugleich, sondern nach einander gesetzt werden müssen".[21] Jeder Wegfall oder Zuwachs an der Grundlage ihrer Vorstellung führt zur Aufhebung der radikalen Einheit der Zeit.[22] Es wird zu zeigen sein, dass der Beweis zur Ersten Analogie der Erfahrung in der zweiten Auflage der KrV diesen Aspekt der notwendigen Kontinuität der Grundlage der Zeitvorstellung weitaus stärker betont.

3.1.1.2 Kants Erste Analogie der Erfahrung 1787 – Grundsatz und Beweis.

3.1.1.2.1 Der Grundsatz der Ausgabe B

Kants Grundsatz zur ersten Analogie der Erfahrung in 1787 steht unter dem Titel „Grundsatz der Beharrlichkeit der Substanz" und lautet wie folgt: „Bei allem

---

19 KrV A186.

20 KrV A110: „Es ist nur eine Erfahrung, in welcher alle Wahrnehmungen als im durchgängigen und gesetzmäßigen Zusammenhange vorgestellt werden: eben so wie nur ein Raum und Zeit ist, in welcher alle Formen der Erscheinung und alles Verhältniß des Seins oder Nichtseins statt finden. Wenn man von verschiedenen Erfahrungen spricht, so sind es nur so viel Wahrnehmungen, so fern solche zu einer und derselben allgemeinen Erfahrung gehören. Die durchgängige und synthetische Einheit der Wahrnehmungen macht nämlich gerade die Form der Erfahrung aus".

21 KrV A188 f. Kant reproduziert an dieser Stelle Aussagen des §4 der Transzendentalen Ästhetik; dort heißt es u. a.: „Verschiedene Zeiten sind nur Theile eben derselben Zeit" (KrV B47).

22 Vgl. KrV A188 „Substanzen (in der Erscheinung) sind die Substrate aller Zeitbestimmungen. Das Entstehen einiger und das Vergehen anderer derselben würde selbst die einzige Bedingung der empirischen Einheit der Zeit aufheben, und die Erscheinungen würden sich alsdann auf zweierlei Zeiten beziehen". Für die Rede von Substanz im Plural wird am Ende dieses Kapitels eine Deutung vorgeschlagen.

Wechsel der Erscheinungen beharrt die Substanz, und das Quantum derselben wird in der Natur weder vermehrt noch vermindert".[23] Betrachtet man die Überschrift und den Grundsatz fällt als erstes auf, dass Kant hier selbst eine Aussage macht, die nach seiner eigenen Auffassung tautologisch genannt werden muss. KrV A184/B227 folgend „ist der Satz, daß die Substanz beharrlich sei, tautologisch. Denn bloß diese Beharrlichkeit ist der Grund, warum wir auf die Erscheinung die Kategorie der Substanz anwenden". Dieser Feststellung wird jedoch erst im Zusammenhang des Vergleichs der Grundsätze und deren Betitelung eine Rolle spielen.

Kants zweite Formulierung des Grundsatzes der Ersten Analogie der Erfahrung setzt sich rein sprachlich aus zwei vollständigen Sätzen zusammen, die durch eine Konjunktion verbunden sind. In diesen Sätzen sind folgende Aussagen enthalten: (i) Etwas beharrt im Wechsel der Erscheinungen; (ii) Dieses Beharrliche ist die Substanz; (iii) Das Quantum der Substanz wird in der Natur weder vermehrt noch vermindert. Da die Gegenüberstellung der Grundsatzformeln zur Ersten Analogie in beiden Auflagen der KrV erst im Anschluss an die Darstellung von Grundsatz und Beweis in 1781 und 1787 erfolgen wird, möchte ich an dieser Stelle zunächst auf drei Aspekte hinweisen. Vom Wandelbaren als Gegenstück zur Beharrlichkeit der Substanz ist explizit nicht die Rede, wohl aber von einem Wechsel der Erscheinungen. Dieser Wechsel setzt etwas, das als solches dem Wechsel unterworfen sein kann (das Wandelbare) voraus. Der zweite Aspekt ist der Totalitätsbezug. Dieser wird über den Begriff der Natur vermittelt. Natur ist nach A114 objektiver Inbegriff möglicher Erfahrung. Bezogen auf diese empirische Totalität gilt die im Grundsatz behauptete Unveränderlichkeit der quantitativen Bestimmung der Substanz. Der dritte Aspekt ist eben diese explizite Negation der Möglichkeit einer quantitativen Veränderung der Substanz. Hinter dieser Aussage steht die Formulierung von Lehrsatz zwei der Mechanik der MAN von 1786 mit dem darin enthaltenen ersten mechanischen Gesetz.[24] Pollok weist in seiner Ausgabe der MAN darauf hin, dass es sich bei dem Grundsatz der Ersten Analogie in KrV B um eine nahezu wortgleiche Reproduktion des ersten mechanischen Gesetzes in einem nicht naturphilosophischen sondern metaphysischen Sinne handelt.[25] Von Wichtigkeit bezogen auf diesen Vergleich sind folgende Punkte: Die „Veränderungen der körperlichen Natur"[26] sind das naturphilosophische Pendant zum

---

23 KrV B224.

24 Vgl. MAN, AA 04: 541: „Erstes Gesetz der Mechanik. Bei allen Veränderungen der körperlichen Natur bleibt die Quantität der Materie im Ganzen dieselbe, unvermehrt und unvermindert".

25 Kant (1997), S. 145.

26 Vgl. nochmals MAN, AA 04: 541.

„Wechsel der Erscheinungen".[27] Physische Körper können als direkte Erscheinungen bezeichnet werden. Mithin wären alle direkten Erscheinungen dem Wechsel unterworfen. Der Totalitätsbezug des Grundsatzes der Ersten Analogie in KrV B wird hier explizit, jedoch nicht auf Substanz im metaphysischen Sinne, sondern auf Materie bezogen. Deren Gesamtquantum bleibt unverändert. Dies ist insofern von Bedeutung, da es die Frage nach einer Identität von Materie und Substanz betrifft. Kants Beweisargumentation zur Ersten Analogie in beiden Auflagen der KrV legt eine solche Identifizierung nahe.[28]

Ohne hier allzu weit auf die nachfolgende Betrachtung der Argumentation Kants in der Ersten Analogie der Erfahrung vor der Folie der Darstellung des Entwurfs „Übergang 1–14" vorzugreifen, seien folgende Gesichtspunkte hervorgehoben: Nach Lehrsatz 2 der Mechanik in den MAN sind Materie und Substanz nicht völlig identisch. Veränderungen betreffen die körperliche Natur, d. h. direkte Erscheinungen einer formal bestimmten Materie. Wenn sich die Materie auf der Ebene physischer Körper und direkter Erscheinungen mit diesen wandelt, d. h. auch selbst entsteht und vergeht, so kann die behauptete Konstanz der Materie im Ganzen nur deren (i) nicht formbestimmte, (ii) nicht direkte und damit (iii) indirekte Erscheinung als Totalität betreffen.

3.1.1.2.2 Der Beweis der Ausgabe B

Kants neues Argument beginnt mit der aus KrV A übernommenen Feststellung, der zufolge alle Erscheinungen in der Zeit befindlich sind. Sie ist das Substrat der Vorstellung von Zeitlichkeit, die sich als Vorstellung von Simultaneität und Sukzession der in der Zeit befindlichen Phänomene konkretisiert. Diese Grundlage der Vorstellung von Zeit wird im Beweis nach KrV B mit der Anschauungsform der Zeit identifiziert.[29] Als Form des inneren Sinnes stellt Zeit die formale Grundlage der Vorstellung zeitlicher Beziehungen von Phänomenen dar. Als immer vorauszu-

27 KrV B224.
28 Gemeint ist das Beispiel des Philosophen, der nach dem Gewicht des Rauches gefragt wird (KrV B228, erster Absatz) und aus dem Kant die Schlussfolgerung ableitet, der zufolge „selbst im Feuer die Materie (Substanz) nicht vergehe, sondern nur die Form derselben eine Abänderung erleide". Vgl. ferner Lehrsatz 2 Mechanik in den MAN, AA 04: 541: „(Aus der allgemeinen Metaphysik wird der Satz zum Grunde gelegt, daß bei allen Veränderungen der Natur keine Substanz weder entstehe noch vergehe, und hier wird nur dargethan, was in der Materie die Substanz sei.) In jeder Materie ist das Bewegliche im Raume das letzte Subject aller der Materie inhärirenden Accidenzen und die Menge dieses Beweglichen außerhalb einander die Quantität der Substanz".
29 Vgl. KrV B224: „Alle Erscheinungen sind in der Zeit, in welcher als Substrat (als beharrlicher Form der inneren Anschauung) das Zugleichsein sowohl als die Folge allein vorgestellt werden kann".

setzende Basis dieser Ordnungsleistung ist die Form des inneren Sinnes selbst beharrlich. Der erste Satz des Beweises nach Ausgabe B fasst damit verschiedene Aussagen des zweiten Abschnitts der Transzendentalen Ästhetik zusammen. Indem alle Erscheinungen in der Zeit anzutreffen sind, erweist sie sich als „eine nothwendige Vorstellung, die allen Anschauungen zum Grunde liegt“[30] und somit als „die formale Bedingung *a priori* aller Erscheinungen überhaupt“.[31] Auch die Auffassung der Zeit als Substrat der Vorstellungen zeitlicher Relationen ist als solche bereits Bestandteil der metaphysischen Erörterung der Zeit.[32] Wenn Zeit in dieser Weise als formale Grundlage a priori für alle Erscheinungen und deren Relationen fungiert und damit die Form ist, „in der aller Wechsel der Erscheinungen gedacht werden soll“,[33] darf die Zeit selbst nicht dem Wechsel unterworfen sein. Innerhalb des B-Beweises geht es bei dieser Feststellung Kants weniger um die Vermeidung des infiniten Regresses. Dass eine Veränderung der Zeit eine weitere Zeit als Grundlage erfordern würde, vor welcher oder an welcher der Wechsel der Zeit selber erkennbar würde, ist als Bestandteil des Beweises in KrV A mit in die zweite Auflage der KrV übernommen worden, wird aber im B-Beweis selber nicht expliziert. Kant betont hier vielmehr die Funktion der Zeit als Substrat allen Wechsels, das aufgrund eben dieser Funktion nicht selbst wechselnd gedacht werden kann. Sie ist konstantes und beharrliches Substrat, „weil sie dasjenige ist, in welchem das Nacheinander- oder Zugleichsein nur als Bestimmungen derselben [der Zeit, vjr] vorgestellt werden können“.[34] Hieran schließt Kant die entscheidende Prämisse seines Beweises. Es ist die Behauptung der Nichtwahrnehmbarkeit der Zeit selbst. Zwar sind alle Erscheinungen im inneren Sinn und damit zeitlich bestimmte Vorstellungen. Der innere Sinn liefert aber selbst keinen objektiven Maßstab der empirischen Zeitvorstellung, sondern nur die formale Grundlage der Zeitvorstellungen überhaupt, d. h. von Zugleichsein und Folge. Damit so etwas wie objektive zeitliche Beziehungen zwischen Phänomenen möglich sind, bedarf es einer Grundlage dieser Vorstellungen, die insofern von der nicht wahrnehmbaren Zeit (als der beharrlichen Form des inneren Sinnes) unterschieden ist. Kant schreibt im Anschluss an die Behauptung der Nichtwahrnehmbarkeit der Zeit:

---

30 KrV B46.

31 KrV B50

32 Vgl. KrV B46: „Nur unter deren Voraussetzung kann man sich vorstellen: daß einiges zu einer und derselben Zeit (zugleich) oder in verschiedenen Zeiten (nach einander) sei“.

33 KrV B224 f.

34 KrV B225.

> Folglich muss in den Gegenständen der Wahrnehmung, d.i. den Erscheinungen, das Substrat anzutreffen sein, welches die Zeit überhaupt vorstellt, und an dem aller Wechsel oder Zugleichsein durch das Verhältniß der Erscheinungen zu demselben in der Apprehension wahrgenommen werden kann.[35]

Die Zeit ist einige und unveränderliche Grundlage. Diesem Substrat der Vorstellung zeitlicher Relationen überhaupt muss ein Pendant in der Erscheinung entsprechen, welches dieser Zeitvorstellung überhaupt korreliert. Bloß empirische Zeitvorstellungen bzw. die Wahrnehmung zeitlicher Vorgänge an einer apprehendierbaren, bloß relativ beharrlichen Grundlage müssen in der einen Zeit vorgestellt werden. Das Substrat der einen Zeit muss daher notwendigerweise absolut beharrlich sein. Es ist hier zu betonen, dass Kant im Beweis zur Ersten Analogie in der Ausgabe B den Begriff des Substrates in insgesamt drei unterschiedlichen Bedeutungen verwendet. Einmal ist die Form des inneren Sinnes Substrat der Zeitvorstellung überhaupt. In anderer Absicht bezeichnet der Begriff Substrat die empirische Grundlage aller wahrnehmbaren zeitlichen Relationen und das Korrelat der Anschauungsform der Zeit in der Erscheinung. Im Ganzen kann dieses letztgenannte Substrat keiner Veränderung unterworfen sein. Dies leitet zum Substanzbegriff und damit der dritten Bedeutung des Substratbegriffs im Zusammenhang des Beweises der Ersten Analogie der Erfahrung in KrV B über: „Es ist aber das Substrat alles Realen, d.i. zur Existenz der Dinge Gehörigen, die Substanz, an welcher alles, was zum Dasein gehört, nur als Bestimmung kann gedacht werden".[36] Hier erfüllt die Substanz wieder die kategoriale Funktion, Grundlage aller Bestimmung zu sein. Sie subsistiert in letzter Konsequenz allem Wechsel der Erscheinungen als ihr inhärierender Bestimmungen. Aller Wechsel ist Akzidenz dieses letzten selbst unveränderlichen Subjekts. Der Beweis schließt mit zwei Sätzen, von denen jeder eine Schlussfolgerung darstellt und in welchen die zu beweisenden Aussagen des Grundsatzes jede für sich reproduziert werden. Der erste Satz des Grundsatzes, demzufolge die Substanz bei allem Wechsel der Erscheinungen beharrt, lautet als Endformel des Arguments wie folgt: „Folglich ist das Beharrliche, womit in Verhältniss alle Zeitverhältnisse der Erscheinungen allein bestimmt werden können, die Substanz in der Erscheinung, d.i. das Reale derselben, was als Substrat alles Wechsels immer dasselbe bleibt".[37] Wie bereits im Beweis zum ersten mechanischen Gesetz der MAN zwischen der Materie einerseits und demjenigen, „was in der Materie die Substanz sei" differenziert

35 Ebd.
36 KrV B225.
37 KrV B225.

wurde,[38] muss auch hier zwischen dem relativ Beharrlichen, aber selbst potentiell veränderlichen, wahrnehmbaren Substrat eines wahrnehmbaren Wechsels einerseits, und demjenigen, was „als Substrat alles Wechsels immer dasselbe bleibt" andererseits unterschieden werden. Der Totalitätsbezug zeigt die Substanz als absolut einheitlichen Parameter und in einem logischen Sinn als absolut letztes Subjekt aller möglichen Prädikation. Dieser Bezug auf ein abgeschlossenes Ganzes, der durch den Naturbegriff bereits im Grundsatz der ersten Analogie in B enthalten war, wird auf eben diese Weise auch in der zweiten Schlussfolgerung am Ende des neuen Arguments von KrV B ausgedrückt. So schreibt Kant über die Substanz: „Da diese also im Dasein nicht wechseln kann, so kann ihr Quantum in der Natur auch weder vermehrt noch vermindert werden".[39] Substanzerhaltung wird zur Konsequenz der im Beweis dargelegten Notwendigkeit eines letzten Substrats allen Wechsels in der Erscheinung.

Nach der kurz gefassten Exposition der Grundsätze und Beweise zur Ersten Analogie der Erfahrung in KrV A und KrV B gilt es nunmehr in einem weiteren Schritt dieselben in Beziehung zu setzen, d. h. ihre Unterschiede und Übereinstimmungen in direktem Vergleich darzustellen.

3.1.1.3 Die Grundsätze der Ersten Analogie der Erfahrung in KrV A und KrV B

Um die Gemeinsamkeiten und Abweichungen der beiden Grundsatzformeln zur Ersten Analogie der Erfahrung zu beurteilen, ist es sachdienlich, sich zunächst die grammatische Struktur und die Aussagen der Grundsätze erneut ins Gedächtnis zu rufen. Rein sprachlich betrachtet besteht der Grundsatz in KrV A aus einem einzigen Satz. Dieser Satz thematisiert ein Subsistenz-Inhärenz-Verhältnis und zeigt sich somit in Entsprechung zum reinen Verstandesbegriff der Substanz. Das genannte Verhältnis ist für die distributive Allgemeinheit aller einzelnen Erscheinungen gültig. Der Gegenstand selbst ist entweder ein Gegenstand überhaupt als durch ontologische Prädikate bestimmte individuelle Substanz, oder aber die (eine) Substanz als das zugrunde liegende Subjekt aller möglichen Bestimmung. In sprachlicher oder grammatischer Hinsicht setzt sich der Grundsatz nach Ausgabe B aus zwei vollständigen Sätzen zusammen. Von einem Verhältnis der Subsitenz und Inhärenz ist nicht mehr die Rede. Der erste Satz stellt die dem Wechsel unterworfenen Erscheinungen (Mehrzahl) der Substanz (Einzahl) gegenüber. Dem zweiten Satz zufolge bleibt diese Substanz durch den Wechsel der Erscheinungen unbeeinflusst. Ihr Quantum bleibt aufs Ganze betrachtet konstant.

---

38 MAN, AA 04: 541.
39 KrV B225.

Man kann also bezüglich der Formulierung des Grundsatzes der Ersten Analogie der Erfahrung in der zweiten Auflage der KrV sagen, dass hierdurch einerseits die Beharrlichkeit der Substanz, andererseits die Singularität dieser Substanz ausgesagt wird. Die Erhaltung des Quantums der einen Substanz kann als deutlichster Unterschied beider Formulierungen des Grundsatzes der Ersten Analogie der Erfahrung angesehen werden. Ein weiterer Unterschied besteht darin, dass die Formulierung des Grundsatzes nach Ausgabe A eher die Aussage Kants, der zufolge „der Satz, daß die Substanz beharrlich sei, tautologisch" ist, berücksichtigt.[40] Während Kant in KrV A das Beharrliche durch die nachstehende Einklammerung mit der Substanz identifiziert,[41] wird in KrV B sowohl in der Überschrift des Grundsatzes, wie auch im Grundsatz selbst ausgesagt, dass die Substanz beharrlich ist.

Auf die Frage nach den Übereinstimmungen beider Grundsatzformeln der ersten Analogie ist zu antworten, dass der Grundsatz in KrV A zwar die Möglichkeit einer individuellen, wie auch der allgemeinen Substanz beinhaltet. Diese Pluralität der Deutungen ist jedoch nur dann möglich, wenn man den Grundsatz nach KrV A völlig für sich, d. h. ohne Bezugnahme auf den Beweis dieses Grundsatzes und ohne Bezug zur Ersten Analogie in der zweiten Auflage der KrV betrachtet. Eine individuelle Substanz kann keine Grundlage, kein „Substratum der empirischen Vorstellung der Zeit selbst, an welchem alle Zeitbestimmung allein möglich ist" sein.[42] Durch die individuelle Substanz, die selbst Bestandteil des Wechsels der Erscheinungen ist, ist diese Grundlegung nicht zu leisten.

3.1.1.4 Die Beweise der Ersten Analogie der Erfahrung in KrV A und KrV B

Bereits zu Beginn der Ausführungen zur Ersten Analogie der Erfahrung war darauf hingewiesen worden, dass in KrV B ein weiteres Argument hinzutritt, welches als selbständiger Beweis betrachtet werden kann. Der Beweis nach Ausgabe A bleibt bis auf zwei Sätze Bestandteil der zweiten Auflage der KrV. Es genügt demnach an dieser Stelle, die entscheidenden Neuerungen, die Kant in 1787 an seinem Beweis der ersten Analogie der Erfahrung vornimmt, vorzustellen. Hierzu zählt erstens die explizite Erwähnung der Zeit als Anschauungsform. Dies eröffnet einen deutlichen Bezug auf den zweiten Teil der Transzendentalen Ästhetik, der so nicht Bestandteil des Beweises in Ausgabe A war. Zweitens ist die Rede von Substrat in unterschiedlicher Bedeutung als eindeutiges Novum des Beweises nach KrV B zu be-

---

40 KrV A184/B227.

41 Vgl. KrV A182: „das Beharrliche (S u b s t a n z)".

42 KrV A183/B226.

trachten. In der ersten Version des Arguments war mit dem Substratbegriff stets das Substrat der Zeitvorstellung überhaupt gemeint. Wenn Kant an einer Stelle des Beweises nach Ausgabe A von dem „Substratum alles Wechsels der Erscheinungen" spricht,[43] so ist damit keine neue Bedeutung erschlossen, da die Zeit(-vorstellung) selbst, auf die sich der Substratbegriff bezieht, genau dieses „beständige Correlatum alles Daseins der Erscheinungen, alles Wechsels und aller Begleitung" ist.[44] In der zweiten Version des Arguments hingegen, begegnen drei unterschiedliche Bedeutungen des Begriffs Substrat. Substrat ist einmal die beharrliche Form innerer Anschauung, zweitens meint der Begriff das Substrat der Zeitvorstellung in der Erscheinung, und drittens bezieht sich Kant mit dem Substratbegriff auf die Substanz als „Substrat alles Realen".[45] Ein weiteres Novum des zweiten Beweises zur Ersten Analogie der Erfahrung ist die zweifache Bedeutung des Beharrlichen. Beharrlich ist einmal die Anschauungsform der Zeit und zum anderen die Substanz. Letztere beharrt zudem selbst in zweifacher Auffassung. So ist Substanz im Wechsel der Erscheinungen beharrlich und darüber hinaus beharrlich bezogen auf ihr totales Quantum. Diese quantitative Unveränderlichkeit aufs Ganze betrachtet ist einerseits eine offenkundige Neuerung der Ersten Analogie in 1787. Zumindest der Grundsatz sagt hier mehr aus, als in seiner ersten Form. Dieser Unterschied erweist sich jedoch nicht als gravierend. Genau genommen ist nämlich die Erhaltung der Substanz auch innerhalb der ersten Version des Arguments enthalten. Auch in KrV A ist die Zeiteinheit als Aspekt der Erfahrungseinheit notwendig an die Einheit, und damit an die Konstanz der Substanz im Ganzen gebunden. Einheit der Erfahrung ist eine solche, „deren Einheit niemals möglich sein würde, wenn wir neue Dinge (der Substanz nach) wollten entstehen lassen".[46] Genauso wenig kann eine einheitliche gedachte Erfahrung und Zeit die quantitative Abnahme der Grundlage der Vorstellung dieser Einheit erlauben.

Ausgehend von den im Vorangegangenen dargestellten zwei Versionen des Grundsatzes und des Beweises der Ersten Analogie der Erfahrung in den beiden ersten Auflagen der KrV soll nun in einem weiteren Schritt die zu Beginn dieses Kapitels gestellte Frage nach dem Verhältnis der Idee des Weltstoffs zu dem Begriff der Substanz innerhalb der ersten Analogie beantwortet werden.

---

43 KrV A184.
44 KrV A183.
45 KrV B225.
46 KrV A186.

3.1.1.5 Weltstoff und absolute Beharrlichkeit: Die Einheit der Substanz im Raum und die Vorstellung der Einheit der Zeit überhaupt

Bereits die ersten Bogen aus dem Zusammenhang des Entwurfs „Übergang 1–14" hatten den wechselseitigen Bezug der Bedingungen von Erfahrung als absoluter Einheit gezeigt. Wenn Kant in „Übergang 2" feststellt, dass im Ganzen „nur Ein Raum und nur Eine Zeit und nur Eine Materie" existieren,[47] so wird dasjenige, was als die eine Materie überhaupt diese Konstituenten einer sinnlich apprehendierbaren raumzeitlichen Welt zu wirklichen Gegenständen der Erfahrung macht, zu dem „Princip der Moglichkeit der Einheit des Ganzen möglicher Erfahrung".[48] Der Weltstoff des Entwurfs „Übergang 1–14" ist genau dieses materiale Substrat, das die Einheit der Zeit vorstellig macht, von welcher wiederum die Einheit der Erfahrung in gleichem Maße abhängt, wie von der Einheit des Erfahrungsraumes. Insofern ist es keineswegs überzogen, den Weltstoff in seiner Funktion a priori Grundlage einer schlechterdings einheitlichen Zeitvorstellung zu sein mit der Substanz der Ersten Analogie der Erfahrung zu identifizieren. Wenngleich der Grundsatz der Ersten Analogie isoliert betrachtet noch die Frage offengelassen hatte, ob es sich bei dem Beharrlichen um eine individuelle Substanz unter vielen Substanzen oder aber um die eine und einzige Substanz in der Erscheinung als das letzte Substrat der Zeiteinheit und in logischer Absicht jeder möglichen Prädikation handelt, hatte bereits die gemeinsame Betrachtung von Grundsatz und Beweis in KrV A diese Pluralität möglicher Deutungen negiert.

So schreibt Kant bereits im Kontext seines (ersten) Beweises zum Grundsatz der Beharrlichkeit der Substanz „dieses Beharrliche [d.h. das grundlegende kontinuierliche materiale Substrat, vjr] an den Erscheinungen" sei „das Substratum aller Zeitbestimmung, folglich auch die Bedingung der Möglichkeit aller synthetischen Einheit der Wahrnehmungen, d.i. der Erfahrung".[49] Nicht als bloß relatives Substrat einer kontextvarianten relativen Zeitvorstellung, sondern das „Substratum der empirischen Vorstellung der Zeit selbst, an welchem alle Zeitbestimmung allein möglich ist".[50] Nicht also irgendeine Substanz, sondern die eine und einzige Substanz als Korrelat der Vorstellung einer einheitlichen Zeit und mithin als Möglichkeitsbedingung der einen und einzigen allbefassenden Erfahrung. Dies wird im Text der Ersten Analogie in 1787 noch weitaus deutlicher herausgestellt. Hier ist bereits innerhalb des isoliert betrachteten Grundsatzes der Ersten Analogie die Möglichkeit, unter dem beschriebenen Beharrlichen eine individuelle Substanz zu verstehen ausgeschlossen. Hier ist es nicht mehr die

47 OP, AA 21: 224.03 f.
48 OP, AA 21: 224.12 f.
49 KrV A183.
50 KrV A183.

distributive Einheit im Sinne eines Allquantors. Vielmehr begegnet schon hier die Substanz in kollektiver Einheit als Möglichkeitsbedingung der einen Erfahrung. Nicht also erst in „Übergang 1–14", sondern bereits innerhalb der Ersten Analogie der Erfahrung in der KrV findet die von Kant in seinem Kapitel *Von dem Transzendentalen Ideal* als unzulässig verworfene dialektische Verwandlung der „distributive[n] Einheit des Erfahrungsgebrauchs des Verstandes in die kollektive Einheit eines Erfahrungsganzen" statt.[51] Der Weltstoff in seiner Auffassung als die eine Substanz in der Erscheinung macht, wie Kant in „Übergang 14" deutlich macht, ein „absolutes, für sich bestehendes Gantze" aus.[52] Seine Inexhaustibilität im Ganzen bezieht sich sowohl auf die Bewegungskraft, wie auch auf das Gesamtquantum des einen Weltstoffs, der als solcher das „All der Materie" darstellt.[53] Insofern liefert der Weltstoff den in der ersten Analogie geforderten kontextinvarianten Parameter einer absoluten Zeitbestimmung. Er ist das quantitativ konstante absolut beharrliche Substrat einer Erfahrung, deren raumzeitliche Einheit material begründet ist. Alle bloß relative Beharrlichkeit hingegen erfüllt die Funktion eines Maßstabes der empirischen Zeitbestimmung allein in begrenzten Wahrnehmungen und zu diesem nicht absolut Beharrlichen zählt auch die individuelle Substanz, d. h. das einzelne wahrnehmbare Subjekt empirischer Prädikation. Dennoch ist im Zusammenhang der Ersten Analogie der Erfahrung an zwei Stellen, welche bereits weiter oben zitiert wurden, von Substanzen die Rede.[54] Kant stellt damit die radikal zu denkende Singularität der Grundlage der Zeitvorstellung nicht in Frage. Vielmehr eröffnet Kant selbst die Differenz von bloß kontextabhängiger oder kontextvarianter relativer Beharrlichkeit und der Kontextinvarianz der einen Substanz selbst.[55] In der Wahrnehmung gibt es bestimmte Erscheinungen, die sich, im Sinne des reinen Verstandesbegriffs von Substanz, anderen gegenüber als subsistierend erweisen. Sie sind Substanzen relativ zu den ihnen inhärierenden akzidentellen Erscheinungen; nicht aber in einem absoluten Sinne. Ebenso sind sie in der Erscheinung Substrate verschiedener relativer Zeitbestimmungen, indem sie sich als relativ beharrlich ihren Akzidenzen gegenüber erweisen. Für die Erfahrung überhaupt und ihre Einheit, die Zeit überhaupt oder auch den Raum als solchen bedarf es auf der Ebene des transzen-

51 KrV B610.

52 AA 22: 610.04.

53 AA 21: 210.01 und 592.13.

54 Vgl. nochmals KrV A188: „Substanzen (in der Erscheinung) sind die Substrate aller Zeitbestimmungen", wie auch KrV A184: „diese Substanz oder Substanzen".

55 Zum physikalischen Begriff der Kontextinvarianz bestimmter Parameter und dessen möglicher Anwendung in der Deutung der Ersten Analogie siehe Weizsäcker (1973).

dentalen Subjekts der Substanz überhaupt, die der Vorstellung dieser absoluten Einheit korreliert.

3.1.1.6 Absolute Beharrlichkeit in Kants Widerlegung des Idealismus

Nicht allein im Hinblick auf Försters These einer nicht zuletzt anhand struktureller Merkmale belegbaren Verwandtschaft der Ätherbeweise im Nachlasswerk mit der Widerlegung des Idealismus in der KrV,[56] sondern auch aufgrund der inhaltlichen Nähe des Beweises der Widerlegung des Idealismus zu dem der Ersten Analogie der Erfahrung, liegt es nahe, zumindest kursorisch auf die Übereinstimmungen beider Texte einzugehen.

Im Unterschied zum Beweis der Ersten Analogie der Erfahrung stellt Kant innerhalb des Grundsatzes und zu Beginn des Beweises der Widerlegung des Idealismus nicht das Dasein aller Erscheinungen als ein solches in der Zeit, oder im Verhältnis zu der Vorstellung einer solchen heraus, sondern vielmehr das Bewusstsein der zeitlichen Bestimmung des eigenen Daseins des empirischen Subjekts. Da der KrV zufolge auch das subjektive Selbstbewusstsein letztlich Erscheinung ist,[57] kann die Betonung dieses Bewusstsein der zeitlichen Bestimmung des eigenen Daseins im Subjekt als ein impliziter Bestandteil der Feststellung, alle Erscheinungen seinen in der Zeit, wie sie sich zu Anfang des Beweises der Ersten Analogie findet, angesehen werden. Ebenso wie die Zeitlichkeit aller Erscheinungen bzw. Vorstellungen, ist auch die Vorstellung der zeitlichen Bestimmung im empirischen Bewusstsein des Subjekts auf die Voraussetzung eines Beharrlichen angewiesen, anhand dessen die Modi der Zeit, das Zugleichsein und das Aufeinanderfolgen, erfahrbar werden. Kants zentrale Prämisse des Beweises ist die Behauptung der Unmöglichkeit, diesem vorauszusetzenden Beharrlichen selbst den Charakter einer Vorstellung zu geben. Auch hierdurch wäre nur eine relative Zeitbestimmung des subjektiven Bewusstseins möglich, da auch diese Vorstellung, wie alle übrigen, als in der Zeit befindlich angesehen werden muss. Soll das Beharrliche die Zeit schlechthin, die eine und allgemeine Zeit als deren Parameter real begründen, so bedarf es dazu mehr als dessen bloßer Vorstellung. Ich möchte hier nicht in extenso auf die möglichen Infragestellungen dieser zentralen Prämisse des Kantischen Beweises der Widerlegung des Idealismus eingehen, der

56 Förster (2000), S. 88: „Kant gives the ether proof in the Opus postumum precisely the same form that he gave to the Refutation in the first Critique, that is, Grundsatz followed by Beweis, and then Anmerkungen, that reflect on the method of proof“.

57 Vgl. KrV B155 wie auch Anth, AA 07: 142.

zufolge es eines beharrlichen Gegenstandes, der selbst „ein Ding außer mir und nicht [...] bloße Vorstellung eines Dinges außer mir" ist,[58] bedarf.[59]

Das empirische Bewusstsein der zeitlichen Bestimmung des Daseins des Subjekts setzt ein wirkliches Beharrliches, d.h. eines, das nicht bloß vorgestellt wird voraus, woraus Kant die Schlussfolgerung ableitet, „das Bewußtsein meines eigenen Daseins ist zugleich ein unmittelbares Bewußtsein des Daseins anderer Dinge außer mir".[60] Die hier behauptete Unmittelbarkeit bedeutet, dass dieses Bewusstsein unmittelbar aus der Notwendigkeit des Beharrlichen resultiert.

Betrachtet man das Verhältnis der Ersten Analogie der Erfahrung und der Widerlegung des Idealismus, wird deutlich, dass beide Texte die Notwendigkeit des Beharrlichen zur Ermöglichung der Zeitvorstellung betonen. Sie tun dies jedoch in unterschiedlicher Absicht. Die erste Analogie zeigt die Notwendigkeit eines solchen Beharrlichen und akzentuiert dabei den Aspekt der Einheit der Zeitvorstellung. Die Widerlegung des Idealismus, bzw. der Beweis derselben, widmet sich der Frage nach dem Status dieses Beharrlichen, wobei dessen bloßer Vorstellungscharakter negiert wird.

Von Bedeutung im Kontext ist vor allem eine Behauptung Kants in dessen „Anmerkung 2" zur Beweismethode der Widerlegung des Idealismus. Diese Behauptung betrifft die Materie. Empirische Zeitbestimmung ist nur durch das jeweils relativ Beharrliche im „Wechsel in äußeren Verhältnissen" möglich.[61] Dieses Beharrliche ist insofern die Substanz im Raum, als es, ungeachtet seiner bloß relativen Beharrlichkeit, dasjenige ist, dem das Wandelbare, der Wechsel der Verhältnisse, als dessen bloße Bestimmung inhäriert. Kant folgert weiter es gäbe letztlich:

> nichts Beharrliches, was wir dem Begriffe einer Substanz als Anschauung unterlegen könnten, als bloß die Materie, und selbst diese Beharrlichkeit wird nicht aus äußerer Erfahrung geschöpft, sondern a priori als nothwendige Bedingung aller Zeitbestimmung, mithin auch als Bestimmung des inneren Sinnes in Ansehung unseres eigenen Daseins durch die Existenz äußerer Dinge vorausgesetzt[62]

---

58 KrV B275.

59 Auch zu der problematischen Feststellung Kants, nach welcher „die Bestimmung meines Daseins in der Zeit nur durch die Existenz wirklicher Dinge, die ich außer mir wahrnehme, möglich" ist (KrV B275 f.), soll hier nicht ausführlich Stellung bezogen werden. Es genügt meines Erachtens die Frage aufzuwerfen, was hier unter wirklichen Dingen zu verstehen ist, wenn es gerade die transzendental-subjektiven Möglichkeitsbedingungen sind, welche die empirische Realität der Erfahrung und damit aller darin enthaltenen Vorstellungen begründen.

60 KrV B276.

61 KrV B277. Die hier behauptete Relativität wird aus Kants Beispiel zur Sonnenbewegung im Verhältnis zur Erde ersichtlich.

62 KrV B278.

Schon hier wird eine notwendige Voraussetzung a priori der Materie zur Möglichkeit aller Zeitbestimmung, behauptet. Was Kant in „Übergang 1–14" unternimmt, ist dieser Behauptung einen Beweis folgen zu lassen, bzw. den Rechtsanspruch der Voraussetzung a priori einer materialen Grundlage der Zeitvorstellung zu klären, indem er ihre Notwendigkeit zur Möglichkeit von Erfahrung überhaupt darlegt. Das dieser Beweis nicht innerhalb der KrV erfolgt, liegt, neben den dort aufgestellten Restriktionen, daran, dass Kant in der ersten Kritik noch nicht zu letzter Klarheit bezogen auf die Möglichkeit eines solchen Beweises gelangt sein dürfte. Kant ist in der KrV, trotz der impliziten Voraussetzung einer Materie überhaupt a priori zur Zeitbestimmung in absoluter Absicht, noch ganz problematischer Idealist im Sinne der Definition eines solchen, wie sie sich zu Beginn der Widerlegung des Idealismus findet. Ein solcher wird sich „nämlich, bevor ein hinreichender Beweis gefunden worden, kein entscheidendes Urtheil [...] erlauben".[63]

Während es möglich ist, die in der Ersten Analogie der Erfahrung vorausgesetzte Einheit der Substanz in der Erscheinung als Möglichkeitsbedingung der Einheit der Zeitvorstellung, mit dem Weltstoff in „Übergang 1–14" zu vergleichen, und beide Texte in Beziehung zu setzen,[64] gestaltet sich der Vergleich mit Kants Widerlegung des Idealismus schwieriger. Übereinstimmungen zeigen sich dort, wo die Argumentation der Widerlegung des Idealismus jener in der ersten Analogie der Erfahrung entspricht. Brüche hingegen an jenen Stellen, an denen der Realitätsstatus des Beharrlichen thematisiert wird. Ich hatte bereits oben darauf hingewiesen, dass Kants Bemerkungen zum Beharrlichen als einem wirklichen Ding außerhalb des subjektiven Vorstellens (ein solches ist aus der Perspektive des Transzendentalen Idealismus eigentlich ein rein negativ Bestimmtes und mithin genau genommen Nichts) bereits innerhalb der KrV als problematisch angesehen werden müssen. Der Weltstoff des Entwurfs „Übergang 1–14" ist kein solches Ding. Er ist nichts an sich, sondern Erscheinung, wenn auch indirekt. Er entspricht der Substanz im Raum und ist damit subjektiv-formal determiniert. In dieser Hinsicht kann nicht von einer Entsprechung der Kantischen Widerlegung des Idealismus und des Entwurfs „Übergang 1–14" des Nachlasswerks gesprochen werden.

63 KrV B275.

64 Indem man zeigt, dass die vorausgesetzte Einheit der Substanz als Grundlage der Zeitvorstellung der in „Übergang 1–14" als existierend bewiesenen Materie überhaupt entspricht.

3.1.1.7 Absolute Einheit der Substanz – Die Frage nach Spinozismus im Nachlasswerk

Ohne hier eine Klärung der Frage nach der Aussage und dem Wert der verschiedenen Stellen, an denen Kant sich namentlich auf Spinoza bezieht, und die sich hauptsächlich in den nach „Übergang 1–14" entstandenen Konvoluten VII und I finden, vorlegen zu wollen, kann festgehalten werden, dass es Kant zumindest innerhalb des Entwurfes „Übergang 1–14" um die absolute Einheit der Substanz in der Erscheinung geht. Der Weltstoff als Garant einer zeitlich wie auch räumlich absoluten Einheit der Erfahrung ist die eine und einzige Substanz. Er ist, wie Kant an einer für die Interpretation der Materiespekulation des OP als Spinozismus besonders wichtigen Stelle „Eines und Alles der äußeren Sinenobjecte" – das hen kai pan einer Welt, die dem Menschen erscheint.[65] Dieser Spinozismus der einen Substanz ist jedoch keineswegs nur Bestandteil des Nachlasswerkes. Er ist bereits Bestandteil der ersten Analogie der Erfahrung, da die Gewährleistung der Zeiteinheit mit Notwendigkeit diese absolute Einheit der Substanz erfordert. Alle Gegenstände der Erfahrung werden zu Existenzweisen (Modi) des einen Gegenstandes selbst.[66] Auch relativ beharrende individuelle Substanzen erscheinen als bloße Zustände der zugrunde liegenden Einheit. Es handelt sich um „dieses Beharrliche" (A183) im Singular. Auch der Spinozismus Kants im Nachlasswerk, wofern man einmal gewillt ist, die Behauptung eines solchen unkritisch zu verwenden, ist meines Erachtens kein Ergebnis einer Remission der Geisteskräfte Kants oder seiner altersbedingten Unfähigkeit, sein System zu überblicken. Er ist vielmehr, wie auch die Idee der einheitlichen materiellen Grundlage der Erfahrungseinheit, ein theoretisches Implikat dieses Systems.

Festzuhalten ist, dass es durchaus möglich ist, dem Kant des Nachlasswerkes eine Tendenz zu einem quasi spinozistischen Substanzmonismus zu attestieren. Dennoch kann und darf bei einer Substanz, die zwar in der Erfahrung absolute Einheit ist, aber eben als Erscheinung, d. h. bei einer Auffassung der Substanz als absoluter Einheit im Rahmen eines Transzendentalen Idealismus Kantischer Prägung, nicht von Spinozismus im eigentlichen Sinne gesprochen werden. Von einer Identifikation der Substanz mit der göttlichen Substanz, deren Attribute und Modi eine Welt ausmachen, einer Immanentisierung der Transzendenz, kann bezogen auf Kants Opus postumum nicht die Rede sein. Keine der Stellen des Nachlasswerkes, an denen Kant explizit Bezug auf den Spinozismus nimmt und

---

65 OP, AA 21: 586.18 f.

66 Vgl. KrV A183 „kann alles Dasein und aller Wechsel in der Zeit nur als ein modus der Existenz dessen, was bleibt und beharrt angesehen werden".

sogar eine Identität beider Standpunkte behauptet,[67] sind in der Lage, eine andere Sichtweise zu erzwingen oder auch nur plausibel erscheinen zu lassen.

3.1.2 Einheit als Gemeinschaft im Raum – Weltstoff und Dritte Analogie der Erfahrung

Bereits im Zuge meiner Darstellung des Entwurfs „Übergang 1–14" hatte ich verschiedentlich auf Bezüge der Kantischen Theorie einer Materie überhaupt auf die dynamischen transzendentalen Naturgesetze des Grundsatzkapitels, und hierbei in Sonderheit auf die erste und Dritte Analogie der Erfahrung hingewiesen. Eines der vorangegangenen Kapitel war einem ersten dieser Bezüge nachgegangen. Der Vergleich mit der Ersten Analogie der Erfahrung hatte deutlich gemacht, dass es möglich ist, im Weltstoff des Entwurfs „Übergang 1–14"- das materiale Substrat einer schlechthinnigen Einheit der Zeit und somit der Einheit der Erfahrung auf der Ebene des transzendentalen Subjekts zu erkennen. Der Weltstoff wurde in dieser Funktion mit der einen Substanz in der Erscheinung (substantia phaenomenon) identifiziert. Diese eine Substanz im Raum erwies als zweifacher transzendentaler Funktionsträger. So war der Äther innerhalb der transzendentalen Materietheorie des Nachlasswerks (i) das Zugrundeliegende einer einheitlichen Zeitvorstellung, welche alle transzendentalen Subjekte in die Gemeinschaft einer objektiv-realen, weil in dieser Weise intersubjektiv-einheitlichen Erfahrung setzt. Darüber hinaus stellte sich die nur indirekt erfahrbare Grundlagenmaterie (ii) als in logischer Hinsicht letztes Subjekt der Prädikation und in eben dieser Auffassung auch als der letzte Gegenstand einer Wissenschaft der Natur oder anders gewendet als indirekt empirisches Systemprinzip der Physik dar. Im Ausgang von dieser Betrachtung widmet sich dieses Kapitel dem zweiten Bezugstext des Entwurfs „Übergang 1–14" innerhalb der KrV.

Es soll gezeigt werden, dass Kant in der Ersten und Dritten Analogie der Erfahrung zwar unterschiedliche Aspekte einer einheitlichen Erfahrung, die Gemeinschaft der Zeit einerseits und demgegenüber die Gemeinschaft der Gegenstände und Räume möglicher Erfahrung im einen Erfahrungsraum, gesondert behandelt. Dennoch bleiben diese getrennt betrachteten transzendentalen Naturgesetze, die das transzendentale Subjekt seiner Welt als Erscheinung vorschreibt, in zweifacher Weise miteinander verbunden: einmal in der Einheit der Erfahrung selbst bzw. in ihrem Begriff und zweitens durch dasjenige, was diese Einheit in all ihren verschiedenen Aspekten realisiert. Wiederum zeigt sich die

67 Vgl. OP, AA 22: 64.06–11.

wechselseitige Bezogenheit der Bedingungen der Erfahrungseinheit, nämlich der einen Materie, in der alle Bewegung angetroffen wird, des einen Raums und der einen Zeit. Kant etabliert im Entwurf „Übergang 1–14" das Substrat einer absolut einheitlichen transzendentalen Raumzeit. Er etabliert es insofern, dass er die bereits in 1781 und 1787 gemachte Voraussetzung des einen Substrates der Erfahrungseinheit vermittels einer transzendentalen Argumentation beweist. Dem zweiten Aspekt von Erfahrung als Einheit, nämlich die Einheit als Gemeinschaft aller Erfahrungsgegenstände in einem Erfahrungsraum werde ich mich nunmehr zuwenden. Wie zuvor im Zuge der Betrachtung der Ersten Analogie werden zunächst in knapper Form die Aussagen der Grundsätze und Beweise Kants zur Dritter Analogie der Erfahrung dargestellt. Anders als im Falle der Ersten Analogie der Erfahrung werde ich im Zuge dieser Betrachtung das Verhältnis der Dritten Analogie zu „Übergang 1–14" in direktem Zusammenhang mit der Argumentation erörtern. Bereits Edwards[68] hat in seiner Studie auf die Verbindungen zwischen der Dritten Analogie der Erfahrung und den Ätherbeweisen des OP hingewiesen.[69] Seine Analyse richtet sich jedoch primär auf die Dritte Analogie und bezieht hierbei die Entwürfe des Nachlasswerkes mit ein. Demgegenüber stellt dieses Kapitel eine rückwärts gewendete Beurteilung dar, d. h. es wird der Versuch unternommen, aus der Perspektive der Weltstoffbeweise den Nachweis zu erbringen, dass die Idee einer allverbreiteten Materie überhaupt bereits in Kants Dritter Analogie vorausgesetzt wird. Es geht hierbei nicht in erster Linie um die Frage, ob sich bereits innerhalb des Texts der Dritten Analogie der Erfahrung ein Argument gegen den leeren Raum, wie es Bestandteil der Weltstoffbeweisargumentation ist, lokalisieren lässt, Kant also auf die vorausgesetzte Erfüllung des Erfahrungsraumes mit einer Vorwegnahme seiner transzendentalen Materiespekulation, wie sie sich im Nachlasswerk findet, reagiert. Was diese Fragestellung anbelangt steht die von Edwards erschöpfend geleistete Vorarbeit bei allen Überlegungen dieses Kapitels stets im Hintergrund.

---

68 Edwards (2000).

69 Wenngleich Hübner (1953), S. 207 nicht explizit auf das Verhältnis von Teilen des Nachlasswerkes zur Dritten Analogie der Erfahrung hinweist, gibt er doch auf seine zuvor gestellt Frage, was für eine „Funktion dem Äther unter den Bedingungen der Möglichkeit von Erfahrung" zukomme, die folgende „Antwort: Das All des Raumes muss eine reale Kontinuität darstellen, damit Wahrnehmung prinzipiell nicht abgebrochen werden kann. [...] Damit ist die Nichtexistenz leerer und die Notwendigkeit allenthalben erfüllter Räume erwiesen".

3.1.2.1 Kants Dritte Analogie der Erfahrung 1781 – Grundsatz und Beweis

3.1.2.1.1 Der Grundsatz der Ausgabe A

In 1781 beginnt Kant seinen Text mit der Überschrift: „Grundsatz der Gemeinschaft.".[70] Auf diesen Titel folgt direkt der eigentlich zu beweisende Lehrsatz welcher wie folgt lautet: „Alle Substanzen, so fern sie zugleich sind, stehen in durchgängiger Gemeinschaft (d. i. Wechselwirkung unter einander)".[71] Zunächst ist festzuhalten, dass wenn Substanzen in derselben Zeit existieren, d. h. zugleich sind,[72] deren Gemeinschaft, die mit deren wechselseitiger Einwirkung aufeinander gleichzusetzen ist, vorausgesetzt werden muss. Für die später erfolgende Feststellung der Unterschiede zwischen den Grundsatzformeln in KrV A und KrV B ist hier zu betonen, dass die Formulierung „zugleich sind" einen objektiven Status ausdrückt. Im Falle des Grundsatzes der Dritten Analogie der Erfahrung in Ausgabe B der KrV ist jedoch von Wahrnehmung die Rede. Es wird im Vergleich der Grundsätze und Beweise der Dritten Analogie in beiden Fassungen somit auch um die Frage gehen, ob die Wechselwirkung bzw. Gemeinschaft für das Zugleich-Sein der Substanzen oder nur für die Möglichkeit simultaner Wahrnehmung derselben vorausgesetzt werden muss.

3.1.2.1.2 Der Beweis der Ausgabe A

Während Kant in der zweiten Auflage der KrV bereits im Lehrsatz der dritten Analogie den Aspekt der möglichen Wahrnehmung einer Simultaneität der Substanzen herausstellt, wird diese Möglichkeit erst zu Beginn des eigentlichen Grundsatzbeweises der KrV A hinterfragt: „Woran erkennt man aber: daß sie in einer und derselben Zeit sind?".[73] Die fragliche Erkenntnis des Zugleichseins hängt, so Kant im weiteren Verlauf seiner Argumentation, von der Möglichkeit ab, die einzelnen Erfahrungsgegenstände in beliebiger Reihenfolge wahrzunehmen. Mit Kants eigenen Worten ausgedrückt hieße das, dass „die Ordnung in der Synthesis der Apprehension dieses Mannigfaltigen gleichgültig ist".[74] Genau dies war ja bei den im Verhältnis der Kausalität in der Zeit auf einander (weil aus einander) folgenden Gegenständen der Zweiten Analogie nicht der Fall. Diese Möglichkeit einer Wahrnehmung in beliebiger Reihung kann jedoch Kant zufolge nur dann gegeben sein, wenn die zu apprehendierenden Gegenstände nicht in

70 KrV A211.

71 KrV A211.

72 Vgl. den Beginn des A-Beweises der 3. Analogie:: „Dinge sind zugleich, so fern sie in einer und derselben Zeit existiren." (KrV A211).

73 KrV A211.

74 Ebd.

völliger Isolation voneinander stehen. Dies erhellt aus dem Umstand, dass eine derartige Vereinzelung die durchgängige empirische Synthesis, die für eine Wahrnehmung des Zugleichseins unerlässlich ist, aufheben würde. Wären nämlich die Gegenstande der Wahrnehmung völlig isoliert, so würde, angesichts des stets sukzessiven Charakters menschlicher Wahrnehmung, nicht das Zugleichsein der Dinge in einer Erfahrung erkannt werden; vielmehr würde aus einer derartig totalen Isolation die Erkenntnis stets neuer Gegenstände in immer neuen, voneinander schlechterdings unabhängigen Erfahrungen folgen. Was könnte nun der Grund einer solchen Isolation der Substanzen von einander sein? Wenn Kant diesen Grund nennt, wird auch der behauptete Bezug, zunächst ganz allgemein des Entwurfs „Übergang 1–14", auf die Dritte Analogie der Erfahrung plausibel.

> Denn wenn ihr euch gedenkt, sie wären durch einen völlig leeren Raum getrennt, so würde die Wahrnehmung, die von der einen zur andern in der Zeit fortgeht [...] nicht unterscheiden können, ob die Erscheinung objectiv auf die erstere folge, oder mit jener vielmehr zugleich sei.[75]

Gäbe es so etwas wie das reine Leere innerhalb des Bereiches möglicher Erfahrung, so würde dadurch die Kontinuität des Wahrnehmens aufgehoben. Zwar besteht die Möglichkeit, zwei Gegenstände die derart isoliert voneinander gesetzt werden, nach einander zu apprehendieren. Dadurch aber, dass die zweite Wahrnehmung von der ersten absolut getrennt stattfände, eben weil keine Wahrnehmung einen rein leeren Zwischenraum zu überbrücken fähig ist (hier fehlt jegliches Medium der Wahrnehmbarkeit, d.h. es ist keine Realität anwesend),[76] so stellt die Wahrnehmung des zweiten Gegenstandes eine völlig neu anhebende Erfahrung dar.[77] Mit einer neuen Erfahrung wäre auch ein neuer Parameter der Sukzession, gleichsam eine neue Zeit gegeben, da die Sukzession nicht über einen absolut leeren und mithin empirisch zeitlosen Raum erfolgen kann. Zeit bedarf in gleichem Maße wie der Raum einer (empirischen) Realisierung durch ein zugrundeliegendes Substrat. Dieses ist eine den gesamten Erfahrungsraum erfüllende, überall anzutreffende bzw. zur Möglichkeit der Erfahrung überhaupt als gegeben vorauszusetzende Ganzheit eines Wirkens

---

75 KrV A212.

76 Vgl. A213: „Unseren Erfahrungen ist es leicht anzumerken, daß nur die continuirlichen Einflüsse in allen Stellen des Raumes unsern Sinn von einem Gegenstande zum andern leiten können".

77 Vgl. A213 f.: „Ohne Gemeinschaft ist jede Wahrnehmung (der Erscheinung im Raume) von der andern abgebrochen, und die Kette empirischer Vorstellungen, d.i. Erfahrung, würde bei einem neuen Object ganz von vorne anfangen, ohne daß die vorige damit im geringsten zusammenhängen oder im Zeitverhältnisse stehen könnte".

bewegender Kräfte. Erst durch dieses Gegebensein wahrnehmbarer Realität in einem Inbegriff sind Dinge als zugleich im selben Raum[78] und derselben Zeit wahrnehmbar, d. h. sie sind in einer Erfahrung vereinigt. Wiederum zeigt sich so etwas wie eine Hierarchisierung der Voraussetzungen einer möglichen Erfahrung im Sinne Kants. Zuoberst steht der Begriff einer Erfahrung selbst. Diese ist ein durchgängig gesetzmäßiger Zusammenhang wahrnehmbarer Realität, deren Wahrnehmung sich entsprechend der subjektiv formalen Möglichkeitsbedingungen menschlicher Sinnlichkeit, der Vorstellung nach in ein und demselben Raum und in ein und derselben Zeit, ereignet. Damit Erfahrung ihrem Begriff entsprechend stattfinden kann, bedarf es eines Kontinuums bewegender Kräfte.[79] Träger bzw. Basis eines solchen dynamischen Kontinuums[80] kann aber letztlich nur Materie sein. Materie in gleich welcher Auffassung ist also mit der wahrnehmbaren Realität, durch welche der formale Erfahrungsbegriff aktualisiert wird, gleichzusetzen.[81] Hier zeigt sich die Nähe der Überlegungen des Entwurfs „Übergang 1–14" zu den Analogien der Erfahrung; vor allem zur Ersten und, wie bereits Edwards gezeigt hatte, der hier betrachteten Dritten Analogie. Ohne bestimmte erfahrungskonstitutive Annahmen wäre die Möglichkeit jedweder Gegenstandserfahrung, mithin die Erfahrung überhaupt negiert. Anders gewendet zeigt sich bei jeder Gegenstandserfahrung die Unmöglichkeit diese Annahmen als deren notwendige Möglichkeitsbedingungen zu negieren. Kant argumentiert sowohl in der hier betrachteten Dritten Analogie der Erfahrung, wie auch in „Übergang 1–14" „per negationem oppositi".[82]

> Nun ist aber alles dasjenige in Ansehung der Gegenstände der Erfahrung nothwendig, ohne welches die Erfahrung von diesen Gegenständen selbst unmöglich sein würde. Also ist es allen Substanzen in der Erscheinung, so fern sie zugleich sind, nothwendig, in durchgängiger Gemeinschaft der Wechselwirkung unter einander zu stehen.[83]

78 Vgl. A213: „einer dynamischen Gemeinschaft, ohne welche selbst die locale (communio spatii) niemals empirisch erkannt werden könnte".

79 Vgl. hierzu bspw. A212: „sie [alle Substanzen in der Erscheinung, vjr] müssen in dynamischer Gemeinschaft (unmittelbar oder mittelbar) stehen, wenn das Zugleichsein in irgend einer möglichen Erfahrung erkannt werden soll".

80 Vgl. bspw. OP, AA 21: 217.01 ; OP, AA 21: 224.10 f.

81 Bezogen auf den Raum vgl. KrV A213: „daß wir keinen Ort empirisch verändern (diese Veränderung wahrnehmen) können, ohne daß uns allerwärts Materie die Wahrnehmung unserer Stelle möglich mache".

82 OP, AA 21: 592.22.

83 KrV A213

In „Übergang 1–14" ist der Welt- oder „Wärmestoff [...] das was die Gemeinschaft aller Materie im Raum ausmacht".[84] Da Kant hier einerseits von Wärmestoff, andererseits aber von Materie spricht, ist davon auszugehen, dass Materie hier im Sinne wahrnehmbarer Substanzen (zusammenhängender, messbarer, wägbarer Materie, d. h. physischer Körper) aufgefasst werden kann. Da dem obigen Blockzitat nach dasjenige, was zugleich Bedingung der Möglichkeit der Erfahrung selbst, wie auch der Gegenstände einer solchen Erfahrung ist als notwendig (existierend) gesetzt werden muss, haben wir hier, in der Analytik der KrV, eine implizite Vorwegnahme der Ätherbeweise des OP. Auch hier, innerhalb der Dritten Analogie der Erfahrung stellt Kant die Frage nach der Möglichkeit so etwas wie eine Gemeinschaft oder Wechselwirkung der Substanzen in der Erscheinung zu beweisen und lehnt dabei das dogmatische Verfahren ab.[85] Wenn aber die dogmatische Methode nicht zureicht, so stellt Kant sich und seinen Lesern die rhetorische Frage: „Was blieb uns nun [als möglicher Beweisgrund, vjr] übrig?".[86] Der hier übrig bleibende Grund, auf welchem eine derartige Beweisanstrengung aufbauen könnte ist der folgende:

> Die Möglichkeit der Erfahrung als einer Erkenntniß, darin uns alle Gegenstände zuletzt müssen gegeben werden können, wenn ihre Vorstellung für uns objective Realität haben soll.[87]

84 OP, AA 21: 561.22f.

85 Bei aller offenkundigen Übereinstimmung der Dritten Analogie der Erfahrung und des Entwurfs „Übergang 1–14", bezogen auf die Möglichkeit die Existenz des dynamischen Kontinuums darzutun, zeigt sich in Kants Ablehnung des dogmatischen Verfahrens der größte Unterschied beider Texte. Während Kant hier, in der dritten Analogie, das sogenannte dogmatische Verfahren mit den folgenden Worten ablehnt: „Denn man kann von einem Gegenstande und dessen Dasein auf das Dasein des andern oder seine Art zu existiren durch bloße Begriffe dieser Dinge gar nicht kommen, man mag dieselbe zergliedern, wie man wolle." (KrV A217), geht er in den Beweisen von „Übergang 1–14" genau diesem Verfahren entsprechend vor. Aber er tut dies, indem er beide im Zusammenhang der Dritten Analogie genannten Verfahren des Beweisens verknüpft. Wenn er in der KrV dem dogmatischen Verfahren dasjenige nach der Möglichkeit der Erfahrung, sprich das transzendentale Beweisverfahren, gegenüberstellt, werden diese im Nachlasswerk verbunden. Dort rechtfertigt die transzendentale Notwendigkeit der Annahme eines existierenden Weltstoffes die Möglichkeit, in diesem einzigen Fall (und nur in diesem, denn auch in „Übergang 1–14" betrachtet Kant seine eigene Ablehnung des a priori Daseinsbeweises aus bloßen Begriffen keinesfalls als überholt oder so nicht mehr gültig) den a priori Beweis der realen Existenz aus dem Prinzip der Möglichkeit einer Erfahrung zu führen.

86 KrV A217.

87 KrV A217.

Mit der Möglichkeit der Erfahrung nennt Kant letztlich dasselbe Prinzip, von dem auch die Ätherbeweise in Kants Entwurf „Übergang 1–14“ ihren Ausgang nehmen.

3.1.2.2 Kants Dritte Analogie der Erfahrung 1787 – Grundsatz und Beweis

An dieser Stelle ist noch kurz auf die Modifikationen und Erweiterungen der Dritten Analogie der Erfahrung in der zweiten Ausgabe der KrV einzugehen.

3.1.2.2.1 Der Grundsatz der Ausgabe B

Während der Aspekt möglicher Wahrnehmung oder möglicher Erkenntnis des Zugleichseins von Gegenständen im Raum innerhalb der Dritten Analogie von 1781 erst zu Beginn des eigentlichen Beweises angesprochen wird, nimmt ihn Kant 1787 in den zu beweisenden Grund- oder Lehrsatz auf: „Alle Substanzen, so fern sie im Raume als zugleich wahrgenommen werden können, sind in durchgängiger Wechselwirkung“.[88] Vor diesem steht die folgende abgeänderte Überschrift des Kapitels: „Grundsatz des Zugleichseins nach dem Gesetze der Wechselwirkung oder Gemeinschaft“.[89] Genau genommen schließt die Überschrift der B-Version der Dritten Analogie den Grundsatz der A-Version in sich ein. Dort hatte Kant geschrieben: „Alle Substanzen, so fern sie zugleich sind, stehen in durchgängiger Gemeinschaft (d.i. Wechselwirkung unter einander)“.[90] Dass es bereits in KrV A um ein gesetzmäßiges Verhältnis geht, lässt sich anhand der dort behaupteten strengen Allgemeingültigkeit nachweisen. Für alle Substanzen die zugleich sind, gilt durchgängige Gemeinschaft als streng allgemeine und notwendige Regel, d. h. das Gesetz ihrer Simultaneität. Zudem ist an beiden Stellen die Austauschbarkeit der Begriffe Gemeinschaft und Wechselwirkung ausgesagt. Innerhalb des Grundsatzes der A-Version heißt es zudem in deutlichem Unterschied zur B-Version, dass die Substanzen zugleich „sind“. Auch diesen Aspekt beinhaltet die Überschrift der Analogie in der KrV B dadurch, dass in ihr vom „Zugleichsein“ die Rede ist. So gesehen beinhaltet die Überschrift der KrV von 1787 den Grundsatz der Dritten Analogie in der ersten Auflage. Der Grundsatz in der zweiten Auflage erhält durch den Begriff der möglichen Wahrnehmung eine deutlichere transzendental-subjektive Färbung. Nicht das so-Sein der Substanzen steht hier in Frage, sondern die Möglichkeit, dieselben in bestimmter Weise zu apprehendieren oder empirisch anzuschauen. Was jenseits möglicher Wahrnehmung so und so beschaffen ist, hat

88 KrV B256.
89 KrV B256.
90 KrV A211.

aus kritischem Blickwinkel keinen Bezug auf unser Erkennen, stellt somit logisch eine bloße Denkmöglichkeit, bezogen auf empirische Realität aber ein Nichts dar. Zur simultanen Wahrnehmung von Substanzen, d.h. der gleichgültigen Aufeinanderfolge derselben in der Apprehension, gehört notwendig deren reziproke Einwirkung.

3.1.2.2.2 Der Beweis der Ausgabe B

Im Beweis der Dritten Analogie der Erfahrung in KrV B spielt der reine Verstandesbegriff der Gemeinschaft eine größere Rolle als in KrV A, wo er nur erwähnt wird, um die systematische Vollständigkeit der Kantischen Grundsätze, die an dem „Leitfaden der Kategorien" eine sichere Orientierung hat,[91] herauszustreichen. Zur Objektivität des Zugleichseins bedarf es der Kategorie.[92] Damit dieser Begriff jedoch seine Realisierung zur Möglichkeit empirischer Wahrnehmung des simultanen Erscheinens der Substanzen erfährt, setzt Kant 1787 nur implizit die Anwesenheit einer Materie voraus. Zentraler Begriff ist hier der wechselseitige Einfluss der Substanzen aufeinander, in welchem deren „Verhältniß der Gemeinschaft oder Wechselwirkung" besteht.[93] Es wird von einer dynamischen Gemeinschaft kontinuierlicher Einflüsse zwischen den Gegenständen im Raum auf die Unmöglichkeit eines leeren Raums geschlossen; dieser würde nämlich die Kontinuität der empirischen Synthesis aufheben, womit auch die Einheit der Erfahrung aufgehoben wäre. Es muss daher „allerwärts Materie" als im Dasein befindlich vorausgesetzt werden,[94] die den gleichermaßen allverbreiteten Einfluss der Gegenstände aufeinander, welcher mit der Wirkung bewegender Kräfte gleichzusetzen ist, als deren tragende Basis möglich macht.

Die Gemeinschaft aller Substanzen ist die eine Natur. Genau genommen macht diese Gemeinschaft oder, wie Kant es bezeichnet, die „Composition" neben den übrigen zwei dynamischen Grundsätzen (der Inhärenz und der Konsequenz),[95] die eine Natur aus, die in ihrer Ganzheit mit der Summe des der Möglichkeit nach Erfahrbaren in eins fällt. Die eine wahrnehmbare Natur, deren Dasein auf der

---

91 KrV A218.

92 Vgl. KrV B257: „Folglich wird ein Verstandesbegriff von der wechselseitigen Folge der Bestimmungen dieser außer einander zugleich existirenden Dinge erfordert, um zu sagen, daß die wechselseitige Folge der Wahrnehmungen im Objecte gegründet sei, und das Zugleichsein dadurch als objectiv vorzustellen".

93 KrV B258.

94 KrV A213.

95 KrV A215.

Geltung der drei dynamischen Grundsätze beruht, stellt selbst die Realisierung des Erfahrungsbegriffes dar.

> Unter Natur (im empirischen Verstande) verstehen wir den Zusammenhang der Erscheinungen ihrem Dasein nach nach nothwendigen Regeln, d.i. nach Gesetzen. Es sind also gewisse Gesetze und zwar a priori, welche allererst eine Natur möglich machen.[96]

Diese Gesetze a priori sind die drei Analogien der Erfahrung. Ihre Bedeutung oder die Quintessenz dieser Gesetze lautet Kant zufolge:

> alle Erscheinungen liegen in einer Natur und müssen darin liegen, weil ohne diese Einheit a priori keine Einheit der Erfahrung, mithin auch keine Bestimmung der Gegenstände in derselben möglich wäre.[97]

Vor allem die hier betrachtete Dritte Analogie der Erfahrung macht durch die gesetzmäßige Gemeinschaft der Substanzen in der Erscheinung die eine Natur und mithin die eine Erfahrung möglich. Grundlage dieser Gemeinschaft ist ein Kontinuum bewegender Kräfte, d. h. eine Materie, die überall anzutreffen sein muss. Dieser in der KrV zur Möglichkeit der Einheit der Erfahrung vorausgesetzten Materie, gibt Kant innerhalb des Entwurfs „Übergang 1–14" den Namen der Materie überhaupt oder des Wärmestoffs [98] und legt die transzendentale Klärung des Rechtsanspruches einer dergestalt erfahrungsnotwendigen Grundlagenmaterie vor. Fast hat es den Anschein, als löse Kant innerhalb der betrachteten Entwürfe des OP nur eine Forderung ein, die seit 1781 in dieser Weise besteht: die Forderung einer Deduktion dieser Möglichkeitsbedingung einer Erfahrung überhaupt.

In der Ersten Analogie der Erfahrung begründet eine unwandelbare und aufs Ganze betrachtet unausleerbare und unverminderbare Substanz im Raum als kontextinvarianter Parameter die absolute Einheit der Zeitvorstellung und in dieser Weise die empirische Realität einer absolut einheitlichen transzendentalen Raumzeit. In der Dritten Analogie der Erfahrung etabliert die unaufhörliche Bewegung einer Materie überhaupt im Erfahrungsraum eine Gemeinschaft des Einflusses, die es dem Erkenntnissubjekt ermöglicht, von jedem beliebigen Punkt des Erfahrungsraumes zu jedem weiteren beliebigen Punkt bruchlos fortzuschreiten, womit sich der Weltstoff als conditio sine qua non einer absolut durchgängigen empirischen Synthesis der Apprehension erwiesen hatte. Förster hatte darauf hingewiesen, dass die Widerlegung des Idealismus ebenso wie die

---

96 KrV A216.
97 KrV A216.
98 Vgl. OP, AA 21: 561.22f „Wärmestoff ist das was die Gemeinschaft aller Materie im Raum ausmacht".

Beweise der Existenz des Weltstoffs aus Grundsatz, Argument und anschließenden Anmerkungen zur Beweismethode aufgebaut sind.[99] Anmerkungen dieser Art finden sich im Falle der dynamischen Grundsätze nicht. Dennoch kann auch hier eine gewisse strukturelle Analogie ausgemacht werden. Wie bei den Grundsatzbeweisen stellt Kant in den Weltstoffbeweisen des Entwurfs „Übergang 1–14" das eigentlich zu Beweisende mit der Bezeichnung „Lehrsatz"[100] oder eben „Grundsatz"[101] versehen, an den Anfang der Argumentation. Wichtig hinsichtlich des von Förster gezeigten Bezugs erscheint mir der Umstand, dass Förster zwar von einem in der Widerlegung des Idealismus vorangestellten Grundsatz spricht, Kant diese Bezeichnung jedoch nicht verwendet. In der Widerlegung des Idealismus ist von „Lehrsatz" die Rede,[102] während in mehreren der Weltstoffbeweise die Benennung „Grundsatz" Verwendung findet. Wie auch bei den Beweistexten des Grundsatzkapitels, die im Falle der zuletzt betrachteten Ersten und Dritten Analogie der Erfahrung jeweils ein relativ abgeschlossenes Argument aus der ersten und der zweiten Auflage der KrV beinhalten, lassen sich in mehreren Fällen innerhalb des als Beweis gedachten Textabschnitts verschiedene Beweise differenzieren, die Teils primärer, teils eher sekundärer Natur sind. Während die erstgenannten Beweise die Notwendigkeit der realen Existenz des Materials der Erfahrungseinheit dartun, zielen die sekundären Argumentationen eher darauf ab, die Prämissen des Beweises zu stützen oder weitere Aspekte der genannten Notwendigkeit näher zu beleuchten. So bedarf es des Weltstoffes primär dazu, durch bruchlose dynamische Erfüllung des einen Erfahrungsraumes die Einheit der Erfahrung real zu begründen. Aus diesem Grund, weil das Nichtsein als solches nicht wahrnehmbar ist,[103] polemisiert Kant in „Übergang 1–14" gegen die Grundannahmen einer atomistischen Materietheorie. Wenn Kant zusätzlich darauf hinweist, dass auch die Annahme der Unteilbarkeit der Atome im Widerspruch zur ins Unendliche gehenden Teilbarkeit des Raumes steht, so ist dieser Zusatz als sekundär im Beweiszusammenhang anzusehen, da hiermit nicht das eigentliche Beweisziel er-

---

99 Förster (2000), S. 88: „Kant gives the ether proof in the Opus postumum precisely the same form that he gave to the Refutation in the first Critique, that is, Grundsatz followed by Beweis, and then Anmerkungen, that reflect on the method of proof"; Försters Hinweis, dass Kant im OP präzise die selbe strukturelle Anordnung der Teile seiner Beweisargumentation wie in der *Widerlegung des Idealismus* wählt, ist ohne Einschränkung zuzustimmen. Dennoch möchte ich in diesem Abschnitt zusätzlich auf die ebenfalls sehr deutlichen (inhaltlichen wie auch formalen) Parallelen zu Kants Grundsatzbeweisen hinweisen, wenngleich bei diesen keine Anmerkungen zur Beweismethode auf die eigentliche Argumentation folgen.

100 Vgl. bspw. OP, AA 21: 223.01 ; OP, AA 21: 234.07.

101 Vgl. bspw. OP, AA 21: 547.03 ; OP, AA 21: 589.17.

102 KrV B274.

103 Vgl. bspw. OP, AA 21: 219.04 ; OP, AA 21: 539.23 ; OP, AA 21: 546.13 f. ; OP, AA 21: 550.01–03.

reicht werden soll, sondern eher zusätzliche Erläuterungen und Argumente angeführt werden, um die Richtigkeit der zum Weltstoffbeweis gehörigen Behauptungen zu untermauern.[104]

Wie auch die dynamischen Grundsätze konstitutiv in Absicht der Erfahrung und ihrer Einheit fungieren,[105] so konstituiert auch der Gegenstand der Weltstoffbeweise diese Einheit unter dem Aspekt der Ganzheit. Der Bezug zwischen den dynamischen Grundsätzen der KrV und des Entwurfs „Übergang 1–14" zeigt sich auch in der Struktur der Texte.

3.1.3 Einheit der Erfahrung als Systematizität

3.1.3.1 Die Architektonik der reinen Vernunft

Bereits einleitend war darauf hingewiesen worden, dass eines der Ziele, die Kant mit dem Übergangsprojekt des Nachlasswerkes verfolgt, die Begründung der Physik als Wissenschaft ist. Die Grundlegung, die Kant 1786 für die Wissenschaften der Natur vorgelegt hatte, hatte sich im Zuge der Arbeit an den Entwürfen des Nachlasswerkes als nicht befriedigend erwiesen. Nicht zuletzt hatte auch das Schweigen auf Seiten der angedachten Rezipienten der MAN zu Kants Auffassung beigetragen, „daß die Schrift von 1786 an schwer wiegenden Mängeln leidet und daher [...] als Ganzes der Korrektur bedarf".[106] Es bleibt die Notwendigkeit einer in sich nicht zirkulären besonderen Theorie der Materie.[107] Neben der Lösung dieser Probleme liefert Kant im hier betrachteten Entwurf des OP aber auch noch eine weitere, und meines Erachtens fundamentalere Begründung der Physik als Wissenschaft. Diese Grundlegung erfolgt über ein transzendentales Prinzip, das nicht allein Prinzip möglicher Erfahrung ist,[108] und als ein solches existierend bewiesen werden kann,[109] sondern zugleich als oberstes Systemprinzip der Naturwissenschaft fungiert. Ohne Prinzip ist kein System möglich ist, und ohne Systematizität einer Disziplin keine Wissenschaftlichkeit derselben.

Aus der Perspektive der KrV betrachtet, sagt Kant diesbezüglich in „Übergang 1–14" nichts Neues. Vielmehr zeigen sich hinsichtlich dieser Auffassung im Vergleich mit dem Kapitel zur Architektonik der reinen Vernunft deutliche Über-

---

104 Vgl. OP, AA 21: 218.18–219.04.

105 Vgl. KrV B692.

106 Tuschling (1971), S. 56; vgl. auch das auf dieser Seite beginnende Kapitel über Kants „Radikale Korrektur der MA".

107 Zum Zirkelproblem in der Materietheorie der MAN vgl. Emundts (2004), S. 74–117.

108 Vgl. OP, AA 21: 223.23 f.

109 Vgl. OP, AA 21: 551.25.

einstimmungen nicht allein dem Inhalt nach, sondern auch, was die Wortwahl anbelangt:

> Ich verstehe unter einer Architektonik die Kunst der Systeme. Weil die systematische Einheit dasjenige ist, was gemeine Erkenntniß allererst zur Wissenschaft, d.i. aus einem bloßen Aggregat derselben ein System, macht, so ist Architektonik die Lehre des Scientifischen in unserer Erkenntniß überhaupt.[110]

Mit „Aggregat" und „System" stehen hier, wie auch im Anhang zur Transzendentalen Dialektik zwei Begriffe gegenüber, deren Opposition auch in „Übergang 1–14" eine zentrale Rolle spielt. Wenn Wissenschaft ihrem Begriff gerecht werden will, darf sie keine innerlich zusammenhanglose Anhäufung, oder eine „Rhapsodie"[111] einzelner Erkenntnisse sein. Das was ihr eine Form und einen Umfang gibt, ist das jeweilige Prinzip des Systems.

> Ich verstehe aber unter einem Systeme die Einheit der mannigfaltigen Erkenntnisse unter einer Idee. Diese ist der Vernunftbegriff von der Form eines Ganzen, so fern durch denselben der Umfang des Mannigfaltigen sowohl, als die Stelle der Theile untereinander a priori bestimmt wird.[112]

Nicht allein durch die genannte begriffliche Binäropposition, oder den Begriff des „Scientifischen"[113] wird der Bezug zum Nachlasswerk deutlich. Bereits die vorangegangene Darstellung des Entwurfs „Übergang 1–14" hatte gezeigt, dass die Idee des Weltstoff nicht allein ein System bewegender Kräfte als Grundlage a priori für die Wissenschaft der Natur, sondern das reale Prinzip der Erfahrung selbst in materialer Absicht vorstellt. Die Verbindung der Form mit der in ihr erscheinenden Mannigfaltigkeit eines Materials wird im Zusammenhang der Architektonik der reinen Vernunft in gewisser Weise vorweggenommen. Die Form bestimmt den Umfang. Das System der Erfahrung im Allgemeinen oder der Naturwissenschaft als einer besonderen Art, Erfahrung anzustellen, bestimmt im Zuge der grundlegenden Systematisierung den Platz jedes möglichen Erfahrungsgegenstandes, bzw. jedes physikalischen Phänomens. Daraus resultiert die Abgeschlossenheit der (wissenschaftlichen) Erfahrung, wenngleich die Anzahl möglicher Einzelwahrnehmungen unbegrenzt ist. Der Umfang ist als solcher a priori bestimmt, und bezogen auf die selbst systematische und gesetzmäßige Erfahrung überhaupt ist nicht allein ihr formaler, sondern auch ihr materialer Umfang in dieser Weise

110 KrV B860.
111 KrV B860; vgl. auch KrV B862 „rhapsodistisch".
112 KrV B860.
113 Ebd., vgl. auch OP, AA 21: 207.12–14.

festgelegt. Er ist bestimmt durch die subjektive Idee des Ganzen als Form, in Entsprechung zu welcher, so hatte es Kant in „Übergang 11" deutlich gemacht, das zur Möglichkeit der Erfahrung gegebene Material Eingang in das Gemüt des Erkenntnissubjekts findet.[114] Die systematische Form des Ganzen möglicher Erkenntnis fungiert nach Kant als eine Art „Schema".[115] Hier begegnet ein neuer Begriff des Schemas. Es ist das Gesamt-bild, sei es nun einer Wissenschaft der Natur als Elementarsystem denkbarer Bewegkräfte, oder der gesetzmässig strukturierten Erfahrung überhaupt. Während Kant im Anhang zur transzendentalen Dialektik nur die willkürliche Häufung von Erkenntnissen von deren systematischer Zusammenstellung unter einem Prinzip unterscheidet, werden im Kapitel zur Architektonik der reinen Vernunft zusätzlich zwei Systemprinzipien unterschieden. Deren eines erscheint als bloß empirisch und ist als solches durch dem Zufall unterworfene Absichten begründet. Es stiftet ebenfalls eine gewisse Einheit, die Kant jedoch als bloß technische Einheit der architektonischen Einheit, die auf einem Vernunftprinzip aufbaut, entgegensetzt. Wenngleich Kant diese Differenz an keiner Stelle in „Übergang 1–14" erwähnt, ist es dennoch klar, dass die Einheit der Erfahrung, die durch die Idee des Weltstoffs gestiftet wird, in jeder Hinsicht einer architektonischen, weil a priori vernünftigen Einheit entspricht. Sowohl für Erfahrung überhaupt, wie auch für eine allgemein-empirische Physik mit dem Anspruch Wissenschaft der Natur zu sein, liefert die Idee des Weltstoffes im Nachlasswerk das notwendige rationale Prinzip. Auch anhand des Kapitels zur Architektonik der reinen Vernunft lässt sich mithin das grundsätzliche Postulat der Erfahrungseinheit aufzeigen, wie es bereits in den dynamischen Grundsätzen begegnet war. Erfahrung als Einheit setzt ein nicht bloß regulatives Prinzip voraus, dessen objektive Realität innerhalb der Weltstoffbeweise des Entwurfs „Übergang 1–14" auf dem Weg einer transzendentalen Beweisargumentation nachgewiesen wird.

Die Frage nach dem rein regulativen Charakter der Vernunftideen, bzw. ihrer Funktion im Erkenntnisgebrauch des Verstandes, leitet zum zweiten in diesem Kapitel zu betrachtenden Abschnitt innerhalb Kants erster Kritik über: dem Anhang zur transzendentalen Dialektik.

3.1.3.2 Der Anhang zur transzendentalen Dialektik

Wenn Förster in seiner Untersuchung des Nachlasswerkes feststellt, dass „the ether proofs of the Opus postumum do not violate any of the critical standards set

114 Vgl. OP, AA 21: 574.29–575.05.
115 KrV B861.

by Kant's Critiques",[116] so wird diese Aussage durch bestimmte Passagen der KrV in Frage gestellt.[117] Zu diesen Abschnitten zählt der Anhang zur transzendentalen Dialektik, der auch in der Literatur zum OP zunehmend in die Interpretation einbezogen wird.[118] Dies erweist sich in mehrfacher Hinsicht als der Sache dienlich. So werden einerseits die deutlichen Differenzen erkennbar, welche die Funktion von Vernunftideen im Erkenntnisprozess betreffen; liefert doch der Dialektikanhang eine unmissverständliche Restriktion bezüglich eines transzendentalen Gebrauchs dieser Begriffe. Andererseits zeigen sich Übereinstimmungen mit dem Nachlasswerk in der Behandlung des Problems der Erfahrungseinheit unter dem Aspekt der Systematizität, und dies sowohl direkt bezogen auf die Natur als dem Inbegriff möglicher Erfahrung, wie auch bezogen auf die theoretische Betrachtung der erfahrbaren Natur in den empirischen Wissenschaften, die sich diesem Gegenstand widmen.

Was die aus kritischer Perspektive dringend notwendige Einschränkung des Gebrauchs der Ideen anbelangt, so wird diese Notwendigkeit von Kant gleich zu Beginn des Anhangs zur transzendentalen Dialektik neuerlich plausibilisiert. Wie eingangs der Vorrede zur ersten Auflage der KrV,[119] wird auch hier der „natürliche Hang" der Vernunft erwähnt, die „Grenze", die den menschlichen Erkenntnisvermögen durch den Begriff möglicher Erfahrung gesteckt ist, „zu überschreiten".[120] Der Vernunft sind „transscendentale Ideen [...] eben so natürlich [...], als dem Verstande die Kategorien".[121] Wenngleich die Ideen als solche indifferent sind, teilt Kant die Art und Weise, in der sie im Erkenntnisprozess Anwendung finden, in zwei Klassen ein. Die erste betrifft die Möglichkeit, die Idee „überfliegend (transscendent)" zu gebrauchen und eben dieser „Fehler der Subreption" beruht darauf,[122] dass die Idee auf einen vermeinten, ihr real korrespondierenden Gegenstand bezogen wird, und nicht allein auf den Gebrauch des Verstandes als solchen. Hinsichtlich letzterem fungieren die Ideen als anleitende regulativheuristische Maximen. Kant nennt diesen legitimen Gebrauch der Vernunftidee „einheimisch (immanent)".[123] Mithin beruht der genannte Fehler auf einem „Mangel der Urtheilskraft" und ist als solcher „niemals [...] dem Verstande oder

116 Förster (2000), S. xiii.

117 Natürlich nur dann, wenn man nicht mit Förster der Auffassung ist, die Idee des Weltstoffes beanspruche allein regulative Geltung und ein etwa feststellbares Schwanken Kants in dieser Frage würde immer zugunsten dieser regulativen Auffassung entschieden.

118 Siehe bspw. Schulze (1994), S. 213 ff.

119 Vgl. AVII.

120 KrV B670.

121 Ebd.

122 KrV B671.

123 Ebd.

der Vernunft zuzuschreiben".[124] Dieser Mangel bedingt eine (Fehl-)Beurteilung des Gebrauchs der Ideen. Ideen sind in immanentem Gebrauch Richtungsweiser für den Verstand, die auf dessen Suche nach Einheit unter dem Aspekt der Allheit reagieren. Die Vernunft liefert durch ihre Begriffe, die auf eine Totalität oder ein „Maximum" gehen,[125] diese postulierte (kollektive) Einheit als eine Art transzendentalen Fluchtpunkt. Sie gibt „Richtungslinien" vor, um „den Verstand zu einem gewissen Ziele zu richten".[126] Der Gegenstand dieser Idee, ihr inhaltlicher Fokus in dem sich diese Richtungslinien bündeln, ist jedoch in jedem Falle ein problematischer Gegenstand, bei welchem es, wie Kant im Rahmen seiner Behandlung des Gottesbeweises a priori formuliert, zweifelhaft bleiben muss „ob wir uns durch diesen Begriff überall etwas denken, oder nicht";[127] anders gewendet: der Gegenstand jeder Vernunftidee bleibt „bloße Idee, [...] deren objective Realität dadurch, daß die Vernunft ihrer bedarf, noch lange nicht bewiesen ist".[128] Daraus resultiert die Einschränkung des Gebrauchs der Idee. Ihr Gebrauch innerhalb der theoretischen Philosophie ist rein hypothetisch. Er richtet sich auf eine zwar geforderte und insofern auch transzendental notwendige Einheit, die als solche jedoch (eben aufgrund des jederzeit bloß problematischen Status ihres jeweiligen Prinzips) stets nur „projectirte Einheit" ist.[129] Ein seiner Notwendigkeit für den suchenden Verstand ungeachtet ungewisser Punkt X, der aber, wie auch das Ideal der reinen Vernunft „praktische Kraft (als regulative[s] Princip[...])" beansprucht.[130] Kants restriktive Aussage bezüglich der Rolle der Ideen im Verstandesgebrauch ist unmissverständlich: „Ich behaupte demnach: die transscendentalen Ideen sind niemals von constitutivem Gebrauche".[131] Diese Aussage markiert einen deutlichen Bruch mit dem Nachlasswerk, zumindest aus dem Blickwinkel dieser Interpretation des Entwurfs „Übergang 1–14", da hier, wie im Übrigen auch bei Mathieu, von einer Veränderung der Kantischen Auffassung einer legitimen Anwendung der Idee ausgegangen wird.[132] Die Idee des Weltstoffes

124 Ebd.
125 KrV B384.
126 KrV B672.
127 KrV B621.
128 KrV B620.
129 KrV B675.
130 KrV B597.
131 KrV B672. Es finden sich jedoch auch in gewisser Weise abgeschwächte Formulierungen dieser Einschränkung, bspw. KrV B675 wo es heißt der „hypothetische Gebrauch der Vernunft aus zum Grunde gelegten Ideen als problematischen Begriffen" sei „eigentlich nicht constitutiv".
132 Vgl. Mathieu (1989), S. 213 wie auch S. 219. Im Unterschied zu Mathieu, der von einer neuen Rolle der Ideen spricht, ist hier zu betonen, dass eigentlich nur von einer neuen Rolle der Idee im Singular gesprochen werden darf. Nur in dem einen Fall einer Materie überhaupt, des zur Einheit

erfüllt eine erfahrungskonstitutive Funktion. Sie stellt die realisierte Einheit der Erfahrung als einen Gegenstand vor, der als ein solcher zur Möglichkeit der Erfahrung in zweifacher Absicht gegeben ist: durch die Vernunft als Idee und mithin Form der Ganzheit und Einheit bezogen auf die materiale Seite der Erfahrung überhaupt und als das in dieser Form, oder dieser Form der Einheit entsprechend real gegebene Material. Dieses letztere ist ein indirekt erfahrbares Kontinuum bewegender Kräfte und als ein solches Prinzip der Möglichkeit der Erfahrung äußerer Gegenstände der Sinne überhaupt. So betrachtet markiert der Anhang zur transzendentalen Dialektik eine Bruchlinie zwischen der KrV und dem OP Dies wird jedoch dadurch abgemildert, dass die Ideen, von denen Kant in der transzendentalen Dialektik handelt, keineswegs einen neuen Status erhalten. Vielmehr wird Kant im Nachlasswerk die transzendentale Notwendigkeit einer Materie überhaupt zur Möglichkeit der Erfahrung überhaupt bewusst. Im Falle des einen Gegenstandes möglicher Erfahrung, der Materie aller empirischen Möglichkeit, welche als Totalität niemals anschaulich gegeben sein kann, ist der Gegenstand der Idee nicht ungewiss, sondern seine reale Existenz muss vorausgesetzt werden, um die verschiedenen Aspekte einer als Einheit im Sinne von KrV A110 gedachten Erfahrung zu realisieren: die Einheit der Zeit, die Einheit des Raumes und die Möglichkeit einer bruchlos durchgängigen empirischen Synthesis der Apprehension.

Auch die Auffassung von Einheit der Erfahrung als Systematizität, d.h. Einheit unter einem Prinzip, macht ein in Beziehung Setzen des Entwurfs „Übergang 1–14" und des Anhangs zur Transzendentalen Dialektik möglich.

In Kants Erörterung dieses Gesichtspunktes der Einheit der Erfahrung innerhalb des Anhangs zur transzendentalen Dialektik begegnen zwei einander entgegengesetzte Begriffe, die, neben anderen Entwürfen des OP, auch in „Übergang 1–14" in engem Zusammenhang auftreten. Es sind die Begriffe des Aggregats und des Systems. Während der Zusammenhang innerhalb eines Aggregates oder, um den Sprachgebrauch Kants in einem anderen Entwurf des OP zu adaptieren, einer „bloßen Stoppelung" als solcher rein zufällig oder willkürlich gestiftet ist,[133] kommt dem systematischen Zusammenhang Notwendigkeit zu. Der Einheitsgrund und Grund eben dieser Notwendigkeit ist das jeweils vorauszusetzende Systemprinzip als „Idee [...] von der Form eines Ganzen der Erkennt-

der Erfahrung unabdingbar notwendigen Annahme der realen Existenz eines Weltstoffs, der für diese Einheit konstitutiv ist, wird die Rolle der Idee im Sinne der Definition von KrV B383 neu bestimmt. Dieser notwendige Vernunftbegriff, in Entsprechung zu dem keine Anschauung gegeben werden kann, fungiert nicht allein regulativ für den Verstandesgebrauch.

133 OP, AA 21: 529.06.

niß".[134] Nicht allein die Physik und deren Anspruch auf Wissenschaftlichkeit i.S.v. Systematizität, sondern auch die Erfahrung selbst verlangt ein derartiges Prinzip. Kant reproduziert innerhalb des Dialektik-Anhangs Aussagen aus beiden Auflagen der Transzendentalen Deduktion der reinen Verstandesbegriffe, welche ihrerseits bereits auf die Exposition der Problematik in der zweiten Einleitung in die KU vorausweisen. Er tut dies an einer Stelle, die auch aufgrund der Begriffe einer Grundkraft und einer Materie überhaupt von Interesse im Zusammenhang mit dem Entwurf „Übergang 1–14" und seiner Thematik ist. Bereits im Begriff einer Grundkraft begegnet eine Idee, welche „nicht bloß als Problem zum hypothetischen Gebrauche bestimmt sei, sondern objective Realität vorgebe".[135] Auch an einer gegebenen Vielheit von divergierenden Kräften, „wie an der Materie überhaupt, setzt die Vernunft systematische Einheit mannigfaltiger Kräfte voraus, da besondere Naturgesetze unter allgemeineren stehen", und, so Kant weiter, „die Ersparung der Principien nicht bloß ein ökonomischer Grundsatz der Vernunft, sondern inneres Gesetz der Natur" genannt werden muss.[136] Kants Äußerungen weisen auf die Abschnitte KrV A127 f. und KrV B165 zurück. Die Position Kants in 1781 war, dass

> empirische Gesetze als solche ihren Ursprung keinesweges vom reinen Verstande herleiten, so wenig als die unermeßliche Mannigfaltigkeit der Erscheinungen aus der reinen Form der sinnlichen Anschauung hinlänglich begriffen werden kann. Aber alle empirische Gesetze sind nur besondere Bestimmungen der reinen Gesetze des Verstandes, unter welchen und nach deren Norm jene allererst möglich sind.[137]

Die 1787er Position hatte diesen Standpunkt insofern relativiert, als die Möglichkeit einer Ableitung der empirischen Gesetze nicht mehr zur Gänze, sondern allein bezogen auf deren Vollständigkeit negiert wurde.[138] Auch die Einheit der Natur setzt ein Prinzip voraus und die KU, in deren Teil IV der zweiten Einleitung

---

134 KrV B673.

135 KrV B678.

136 KrV B678. Der Begriff einer Materie überhaupt, den Kant an dieser Stelle der KrV verwendet, entspricht weit eher dem Begriff einer solchen im Kontext der MAN, als deren Definition in „Übergang 1–14". Die klare Differenzierung zwischen einer indirekten und einer direkten Erfahrung ist hier noch nicht entwickelt. Die Materie überhaupt ist 1786 zwar keine besondere Materie im Sinne eines bestimmten Stoffs; dennoch entsprechen ihre Eigenschaften in vieler Hinsicht der direkt erfahrbaren Materie, die im Nachlasswerk von der Materie überhaupt unterschieden wird.

137 KrV A127 f.

138 KrV B165: „Besondere Gesetze, weil sie empirisch bestimmte Erscheinungen betreffen, können davon nicht vollständig abgeleitet werden, ob sie gleich alle insgesammt unter jenen stehen".

die besonderen empirischen Gesetze als „Modificationen" der allgemeinen transzendentalen Naturgesetze bezeichnet werden,[139] hatte zur Lösung der Problematik die Als-ob Annahme einer rein regulativen Maxime der reflektierenden Urteilskraft angeboten. Ohne hier dem später folgenden Kapitels zur KU und Ihrer Problematik im Kontext des Entwurfs „Übergang 1–14" vorzugreifen, kann mit Mathieu gesagt werden, dass sich „das OP [...] des in der dritten Kritik aufgestellten *Problems* annimmt"; ob Kant dort, wie Mathieu weiter ausführt", „nicht jedoch das in der KU bereitgestellte *Werkzeug* verwendet",[140] wird an anderer Stelle diskutiert werden. Auch die Natur bedarf des einheitsstiftenden Prinzips und es wird zu erörtern sein, ob und inwieweit das Prinzip der Einheit der Erfahrung des Entwurfs „Übergang 1–14" auch diesem speziellen, nämlich auf die besonderen Erscheinungen im Bereich der Natur bezogenen Einheitspostulat gerecht werden kann.

Eine weitere Fragestellung ist bezogen auf den Anhang zur transzendentalen Dialektik in seinem Verhältnis zu „Übergang 1–14" von Interesse. Es ist die Frage, ob die Existenzbehauptung des Weltstoffs einem dynamischen Gesetz im Sinne der KrV entspricht. Ich möchte dies bejahen. Im Grundsatzkapitel hatte Kant zwischen mathematischen und dynamischen Grundsätzen, d. h. transzendentalen Naturgesetzen, unterschieden. Während erstere für Gegenstände der Erfahrung konstitutiv sind, ist dies bei den dynamischen Grundsätzen, wie den Analogien der Erfahrung, nicht der Fall. Diese Trennung wird innerhalb des Dialektik-Anhangs in gewisser Weise aufgehoben. So stellt Kant fest, dass „dynamische Gesetze allerdings constitutiv in Ansehung der Erfahrung" sind, „indem sie die Begriffe, ohne welche keine Erfahrung stattfindet, *a priori* möglich machen".[141] Sicherlich ist auch dies noch nicht die Position des Nachlasswerkes, entspricht dieser jedoch in mehrerer Hinsicht. Auch der Weltstoff macht als Prinzip eines Elementarsystems bewegender Kräfte der Materie Begriffe möglich, die ihrerseits den Übergang von den metaphysischen Grundlagen zur Empirie ermöglichen. Genauer: diese Begriffe liegen bereits im Prinzip. Der Unterschied zum OP besteht darin, dass der Äther nicht allein bezogen auf notwendige Begriffe a priori seine konstitutive Funktion im Erkenntnisprozess ausübt. Er ist konstitutiv für Erfahrung im Ganzen, weil er dieses Ganze ist. Der Inbegriff dessen, was zur Möglichkeit der Erfahrung gegeben sein muss in objektiver Realität. Selbst kein Erfahrungsgegenstand, ist er die Erfahrung als Gegenstand und deren objektives Prinzip. Der Weltstoff ist demzufolge von den Ideen der transzendentalen Dialektik und ihres Anhangs unterschieden, wenngleich er genau wie diese auf die Suche nach absoluter

---

139 KU, AA 05: 179.

140 Mathieu (1989), S. 45; vgl. auch dessen Aussage auf S. 239, der zufolge „in der KU [...] sämtliche Probleme des OP potentiell enthalten sind, aber nicht ihre Lösung".

141 KrV B692.

Einheit der Erfahrung durch den Verstand reagiert. Er ist keine bloße Annahme, unter deren „Leitung", wie Kant es innerhalb des Kapitels zur Endabsicht der natürlichen Dialektik der Vernunft formuliert, wir nach der „Verknüpfung der Gegenstände der Erfahrung überhaupt suchen sollen";[142] er ist vielmehr diese Verknüpfung selbst. Er steht auch nicht, wie bspw. die Idee Gottes jenseits der Erfahrung oder „außer ihrem Umfange",[143] sondern er ist selbst dieser Umfang als ein „All der Materie".[144]

3.1.4 Der Weltstoff als realisiertes Ideal – ein weiterer Bruch mit der KrV

Im ersten Abschnitt seiner Ausführungen zum Ideal der reinen Vernunft beginnt Kant mit einer Differenzierung von reinen Verstandesbegriffen, Ideen und demjenigen, was unter dem Begriff eines Ideals verstanden werden muss. Unterscheidungskriterium ist hierbei die Möglichkeit einer objektiven Darstellung.

Im Falle der Kategorien verweist Kant zunächst auf deren Ungenügen zur Möglichkeit der Erfahrung von Gegenständen. Formale Möglichkeitsbedingungen wie die Formen des Denkens sind notwendige, nicht aber hinreichende Bedingungen von Erfahrung, da sie als Formen etwas voraussetzen müssen, das durch sie geformt werden kann. Kant zufolge können „durch reine Verstandesbegriffe ohne alle Bedingungen der Sinnlichkeit gar keine Gegenstände [...] vorgestellt werden, weil die Bedingungen der objectiven Realität derselben fehlen".[145] Ist Materie zur Möglichkeit der Erfahrung gegeben und werden die reinen Verstandesbegriffe auf Erscheinungen im äußeren und inneren Sinn angewendet, so

142 KrV B699.

143 KrV B700.

144 OP, AA 21: 210.01 ; OP, AA 21: 592.13.

145 KrV B595. Unter der Formulierung „alle Bedingungen der Sinnlichkeit", dürfen dabei nicht nur die reinen Formen der Anschauung Raum und Zeit begriffen werden. Rezeptivität des Subjekts als dessen Fähigkeit, ein Mannigfaltiges sinnlicher Vorstellungen anzuschauen, ist zwar dasjenige, wodurch ein Gegenstand gegeben wird. Dies ist jedoch nicht im Sinne einer schöpferischen Hervorbringung des Gegebenen durch die Sinnlichkeit zu verstehen. Letztere wird vielmehr „auf irgend eine Weise afficirt" (KrV B75). Eindrücke werden in das Gemüt des Subjekts als anschauliche Vorstellungen vermittelt. Ein Gegebensein durch die Sinnlichkeit bedeutet somit lediglich die zugleich passive wie aktive Filterung des Eindrucks durch die Bedingungen der Möglichkeit sinnlicher Anschauungen im transzendentalen Subjekt. Für uns erscheint das Gegebene als ein Mannigfaltiges in raumzeitlicher Bestimmung. Kants Rede von allen Bedingungen der Sinnlichkeit schließt demzufolge auch die gegebene Realität der Vorstellungen, deren eigentliche Materie oder das allgemeine Substrat formaler Bestimmung, mit ein.

konkretisiert sich der Verstandesbegriff zum Erfahrungsbegriff: die objektive Darstellung der Kategorie ist somit möglich.

Anders verhält es sich bei Ideen. Sie sind nicht konkret empirisch anschaubare Prinzipien einer Einheit als Totalität und Systematizität.[146] Insofern weiter als die reinen Verstandesbegriffe von einer möglichen objektiven Realität entfernt.

Am weitesten hiervon entfernt ist Kant zufolge der Begriff eines Ideals. Unter diesem muss die (unmögliche) Konkretisierung der Idee und zudem deren Individuation verstanden werden. Die Idee allein bestimmt ein einzelnes Ding. Kant zieht zum Vergleich die platonischen Archetypen im göttlichen Verstand heran.[147] Dieser generellen Überstieglichkeit des Begriffs eines Ideals ungeachtet, gehören Ideale zum Inventar der menschlichen Vernunft.[148] Sie erfüllen eine Funktion im Prozess des Zustandebringens von Erfahrung und sind als notwendig zu betrachten. Sie sind daher „nicht für Hirngespinste anzusehen, sondern geben ein unentbehrliches Richtmaß der Vernunft ab, die des Begriffs von dem, was in seiner Art ganz vollständig ist, bedarf, um darnach den Grad und die Mängel des Unvollständigen zu schätzen und abzumessen".[149] Das Ideal in seiner Eigenschaft ein vernünftiges Richtmaß und somit dem Unvollständigen gegenüber kommensurabel zu sein, „dient [...] zum Urbilde der durchgängigen Bestimmung des Nachbildes".[150]

Durchgängige Bestimmung bedeutet den Bezug der Möglichkeit eines Dinges auf den zugrundegelegten Inbegriff seiner Möglichkeit oder der Möglichkeit überhaupt.[151] In einer solchen allgemeinen Materie der Möglichkeit wären alle besonderen Möglichkeiten aller möglichen Dinge a priori begründet. Es geht hierbei demnach nicht um eine bloß formale, sondern um eine inhaltliche Bestimmung. Da die Möglichkeit der Dinge unter dem Grundsatz durchgängiger Bestimmung steht, stellt die konkrete und individuelle Idee eines derartigen In-

146 Vgl. KrV B596: „die Vernunft hat dabei nur eine systematische Einheit im Sinne".

147 Vgl. KrV B596: „Was uns ein Ideal ist, war dem Plato eine Idee des göttlichen Verstandes, ein einzelner Gegenstand in der reinen Anschauung desselben, das Vollkommenste einer jeden Art möglicher Wesen und der Urgrund aller Nachbilder in der Erscheinung".

148 Vgl. KrV B597: „daß die menschliche Vernunft nicht allein Ideen, sondern auch Ideale enthalte".

149 KrV B597 f.

150 KrV B597; vgl. hierzu auch KrV B606: „Das Ideal ist ihr also das Urbild (Prototypon) aller Dinge, welche insgesammt als mangelhafte Copeien (ectypa) den Stoff zu ihrer Möglichkeit daher nehmen und, indem sie demselben mehr oder weniger nahe kommen, dennoch jederzeit unendlich weit daran fehlen, es zu erreichen."

151 Vgl. KrV B600, Anm.1: „Es wird also durch diesen Grundsatz jedes Ding auf ein gemeinschaftliches Correlatum, nämlich die gesammte Möglichkeit, bezogen [...] (d.i. der Stoff zu allen möglichen Prädicaten) in der Idee eines einzigen Dinges angetroffen".

begriffs eine „transzendentale Voraussetzung" dar.[152] Auf diesem „transzendentalen Inhalt" beruht die Möglichkeit der Dinge überhaupt,[153] wie auch deren durchgängige Bestimmung:

> Wenn also der durchgängigen Bestimmung in unserer Vernunft ein transscendentales Substratum zum Grunde gelegt wird, welches gleichsam den ganzen Vorrath des Stoffes, daher alle mögliche Prädicate der Dinge genommen werden können, enthält, so ist dieses Substratum nichts anders, als die Idee von einem All der Realität (omnitudo realitatis).[154]

Dieses All der Realität ist ein transzendentales Ideal, das als solches die „oberste und vollständige materiale Bedingung" der Möglichkeit aller real existierenden Gegenstände darstellt.[155] Alles was bezogen auf die Vorstellung von Gegenständen nicht zu deren Form, sondern zu deren Inhalt gezählt werden muss, hat seine Voraussetzung in dieser Materie aller Möglichkeit.

Dennoch stellt Kant hier unmissverständlich fest, dass es zur Absicht der Vernunft, alle Dinge als unter dem Grundsatz durchgängiger Bestimmung stehend zu begreifen,[156] nicht notwendig ist, die „objektive Realität (Existenz)" des Ideals anzunehmen.[157]

> Es versteht sich von selbst, daß die Vernunft zu dieser ihrer Absicht, nämlich sich lediglich die nothwendige durchgängige Bestimmung der Dinge vorzustellen, nicht die Existenz eines solchen Wesens, das dem Ideale gemäß ist, sondern nur die Idee desselben voraussetze, um von einer unbedingten Totalität der durchgängigen Bestimmung die bedingte, d.i. die des Eingeschränkten, abzuleiten.[158]

Den Idealen der Vernunft eignet „praktische Kraft (als regulative Principien)".[159] Wie bei Ideen ist die Existenz ihres Gegenstandes unerweislich, da auch Ideale bezogen auf die Möglichkeit konkreter Anschauung transzendent sind. Der Gegenstand des Ideals der reinen Vernunft in seiner Auffassung als Inbegriff der Möglichkeit und insofern ens originarium, ens summum und ens entium ähnelt

152 KrV B600.
153 KrV B603.
154 KrV B603 f.
155 KrV B604.
156 Vgl.KrV B599: „Die Absicht der Vernunft mit ihrem Ideale ist dagegen die durchgängige Bestimmung nach Regeln a priori; daher sie sich einen Gegenstand denkt, der nach Principien durchgängig bestimmbar sein soll, obgleich dazu die hinreichenden Bedingungen in der Erfahrung mangeln und der Begriff selbst also transscendent ist.".
157 KrV B597
158 KrV B605 f.
159 KrV B597.

der Vernunftidee Gottes, ausgenommen die praktische Funktion des Ideales als eines regulativen Prinzips im Erkenntnisprozess. Aufgrund dieser Funktion stellt das Ideal der Vernunft eine transzendentale Voraussetzung, nicht allein der Möglichkeit von Dingen überhaupt, sondern auch der „besonderen Möglichkeit jedes Dinges dar.[160] Dennoch bedarf die Vorstellung der notwendigen durchgängigen Bestimmung aller Gegenstände nicht der Existenz, sondern allein der Idee eines Wesens, das diese Vorstellung möglich macht. Auf dieser transzendentalen Idee und auf der Notwendigkeit einer durchgängigen Bestimmung der Existenz allein beruht die praktische Kraft des Ideals als eines regulativ fungierenden Prinzips.

> Denn die Vernunft legte sie nur als den Begriff von aller Realität der durchgängigen Bestimmung der Dinge überhaupt zum Grunde, ohne zu verlangen, daß alle diese Realität objectiv gegeben sei und selbst ein Ding ausmache.[161]

Kant fährt in unmittelbarem Anschluss fort:

> Dieses letztere ist eine bloße Erdichtung, durch welche wir das Mannigfaltige unserer Idee in einem Ideale als einem besonderen Wesen zusammenfassen und realisiren, wozu wir keine Befugniß haben, sogar nicht einmal, die Möglichkeit einer solchen Hypothese geradezu anzunehmen; wie denn auch alle Folgerungen, die aus einem solchen Ideale abfließen, die durchgängige Bestimmung der Dinge überhaupt, als zu deren Behuf die Idee allein nöthig war, nichts angehen und darauf nicht den mindesten Einfluß haben.

Es ist offensichtlich, dass systematische Selbstkritik Kants nicht erst mit dem Nachlasswerk beginnt. An vielen Stellen der kritischen Schriften Kants sind eindeutige Bezüge zu Schriften der vorkritischen Schaffensphase zu erkennen. In diesem Falle richtet sich die entschiedene Ablehnung der Möglichkeit, aus dem Begriff der höchsten Realität als des Inbegriffs aller Möglichkeit deren Existenz abzuleiten, gegen Kants 1763er Veröffentlichung, in welcher *Der einzig mögliche Beweisgrund zu einer Demonstration des Daseins Gottes* gerade in der notwendigen Materie aller (Denk-)Möglichkeit gesehen wurde.

Fasst man die bisherigen Aussagen Kants zum transzendentalen Ideal zusammen ergibt sich daraus folgendes Bild: Ein Ideal der Vernunft hat mit Ideen die Nichtbeweisbarkeit der objektiven Realität oder Existenz gemeinsam. Wie auch die Ideen ist das Ideal ein notwendiger Vernunftbegriff, dessen Notwendigkeit jedoch von der Notwendigkeit, mit der die Vernunft auf Ideen gebracht wird unterschieden werden kann. Bei der Notwendigkeit des Ideals handelt es sich um eine

160 KrV B601.
161 KrV B608.

transzendentale, die aus dem Grundsatz der notwendigen durchgängigen Bestimmung der Existenz selbst hervorgeht. Existenz bedarf durchgängiger Bestimmung. Diese ist die Beziehung jeder Möglichkeit auf die Möglichkeit überhaupt als transzendentaler Vergleich oder Abgleich mit dem „Inbegriff aller möglichen Prädicate".[162] Diesen Inbegriff stellt sich die Vernunft als konkretes individuelles Wesen vor, was vollauf genügt, um die Dinge als durchgängig bestimmt aufzufassen. Hierin besteht die praktische Kraft der Idee der höchsten Realität, die als solche, bzw. zu ihrer Funktion keiner Behauptung der Existenz, keiner Realisierung des Begriffs bedarf. Diese verbietet sich sogar. Der Gebrauch der transzendentalen Idee im Sinne einer transzendentalen Theologie, d. h. die vollständige Bestimmung eines Urwesens durch den Begriff einer höchsten Realität, überschreitet die durch die Vernunftkritik gesteckten Grenzen zulässiger Verwendung und dieses Überschreiten ist als solches bezogen auf die Funktion unnötig und überflüssig. Die Begründung einer durchgängigen Bestimmung alles dessen, was existiert ähnelt der Begründung der Naturzweckmäßigkeit, wie sie Kant in der KU vorlegt. Auch im Fall der belebten Naturphänomene genügt es der Vernunft, die Natur so aufzufassen, als ob ein anderer Verstand als der menschlich diskursive deren Zweckmäßigkeit begründet.[163] Bezogen auf die durchgängige Bestimmung aller Dinge genügt der Vernunft die Annahme eines Wesens höchster Realität. In beiden Fällen liegen rein regulative Prinzipien dem Vernunftgebrauch zu Grunde.

Kant bleibt jedoch nicht bei dieser Darstellung eines Ideals der Vernunft im kritischen Sinne stehen. Gemäß der Aufgabenstellung der transzendentalen Dialektik der KrV geht Kant im weiteren Verlauf seiner Überlegungen der Frage nach, wodurch sich die unnötige, und aus dem Blickwinkel der KrV illegitime Realisierung des Ideals erklären lässt, d. h. er erläutert die Dialektik des Vernunftgebrauchs bezüglich des Ideals. Genau genommen widmet sich Kant zwei Fragen. Die erste lautet: „wie kommt die Vernunft dazu, alle Möglichkeit der Dinge als abgeleitet von einer einzigen, die zum Grunde liegt, nämlich der der höchsten Realität, anzusehen [...]?". Die zweite Frage die sich daran anschließt lautet: „[wie kommt die Vernunft dazu...] diese sodann als in einem besondern Urwesen enthalten vorauszusetzen?".[164]

Kant wendet sich zur Beantwortung der ersten Frage der Möglichkeit der Dinge insofern sie uns erscheinen, d. h. sinnlich wahrgenommen werden, zu. Diese Möglichkeit ist als eine Relation aufzufassen, in welcher die Relate einerseits die

162 KrV B601.
163 Vgl. KU, AA 05: 181 f.
164 KrV B609.

Gegenstände der Sinne, andererseits das Denken dieser Gegenstände sind. Im Denken und durch das Denken sind diese Gegenstände a priori formal bestimmt, wobei hierzu nicht allein die Formen des Denkens im engeren Sinne, sondern gleichermaßen die Formen der Sinnlichkeit als Voraussetzung einer Anwendung der Kategorien zu zählen sind. Dasjenige, was Kant die „empirische Form" a priori nennt,[165] befasst alle formalen Determinanten von Gegenständen als Erscheinung unter seinen Begriff. Die formalen Möglichkeitsbedingungen reichen jedoch nicht zur Möglichkeit der Erfahrung zu. Es bedarf darüber hinaus dessen, was das rein Formale aktualisiert, indem es sich als Substrat der Formung erweist. Dieses Substrat ist eine Voraussetzung, die im transzendentalen Idealismus Kants nicht im transzendentalen Subjekt selbst verortet sein kann, weshalb Kant feststellt, dass „dasjenige aber, was die Materie ausmacht, die Realität in der Erscheinung (was der Empfindung entspricht), gegeben sein muss".[166] Kants weitere Argumentation im Zuge seiner Beantwortung der ersten Ausgangsfrage nach der Ableitung der Möglichkeit aller Dinge von einer höchsten Realität stellt sich wie folgt dar:

(1) Alle Dinge stehen unter dem Grundsatz durchgängiger Bestimmung.[167]
(2) Zur durchgängigen Bestimmung eines Gegenstandes der Sinne bedarf es der transzendentalen Vergleichung der Möglichkeit desselben mit allen möglichen Prädikaten (der Erscheinung).[168]
(3) Was den Gegenstand als besonderes Ding ausmacht, ist dessen Materie bzw. das Reale.[169]
(4) Das Reale der Erscheinung kann nur gegeben werden.[170]
(5) Gegeben wird das Reale in Form einer Totalität als die „eine allbefassende Erfahrung".[171]

165 KrV B609.
166 KrV B609.
167 Vgl. KrV B599 f.
168 Vgl. KrV B600: der Grundsatz durchgängiger Bestimmung stellt „ein jedes Ding so vor, wie es von dem Antheil, den es an jener gesammten Möglichkeit hat, seine eigene Möglichkeit ableite" indem es „durch diesen Grundsatz [...] auf ein gemeinschaftliches Correlatum, nämlich die gesammte Möglichkeit, bezogen [wird] welche, wenn sie (d.i. der Stoff zu allen möglichen Prädicaten) in der Idee eines einzigen Dinges angetroffen würde, eine Affinität alles Möglichen durch die Identität des Grundes der durchgängigen Bestimmungen desselben beweisen würde".
169 Vgl. KrV B603: „Realitäten enthalten die Data und so zu sagen die Materie oder den transscendentalen Inhalt zu der Möglichkeit und durchgängigen Bestimmung aller Dinge".
170 Vgl. KrV B609.
171 KrV B610.

Laut der Schlussfolgerung, die Kant als Konsequenz transzendentaler Analytik aus diesen Prämissen ableitet,

> muss die Materie zur Möglichkeit aller Gegenstände der Sinne als in einem Inbegriffe gegeben vorausgesetzt werden, auf dessen Einschränkung allein alle Möglichkeit empirischer Gegenstände, ihr Unterschied von einander und ihre durchgängige Bestimmung beruhen kann.[172]

Wenn alle Gegenstände unter dem Grundsatz durchgängiger Bestimmung stehen und demzufolge die Materie aller Möglichkeit voraussetzen, so setzen die Gegenstände, sofern sie Gegenstände unserer, d. h. menschlich-sinnlicher Erfahrung sein können, den „Inbegriff aller empirischen Realität" als ihre Möglichkeitsbedingung voraus.[173] – Soweit Kants Betrachtung der notwendigen Annahme eines Bestimmungsgrundes durchgängiger Bestimmung der Erscheinung. Hiermit ist die erste der obigen Fragen jedoch nicht vollständig beantwortet. Es ging darin nämlich nicht explizit um die Möglichkeit der Sinnengegenstände, wie sie dem Menschen erscheinen, sondern um die Frage, wieso die Vernunft dahin gelangt, „alle Möglichkeit der Dinge als abgeleitet von einer einzigen, die zum Grunde liegt" abzuleiten.[174] Diese Ableitung ist kein willkürliches Verfahren, sondern vielmehr eine naturgemäße Täuschung. Aufgrund dieser „natürlichen Illusion" wird die Voraussetzung einer Materie aller Möglichkeit,[175] deren Notwendigkeit für jedwede Gegenstände der Sinne Kant zuvor dargelegt hatte, auf alle möglichen Dinge ausgedehnt. Dieser Schritt einer Ausweitung des Gegenstandsbereiches der genannten Voraussetzung ist das, was Kant mit dem Begriff einer „transzendentalen Subreption" bezeichnet.[176] Wie alle dialektischen Vernunftschlüsse ist auch dieses Verfahren gleichermaßen unzulässig, wie naturgemäß. Damit ist die erste Frage beantwortet. Die Ableitung aller Möglichkeit von einer höchsten Realität fußt auf einer Selbsttäuschung der Vernunft.

Die zweite Frage Kants richtete sich auf die Begründung der Annahme, diese höchste Realität „mit einem besonderen Urwesen" gleichzusetzen.[177] Ausgangspunkt der Beantwortung ist wiederum die notwendige Materie aller empirischen Möglichkeit oder das Reale in der Erscheinung. Dieses Reale ist in der einen allbefassenden Erfahrung begriffen. Dennoch ist dieser vorauszusetzende Inbegriff

---

172 Ebd..
173 Ebd.
174 KrV B609.
175 KrV B610.
176 KrV B611.
177 KrV B609.

kein Objekt. Die Schwierigkeit, diesen Unterschied zu erfassen, offenbart wiederum die Natur der Vernunft. Der Erfahrungsgebrauch des Verstandes bedarf der in einem Inbegriff gegebenen Möglichkeit aller Dinge als Sinnengegenstände. Daher auch Kants Aussage, der zufolge sich die Beantwortung der Frage „aus den Verhandlungen der transscendentalen Analytik von selbst" ergibt.[178] Die Vernunft unterscheidet diesen vorausgesetzten Inbegriff jedoch nicht von einem einzelnen Objekt, weshalb sie gar nicht anders verfahren kann, als

> die distributive Einheit des Erfahrungsgebrauchs des Verstandes in die collective Einheit eines Erfahrungsganzen dialektisch verwandeln und an diesem Ganzen der Erscheinung [...] ein einzelnes Ding denken, was alle empirische Realität in sich enthält.[179]

Dieses transzendentale „Ideal des allerrealsten Wesens wird", wie Kant in seiner Anmerkung KrV B611 ausführt, „ob es zwar eine bloße Vorstellung ist, zuerst realisirt, d.i. zum Object gemacht", worauf die weiteren Stufen des Verfahrens aufbauen, an deren Ende die Annahme der Existenz einer personalen Intelligenz, d. h. Gottes steht. Zwar leitet Kant sein anschließendes Kapitel der KrV Von den Beweisgründen der speculativen Vernunft, auf das Dasein eines höchsten Wesens zu schließen mit der Feststellung ein, dass diese natürlich-dialektisch generierte Vorstellung eines realisierten, hypostasierten und schlussendlich personifizierten Gegenstandes des transzendentalen Ideals zu schwach ist, die Vernunft dazu zu bringen ein derartiges „bloßes Selbstgeschöpf ihres Denkens sofort für ein wirkliches Wesen anzunehmen".[180] Aus diesem Grunde bedarf sie weiterer Überzeugung durch die, von Kant im Anschluss daran der Kritik unterworfenen philosophischen Beweise des Daseins Gottes. Im Rahmen dieser Untersuchung genügt es hier zunächst festzuhalten, dass die Realisierung des transzendentalen Ideals, des Inbegriffs der Möglichkeit von Gegenständen der Sinne als ein einzelnes Objekt aus der Perspektive der transzendentalen Dialektik der KrV einen Trugschluss, ein der Natur der Vernunft entsprechendes dialektisches Verfahren darstellt.

Försters Arbeit,[181] die in mehreren aufeinander aufbauenden Kapiteln mit dem Charakter abgeschlossener Essays das gesamte OP interpretatorisch in den Blick nimmt, wendet sich auch, wenngleich nicht exklusiv sondern gemeinsam mit der Selbstsetzungslehre der Konvolute VII und XI, den Ätherbeweisen in „Übergang 1–14" zu. Ausgangspunkt ist zunächst Kants veränderte Auffassung des Äthers, die nicht nach und nach, sondern mit einem Mal an die Stelle der na-

---

178 Ebd.
179 KrV B610.
180 KrV B612.
181 Förster (2000).

turphilosophischen Ätherhypothese tritt. Förster spricht von einem „surprising shift in the status of the ether [...] from being regarded as an inevitable hypothesis for the explanation of physical phenomena to being viewed as a categorically given material".[182] Diese neue Auffassung bedingt die unternommene Anstrengung Kants, den Äther zu demonstrieren.[183] Bereits im einleitenden Vorwort seiner Arbeit formuliert Förster seine zentrale These zu den Ätherbeweisen wie folgt: „In a close examination of the structure of these proofs, I arrive at the conclusion that Kant's ether in these fascicles is best understood as a transcendental ideal in the sense of the *Critique of pure reason*".[184] Försters Interpretation der Ätherbeweise des OP geht mithin von einer belegbaren Übereinstimmung derselben mit Kants Position in den 80er Jahren aus.[185] Er betont im Hinblick auf Kants Ausführungen zum Ideal der Vernunft den obgleich notwendigen, so doch bloß ideellen Status des Gegenstandes dieses Ideals.[186] Für die notwendige Funktion des Ideals im Erfahrungsgebrauch reicht dieser ideelle Status hin.[187] Im Anschluss an seinen Versuch einer Rekonstruktion der Beweisargumentation und ihrer Struktur formuliert Förster erneut seine These, indem er vorschlägt, „that the ether is best understood as a transcendental ideal in the critical sense".[188] Damit ist zugleich ausgedrückt, dass Kants Äther in gleicher Weise wie das transzendentale Ideal bzw. ein diesem korrespondierender Gegenstand, bloß ideell aufgefasst werden darf. Zur Ausübung seiner notwendigen Funktion reicht es aus, dass seiner Idee die praktische Kraft eines regulativen Prinzips im Erfahrungsgebrauch eignet. Förster räumt jedoch angesichts einer Vielzahl anders lautender Belege ein gewisses Schwanken Kants bezüglich seiner Auffassung des Äthers und seines

---

182 Förster (2000), S. xiif.; vgl. hierzu auch Lehmann (1936), S. 314: „Der Äther fungiert zunächst nur als ein Beschreibungsmittel; er soll eine Reihe physikalischer Erscheinungen erklären [...] daß er – wie es später heißt – Erfahrung überhaupt ermöglicht, davon ist noch keine Rede. Die entscheidende Zäsur liegt also beim Übergang von der Ätherhypothese zur Ätherdeduktion: hier wendet sich die Betrachtung von der Physik zur Erkenntnistheorie [...] vom Objekt zum Subjekt".

183 Förster (2000), S. xiif.: „whose reality Kant now tries to deduce from the conditions of possible experience" (vgl. auch ebd. S. 83).

184 Förster (2000), S. xiii.

185 Förster (2000), S. xiii: „First appearances to the contrary, the ether proofs of the Opus postumum do not violate any of the critical standards set by Kant's Critiques".

186 Förster (2000), S. 81: „we need not presuppose the existence of such a being that corresponds to this ideal, but only the idea of such a being".

187 Förster (2000), S. 82: „but its true epistemic function is only that of a regulative principle of reason that allows us to look upon all connection in the world as if it originated from an all-sufficient necessary cause".

188 Förster (2000), S. 91.

Status ein.[189] Die Frage, ob dieses Schwanken „indicates a genuine uncertainty as to the ether's actual existence", lässt Förster ausdrücklich offen.[190] Förster kommt zu dem Schluss, dass „it is not the absolute necessity of the ether as such that Kant wanted to establish, but only its necessity for a possible unified experience. We can after all think the non-existence of the ether, unlike that of Kant's pre-critical god".[191]

Im Folgenden wird die Position des Verfassers vor der Folie dieses Kurzreferats der These Försters und der Erkenntnisse aus der Darstellung des Entwurfs „Übergang 1–14" dargelegt. Dass in dieser Arbeit nicht davon ausgegangen wird, das Kant den Weltstoff nur als regulative Idee im Erfahrungsgebrauch, nicht aber als etwas real Existierendes begriffen hat, dürfte aus der vorangegangenen Interpretation des Textmaterials hinlänglich deutlich geworden sein. Ungeachtet der durchweg nachvollziehbaren Thesen Försters geht seine Interpretation in diesem Fall nicht weit genug. Schließlich richtet sich Kants Interesse in „Übergang 1–14" gerade auf die Frage, ob und wenn ja wie es möglich ist „seine [des Weltstoffs] Wirklichkeit ausser der Idee von ihr beweisen" zu können.[192] Wenn man so etwas wie ein gewisses Schwanken Kants bezüglich seiner Auffassung des Weltstoffs, bzw. seines Realitätsstatus konstatieren möchte (was sich auch durchaus anhand von „Übergang 1–14" belegen lässt), so ist dies eher ein momentanes Abweichen von der Ansicht, die Materie überhaupt sei objektiv real und „wirkliche Basis der bewegenden Kräfte der Materie",[193] hin zu der Auffassung desselben als bloßes „Gedankending".[194]

Dies ist jedoch nicht der einzige Punkt, an dem eine andere Lesart des Entwurfs „Übergang 1–14" andere Schlussfolgerungen als diejenigen Försters nahe legt. Auch bezogen auf dessen zentrale These innerhalb des Kapitels zum Ätherbeweis und zur Selbstsetzungslehre ist eine andere Positionierung möglich.

Es ist unzweifelhaft, dass die Überlegungen Kants innerhalb seines Kapitels Von dem Transzendentalen Ideal einen gedanklichen Brückenschlag zu den hier

---

189 Förster (2000), S. 92: „In calling Kant's ether an ideal, I do not want to deny that Kant may have wavered – for a while at least – in his assessment of the status of the ether".

190 Förster (2000), S. 93.

191 Förster (2000), S. 96.

192 OP, AA 21: 559.19.

193 OP, AA 21: 549.14 f.

194 OP, AA 21: 231.01. Eine Stelle, an der genau das Gegenteil behauptet wird, was weit eher dem Tenor des Entwurfs „Übergang 1–14" entspricht, findet sich auf OP; AA 21: 53816–20: „Nun kann man im leeren (imgleichen in einem zum Theil leeren zum Theil vollen) Raume keine Erfahrung machen als nur in so fern er ein mit Materie erfülleter Raum ist und dieser also nicht bloßes Gedankending sondern ein existirendes Object möglicher Erfahrung und ausser der Vorstellung wirklich ist".

untersuchten Teilen des OP ermöglichen und nahelegen. Es geht in beiden Texten um die Materie zur Möglichkeit aller Erfahrung in einem Inbegriff. Dennoch muss an einem entscheidenden Punkt differenziert werden, und diese Unterscheidung stellt eine Identifizierung des Weltstoffs und des transzendentalen Ideals im Sinne der KrV in Frage. Kant hatte in seiner Beantwortung der Frage nach der natürlichen Dialektik der Vernunft, die zur Realisierung, Hypostasierung und letztlich Personifizierung der Idee einer Materie aller Möglichkeit führt, dargetan, dass die Annahme einer Materie aller empirischen Möglichkeit ein transzendentales Erfordernis darstellt. Ein Umstand, der sich Kant zufolge „aus den Verhandlungen der transscendentalen Analytik von selbst" ergibt.[195] Erst im Nachhinein wird zunächst die Einschränkung auf den Bereich möglicher Erfahrung aufgehoben, was dazu führt, dass die Materie aller empirischen Möglichkeit zur Materie aller Möglichkeit schlechthin dialektisch verwandelt wird: Einem All der Möglichkeit, das eben nicht nur die Welt der Erscheinungen als deren materiale Möglichkeitsbedingung real begründet, sondern auch den erfahrungsjenseitigen und aus der Perspektive des Kantischen Erkenntnissubjektes rein negativ bestimmten Bereich des an-sich mit einschließt. Im Fortschreiten der natürlichen Illusion der menschlichen Vernunft wird aus diesem insofern bereits dialektisch verwandelten transzendentalen Erfordernis die personale omnitudo realitatis, das ens perfectissimum oder eben – Gott. Was Kant in „Übergang 1–14" auf dem Wege einer transzendentalen Argumentation als notwendig existent nachzuweisen sucht, ist hingegen genau jenes transzendentale Erfordernis einer Materie aller empirischen Möglichkeit als ein reales Objekt, das eine erfahrungskonstitutive Funktion erfüllt– nicht aber das transzendentale Ideal der Vernunft als eine bloß regulativ fungierende Idee.

Dass natürlich auch bei dieser Auffassung weiter unterschieden werden muss, versteht sich von selbst. Bereits im Kontext der Einleitung zu vorliegender Studie hatte ich darauf hingewiesen, dass anhand des Kapitels Von dem Transzendentalen Ideal nicht allein Übereinstimmungen, sondern auch deutliche Brüche zwischen der Kantischen Transzendentalphilosophie in 1787 und dem OP nachgewiesen werden können. Noch in 1787 hatte Kant betont, dass bereits die Realisierung einer Materie aller empirischen Möglichkeit, d.h. die Vorstellung derselben als ein einzelnes Ding über die erfahrungsnotwendige Annahme einer solchen Materie dialektisch hinausgeht.[196] Genau diese Realisierung und Objek-

195 KrV B609.

196 Vgl. nochmals KrV B610 f.: „Daß wir aber hernach diese Idee vom Inbegriffe aller Realität hypostasiren, kommt daher: weil wir die distributive Einheit des Erfahrungsgebrauchs des Verstandes in die collective Einheit eines Erfahrungsganzen dialektisch verwandeln und an diesem Ganzen der Erscheinung uns ein einzelnes Ding denken, was alle empirische Realität in sich

tivierung eines Materials aller empirischen Möglichkeit ist aber letztlich dasjenige, worauf die Weltstoffbeweise des Entwurfs „Übergang 1–14“ abzielen.

3.2 Die Perspektive der KU – Das Problem organisierter Materie in „Übergang 1–14“

Innerhalb der Sekundärliteratur zum OP herrscht Konsens darüber, dass Kants Nachlasswerk systematische Bezüge der KrV, den MAN und der KU erkennen lässt. Fragt man nicht nur ganz allgemein nach Beziehungen, die durch bestimmte Sachprobleme der Transzendentalphilosophie Kants zwischen den genannten Druckwerken und dem OP eröffnet werden, sondern nach der Schrift, von deren Thematik und Problematik die Entwürfe des Nachlasswerkes ihre Entstehung ableiten, so zeigt sich, dass in der bisherigen Forschungsliteratur zum OP zwei Auffassungen miteinander konkurrieren. Während die größere Zahl von Interpreten die MAN und deren immanente Mängel als Ausgangspunkt für Kants nachgelassene Entwürfe ansieht,[197] sieht Lehmann die Probleme der KU als den Ansatzpunkt des Nachlasswerks. Wenngleich es in dieser Studie nicht darum geht, das OP im Ganzen zu betrachten und mithin auch die Beantwortung der Frage nach der Genese desselben in ihrem Zusammenhang nicht beantwortet werden kann und soll, ist dennoch festzuhalten, dass hier die Auffassung geteilt wird, dass es „die MAGr von 1786 und nicht etwa [...] die KU als die letzte der kritischen Schriften vor dem op. post.“ sind, „die das Eingangsproblem, also das Übergangsproblem, sowie große Teile des sogenannten naturwissenschaftlichen und naturwhilosophischen [sic!] Teils des op. post. überhaupt erst verständlich machen“.[198] Dessen ungeachtet widmet sich Kant im Nachlasswerk auch den Problemen, auf welche die KU in ihrem zweiten teleologischen Teilstück eine Antwort

enthält, welches denn vermittelst der schon gedachten transscendentalen Subreption mit dem Begriffe eines Dinges verwechselt wird, was an der Spitze der Möglichkeit aller Dinge steht, zu deren durchgängiger Bestimmung es die realen Bedingungen hergiebt“ sowie die zugehörige Anmerkung: „Dieses Ideal des allerrealsten Wesens wird also, ob es zwar eine bloße Vorstellung ist, zuerst realisirt, d.i. zum Object gemacht, darauf hypostasirt, endlich durch einen natürlichen Fortschritt der Vernunft zur Vollendung der Einheit sogar personificirt, wie wir bald anführen werden; weil die regulative Einheit der Erfahrung nicht auf den Erscheinungen selbst (der Sinnlichkeit allein), sondern auf der Verknüpfung ihres Mannigfaltigen durch den Verstand (in einer Apperception) beruht, mithin die Einheit der höchsten Realität und die durchgängige Bestimmbarkeit (Möglichkeit) aller Dinge in einem höchsten Verstande, mithin in einer Intelligenz zu liegen scheint“.

197 So bspw. Hoppe (1969), Tuschling (1971), und Emundts (2004).

198 Hoppe (1969), S. 4.

zu geben versucht hatte. Es sind die Schwierigkeiten, mit denen die Erscheinung einer organisierten Materie die Transzendentalphilosophie konfrontiert. Diese Modifikationen der transzendentalen Naturgesetze sind durch die Als-ob Lösung von 1790 nur unzureichend begründet. Sie sind, wie Mathieu feststellt, in einem transzendentalen Sinne ortlos zu nennen.[199]

Im Folgenden werden die Stellen in „Übergang 1–14", die sich mit dem Begriff des organisierten Naturkörpers befassen, einer weiteren, zusammenfassenden Betrachtung unterzogen. Wie bereits angedeutet, ist davon auszugehen, dass Kant zur Zeit der Niederschrift des Entwurfs „Übergang 1–14", noch über keine neue Lösung für die betreffende Problematik solcher Naturgegenstände, die durch einen Zweck, d. h. finalursächlich bestimmt gedacht werden müssen, verfügte. Die neue Möglichkeit, den organisierten Naturkörper in die Propädeutik der Naturlehre a priori, die physiologia generalis eines „Übergangs zur Physik" zu integrieren, indem die Zweckmäßigkeit als Bestandteil einer sich selbst organisierenden Materie betrachtet wird, wird allenfalls angedeutet und skizziert, nicht aber abschließend bearbeitet und theoretisch fixiert.[200] Wenn Mathieu feststellt, das OP exponiere die Probleme, denen sich Kant im zweiten Teil der KU widmet, nicht aber deren Lösungsvorschlag,[201] so ist dies nicht ganz korrekt. Zumindest gegen Ende des Jahres 1799, also zu der Zeit, die Mathieu selbst als den „Höhepunkt der systematischen Phase" bezeichnet,[202] finden sich durchaus Stellen, an denen Kant nicht allein die Definitionen des Teleologie-Teilstücks der dritten Kritik, sondern auch die dortige Als-ob-Lösung für die Schwierigkeiten, die mit dem Begriff eines Dinges als Naturzweck in transzendentalphilosophischer Absicht verbunden sind, reproduziert. So definiert Kant die belebte Natur im Ganzen als ein „System der Zwecke", welches man sich „sich nach der Analogie eines zu oberst disponirenden denkenden Wesens vorstellen" könne, „welches eine Menge von nicht blos Sinnenfähigen sondern auch vernünftigen Subjecten anhebend erstlich zur häuslichen darauf zur öffentlichen eines Volks, endlich zu einem Staat organisirt".[203] An dieser Stelle muss auf eine Dichotomie in „Übergang 1–14" hingewiesen werden. Kant widmet sich der organisierten Natur in zweifacher

199 Laut Mathieu (1989), S. 221 kann „der organische Körper *nirgendwo* (transzendental) lokalisiert werden".

200 Wenn Tanaka (2007), S. 288 davon spricht, „dass die Teleologie im Opus postumum materialisiert wird, und dies bedeutet, dass ihr der regulative Charakter abgesprochen wird" vertritt sie demgegenüber die deutlich stärkere These.

201 Vgl. Mathieu (1989), S. 45, wie auch S. 239.

202 Ebd., S. 78.

203 OP, AA 21: 566.26–567.12.

Absicht. Zum einen als ein einzelnes Ding, zum anderen in der Auffassung einer Totalität, welche mit dem Begriff der Erde oder der Natur als ganzer verbunden ist.

Betrachten wir zunächst die Stellen, die sich mit dem Organismus in der erstgenannten Auffassung als einzelnem Ding auseinandersetzen.

Wenn sich der Blick auf das Objekt der Naturwissenschaft in materialer Absicht richtet, und dessen Möglichkeit nach Prinzipien a priori erwogen wird, so zeigt sich, dass jenes Objekt entweder die formlose Materie überhaupt,[204] oder aber deren formal bestimmtes Pendant, der physische Körper ist. Diese geformte Materie der Naturdinge wird ihrerseits in die Klassen der unbelebten und der belebten Materie unterschieden. Kant spricht zumeist von unorganischen und demgegenüber von den organischen Körpern.[205] Letztere werden in „Übergang 1 – 14" nochmals in vegetierende (Pflanzen) und im Vollsinne lebende organische Körper differenziert. Im Falle lebender Organischer Körper ist eine gewisse, wenn auch nicht in jedem Falle voll bewusste „Willkühr" und die Fähigkeit zu einer ortsverändernden Bewegung vonnöten.[206] Was die Definition des organischen Körpers anbelangt, so reproduziert Kant seine Bestimmung des Begriffs desselben, die er im §66 der KU vorgelegt hatte. Organismus ist dieser Definition zufolge ein Naturkörper, „in welchem alles Zweck und wechselseitig auch Mittel ist".[207] In „Übergang [1]" lautet die entsprechende Formulierung, ein solcher sei „ein Körper [...] dessen jeder Theil um des anderen willen (wechselseitig als Zweck und zugleich als Mittel) da ist".[208] Auch die zweite Bestimmung, die Kant in „Übergang 1–14" vorlegt, entspricht jener in 1790. So ist der Organismus „ein Körper an welchem die innere Form des Ganzen vor dem Begriffe der Composition aller seiner Theile (also in Figur sowohl als Textur) in Ansehung ihrer gesammten bewegenden Kräfte vorhergeht (also Zweck und Mittel zugleich ist)".[209] Beide Definitionen werden

---

204 Vgl. OP, AA 21: 215.14 f.

205 Vgl. OP, AA 21: 214.03–05: „Die Eintheilung der Körper in organische und unorganische gehört also nothwendig zum Übergange von den metaph. A. Gr. der NW. zur Physik als das Maximum des Fortschreitens".

206 Vgl. OP, AA 21: 541.16–18. Diese Form der Mobilität schreibt Kant hier allein den höher entwickelten Organismen, den Tieren und Menschen zu.

207 KU, AA 05: 376.

208 OP, AA 21: 210.11–13.

209 OP, AA 21: 210.17–20; vgl. hierzu KU §65: „daß die Theile (ihrem Dasein und der Form nach) nur durch ihre Beziehung auf das Ganze möglich sind", ferner „daß die Theile desselben sich dadurch zur Einheit eines Ganzen verbinden, daß sie von einander wechselseitig Ursache und Wirkung ihrer Form sind" (KU, AA 05: 373), sowie Kants Feststellung im selben Kontext, der zufolge bei einem organischen Naturprodukt „jeder Theil so, wie er nur durch alle übrige da ist, auch als um der andern und des Ganzen willen existirend [...] gedacht" werden muss (KU, AA 05: 373 f.).

jedoch in „Übergang 1–14" als problematisch vorgestellt. Der Grund hierfür liegt genau in jener Als-ob Annahme, bzw. in der Voraussetzung einer immateriellen Ursache, die in der Definition des Organismus durch das Moment der Zwecksetzung im Falle der zweckmäßigen Organisation indirekt enthalten ist. Aus diesem Grund legt Kant in „Übergang 1–14" eine weitere Definition vor, die nun in gewisser Weise über die KU hinausgeht:

> Weil aber in dieser Definition noch immer ein immaterielles Princip (nämlich ein Wollen der wirkenden Ursache) eingemischt ist folglich der Begrif nicht rein Physisch seyn würde so kann sie am besten so abgefaßt werden: organischer Körper ist der, dessen jeder Theil absolute Einheit des Princips der Existenz und Bewegung aller übrigen seines Ganzen ist.[210]

Die Zweckmäßigkeit, die auf eine nicht materielle Ursache verweist, oder eine solche voraussetzt ist zwar nicht mehr expliziter Bestandteil der obigen Definition. Dieser Unterschied ist jedoch nur ein solcher in dicto und keiner in der Sache. Darauf das Kant, wenn er davon spricht, dass die „productive Kraft dieser Einheit [...] das Leben" ist,[211] keinem naiven Vitalismus huldigt, wurde bereits von anderer Seite hervorgehoben.[212] Anstatt die Lebenskraft oder einen Bildungstrieb zum Prinzip der Zweckmässigkeit zu machen, werden hier erste Anklänge einer versuchten Immanentisierung der Teleologie erkennbar, wie sie auch innerhalb des zehnten Konvoluts erkennbar wird, wenn Kant von einem „nexus causarum finalium in dem nexu causarum efficientium begriffen" spricht.[213] Wenn ich von Anklängen spreche, ist dies noch beinahe zu stark. In Ganzen ist es sowohl in „Übergang 1–14" wie auch in der KU ein von Kant unbezweifeltes Faktum, dass es keinen „Newton des Grashalms" geben kann.[214] Ungeachtet der sonst zu kon-

---

210 OP, AA 21: 210.21–25, vgl. auch OP, AA 21: 568.04–06: „In einem organischen Körper ist [...] eine solche bildende Bewegungskraft da auch nur ein Theil seiner Bildung das Ganze [...] reproducirt". An diesen Stellen beeindruckt auch die visionäre Kraft des Kantischen Denkens. Diese Einheit des Ganzen in jedem Teil ist im Zeitalter der Zellbiologie und Molekulargenetik kein bloßer Bestandteil des Versuchs einer Definition des Organischen mehr, sondern beobachtbare Realität.
211 OP, AA 21: 211.04.
212 Vgl. Mathieu (1989), S. 216 f.
213 OP, AA 22: 288.07 f.
214 Vgl. KU §75: „es ist für Menschen ungereimt, auch nur einen solchen Anschlag zu fassen, oder zu hoffen, daß noch etwa dereinst ein Newton aufstehen könne, der auch nur die Erzeugung eines Grashalms nach Naturgesetzen, die keine Absicht geordnet hat, begreiflich machen werde" (KU, AA 05: 400), wie auch §77: „schlechterdings kann keine menschliche die Erzeugung auch nur eines Gräschens aus bloß mechanischen Ursachen zu verstehen hoffen" (KU, AA 05: 409).

statierenden Unentschiedenheiten wird dies unmissverständlich ausgesprochen.[215]

A priori bleibt der Begriff der organisierten Materie problematisch. Kant schreibt im Anschluss an seine erste Definition des Organismus in „Übergang 1–14": „Man sieht leicht daß dies eine bloße Idee ist der a priori die Realität (d.i. daß es ein solches Ding geben könne) nicht gesichert ist".[216] Hierin liegt eine weitere Entsprechung mit der KU.

Bevor auf die zuvor genannten ersten Anklänge eines Versuches, die Teleologie in einem System bewegender Kräfte zu verankern näher eingegangen wird, gilt es, sich der eingangs dieses Kapitels angesprochenen zweiten Weise zuwenden, in der Kant von der Organisation der Materie spricht. Neben der Definition des Organismus als einzelnem Ding widmet sich Kant in „Übergang 1–14" der globalen Betrachtung der Welt als eines dem Organismus analogen Systems der Zwecke.

Von besonderem Interesse an der Betrachtung des Organischen auf einer gleichsam globalen Ebene ist, dass Kant eine Art von Evolutions-, oder besser Revolutionstheorie entwickelt. Zentrale Begriffe einer solchen sind die Selbstorganisation der Materie (in einem vormodernen Sinne), Natur (die als das „Selbst" in dieser Organisation bezeichnet werden kann), der Begriff globaler Revolutionen oder Umwandlungen und letztlich eine Klasseneinteilung des Organischen, welche ein System der Zwecke vorstellt. Aufs Ganze gesehen spricht Kant davon, dass der „allgebährende[...] Erdglob' selbst als ein aus dem Chaos hervorgegangener organischer Körper den Zweck im Mechanism der Natur vollendet".[217] Wichtig ist hier zunächst einmal einer der Anklänge einer Immanentisierung der Teleologie. Im Mechanismus wird der Zweck vollendet. Dies geschieht durch erdgeschichtliche Umwälzungen, deren Stattfinden anhand von Fossilienfunden nachweisbar ist.[218] Der globale Zweck ist anhand verschiedener Stufen oder Grade des Organischen erkennbar. Diese stehen, wie die Teile des individuellen Organismus, in einem Mittel-Zweck Verhältnis. So ist in der „Classenordnung eine Species von Geschöpfen um der anderen willen da".[219] Kant spricht auch von einem „Organism der Materie".[220] Im scheinbaren Chaos globaler Mechanik wirkt ein aktives Prin-

215 Vgl. bspw. OP, AA 21: 569.10–12: „so kann ein solcher Körper seine Organisation nicht blos von den bewegenden Kräften der Materie her haben", wie auch die durchgestrichene Passage auf derselben Seite (im App. zu Zeile 12 die Zeilen 01–06).

216 OP, AA 21: 210.13–15.

217 OP, AA 21: 213.27–26.

218 Vgl. bspw. OP, AA 21: 567.24–29.

219 OP, AA 21: 566.24 f.

220 OP, AA 21: 213.18.

zip, als Organisationsprinzip dieses globalen Organismus. Die bloß äußerliche Ordnung, wie sie sich in Systematisierungen der Natur (bspw. bei Carl von Linnée) findet, basiert mithin auf einer tatsächlichen Organisation, und die Klassen des Organischen machen deutlich, „daß dem Linnäischen Nominalsystem der äußeren Bezeichnungen ein allgemeines inneres Organisations System und ein darauf abzweckendes actives Princip zum Grunde liegt".[221] Die Materie organisiert sich „mechanisch//zweckmäßig",[222] oder eben „die Natur organisirt die Materie" einem inneren aktiven Bildungs- oder Organisationsprinzip gemäß,[223] welches jedoch, und hierin liegt eine Entsprechung zum Prinzip der inneren Zweckmäßigkeit einzelner Dinge als Naturzwecke, „von unserem Verstande nicht mehr als ein solches nach seiner Einheit übersehen werden kann".[224] Gäbe es einen „vollendete[n] Naturkundige[n]", der als ein solcher über die tiefere Einsicht in die Zusammenhänge der Stufungen des Organischen verfügte, so wäre dieser Kant zufolge in der Lage, „wenn ihm auch nur das Exemplar des Daumens eines Menschen übrig geblieben wäre bey dessen äußerer und innerer Durchschauung von diesem auf eine Hand von dieser auf einen Menschenarm und so weiter auf einen Menschenkörper schließen können. So ist es mit der organisirten Natur im Kleinen wie im großen bewandt".[225]

Durch das dem Ganzen ebenso wie auch den Teilen innewohnende aktive Prinzip organisiert sich die Natur als Inbegriff aller Erscheinungen zu einem System der Zwecke. Diese Organisation verläuft in gewissen Schüben. So wechseln

221 OP, AA 21: 567.20 – 22. Vgl. auch OP, AA 21: 570.20 f. und OP, AA 21: 561.13 – 18.

222 OP, AA 21: 568.25.

223 OP, AA 21: 570.13

224 OP, AA 21: 568.26 f.

225 OP, AA 21: 570.03 – 07. Diese Stelle findet sich als von Kant durchgestrichene im Apparat; da Kant jedoch den Verweis eines Daumens auf den ganzen Menschen auch noch an anderer Stelle im Haupttext anführt (vgl. OP, AA 21: 571.06) und man zudem einmal davon ausgeht, dass Hasse mit manchen seiner Behauptungen recht hatte und Kant im OP auch einmal das eigentlich bessere ausstrich, so halte ich es für legitim, diese Stelle, die darüber hinaus keine zentrale These belegen soll, hier mit anzuführen. Ich möchte an dieser Stelle noch kurz auf die Nähe der Kantischen Überlegungen zu der paläontologischen Katastrophentheorie Cuviers hinweisen. So spricht auch Cuvier in seinem *Discours sur les révolutions de la surface du globe* (1825) von globalen Revolutionen, die zum Aussterben bestimmter Spezies geführt haben. Zudem war es auch Cuvier, der als Mitbegründer einer komparativen Anatomie Rückschlüsse von einzelnen Bauteilen auf die Gesamtanlage eines bereits ausgestorbenen Organismus zog. In Kants Werken wird Cuvier jedoch nicht erwähnt. Mathieu (1989), S. 71 verweist auf Cuviers Rekonstruktionsleistung, um die philologischen Schwierigkeiten im Umgang mit den Entwürfen des Nachlasswerkes zu verdeutlichen: „Cuvier hatte es leichter, als er daranging, aus einem einzigen Knochen den ganzen Organismus zu rekonstruieren, weil der gesuchte Organismus einmal existiert hatte. In unserem Fall [einer angestrebten Rekonstruktion des OP, vjr] dagegen hat es diesen „Organismus" nie gegeben".

verschiedene erdgeschichtliche Epochen einander ab, deren Ende sich oftmals als Erdrevolution, als Zerstörung und Umbildung globalen Ausmasses sich ereignet. Auch dieser globale Organismus ist in gleichem Masse transzendental ortlos wie der individuelle Naturzweck. Auch sein aktives Prinzip ist keines a priori im Sinne eines transzendentalen Naturgesetzes. Hierin zeigt sich einerseits eine weitere Übereinstimmung mit der KU. So denkt Kant zwar über eine neue Lösung für das Problem des Organischen nach, wie an jenen Stellen erkennbar wird, an denen zumindest die Wortwahl den Gedanken einer Art Einbettung der Teleologie in die Strukturen einer globalen Mechanik suggeriert.[226] Dennoch bleibt das aktive Prinzip letztlich unbestimmt. Es ist eine Annahme, ähnlich der Als-ob-Lösung von 1790. Dies offenbart eine weitere Übereinstimmung. So greift die Evolutionstheorie Darwins, ebenso wie die Revolutionstheorie Kants im OP auf eine derartige Als-ob-Annahme zurück. Die allmähliche Steigerung der Zweckmäßigkeit durch natürliche Auslese des evolutiven Nachteils und demgegenüber eines steten „survival of the fittest" wird auch in Analogie zur Zuchtwahl betrachtet. Die natürliche Zuchtwahl im Verlauf der Evolutionsgeschichte gestaltet sich so, als ob ein Verstand, der über Zwecksetzungsautonomie und Mittelwahlrationalität verfügt, die entsprechende Auslese begründet hätte.

Trotz der Anklänge einer neuen Lösung ist bezogen auf die Betrachtung des Organismus innerhalb des Entwurfs „Übergang 1–14" des Kantischen Nachlasswerkes kein wirklicher Bruch mit dem Lösungsvorschlag von 1790 erkennbar.

Dennoch finden sich in „Übergang 1–14" Stellen, an denen sich, zumindest der Wortwahl nach, eine Neuorientierung Kants in der Organismenfrage andeutet. Wenn sich der „Zweck im Mechanism der Natur vollendet",[227] der „Organism der Materie"[228] sich über Zeit „mechanisch//zweckmäßig"[229] zu einem System größtmöglicher Zweckmäßigkeit ausbildet und dabei „ein allgemeines inneres Organisations System und ein darauf abzweckendes actives Princip zum Grunde liegt",[230] in Entsprechung zu welchem die Natur selbst die Materie, oder den „Erdstoff als die formlose Basis aller Bildungen",[231] organisiert, so deutet diese Selbstorganisation in der und durch die Materie diese gedankliche Neuorientierung an. Nochmals ist zu bemerken: die neue Lösung ist in „Übergang 1–14" noch nicht gefunden. Nur der Wortgebrauch lässt einen ersten Anklang davon erahnen. Mehr in die Entwürfe „Übergang 1–14" hinein zu lesen oder zu interpretieren, wäre

---

226 Vgl. nochmals OP, AA 21: 568.25.
227 OP, AA 21: 213.29.
228 OP, AA 21: 213.18.
229 OP, AA 21: 568.25.
230 OP, AA 21: 567.21.
231 OP, AA 21: 567.13.

meines Erachtens schlichtweg falsch. Dennoch soll zum Ende dieses Kapitels die folgende Frage in den Raum gestellt werden:

Wenn (i) dem §78 KU zufolge ein Zusammenfall der mechanischen und der teleologischen Erklärungsart a l s Erklärungsarten in einem Dritten als zumindest möglich bezeichnet wird; wenn (ii) dieses Dritte das übersinnliche Substrat der Natur ist und (iii) Natur nach KrV A114 der Inbegriff aller Erscheinungen ist, deren kollektive Einheit im Begriff, und zudem (iv) nach §71 KU das genannte übersinnliche Substratum von einem intuitiven, architektonischen, urbildlichen und göttlichen Verstand klar zu unterscheiden ist. Wenn ferner (i′) die genannten Stellen in „Übergang 1–14" den Zusammenfall von Mechanismus und Teleologie andeuten, welcher sich in einem Dritten ereignet; wenn (ii′) dieses Dritte eine allgemeine Materie oder eben die Materie überhaupt genannt werden kann, welche (iii′) die Natur selbst als kollektive Einheit aller Phänomene in materialer Absicht vorstellt und (iv′) auch im Nachlasswerk die Idee eines architektonischen Verstandes einerseits und des Substrates aller Bildungen andererseits nicht in eins fallen, dann ist die Frage berechtigt, ob der Weltstoff, oder die Materie überhaupt des Entwurfs „Übergang 1–14" diesem übersinnlichen Substrat entsprechend aufgefasst werden könnte, durchaus berechtigt.[232] Nicht zuletzt deshalb, weil auch diese Materie bloß Gegenstand indirekter, gefolgerter Erfahrung ist, und in dieser Hinsicht ebenso als etwas Über-Sinnliches vorgestellt werden muss.

---

232 Zu einer gewissen Nähe der selbst nicht wahrnehmbaren bewegenden (Grund)Kräfte zu Kants Begriff eines übersinnlichen Substrates siehe Frigo (2009), S. 21f.

4 Transzendentales Selbstbewusstsein und Weltstoff

Zwischen der ursprünglich synthetischen Einheit der Apperzeption und dem Weltstoff gibt es keinen Widerspruch und keinen Konflikt hinsichtlich der Funktion, die beide Konzepte als Konstituens der Einheit der Erfahrung erfüllen.

Erfahrung ist Zusammenhang nach Gesetzen,[1] synthetische Einheit der Wahrnehmungen.[2] Erfahrung ist einzeln, „denn Erfahrungen können nur als Theile einer gesammten nach Einem Princip vereinigten Erfahrung zusammen gedacht werden".[3] Dem Begriff der Einheit der Erfahrung im Sinne eines gesetzmäßigen Zusammenhanges entspricht in der KrV der Naturbegriff. Natur ist Inbegriff aller Erscheinungen[4] und als solcher durch den Verstand dazu bestimmt, a priori gesetzlicher Zusammenhang zu sein.[5]

> Daß die Natur sich nach unserm subjectiven Grunde der Apperception richten, ja gar davon in Ansehung ihrer Gesetzmäßigkeit abhängen solle, lautet wohl sehr widersinnisch und befremdlich. Bedenkt man aber, daß diese Natur an sich nichts als ein Inbegriff von Erscheinungen, mithin kein Ding an sich, sondern blos eine Menge von Vorstellungen des Gemüths sei, so wird man sich nicht wundern, sie blos in dem Radicalvermögen aller unsrer Erkenntniß, nämlich der transscendentalen Apperception, in derjenigen Einheit zu sehen, um deren willen allein sie Object aller möglichen Erfahrung, d.i. Natur, heißen kann; und daß wir auch eben darum diese Einheit a priori, mithin auch als nothwendig erkennen können, welches wir wohl müßten unterwegens lassen, wäre sie unabhängig von den ersten Quellen unseres Denkens an sich gegeben. Denn da wüßte ich nicht, wo wir die synthetische Sätze einer solchen allgemeinen Natureinheit hernehmen sollten, weil man sie auf solchen Fall von den Gegenständen der Natur selbst entlehnen müßte. Da dieses aber nur empirisch geschehen könnte, so würde daraus keine andere als blos zufällige Einheit gezogen werden

---

1 Vgl. KrV A110: „Es ist nur eine Erfahrung, in welcher alle Wahrnehmungen als im durchgängigen und gesetzmäßigen Zusammenhange vorgestellt werden".

2 Vgl. KrV B226.

3 OP, AA 21: 553.03 – 05; vgl. ferner KrV A110 ; OP, AA 21: 571.21 – 24 ; OP, AA 21: 247.05 – 08: „Es ist objectiv betrachtet nur Eine Erfahrung und wenn subjectiv von Erfahrungen gesprochen wird so sind diese nichts weiter als Theile und gesezlich verknüpfte Aggregate einer synthetisch//allgemeinen Erfahrung" ; OP, AA 21: 564.22 – 24: „Erfahrung (objectiv ist nur Eine) ist eine absolute Einheit und wenn von Erfahrungen geredet wird so sind das nur Warnehmungen die diese Einheit der Form voraussetzen".

4 Vgl. KrV A114 ; KrV B163.

5 KrV B263: „Unter Natur (im empirischen Verstande) verstehen wir den Zusammenhang der Erscheinungen ihrem Dasein nach nach nothwendigen Regeln, d.i. nach Gesetzen. Es sind also gewisse Gesetze und zwar a priori, welche allererst eine Natur möglich machen".

können, die aber bei weitem an den nothwendigen Zusammenhang nicht reicht, den man meint, wenn man Natur nennt.[6]

Die Frage, ob es sich bei dem Weltstoff um einen Verstandes-[7] oder um einen Vernunftbegriff[8] handelt, kann nicht im Sinne einer der beiden Alternativen entschieden werden. Die Vernunft richtet sich auf Totalitäten im Sinne des schlechterdings Unbedingten zu einer gegebenen Bedingung,[9] das als ein solches kein Gegenstand möglicher Anschauung sein kann.[10] Insofern sind Natur als „Inbegriff von Erscheinungen" und Erfahrung als Summe möglicher Wahrnehmungen ebenso wie der Inbegriff aller bewegenden Kräfte der Materie Vernunftbegriffe.

Der Verstand des Subjekts bestimmt das Gegebene zur Objektivität.[11] Diese Bestimmungsfunktion ist jedoch nicht nur partikulär, indem Einzelnes durch die reinen Verstandesbegriffe zur Objektivität des Gegenstandes bestimmt wird, sondern geht auch auf das Ganze der Erfahrung, die diese Gegenstände in sich befasst. Gegenstände begründet der Verstand durch Begriffe von Gegenständen überhaupt oder Objekten.[12] Gesetze von Gegenständen überhaupt, d. h. allgemeine, transzendentale Naturgesetze die bestimmen, wie Gegenstände als Gegenstände notwendig existieren, gibt der Verstand ebenfalls. Diese sind die gegenstandskonstitutiven mathematischen Grundsätze (Axiome der Anschauung und Antizipationen der Wahrnehmung).

Die eine Natur als Inbegriff ist konkrete Totalität, die durch den Verstand in gleicher Weise gesetzmäßig bestimmt wird. Natur und Erfahrung als ge-

6 KrV A114.

7 Vgl. bspw. OP, AA 21: 589.21–30: „Man kann nicht vom Object, der Materie im Raume, anfangen als Gegenstande empirischer Anschauung und Inbegriff einer unendlichen Menge möglicher Warnehmungen in Einer empirischen Anschauung: – denn das wäre schon ein Überschritt zur Physik als einem System der Erfahrung – sondern von dem Verstandesbegriffe im Subject so fern dieses sich ein Gantzes der bewegenden Kräfte der Materie denkt; denn wo es auf Principien a priori der synthetischen Erkentnis ankommt muß das Förmliche der systematischen Darstellung des Mannigfaltigen der Warnehmungen an einem Object dieses seiner Anordnung (coordinatio) zu einem Ganzen zum Grunde gelegt werden."

8 Vgl. bspw. OP, AA 21: 591.27 ; OP, AA 21: 540.19 f.

9 Vgl. KrV B384.

10 Vgl. KrV B383.

11 Nur durch die Begriffe des reinen Verstandes (angewendet auf die in Raum und Zeit gegebene Mannigfaltigkeit von Anschauungen) kann es objektive Erfahrung von Gegenständen geben und dies muss so verstanden werden, dass Erfahrung von Gegenständen ohne Kategorien deshalb nicht stattfinden kann, weil es ohne sie gar keine erfahrbaren Gegenstände gäbe; vgl. KrV B128 ; KrV B137 f.

12 Vgl. KrV B128.

setzmäßiger Zusammenhang aller Wahrnehmungen ist ebenso ein einiges Ganzes wie der Weltstoff, der diesen Zusammenhang und mit ihm auch die Einheit der Zeit nach und die Einheit aller möglichen Gegenstände der Wahrnehmung dem Raume nach dynamisch realisiert. Alle Gesetzmäßigkeit beruht auf dem Verstand. Er ist das Vermögen der Gesetze, die die Dinge betreffen, als auch jener Gesetze, die Natur als den einigen Inbegriff aller Dinge betreffen: Der Gesetze nämlich, die aus der Anwendung der Kategorien der 3. Klasse auf das in der Anschauung gegebene Mannigfaltige resultieren und dies sind die dynamischen Grundsätze. Während die mathematischen Grundsätze konstitutiv für die Gegenstände der Erfahrung sind, sind dynamische Grundsätze konstitutiv für Erfahrung selbst, als die Art und Weise, wie Gegenstände im Zusammenhang der Erfahrung existieren.[13] Sie sind regulative Prinzipien (hinsichtlich der Dinge in der Anschauung), die zugleich konstitutiv sind (hinsichtlich der Erfahrung, die sie notwendig in ihrem Zusammenhang nach Gesetzen befasst).

Der Verstand bestimmt sowohl das Einzelne wie auch das Ganze; die Dinge, die wir wahrnehmen, wie auch ihren Zusammenhang nach notwendigen und schlechterdings allgemeinen Regeln, durch welche Wahrnehmungen erst Erfahrung werden, also Wahrnehmungen im gesetzlichen Zusammenhang der Natur: „die Bedingungen der Möglichkeit der Erfahrung überhaupt sind zugleich Bedingungen der Möglichkeit der Gegenstände der Erfahrung und haben darum objective Gültigkeit in einem synthetischen Urtheile *a priori*."[14] Dies bedeutet, dass der Verstand konstitutiv und Urheber für beides ist: Erfahrung als (totalem) Zusammenhang nach Gesetzen und Dingen/Objekten/Gegenständen als (partiku-

---

13 Vgl. KrV B692: „Wir haben in der transscendentalen Analytik unter den Grundsätzen des Verstandes die dynamische, als bloß regulative Principien der Anschauung, von den mathematischen, die in Ansehung der letzteren constitutiv sind, unterschieden. Diesem ungeachtet sind gedachte dynamische Gesetze allerdings constitutiv in Ansehung der Erfahrung, indem sie die Begriffe, ohne welche keine Erfahrung stattfindet, a priori möglich machen". Den (Verstandes) Begriffen der Substanz, Kausalität (Ursache) und Wechselwirkung (Gemeinschaft) kann ein Schema zugeordnet werden, was sie von den reinen Vernunftbegriffen unterscheidet, deren Begriff schlechterdings nicht mit der Anschauungsform der Zeit synchronisiert werden kann. Auch der Weltstoff der die Einheit der Zeit möglich macht, kann durch das Schema der Beharrlichkeit [gedacht ; ausgedrückt] werden, womit zwar selbst – wie ein Vernunftbegriff – in seiner Gesamtheit keiner empirischen Anschauung, aber dennoch als das Beharrliche in der Erscheinung selbst der schematischen Veranschaulichung fähig ist; zum Verhältnis von Weltstoff und Substanz als Substrat der Zeiteinheit vgl. auch: Hahmann/Rollmann (2011).

14 KrV B197, vgl. KrV A111, vgl. ferner OP, AA 21: 588.04 – 06: „Der subjective Grund der Möglichkeit Einer allbefassenden Erfahrung ist zugleich ein objectiver Grund der Wirklichkeit des Gegenstandes dieser Erfahrung selbst" sowie OP, AA 21: 574.03 – 05 und OP, AA 21: 564.04 – 06: „Also ist das subjective Princip der Anstellung der Erfahrung über diesen Gegenstand zugleich für das Object selbst und seine Existenz d.i. objectiv gültig."

lärem) Zusammenhang nach Gesetzen. Die Bedingungen der Möglichkeit, die der Verstand und mithin sein höchster Punkt, an den man allen Verstandesgebrauch heften muss, die ursprünglich synthetische Einheit der Apperzeption, vorgibt, gibt er „zugleich" den Gegenständen und der Erfahrung vor, in deren objektiv realer Einheit die Gegenstände enthalten sein müssen. Die Objektivität der letzteren ist ohne dieses Enthalten-Sein nicht denkbar.

Diese Einheit der Erfahrung, der Natur und aller bewegenden Kräfte in ihr als einen einzigen Gegenstand vorzustellen obliegt hingegen der Vernunft als dem Vermögen der Ideen und Totalitäten. Insofern kann von dem Weltstoff auch als von einer „Idee"[15] oder einem Begriff der Vernunft gesprochen werden;[16] wenn auch in einer anderen Weise, als in der Kritik der reinen Vernunft von Ideen die Rede ist. Der Weltstoff ist Idee, insofern er Begriff einer absoluten Gesamtheit ist, die nicht als dieses Ganze angeschaut werden kann. Er ist jedoch nicht Idee als rein regulativer Fluchtpunkt im Verstandesgebrauch.

Wenn der Verstand Quelle allgemeiner Gesetze der Natur a priori (transzendentaler Naturgesetze) in den Grundsätzen des reinen Verstandes sein soll, so muss er sich a priori auf die Natur als Ganzes und damit auf Erfahrung als durchgängige Einheit beziehen können.

Der Begriff a priori des Weltstoffs, der die Materie zur Möglichkeit der Erfahrung als einiges Ganzes vorstellt,[17] ist eine synthetisch allgemeine begriffliche Vorstellung,[18] durch die vieles in einem gedacht wird.[19] Er ist kein analytisch allgemeiner Begriff, der ein gemeinsames Merkmal vieler Vorstellungen qua Ab-

---

15 OP, AA 21: 571.02 ; OP, AA 21: 580.29.

16 Vgl. OP, AA 21: 591.27.

17 Vgl. OP, AA 21: 538.20 – 22: „Alle Erfahrungen aber sind unter einander verknüpft und das Object derselben macht die Materie aus, ist also ein Object aller vereinigten moglichen Erfahrung." ; vgl. ferner OP, AA 21: 561.28 – 30: „Es muß eine synthetisch allgemeine (allverbreitete) basis der bewegenden Kräfte der Materie seyn die bloß den Grund der Moglichkeit der Erfahrung von einem Daseyn im Raume enthält (Spatium sensibile)".

18 Unter dem Aspekt der synthetischen Allgemeinheit sind die Begriffe des Weltstoffs und der Erfahrung deckungsgleich, vgl. bspw. OP, AA 21: 247.05 – 08 ; vgl. ferner OP, AA 21: 549.20 – 27: „Der Beweis der Existenz eines alldurchdringenden und allbewegenden Elementarstoffs in einem System der Materie wenn er aus Principien a priori hervorgehen soll muß alle Erfahrung als in Einer alle ihre Objecte umfassenden Erfahrung enthalten gedacht werden und wenn von Erfahrungen gesprochen wird so sind diese nichts weiter als Theile und Aggregate einer synthetisch// allgemeinen Erfahrung und was der Bedingung wiederstreitet ein Gegenstand möglicher Erfahrung zu seyn ist kein existirendes Object."

19 Vgl. OP, AA 21: 247.13 – 15: „Analytisch//allgemein ist ein Begriff durch den eines in Vielem, – synthetisch// aber wodurch Vieles in einem als zusammen unter einen Begriff gebracht wird".

straktion gewinnt,[20] sondern im Unterschied dazu die begriffliche Vorstellung der kollektiven Einheit des Erfahrbaren.

Er ist nicht bloße Idee im Sinne des Dialektik Teilstücks der KrV – nicht nur problematisch, hypothetisch und regulativ hinsichtlich des Verstandesgebrauchs, sondern apodiktisch und konstitutiv für Erfahrung als Einheit und gesetzmäßiger Zusammenhang. Erfahrung als Ganzes, d.h. die Natur als das „Objekt aller möglichen Erfahrung“[21] und die dynamischen Grundsätze des reinen Verstandes als Anwendungen der Kategorien der dritten Klasse auf ein in der Anschauung gegebenes Mannigfaltiges, setzen die Einheit dieses Mannigfaltigen voraus. Dies wird vor allem in der Ersten und Dritten Analogie der Erfahrung deutlich, da die Einheit der Zeit die Einheit ihres letzten Substrates in der Erscheinung ebenso voraussetzt, wie die simultane Gemeinschaft aller Substanzen/Gegenstände der Erfahrung die Möglichkeit einer durchgängigen und lückenlosen empirischen Synthesis der Apprehension, die als Bedingung ihrer Möglichkeit die lückenlose (dynamische) Erfüllung des einen Raumes möglicher Erfahrung voraussetzt. Natur als „Einheit im Dasein der Erscheinungen“ ist nur als ein „dynamisches Ganzes“ denkbar und möglich.[22]

Bedingung a priori der Möglichkeit sinnlicher Wahrnehmung überhaupt sind bewegende Kräfte der Materie.[23] Diese sind ebenso Bedingung der synthetischen Einheit aller Wahrnehmungen in einer Erfahrung. Die bewegenden Kräfte der Materie müssen als ein raumerfüllendes und den Raum einnehmendes Kontinuum vorausgesetzt werden, da jede Lücke innerhalb des Raumes die Einheit der Erfahrung aufheben würde.[24] Keine Wahrnehmung ist imstande das Leere zu

---

20 Vgl. OP, AA 21: 537.18 f.: „Das Analytisch allgemeine wird durch Abstraction das Synthetisch// allgemeine durch Aggregation hervorgebracht“.

21 KrV A114.

22 Vgl. KrV B446 f.: „Wir haben zwei Ausdrücke: **Welt** und **Natur,** welche bisweilen in einander laufen. Der erste bedeutet das mathematische Ganze aller Erscheinungen und die Totalität ihrer Synthesis im Großen sowohl als im Kleinen, d.i. sowohl in dem Fortschritt derselben durch Zusammensetzung, als durch Theilung. Eben dieselbe Welt wird aber Natur genannt, so fern sie als ein dynamisches Ganzes betrachtet wird, und man nicht auf die Aggregation im Raume oder der Zeit, um sie als eine Größe zu Stande zu bringen, sondern auf die Einheit im Dasein der Erscheinungen sieht.“

23 Vgl. OP, AA 21: 573.01–05: „Er [der Begriff des Ganzen äußerer Erfahrung] setzt aber auch eine stetige Bewegung aller Materie voraus welche aufs Subject als Sinnengegenstand wirkt denn ohne diese Bewegung d.i. ohne Erregung der Sinnenorgane als jener ihre Wirkung findet keine Warnehmung irgend eines Sinnenobjects mithin auch keine Erfahrung statt“.

24 Vgl. OP, AA 21: 572.25–573.01: „Nun setzt der Begriff des Ganzen äußerer Erfahrung alle mögliche bewegende Kräfte der Materie in collectiver Einheit verbunden voraus und zwar im Vollen Raum (denn der leere er sey innerhalb oder ausser den Körpern ist kein Gegenstand möglicher Erfahrung.“

überbrücken und die Möglichkeit einer durch den leeren Weltraum zwischen den Himmelskörpern hindurch wirkenden Kraft setzt voraus, das dieser in seiner Gesamtheit von einer subtilen Materie bewegender Kräfte erfüllt ist, die als Medium der Kraftentfaltung in die Ferne fungiert. Ohne dieses materielle Medium der Wirkung von Kraft, welches selbst nichts anderes ist als primitive bewegende Kraft stößt die Wahrnehmung an schlechthin gesetzte Grenzen. An diesen Grenzen hört Erfahrung auf und jenseits des kräfteleeren, dynamisch leeren Raumes[25] beginnt eine neue Erfahrung. Die Einheit der Erfahrung innerhalb des einen Raumes derselben ist damit aufgehoben und es gibt – die Existenz des reinen Leeren als Grenze angenommen – eine Vielzahl von Erfahrungen, die in keinem räumlichen, zeitlichen oder naturgesetzlichen Zusammenhang mehr stehen, oder zumindest nicht mehr mit absoluter Notwendigkeit stehen müssen. Materie wird insofern zur Bedingung der Möglichkeit äußerer Erfahrung überhaupt.[26] Die Materie in ihrer allgemeinsten Auffassung ist der Weltstoff oder Wärmestoff. Er ist konstitutive Bedingung der Möglichkeit von Erfahrung überhaupt[27] als synthetisch-allgemeine[28] begriffliche Vorstellung, durch die ein gegebenes Mannigfaltiges zur Einheit bestimmt wird.

Diese begriffliche Vorstellung, der Begriff des Weltstoffs als einer absoluten Einheit in Form eines kontinuierlichen Kraftfeldes aus Anziehung und Abstoßung wird im Unterschied zu den Kräften selbst nicht gegeben.[29] Er liegt der Form nach im Gemüt des Subjekts und das Subjekt ist somit Grund der Bestimmung der

---

25 Vgl. OP, AA 21: 536.03 f.

26 Vgl. OP, AA 21: 551.05 f.: „die erste Bedingung der Möglichkeit aller äußern Erfahrung", vgl. auch OP, AA 21: 573.25 – 574.01: „Äußere Warnehmung als Stoff zur Erfahrung kann selbst nichts anders als Wirkung agitirender Kräfte der Materie in dem Subjecte seyn. Diese müssen also a priori vorausgesetzt werden." wie auch OP, AA 21: 574.05 f.: „Äußere Erfahrung selbst beruht auf den das Subject (als physischen Körper) bewegenden Kräften der Materie".

27 Vgl. bspw. OP, AA 21: 225.12 f.: „Basis aller möglichen Warnehmungen der bewegenden Kräfte der Materie im Raume und in der Zeit" ; OP, AA 21: 225.16 – 18: „alleinige[s] Princip der Möglichkeit der Erfahrung von einem absoluten Ganzen aller innerlich bewegenden Kräfte der Materie" ; nicht nur ein „Princip möglicher Erfahrung" (OP, AA 21: 223.23) sondern das „Princip der Möglichkeit der Erfahrung selbst" (OP, AA 21: 225.25 f.) ; welches als ein solches „dem Princip der Möglichkeit aller Erfahrung zum Grunde liegt" (OP, AA 21: 547.22 f.).

28 OP, AA 21: 247.05 – 08: „Es ist objectiv betrachtet nur Eine Erfahrung und wenn subjectiv von Erfahrungen gesprochen wird so sind diese nichts weiter als Theile und gesezlich verknüpfte Aggregate einer synthetisch// allgemeinen Erfahrung" ; ebd. 13 – 15: „Analytisch// allgemein ist ein Begriff durch den eines in Vielem, – synthetisch// aber wodurch Vieles in einem als zusammen unter einen Begriff gebracht wird" ; vgl. auch OP, AA 21: 237.18 – 22 ; OP, AA 21: 561.28 – 30.

29 Das Bild des Kraftfeldes verdanke ich Sarmiento, der hinsichtlich der durch Anziehung und Abstoßung erfüllten räumlichen Wirkungsphäre der Kantischen Monade von einem „field of force" spricht; siehe Sarmiento (2005), S. 19.

Materie, in Form absoluter Einheit gegeben zu werden. Die subjektiv analytische Einheit des empirischen Selbstbewusstseins ist zugleich die objektiv synthetische Einheit des transzendentalen Selbstbewusstseins und deshalb der Gegenstände der Erfahrung in zweifacher Hinsicht: Zum einen als die einzelnen Gegenstände, die Dinge, die erst durch das Subjekt zur Gegenständlichkeit überhaupt im Sinne einer naturgesetzlich strukturierten Objektivität bestimmt werden; zum anderen als der eine Gegenstand der Erfahrung selbst:[30] Der Weltstoff in seiner Objektivität, die durch seinen Begriff gegründet wird.

4.1 Weltstoff und Dynamische Grundsätze – Fragestellung und Ausblick

Der Weltstoff ist die eine Materie zur Möglichkeit der Erfahrung als absoluter Einheit und ihrer Gegenstände als diskreter Einheiten, die jedoch auch als Dinge in den gesetzlichen Zusammenhang der übergeordneten Einheitsstruktur eingebettet sind. Urheber dieser alles in sich befassenden Einheit ist der Verstand. Als unaufhörlich, gleichförmig und als Ganzes bewegtes und bewegendes Kontinuum anziehender und abstoßender Kräfte realisiert der Weltstoff die Einheit der Erfahrung in dreifacher Weise: Er ist das letzte Substrat der Einheit der Zeit.[31] Er ist der erfüllte, sinnfällige Raum und damit die reale, lückenlose Gemeinschaft aller Gegenstände der Erfahrung, die simultan in diesem Raum in Gemeinschaft sind: Von den Weltkörpern bis hin zu den kleinsten materiellen Körpern.[32] Durch seine primitiven Kräfte der „Materie überhaupt“ dieses Weltstoffs und ihre Fähigkeit, selbstbezüglich und selbstbestimmend tätig zu, wird Kausalität der Natur letztbegründet. Sowohl die mechanische Kausalität als auch eine andere Art von Ursächlichkeit, die es ermöglicht auch das Organische von seinen Prinzipien a priori her zu denken und in einer Metaphysik der Natur nach apriorischen Be-

30 Vgl. OP, AA 21: 551.08 – 10: „Die agitirende Kräfte der Materie sind weil unsere Sinnenwerkzeuge auch material sind auch Gegenstande so wohl als Ursachen möglicher Erfahrung“.

31 Vgl. bspw. OP, AA 21: 220.20 – 26: „laßt sich von der Bewegung der Materie welche diese Zeit bezeichnet nur eine gleichformige und beharrliche Fortdauer dieser Bewegung denken. Denn die Möglichkeit der Erfahrung verstattet keinen Wechsel weder des Aufhörens noch der Zunahme weil das so viel wäre als ob sich die Zeit aufhalten oder beschleunigen ließe; eine leere Zeit aber ist kein Object möglicher Erfahrung“.

32 Vgl. bspw. OP, AA 21: 575.20 f.: „Gemeinschaft der Weltkorper untereinander durch den allgemein ausgebreiteten u. innigst durchdringenden Wärmestoff“, wie auch OP, AA 21: 579.28 – 31: „denn alle sogenannte Erfahrungen sind immer nur als Theile Einer Erfahrung vermöge des allverbreiteten unbeschränkten Wärmestoffs welcher alle Weltkörper in einem System verbunden und in Gemeinschaft der Wechselwirkung versetzt“.

griffen zu behandeln. Diese dreifache Weise, in der „Materie überhaupt“ konstitutiv für die Einheit der Erfahrung ist, eröffnet folgende Fragestellungen: Welche systematische Funktion erfüllt der Weltstoff verglichen mit den dynamischen transzendentalen Naturgesetzen der drei Analogien der Erfahrung? Ist es möglich, dass Kant mit dem Konzept der einen, den Raum in Substanz einnehmenden und dynamisch erfüllenden primären Materie die konstitutive Rolle der dynamischen Grundsätze hinsichtlich der Einheit der Erfahrung in einem Begriff zusammendenkt? Wird aus einer dreigeteilten Begründung der Einheit in Natur und Erfahrung eine schlechthinnige Einheit von Begründendem und Begründetem? Ist dies systematisch zu rechtfertigen und vor dem Hintergrund der Transzendentalen Analytik überhaupt plausibel?

Geht Kant damit einen Schritt in die Richtung Hegels, der die Substanz als Prozess begreift, der die Stufen des reflexiven Substantialitätsverhältnisses (Substanz – Zeiteinheit – Erste Analogie), des kausalen Ursache-Wirkungsverhältnisses (Kausalität – Zweite Analogie), und der Wechselwirkung („Gemeinschaft der Wechselwirkung“[33] im erfüllten Raum – Dritte Analogie) durchläuft um sich zur übergeordneten Einheit des Begriffs aufzuheben (Weltstoff – Wirklichkeit und Notwendigkeit- 2. und 3. Postulat des empirischen Denkens)? Ist der Begriff einer selbstbezüglichen Materie zur Einheit der Erfahrung ein Schritt in die Richtung einer absoluten Identität von Subjekt und Objekt im Begriff, die den Kerngedanken eines wahren, nicht bloß formalen Idealismus ausmacht? Auch wenn diese Fragen den Rahmen einer Untersuchung der Grundgedanken des Entwurfs „Übergang 1–14“ weit übersteigen, müssen sie dennoch mit Notwendigkeit in ihrem Kontext gestellt werden. Auch wenn diese Fragen gerechtfertigt sind, und Kant sich gedanklich in der Tat ein stückweit in Richtung einer weiter gedachten Identität des Subjektiven und des Objektiven bewegt – ja diesen gedanklichen Schritt sogar im Zusammenhang des Entwurfes expliziert[34] – ist die Behauptung eines absoluten Idealismus in „Übergang 1–14“ dennoch mit aller Entschiedenheit zurückzuweisen. Kant bleibt formaler, transzendentaler Idealist. Das Subjekt konstituiert die Erfahrung als gesetzlichen Zusammenhang in absoluter Einheit. Nur in dieser Form der Einheit kann etwas ins Gemüt Eingang fin-

---

33 KrV B260.

34 Vgl. OP, AA 21: 602.06–14: „Also ist das Subjective der Wirkungen der nach obigen Attributen agitirenden Kräfte d.i. das Ganze der Wahrnehmungen zugleich Darstellung der obbenannten Materie also: mit dem Objectiven identisch, d.i. dieser Elementarstoff, als ein gegebenes Ganze ist die Basis der Vereinigung aller Kräfte der Materie zur Einheit der Erfahrung. – Was nun zur absoluten Einheit möglicher Erfahrung gehört ist wirklich. Also ist ein solcher Stoff als ein nicht blos distributiv// sondern zugleich collectiv// allgemeiner Weltstoff wirklich.“

den.[35] Dennoch wird das, was dem Begriff a priori der Materie zur Möglichkeit aller Erfahrung entspricht – auch nach der Konzeption des Nachlasswerkes in den untersuchten Teilstücken – gegeben. Das Gegebene muss jedoch dem Begriff einer absoluten Einheit der Natur, den das Subjekt a priori denkt, entsprechen. Es muss als Inbegriff apperzipiert werden, sonst kann es nicht Gegenstand menschlicher, objektiver Erfahrung sein. Die Welt ist zwar gut idealistisch „ein Produkt der Freyheit der Intelligenz“[36] – aber auch im Opus postumum wie in der Kritik der reinen Vernunft nur der Form nach.[37]

35 Vgl. OP, AA 21: 574.29 – 575.05: „Diese Basis liegt in dem Vorstellungsvermögen des Subjects; weil dieses aber auf die Einheit des Ganzen möglicher Erfahrung überhaupt zuerst bezogen wird und die Erfahrungsvorstellungen nicht anders als in dieser Form ins Gemüth kommen können so hat der Begrif von dieser Einheit (des Wärmestoffs als Basis der Vereinigung der bewegenden Kräfte der Materie) auch objective Realität“.

36 Hegel, GW 4: 43.29 f.

37 Vgl. OP, AA 21: 591.21 – 592.04: „Thesis Es existirt ein allgemeines Object äußerer Sinne an dem Gegenstande Einer allein möglichen Erfahrung und wenn von Erfahrungen (in plurali) geredet wird so bedeuten diese nichts weiter als ein Aggregat von Warnehmungen die allererst in das Ganze einer Erfahrung nach dem formalen Princip der Vereinigung des Mannigfaltigen derselben zu Einer Erfahrung durch einen Vernunftbegriff (folglich a priori) als durchgängig unter sich verbunden gedacht werden so daß das subjective Princip des Formalen der Verbindung der gegebenen Vorstellungen (von bewegenden Kräften der Materie überhaupt) vor dem Materialen (dieser Kräfte selbst) vorhergeht“. Den rein formalen Charakter des Kantischen Idealismus stellt auch Hübner heraus, wenn er bezogen auf den Begriff der Selbstaffektion, wie er im Nachlasswerk begegnet, schreibt, es läge bei Kants Äußerungen hierzu neuerlich das Missverständnis nahe „es handle sich hier um einen materialen Idealismus. Man kann nicht sagen: Wenn mich ein Haus affiziert, so affiziere ich mich selbst. Das hieße die Welt im Sinne der spekulativen Philosophie als Produktion des Subjekts auffassen. Wenn mich dies und jenes an diesem und jenem Zeitpunkt affiziert, so ist das eine empirische Tatsache, über die das Subjekt nicht Macht hat. Nur die Form, in welcher etwas erscheint, hat es selbst erzeugt, und nur hinsichtlich ihrer ist alle Affektion Selbstaffektion“, siehe Hübner (1953), S. 213.

5 Subjekt-Objekt-Identität bei Kant

Innerhalb dieses letzten Kapitels werden die im Vorangegangenen untersuchten Texte des Kantischen Nachlasswerkes, vor der Folie einer These des jungen Hegel zur Philosophie Kants, nochmals in den Blick genommen. Was gezeigt werden soll ist, dass die Hegelsche These einer wenngleich nur anfänglichen und auf einer „untergeordneten Stuffe“ aufgefassten Einheit von Subjekt und Objekt[1] im Hinblick auf den Entwurf „Übergang 1–14“ auf den Bereich der Gesamterfahrung ausgeweitet werden kann. Erfahrung im Sinne Kants ist in toto subjektiv-objektiv. Dies wird in zwei Schritten geschehen. Zunächst ist zu zeigen, dass Hegels Sichtweise anhand von Druckschriften Kants, wie der KrV, belegt werden kann, bevor im Anschluss an diese Darstellung noch einmal Stellen aus dem Zusammenhang von „Übergang 1–14“ ausgewertet werden.

Eine wichtige Fragestellung ist die nach der Immanenz oder aber der Externalität Hegelscher Kant-Kritik. Während immanente Kritik sich dadurch auszeichnet, dass sie weitgehend innerhalb der Grenzen des zu kritisierenden Systems verbleibt, oder zumindest den Versuch unternimmt, sich in eine andere philosophische Perspektive hineinzudenken oder das philosophische Projekt nicht aufgrund eigenen Desinteresses oder andersgearteter Voraussetzungen abzulehnen und diese grundlegende Ablehnung zum Ausgangspunkt der Kritik zu machen, verfährt externe Kritik genau entgegengesetzt. Sie geht von eigenen Prämissen aus, die im Extremfall denen der kritisierten Philosophie diametral entgegengesetzt sind. Meiner Auffassung nach erweist sich die obige Frage nur dann als eindeutig entscheidbar, wenn man seine Behauptung auf eine klar definierte Periode innerhalb der Entwicklung des Hegelschen Denkens und Philosophierens, nicht aber auf die Kant-Kritik oder Kant-Darstellung Hegels in ihrer Gesamtheit bezieht. So spricht bspw. Bondeli von einem „Kantianismus“ Hegels bezogen auf die frühesten Phasen Hegelscher Auseinandersetzung mit zeitgenössischer Philosophie im Allgemeinen und derjenigen Kants im Speziellen; ausgehend von der Tübinger Stiftszeit bis zur allmählichen Loslösung von Kant im Zuge der anfänglichen Ausbildung eigener systematischer Grundlagen am Beginn der Jenaer Periode.[2] Diese Grundlagen, die unter dem Begriff eines Systems absoluter Identität zusammengefasst werden können, bedingen – stärker in *Glauben und Wissen* aber auch schon innerhalb der *Differenz* ...–Schrift – den Umgang Hegels mit dem Denken Kants. Dies jedoch nicht dadurch, dass er die Gedanken Kants in unangemessener Weise, d. h. gemäß eigener Voraussetzungen modifiziert

1 Hegel, GW 4: 6.07 f.
2 Bondeli (1997).

wiedergibt. Hegels Auseinandersetzung mit Kant in den Frühschriften der Jenaer Zeit kann als eine im Großen und Ganzen durchaus korrekte Darstellung in einem kritischen Kontext bezeichnet werden. Einen Beleg hierfür soll nicht zuletzt die anschließende Darstellung liefern. Innerhalb der Jenaer Frühschriften Hegels zeigen sich die beiden Aspekte der Bewertung Kants durch Hegel gleichsam unvermischt und ungetrennt. Unvermischt daher, weil beide Positionierungen, vom ausdrücklichen Herausstellen der „wahrhaft speculative[n] Seite der Kantischen Philosophie" und des Verdienstes Kantischer Philosophie,[3] Idealismus (im Sinne Hegels) zu sein,[4] bis zu dem, was Hegel „Mishandlungen" der Natur durch dieselbe,[5] das völlig bewusste Verderben der höchsten Idee,[6] oder aber Kants „höchst untergeordnete[...] und unvernünftige[...] kritische[...] Ansichten" nennt,[7] im selben Kontext nebeneinanderstehen. Ungetrennt deshalb, weil die Vereinigung beider Aspekte Hegels eigene Stellung zu Kant in der Jenaer Zeit und lange danach charakterisiert. Hegel erblickt im Denken Kants wiederholt ein systematisch nicht umgesetztes Aufscheinen der von ihm selbst als wahr vorausgesetzten Gedanken. Genau dieser Umstand einer im System nicht aufgezeigten und dennoch demonstrierbaren Wahrheit, muss in der Auseinandersetzung mit Hegelscher Kant Kritik in der Jenaer Periode stets berücksichtigt werden. Wenn Hegel bspw. von einer Identität des Subjekts und Objekts bei Kant spricht, ist dies keine solche im Vollsinne Hegels. Eine solche wahrhafte Einheit von Subjekt und Objekt als Idee einer (absoluten) Vernunft, kann es für Kant nicht geben. Ihre Behauptung würde seinen gesamten Ansatz ad absurdum führen. Identisch-Sein von Subjekt und Objekt bleibt bei Kant stets nur subjektiv. Dennoch zeigt sich für Hegel eine anfängliche Verwirklichung dieser (Vernunft-)Idee an bestimmten Stellen in Kants Schriften, wie der transzendentalen Klärung des Rechtsanspruches reiner Verstandesbegriffe, der Deduktion der Kategorien.

Es wird im Folgenden zu zeigen sein, dass selbst prima facie gewagt anmutende Behauptungen Hegels, wie die einer Identität von Subjekt und Objekt bei Kant, anhand von Kants eigenen Aussagen als plausibel aufgezeigt werden können. Vielleicht gerade anhand der zunächst überzogen anmutenden, in Wirklichkeit jedoch oftmals systematisch zugespitzten Darstellung bestimmter Positionen Kantischer Philosophie, lässt sich das profunde Verständnis derselben durch den jungen Hegel der Jenaer Zeit verdeutlichen.

3 Hegel, GW 4: 343.12f.
4 Vgl. Hegel, GW 4: 325.34.
5 Hegel, GW 4: 8.09.
6 Vgl. Hegel, GW 4: 343.15–17.
7 Hegel, GW 4: 69.22f.

In seinen Frühschriften der Jenaer Zeit, d.h. der *Differenz* ...-Schrift und *Glauben und Wissen*, kritisiert der junge Hegel das Kantische System. Wenngleich Hegels Auffassung bezüglich der Aufgabe und des Anspruchs philosophischen Denkens derjenigen Kants entgegengesetzt ist und Hegel in Kants kritischer Restriktion des Bereichs möglicher Erkenntnis einen Verzicht auf diesen Anspruch, eine Reduktion der Philosophie auf Anthropologie und damit so etwas wie den „Tod der Philosophie" erkennt,[8] bleibt seine Darstellung des Kantischen Systems nicht allein in sich stimmig. Er liefert zudem eine durchaus pointierte Kritik Kantischer Positionen, anhand derer das tiefe Kant-Verständnis Hegels nachgewiesen werden kann. In diesem Kapitel geht es darum, die Hegelsche These einer Identität von Subjekt und Objekt bei Kant zunächst in ihrem eigentlichen Bezug auf die Deduktion der reinen Verstandesbegriffe als zutreffend zu belegen. Im Anschluss daran wird Hegels These vor der Folie der vorangegangenen Darstellung des Entwurfs „Übergang 1–14" und ihrer Ergebnisse betrachtet. In der KrV wird die Identität des Subjektiven und Objektiven in erster Linie bei der Konstitution von Gegenständen möglicher Erfahrung erkennbar. Medien dieser Subjekt-Objekt-Einheit sind die reinen Verstandesbegriffe. Die Entwürfe des OP und vor allem „Übergang 1–14" zeigen eine Ausdehnung dieser Identität auf den Bereich der Gesamterfahrung. Erfahrung im Sinne Kants ist – die Modifikationen des Erfahrungsbegriffs in „Übergang 1–14" einschließend – in toto subjektiv-objektiv. Das zur Möglichkeit der Erfahrung überhaupt gegebene Material entspricht der durch das transzendentale Subjekt als Form der Erfahrung antizipierten Idee absoluter Einheit. Nur in völliger Entsprechung zu dieser Form kann das zur Möglichkeit der Erfahrung gegebene Material in das „Gemüth" des erkennenden Subjekts Eingang finden: als Inbegriff in der Idee des einen Weltstoffs.[9] In der Konstituierung einer Erscheinungswelt, die als eine bruchlose Einheit erfahren werden kann, sind Subjekt und Objekt identisch.

Bereits die kurze Vorrede zur *Differenz ...–Schrift* beinhaltet nahezu die gesamte Exposition eines zentralen Problems des Kantischen Systems. Es ist die Frage nach dem Woher durchgängiger Bestimmung und nach dem des durchgängigen gesetzlichen Zusammenhanges in der Natur als Bedingung ihrer Einheit und damit auch der Einheit der Erfahrung. Hegel schreibt an der betreffenden Stelle, Kant habe in seiner transzendentalen Deduktion der reinen Verstandesbegriffe oder wie Hegel es ausdrückt, „der Verstandes-Formen [...] das Princip der Spekulation, die Identität des Subjekts und Objekts aufs bestimmteste ausge-

8 Hegel, GW 4: 316.17.
9 Vgl. OP, AA 21: 574.29–575.05.

sprochen".[10] Welche Rechtfertigungsgründe lassen sich für diese These ins Feld führen?

Die Synthesisfunktion des Verstandes durch die reinen Verstandesbegriffe beruht auf der ursprünglich synthetischen Einheit der Apperception. Sie ist oberster Bestimmungsgrund für eine Identität des Subjekts und Objekts. Eine solche zeigt sich in Kants System nicht zuletzt darin, dass durch die Kategorien wie auch durch die transzendentalen Naturgesetze, der reine Verstand der Natur das Gesetz vorschreibt: „Kategorien sind Begriffe, welche den Erscheinungen, mithin der Natur als dem Inbegriffe aller Erscheinungen (natura materialiter spectata) Gesetze a priori vorschreiben".[11] Die reinen Verstandesbegriffe können insofern als Artikulationen einer Subjekt-Objekt Identität verstanden werden. Doch nicht allein in der subjektiven Begründung der objektiven Gesetzmäßigkeiten wird eine solche Einheit bei Kant deutlich. Sie zeigt sich vor allem in der überhaupt erst die Möglichkeit einer Objektivität begründenden Funktion des Subjekts. Nur durch die Begriffe des reinen Verstandes (angewendet auf die in Raum und Zeit gegebene Mannigfaltigkeit von Anschauungen) kann es Erfahrung von Gegenständen geben und dies muss so verstanden werden, dass Erfahrung von Gegenständen ohne Kategorien deshalb nicht stattfinden kann, weil es ohne sie gar keine erfahrbaren Gegenstände gäbe. Hier ist zunächst an Kants bekannte Formel auf KrV A111 zu denken, wo es heißt: „Die Bedingungen a priori einer möglichen Erfahrung überhaupt sind zugleich Bedingungen der Möglichkeit der Gegenstände der Erfahrung".[12] Diese Subjekt-Objekt Identität a priori gilt ebenfalls für die formalen Grundlagen der Anschauungen im inneren und äußeren Sinn. Zur letzteren schreibt Kant innerhalb der Transzendentalen Ästhetik der KrV es gäbe „außer dem Raum keine andere subjective und auf etwas Äußeres bezogene Vorstellung, die *a priori* objectiv heißen könnte".[13] Diese Objektivität ist mit der empirischen Realität von Raum und Zeit gleichbedeutend. Es ist eine Objektivität intersubjektiver Voraussetzung, welche die objektive Welt, wie sie allen menschlichen Subjekten erscheint, empirisch real vermittelbar macht. Aufgrund der transzendentalen Idealität dieser Welt ist es eben nur die Welt als objektive Erscheinung des Menschen. Bezogen auf die Konstitution von Objektivität durch das Subjekt

---

10 Hegel, GW 4: 6.01 f.

11 KrV B163, vgl. auch KrV BXVIII: „daß wir nämlich von den Dingen nur das a priori erkennen, was wir selbst in sie legen" sowie Prolegomena §36: „der Verstand schöpft seine Gesetze (a priori) nicht aus der Natur, sondern schreibt sie dieser vor" (Prol, AA 04: 320).

12 Vgl. hierzu auch die Parallelstelle KrV B197; Kant reproduziert diese Formel an mehreren Stellen des Entwurfs „Übergang 1–14" vgl. OP, AA 21: 564.04–06 sowie OP, AA 21: 574.03–05 und OP, AA 21: 588.04–06.

13 KrV B44.

können noch weitere Belege angeführt werden. Hierzu zählt die Objektdefinition, die Kant im Zusammenhang der zweiten Fassung der Deduktion der reinen Verstandesbegriffe vorlegt: „Object aber ist das, in dessen Begriff das Mannigfaltige einer gegebenen Anschauung vereinigt ist".[14] Die Einheit in dieser Vereinigung entstammt dem reinen Verstand beziehungsweise der ursprünglich synthetischen Einheit der Apperzeption. Nur durch die Apriorität des subjektiven Verstandes kann demzufolge eine gegebene Mannigfaltigkeit in einem Begriff zu einem Objekt möglicher Erfahrung vereinigt werden.

> Die synthetische Einheit des Bewußtseins ist also eine objective Bedingung aller Erkenntniß, nicht deren ich bloß selbst bedarf, um ein Object zu erkennen, sondern unter der jede Anschauung stehen muss, um für mich Object zu werden, weil auf andere Art und ohne diese Synthesis das Mannigfaltige sich nicht in einem Bewußtsein vereinigen würde.[15]

Hier zeigt sich eine deutliche Entsprechung zu der oben zitierten Stelle auf KrV A111. Der Satzteil „ein Object zu erkennen" entspräche der „Möglichkeit der Erfahrung", während „um [...] Objekt zu werden" der dortigen „Bedingung der Möglichkeit der Gegenstände von Erfahrung" entsprechend gelesen werden kann. Ebenfalls von Bedeutung in vorliegendem Kontext ist die Kantische Erklärung der Kategorien in §14 der B-Deduktion: „Sie sind Begriffe von einem Gegenstande überhaupt, dadurch dessen Anschauung in Ansehung einer der logischen Functionen zu Urtheilen als bestimmt angesehen wird".[16] Anders gewendet ließe sich bezogen auf die Kategorien auch von Begriffen einer Objektivität überhaupt (in einer möglichen Erfahrung) sprechen. Als ein weiterer Nachweis für die Richtigkeit der Hegelschen Behauptung kann auch die Kantische Definition des Urteils in §19 der Kategoriendeduktion angeführt werden. An dieser Stelle macht Kant deutlich, dass seiner Auffassung nach „ein Urtheil nichts andres sei, als die Art, gegebene Erkenntnisse zur objectiven Einheit der Apperception zu bringen. Darauf" so Kant weiter, ziele „das Verhältnißwörtchen **ist** in denselben, um die objective Einheit gegebener Vorstellungen von der subjectiven zu unterscheiden. Denn dieses bezeichnet die Beziehung derselben auf die ursprüngliche Apperception und die nothwendige Einheit derselben".[17] Gäbe es eine solche Identität nicht, wäre es nicht möglich, von objektiven Erkenntnissen zu sprechen. Es gäbe bloß subjektive Meinungen, nicht aber strenge Allgemeinheit und unbedingte Notwendigkeit.

---

14 KrV B137.
15 KrV B138.
16 KrV B128.
17 KrV B141 f.

Dass es durchaus möglich ist, in Kants theoretischer Philosophie eine Identität von Subjekt und Objekt im Sinne Hegels zu erkennen, kann ebenso anhand von Stellen aus dem Zusammenhang der Kategoriendeduktion in KrV A belegt werden. Auch dort geht es Kant um die Konstituierung einer Objektivität überhaupt wie bei den zuvor angeführten Stellen KrV B128 und KrV B138.

> Also muss ein transscendentaler Grund der Einheit des Bewußtseins in der Synthesis des Mannigfaltigen aller unserer Anschauungen, mithin auch der Begriffe der Objecte überhaupt, folglich auch aller Gegenstände der Erfahrung angetroffen werden, ohne welchen es unmöglich wäre, zu unsern Anschauungen irgend einen Gegenstand zu denken.[18]

Das transzendentale Selbstbewusstsein erweist sich als oberster Bestimmungsgrund der Einheit von Subjekt und Objekt und ohne diesen „höchste[n] Punkt" der Subjektivität kann es keine begriffliche Synthesis des in der Anschauung gegebenen Mannigfaltigen und mithin keine Objektivität überhaupt geben.[19] Die Anschauungen wären sozusagen gegenstandslos.

Es zeigt sich also, dass Hegels Auffassung bezüglich einer Subjekt-Objekt-Identität bei Kant durchaus anhand der Kritik der reinen Vernunft belegbar ist. Vermittelt über die reinen Formen des Denkens und der Anschauung ist das reine transzendentale Selbstbewusstsein der Konstitutionsgrund dieser Einheit.

Diese Subjekt-Objekt Identität ist nun im Falle des einen Stoffs zur Möglichkeit aller Erfahrung, wie Kant ihn im Zusammenhang des Entwurfs „Übergang 1–14" des Nachlasswerkes zu beweisen versucht, so total, dass auch das Gegeben-Sein dieser einen Materie überhaupt kein bloßes Widerfahrnis, sondern im Gegenteil das Produkt einer Tätigkeit des Subjekts ist. Nicht was die Entstehung dessen, was gegeben wird anbelangt, denn der Mensch verfügt nicht über einen archetypischen Intellekt bzw. die Fähigkeit intellektuell-schöpferischer Anschauung, sondern was die subjektive Form betrifft, in Entsprechung zu der das Material in das Gemüt eingeht. Der Weltstoff des „Übergang" ist die Gesamtheit aller möglichen „Materie deren bewegende Kräfte in einem Subject vereinigt aus allen Erfahrungen Eine Gesammterfahrung macht".[20] Die Objektivität der Gesamterfahrung im Sinne Kants ist als solche Produkt einer subjektiv-synthetischen Formtätigkeit des erkennenden Subjektes. Der Umstand, demzufolge das Kantische Erkenntnissubjekt

---

18 KrV A106.

19 KrV B133, Anm. Dies ist genau der Umstand, auf den auch Burkhard Tuschling abzielt, wenn er bezogen auf Kant pointiert feststellte, bei diesem sei das „esse", im Sinne von objektiv-Sein, nicht percipi (wie es bei Berkeley der Fall ist) sondern ap-percipi, vgl. bspw. Tuschling (2004), S. 60: „[Sein ist] nicht nur wahrgenommen werden, esse ist nicht nur percipi, Sein ist Wahrgenommen-und-zur-Einheit-der-Apperception-gebracht-werden".

20 OP, AA 21: 580.19 f.

seine Erfahrung „macht" bezieht sich mithin nicht allein auf bestimmte Aspekte einer Erfahrung überhaupt, wie es beispielsweise von Hegel in seinen kritischen Stellungnahmen zu Kant behauptet wird. Dort erscheint Erfahrung bei Kant nur halb bestimmt. Von dieser partiellen Bestimmungsleistung durch die transzendentalen Naturgesetze abgesehen „bleibt ausser den objektiven Bestimmungen durch die Kategorieen ein ungeheures empirisches Reich der Sinnlichkeit und Wahrnehmung, eine absolute Aposteriorität, für welche keine Apriorität als nur eine subjektive Maxime der reflektirenden Urtheilskraft aufgezeigt wird"; Hegel folgend wird insofern bei Kant die „Nichtidentität [...] zum absoluten Grundsatz erhoben".[21] Diese Nichtidentität besteht auch in „Übergang 1–14" als nicht aufgehobene Trennung von an-sich und Erscheinung weiter. Dennoch wird auch die Totalität des Gegebenen überhaupt subjektiv-formal bestimmt. Die Identität von Subjekt und Objekt betrifft nicht mehr die allein die Gegenstände der Erfahrung, die insofern objektiv sind, als sie „in Ansehung einer der logischen Functionen zu Urtheilen als bestimmt angesehen" werden müssen,[22] sondern die Erfahrung selbst als der eine und einzige Gegenstand. Das hen kai pan möglicher Erfahrung des Menschen, oder eben, wie es Kant in „Übergang 4" ausgedrückt hatte das eine

---

21 Hegel, GW 4: 6.12–15. Hegels kritisches Referat trifft einen ‚neuralgischen Punkt' des Kantischen Systems. Es ist die Frage nach dem Woher der Bestimmung besonderer Phänomene im Bereich der Natur, die nicht durch die bestimmende Urteilskraft unter die allgemeinen Naturgesetze, die der reine Verstand vorschreibt subsumiert werden können. Neben der KrV und dort insonderheit Abschnitten wie KrV A126/127 und KrV B163–165 sind als wichtigste der Argumentation Hegels zugrunde liegende Textstellen die Abschnitte IV und V der publizierten Einleitung in die KU anzuführen. An einer Stelle in *Glauben und Wissen* faßt Hegel diese Kritik sehr plastisch in Worte. Dort heißt es: „Eine solche formale Identität hat unmittelbar eine unendliche Nichtidentität gegen oder neben sich, mit der sie auf eine unbegreifliche Weise koaleszieren muss; so kommt denn auf eine Seite das Ich mit seiner produktiven Einbildungskraft oder vielmehr mit seiner synthetischen Einheit, die, so isoliert gesetzt, formale Einheit des Mannigfaltigen ist, neben dieselbe aber eine Unendlichkeit der Empfindungen [...] welches Reich, insofern es von den Kategorien verlassen ist, nichts anderes als ein formloser Klumpen sein kann, obschon es auch nach der KU als ein Reich der schönen Natur Bestimmtheiten in sich enthält, für welche die Urteilskraft nicht subsumierend, sondern nur reflektierend sein kann. Aber weil doch Objektivität und Halt überhaupt nur von den Kategorien herkommt, dies Reich aber ohne Kategorien und doch für sich und für die Reflexion ist, so kann man sich dasselbe nicht anders vorstellen als wie den ehernen König im Märchen, den ein menschliches Selbstbewußtsein mit den Adern der Objektivität durchzieht, daß er als aufgerichtete Gestalt steht, welche Adern der formale transzendentale Idealismus ihr ausleckt, so daß sie zusammensinkt und ein Mittelding zwischen Form und Klumpen ist, widerwärtig anzusehen, – und für die Erkenntnis der Natur und ohne die von dem Selbstbewußtsein ihr eingespritzten Adern bleibt nichts als die Empfindung" (GW 4: 332.16–33).

22 KrV B128.

und einzige „Object (der Möglichkeit) der Erfahrung".[23] Im Anschluss an die oben zitierte Stelle aus „Übergang 11"[24] fährt Kant fort:

> Daß sich die Form der Verhältnisse der bewegenden Kräfte nach der Form richte nach welcher sie a priori zu Einer Erfahrung zusammenstimmen; weil diese subjective Gesetzlichkeit eben das ist was dieses objective Ganze der Erfahrung moglich macht. Und daß die Idee des Wärmestoffs nach seinen Eigenschaften allverbreitet, alldurchdringend u. allbewegend zu seyn nichts Anders als die allgemeine Basis der in der Erfahrung bewegenden Kräfte der Materie sey so fern sie Eine ist.[25]

Nicht allein bezogen auf die Einzelnheit, sondern auch bezogen auf die Allheit der einen Erfahrung[26] muss die Hegelsche These einer Subjekt-Objekt Identität bei Kant als zutreffend bezeichnet werden. Sehr deutlich spricht Kant dies im Kontext des zwölften Entwurfs zum „Übergang" aus: „Also ist das Subjective der Wirkungen der nach obigen Attributen agitirenden Kräfte d.i. das Ganze der Wahrnehmungen zugleich Darstellung der obbenannten Materie also: mit dem Objectiven identisch".[27] Die subjektive Präformierung des Objektiven begründet die Einheit der Erfahrung. Das Gegebene entspricht absolut dem Gedachten, wie Kant es an einer Stelle des vierzehnten „Übergang"-Entwurfs ausdrückt: „Es giebt objectiv einen Gegenstand äußerer Sinne d.i. eine Materie (dabile) und subjectiv ein Ganzes derselben in Einer Erfahrung (cogitabile)".[28] Nochmals muss hier auf

23 OP, AA 21: 231.09.
24 Vgl. Anm. 1212.
25 OP, AA 21: 580.26 – 581.02; vgl. auch OP, AA 21: 580.19 – 21: „Materie deren bewegende Kräfte in einem Subject vereinigt aus allen Erfahrungen Eine Gesammterfahrung macht ist die Basis aller Erfahrungen und der Wärmestoff".
26 Vgl. die Formel aus „Übergang 1" und „Übergang 12" von einem „All der Materie" (OP, AA 21: 210.01 ; OP, AA 21: 592.13).
27 OP, AA 21: 602.06 – 09. Lehmann erkennt in Teilen des Nachlasswerkes „eine „neue" transzendentale Deduktion, deren Kernstück, die Lehre von der Apperzeption" in der Selbstsetzungslehre des VII. Konvolutes revidiert wird, siehe Lehmann (1936) S.307. Der „Leitgedanke[...] der neuen Deduktion" wird von Lehmann „übereinstimmend mit Kants Terminologie, als Korrespondenzprinzip" bezeichnet und dieser Leitgedanke ist es, „der die Subjekt-Objektivität der Wahrnehmung festlegt" ebd. S. 319.
28 OP, AA 22: 612.15 – 17. Vgl. auch die folgende Passage aus „Übergang 14": „Man muss nicht vom Object sondern der Erfahrung des Subjects u. was sie enthalten kann anfangen. – Wenn der Wärmestoff nach denen a priori ihm beygelegten Attributen das objective Gantze der bewegenden Kräfte der Materie vorstellt: eben derselbe aber auch nach diesem Begriff das subjective Ganze (die Gesammteinheit) aller Warnehmungen in Einer Erfahrung enthält so ist die Existenz des Wärmestoffs mit dem Begriff der Zusammenstimmung der Warnehmungen zu Einer möglichen Erfahrung einerley; denn die Einheit ist objectiv in Ansehung der bewegenden Materie aber auch subjectiv in Ansehung der Gesammteinheit der zu Einer Erfahrung gehörenden Vorstellungen als

die, bei aller grundlegenden Externalität der Kritik, wenn es um die Kantische Philosophie im Ganzen geht, zu konstatierende Richtigkeit der Kant-Darstellung durch den jungen Hegel der Jenaer Zeit hingewiesen werden. Fest steht natürlich, dass Hegel keinerlei Kenntnis der Entwürfe oder auch nur der Thematik des Kantischen Nachlasswerkes haben konnte. Dennoch ist, wie ich weiter oben gezeigt habe, die These einer Identität von Subjekt und Objekt, sofern man eine solche nicht als vollkommene Einheit im Sinne der jungen Hegel und Schelling aufzufassen geneigt ist, bezogen auf den Kant, der Hegel bekannt war, keineswegs abwegig zu nennen.

---

das Subject bewegender Krafte. Also stimmt der Satz von der Existenz des Wärmestoffs mit der Erfahrung (als absoluter Einheit) überein" (OP, AA 22: 614.20 – 615.04).

6 Schlussbetrachtung

> In dem Verfahren der gereinigten Weltweisheit herrscht eine Regel, [...] in aller Nachforschung der Ursachen zu gewissen Wirkungen [...] die Einheit der Natur so sehr wie möglich zu erhalten, das ist, vielerlei Wirkungen aus einem einzigen, schon bekannten Grunde herzuleiten und nicht zu verschiedenen Wirkungen wegen einiger scheinbaren größeren Unähnlichkeit sogleich neue und verschiedene wirkende Ursachen anzunehmen. Man präsumirt demnach, daß in der Natur große Einheit sei in Ansehung der Zulänglichkeit eines einigen Grundes zu mancherlei Art Folgen, und glaubt Ursache zu haben, die Vereinigung einer Art Erscheinungen mit denen von anderer Art mehrentheils als etwas Nothwendiges und nicht als eine Wirkung einer künstlichen und zufälligen Ordnung anzusehen. [...] Man präsumirt mit großem Grunde: [...] vielerlei Erscheinungen einer und eben derselben wirksamen Materie, die in allen Räumen ausgebreitet ist, nämlich des Äthers, [...] und man ist überhaupt unzufrieden, wenn man sich genöthigt sieht ein neues Principium zu einer Art Wirkungen anzunehmen. Selbst da, wo ein sehr genaues Ebenmaß eine besondere künstliche Anordnung zu erheischen scheint, ist man geneigt, sie dem nothwendigen Erfolg aus allgemeinern Gesetzen beizumessen und noch immer die Regel der Einheit zu beobachten, ehe man eine künstliche Verfügung zum Grunde setze.[1]

So wie der Äther oder Weltstoff des Entwurfs „Übergang 1–14" die Einheit der Erfahrung material begründet, und alle Teilräume im einen Erfahrungsraum, bzw. in dem durch das Materiekontinuum gestifteten Kontinuum einer nicht mehr bloß formalen Raumzeit, in dynamische Gemeinschaft setzt, so verbindet der Ätherbegriff auch die unterschiedlichen Perioden des Kantischen Schaffens. Bereits in den vorkritischen Schriften, als ein Beleg hierfür mag das obige Zitat aus BDG gelten, finden sich zwei Gründe für die Annahme eines derartigen stofflichen Prinzips. Der logische Grund geht auf die größtmögliche Einheit in der Ableitung. Gemeint ist die Regel, das Mannigfaltige der Erscheinungswelt nicht durch eine ebenso große Mannigfaltigkeit der Erklärungsgründe, sondern aus einem einigen obersten Prinzip abzuleiten. Hier leitet das Ökonomieprinzip, das auch in der Anwendung der Erkenntnispotentiale seine Geltung beansprucht, zur Aufsuchung eines obersten Grundes an.[2] Der zweite Grund ist durch diesen ersten bestimmt und führt zu der Annahme auch eines obersten Erklärungsmittels in naturwissenschaftlichen Zusammenhängen: einer Zwischenmaterie als hypothetischem Stoff zur Erklärung einer Mannigfaltigkeit der Phänomene im Bereich der Natur. Die Einheit ist regulativ, heuristisch, hypothetisch und ökonomisch gestiftet. Ihr Prinzip ist das Ergebnis einer Suche nach größtmöglicher Einheit durch das Erkenntnissubjekt und diese Einheitssuche ist dem Subjekt durch die Natur seiner

1 BDG, AA 02.113.

2 Vgl. hierzu auch den Anhang zur transzendentalen Dialektik KrV B680.

Erkenntnispotentiale aufgegeben. So sucht dasselbe Subjekt auch die absolute Einheit seiner selbst, der mannigfaltigen Erscheinungen und deren transzendente und letzte Begründung vermittels der regulativ gebrauchten Ideen der Seele, der Welt und Gottes, die eine notwendige letzte Antwort auf dieses Streben nach Einheit in der Erkenntnis darstellen. In dieser bloß heuristischen Auffassung begegnet der Begriff des Äthers nicht allein in den vorkritischen Schriften. Bis zum Ende der 1790er Jahre hält Kant an diesem so aufgefassten Begriff fest. Selbst im OP nutzt Kant den „Äther der neuern Physiker",[3] wie er ihn in KU §91 bezeichnet, zur Hebung der Probleme seiner defizitären besonderen Materietheorie. Dann kommt in 1799 die „Wende"[4], der „shift"[5] bezüglich dieser Auffassung des Äthers und macht einem neuen, singulären Typus der Idee Platz.

Der transzendentale Beweis der Materie überhaupt, wie ihn Kant im Entwurf „Übergang 1–14" des Nachlasswerkes vornimmt, stellt eine Ausfaltung der Implikate des Kantischen Erfahrungsbegriffes dar. Bereits die KrV verweist, v. a. in der Ersten und der Dritten Analogie der Erfahrung, sowie in dem Abschnitt Von dem Transzendentalen Ideal, auf die Notwendigkeit der Voraussetzung einer Materie aller empirischen Möglichkeit. Den gültigen Nachweis dieser notwendigen Möglichkeitsbedingung von Erfahrung überhaupt hält Kant jedoch 1781/87, aufgrund seiner Auffassung dessen, was durch eine transzendentale Beweisführung deduzierbar ist, für unmöglich und lässt ihn unversucht, wenngleich Anleihen eines derartigen Beweises in den Texten der KrV erkennbar sind.[6] Auch die dialektische Verwandlung der distributiven Verstandeseinheit in die kollektive Einheit eines quasi gegenständlichen Erfahrungsganzen hatte Kant innerhalb der Ausführungen zum transzendentalen Ideal in den Bereich der Dialektik der Vernunft, der natürlichen Irrtümer derselben, verwiesen, wenngleich auch hier die Erste Analogie der Erfahrung in ihrem Grundsatz nach der Ausgabe KrV B genau diese dialektische Verwandlung bereits voraussetzt. In 1799 wird dann die Existenz des Weltstoffes, der einen Substanz im Raum, die diesen dynamisch realisiert, zum Gegenstand einer transzendentalen Beweisführung. Es erscheint demzufolge eher eine neue Auffassung über dasjenige, was auf dem Wege einer transzendentalen Argumentation nachgewiesen werden kann, bzw. für welche Annahmen eine

---

3 KU, AA 05: 467.

4 Mathieu (1989), S. 107 f.

5 Förster (2000), S. xii.

6 Hier ist nochmals auf die Ausführungen zur Ersten und Dritten Analogie der Erfahrung und auf Edwards These hinzuweisen, der zufolge die Dritte Analogie der Erfahrung eine Vorwegnahme der Argumentation gegen die Möglichkeit absolut leerer Räume innerhalb des Erfahrungsraumes beinhaltet, welche im Nachlasswerk zu einer der zentralen Prämissen des Kantischen Existenzbeweises einer Materie überhaupt wird.

Klärung ihres Rechtsanspruchs in dieser Weise möglich ist, als ein grundlegender Systemwandel bei Kant vorzuliegen. In leichter Abwandlung einer These Försters kann gesagt werden, dass Kant im OP zwar in der Tat keinen kritischen Standards Gewalt antut;[7] er modifiziert sie jedoch und ist sich, indem er dies tut, des neuen und unerhörten Anspruchs an seine Transzendentalphilosophie durchaus bewusst. Dies belegen nicht zuletzt die beweisapologetischen Anmerkungstexte in „Übergang 1–14". Es ist demnach völlig falsch zu behaupten, Kant habe altersbedingt die Fähigkeit eingebüßt, sein System in all seinen Aspekten zu erinnern und zu überblicken.[8] Eher ist das Gegenteil der Fall. Kant hört nicht auf, sein System wieder und wieder zu überdenken. Er realisiert das Vorhandensein von Problemstellen innerhalb dieses Systems und integriert neue Möglichkeiten zu deren Lösung. Er will die bleibende Geltung des Systems und nimmt hierfür dessen Abwandlung in Teilbereichen in Kauf. So wie Kant aus seinem neugewonnenen kritischen Standpunkt eine Publikation seiner Schriften vor 1770 rundweg ablehnt, so werden Druckwerke der kritischen Schaffensperiode sei es nun in Teilen derselben, d.h. bestimten Konzepten, oder auch als Ganzes, als überholt erkannt. Letzteres gilt, wie Tuschling herausgestellt hat, für die MAN von 1786, die aus der Perspektive des Nachlasswerks als an ihrem eigenen Anspruch gescheitert angesehen werden müssen. Dennoch sind alle Modifikationen des Systems eines transzendentalen Idealismus Kantischer Prägung nicht in der Lage, die grundlegenden Spezifika dieses Systems unkenntlich zu machen. Hierin besteht die Differenz zwischen einer Selbstaufhebung des Transzendentalen Idealismus und dessen Modifikation zum Zwecke des Systemerhalts.

Wenn der Mystiker Eckart sagt, dass man sich der Leiter entledigen muss, wenn man durch ihre Sprossen den Aufstieg geschafft hat,[9] ist dieses Bild sehr gut geeignet, retrospektiv an der in dieser Untersuchung gewählten Vorgehensweise (Selbst)Kritik zu üben. Geht in der kommentierenden Darstellung die Exposition dessen, was die primäre Textgrundlage beinhaltet, mit dem Versuch einer anfänglichen Deutung zusammen, läuft der Interpret stets Gefahr, entweder seine interpretatorische Auffassung auf den zugrundeliegenden Text zu projizieren, oder aber in seinem Versuch, die widersprüchlichen Stellen (von denen der Text des Entwurfs „Übergang 1–14" wie auch das übrige Nachlasswerk aufgrund seines

7 Förster (2000), S. xiii: „the ether proofs of the Opus postumum do not violate any of the critical standards set by Kant's Critiques".

8 Solche Unterstellungen Kant gegenüber sind bereits aus dem Jahr vor der Niederschrift des Entwurfs „Übergang 1–14" überliefert. Zum Beleg vgl. die folgende Äußerung Pörschkes zu Abegg: „Kant lieset seine Schriften nicht mehr, vergißt was er geschrieben, versteht auch nicht auf der Stelle recht, was er ehemals sagen wollte", vgl. Vorländer (2004), S. 312.

9 Vgl. wahlweise Wittgenstein im Tractatus.

Zustands genug bereithält) zu einer konzisen Lesart zu verbinden, den Widerspruch zu reproduzieren oder neue Widersprüche zu schaffen.

Wissenschaftliche Arbeiten sind Fixierungen von Momenten eines (im besten Fall) nie abgeschlossenen Prozesses des Weiterdenkens und Forschens. Dies belegt auch das kritische Hinterfragen eigener philosophischer Konzepte und Positionen seitens des alten Kant, die Anlass zu letzten Werkentwürfen gegeben und im OP ihren Niederschlag gefunden haben. Eine kommentierende Darstellung eines Entwurfs aus dem Zusammenhang des Kantischen Nachlasswerks, wie der Verfasser sie vorgelegt hat, müsste an vielen Stellen klarer in Darstellung und Kommentierung auseinanderfallen, als dies an einzelnen Stellen dieser Untersuchung zu „Übergang 1–14" geschehen sein dürfte. Die Inhaltsangabe, die zeilengenaue Feststellung dessen, was auf den Bogen des Entwurfs gesagt wird, muss von der Interpretation so gut als möglich getrennt werden. Gerade wenn man einerseits die Kontinuität im Denken Kants herausstellen will und gleichzeitig die Widersprüche zu Kants Positionen im Druckwerk offenlegen will, läuft man stets Gefahr, die genannten Fehler zu machen.

Einige der genannten Widersprüche sind ohne jeden Zweifel die Einführung eines konstitutiven Vernunftbegriffs, die Behandlung der Materie als nicht bloß empirischer Begriff, die Auffassung, kollektive Einheit und absolutes Ganzes der Erfahrung seien im Rahmen einer kritischen Transzendentalphilosophie positiv behandelbar, die Verschiebung der Grenzen von Verstand und Vernunft und damit von transzendentaler Analytik und Dialektik im Sinne einer Erweiterung jener[10] und die Realisierung des Ideals.

Die Auffassungen Kants in „Übergang 1–14" (wofern man in Anbetracht der Tatsache, dass man es mit einem Entwurf zu tun hat, der nie zu einem definitiven Abschluss und zur Publikation gelangt ist, gewillt ist, die darin enthaltenen Reflexionen so zu bezeichnen) stellen in vieler Hinsicht Brüche mit Positionen des Druckwerks dar. Dennoch stellt sich angesichts der vonseiten früherer und maßgeblicher Interpreten des Opus postumum aufgeworfenen Fragen nach einer Selbstaufhebung des Transzendentalen Idealismus,[11] einem Rückschritt zu vorkritischen Auffassungen oder einer Hinwendung des alten Kant zu einem materialen oder absoluten Idealismus im Sinne Hegels, auch hier die Frage, wie die textimmanenten Widersprüche letztlich zu werten sind.

Jeder Interpret von „Übergang 1–14" muss sich fragen, ob das Argument a priori für die Existenz des Weltstoffs, als Rückfall Kants in dogmatisches Philo-

---

10 Siehe hierzu erneut die kritische Stellungnahme zur These von Schulze (1994) in der Einleitung der vorliegenden Arbeit.

11 Vgl. Tuschling (2001).

sophieren und Aufgabe des Transzendentalen Idealismus zu werten ist. Hierzu soll abschließend noch einmal in aller Kürze Stellung bezogen werden. Wenngleich an vielen Stellen dieser Untersuchung die Auffassung vertreten wurde, dass Kant die Existenz und Wirklichkeit des Äthers als Implikat seines Begriffs einer schlechterdings einheitlichen Erfahrung begreift, ist dennoch nicht davon auszugehen, dass sich der Existenzbeweis in einer Analyse des vorausgesetzten Erfahrungsbegriffs erschöpft. Grund der Einheit der Erfahrung ist nicht die Setzung eines Begriffs, die genauso gut unterbleiben könnte; ihr Grund ist der Verstand selbst. Sein höchster Punkt, das transzendentale Selbstbewusstsein,[12] vereinigt alles was dem Subjekt in der Anschauung gegeben wird. Es leistet die ursprüngliche – und bezogen auf die Erfahrung als Erscheinung eines menschlichen Subjekts im Vollsinne uranfängliche – Synthesis des Mannigfaltigen.[13] Bei Gelegenheit der einzelnen Anschauung ist die Einheit der Erfahrung als ganzer immer schon qua spontaner Verstandeshandlung gestiftet. Auch in diesem Sinne nimmt mit der Erfahrung (im Sinne einer einzelnen Erfahrung als Bestandteil einer übergeordneten Einheit der Erfahrung schlechthin) alles seinen Anfang.[14] Aus dem Verstand folgt die Einheit der Erfahrung und erst nachgeordnet der Begriff, den wir uns von dieser Einheit machen. Die objektiv synthetische Einheit ist Bedingung der subjektiv analytischen Einheit der Erfahrung im Begriff. In diesem Begriff liegen und aus diesem Begriff folgen analytisch alle Bedingungen der Möglichkeit von Erfahrung im Sinne dieses Begriffs – auch die Existenz der Materie überhaupt als eines ubiquitären Kraftfelds[15] aus Attraktion und Repulsion. Dieser Begriffsanalyse vorgängig ist jedoch die Erkenntnis der sinnlichen und kognitiven Möglichkeitsbedingungen von Erfahrung, d.h. Formen der Anschauung, begriffliches Inventar des Verstandes und – abfließend aus der Verbindung beider „Quellen" in der Anwendung auf das gegebene Material – synthetische Urteile a priori in den Grundsätzen. Hierin besteht der grundlegende Unterschied der Beweisführung Kants in „Übergang 1–14" zu einer dogmatischen Beweisführung durch die Zergliederung eines bloßen Begriffs.[16]

Was die Frage nach einer Aufhebung des formalen Transzendentalen Idealismus hin zu einem absoluten Idealismus anbelangt, ist vor der Folie der Texte des Entwurfs „Übergang 1–14" festzustellen, dass Kants Begründung der Einheit

12 Vgl. KrV B134 Anmerkung.

13 Laut Hoppe ist „der Grundsatz der Einheit der Erfahrung [...] Folge der ursprünglichen Einheit der Apperzeption", siehe Hoppe (1991), S. 56.

14 Vgl. KrV B1.

15 Siehe Sarmiento (2005), S. 19: „field of force".

16 Siehe hierzu besonders Förster (1991), S. 41–43.

des Ganzen möglicher Erfahrung durch das materiale Apriori[17] des Äthers, Wärme- oder Weltstoffs keine solche Aufhebung impliziert. Dass bereits die dynamischen Grundsätze der KrV die Einheit der Substanz in der Erscheinung zur Gewährleistung der Zeiteinheit und den lückenlos dynamisch erfüllten Raum voraussetzen, hatte bereits Edwards Arbeit[18] gezeigt. In dieser Untersuchung und einem vorangegangenen Aufsatz wurde versucht,[19] die Beziehung des Weltstoffs in „Übergang 1–14" zur Substanz der Ersten Analogie der Erfahrung zu skizzieren. Die Dualität anziehender und abstoßender bewegender (Grund)Kräfte als Substrat aller besonderen bewegenden Kräfte der Materie („Basis aller anderen beweglichen Materie"[20]) zu setzen und die kollektive Einheit dieser Bewegkräfte unter dem Namen eines Weltstoffs a priori als existierend zu beweisen, weil die Erfahrung keine Leerstellen zulässt und das Subjekt die Einheit des Ganzen möglicher Erfahrung hinsichtlich des zur Möglichkeit der Erfahrung gegebenen Materials stiftet, ist in der Analytik der KrV nicht vorgesehen, wohl aber mit dieser vereinbar. Das was den einen Raum der einen Erfahrung dynamisch realisiert, sind letztlich nichts anderes als bloße Verhältnisse.[21]

Anders verhält es sich hingegen mit den Ansätzen zu einem neuen Materiebegriff, der so etwas wie Selbstorganisation und Selbst-Bestimmung in die Materie verlagert. Auch wenn ein solcher Begriff von Materie es denkbar macht, Organismen zum Bestandteil einer Einteilung der Naturlehre nach Begriffen a priori zu machen – wenngleich als deren Grenzbegriff – ist damit die Grenze, die den Transzendentalen Idealismus Kants von anderen philosophischen Systemen unterscheidet, durchlässig geworden. Innere Bestimmungen, die man einer solchen Materie beilegen müsste, begegnen in vorkritischen Schriften Kants und auch die idealistische Sicht einer Materie, die als das Andere des Geistes nur ein Moment im Prozess seiner Anderswerdung und Rückkehr zu sich darstellt, ist hiermit eher vereinbar als die kritische theoretische Philosophie Kants. Dass die Ansätze einer derartigen neuen Auffassung von Materie letztlich nicht entwickelt werden, belegt zwar nicht, legt aber die Vermutung nahe, das Kant die problematischen Implikationen dieser Gedanken in Bezug auf sein eigenes System bewusst waren.

Es bleibt angesichts der Fragen, die jede Beschäftigung mit den nachgelassenen Werkentwürfen Immanuel Kants aufwirft, zu hoffen, dass durch die bislang

---

17 Zu dieser sehr treffenden Bezeichnung des Kontinuums bewegender Kräfte der Materie siehe Busche (2010).

18 Edwards (2000).

19 Hahmann/Rollmann (2011).

20 OP, AA 21: 217.01 f.

21 Vgl. KrV B66 f.

ausstehende Bereitstellung einer deutschen Studienausgabe zu weiterer Auseinandersetzung mit dem Opus postumum angeregt werden wird.[22]

22 Ein solche müsste sich im Umfang an der Ausgabe Försters in der Cambridge Edition der Werke Kants orientieren und diese, ebenso wie die Akademie Ausgabe und das inzwischen im Internet verfügbare Autograph textkritisch zusammenführen. Die im Rahmen des Projekts *Neuedition, Revision und Abschluss der Werke Immanuel Kants* bislang geleistete Arbeit stellt einen wichtigen Schritt in diese Richtung dar.

Literaturverzeichnis

Primärliteratur

Baumgarten, Alexander Gottlieb (2004): *Metaphysik. Ins Deutsche übersetzt von Georg Friedrich Meier. Nach dem Text der zweiten, von Joh. Aug. Eberhard besorgten Ausgabe 1783. Mit einer Einführung, einer Konkordanz und einer Bibliographie der Werke A. G. Baumgartens von Dagmar Mirbach (Tübingen)*, Jena: Dietrich Scheglmann Reprints.

Gehler, Johann Samuel Traugott (1787), *Physikalisches Wörterbuch oder Versuch einer Erklärung der vornehmsten Begriffe und Kunstwörter der Naturlehre mit kurzen Nachrichten von der Geschichte der Erfindungen und Beschreibung der Werkzeuge begleitet. In alphabetischer Ordnung. Erster Theil von A bis Epo mit sieben Kupfertafeln*, Leipzig: Schwickert. In: *ECHO Cultural Heritage Online:* http://echo.mpiwg-berlin.mpg.de/ECHOdocuView?url=/mpiwg/online/permanent/library/K45Z72F7/pageimg&viewMode=images&mode=imagepath&pn=5, besucht am 14. 12. 2014.

Gottsched, Johann Christoph (1762): *Erste Gründe der gesamten Weltweisheit (Ausgabe letzter Hand)*, Leipzig: Breitkopf. In: École, Jean (1983): Christian Wolff: *Gesammelte Werke. Materialien und Dokumente*, 20.1, Hildesheim, Zürich, New York: Olms.

Hegel, Georg Wilhelm Friedrich (1968 ff.): *Gesammelte Werke. In Verbindung mit der Deutschen Forschungsgemeinschaft herausgegeben von der Nordrhein-Westfälischen Akademie der Wissenschaften und der Künste*, Hamburg: Meiner.

Hegel, Georg Wilhelm Friedrich (1999): *Hauptwerke in sechs Bänden*, Hamburg: Meiner.

Kant, Immanuel (1900 ff.): *Kants gesammelte Schriften. Herausgegeben von der Königlich Preußischen Akademie der Wissenschaften (Bde. 1–22), der Deutschen Akademie der Wissenschaften zu Berlin (Bd. 23) und der Akademie der Wissenschaften zu Göttingen (ab Bd. 24)*, Berlin: De Gruyter.

Kant, Immanuel (2003): *Werke, Briefwechsel, Nachlass (Kant im Kontext II). CD-Rom Ausgabe der Werke Kants auf Basis der Akademie Ausgabe und weiterer Schriften*, Berlin: Worm InfoSoftWare.

Kant, Immanuel (1960): *Werke in sechs Bänden. Herausgegeben von Wilhelm Weischedel*, Darmstadt: Wissenschaftliche Buchgesellschaft.

Kant, Immanuel (1998): *Kritik der reinen Vernunft, Nach der ersten und zweiten Originalausgabe herausgegeben von Jens Timmermann. Mit einer Bibliographie von Heiner Klemme*, Hamburg: Meiner.

Kant, Immanuel (1997): *Metaphysische Anfangsgründe der Naturwissenschaft. Mit einer Einleitung herausgegeben von Konstantin Pollok*, Hamburg: Meiner.

Kant, Immanuel (1993): *Opus postumum. Edited, with an Introduction and Notes, by Eckart Förster. Translated by Eckart Förster and Michael Rosen*, Cambridge: University Press.

Kant, Immanuel, *Opus postumum. Faksimiles (chronologisch und diplomatisch):* http://kant.bbaw.de/opus-postumum, besucht am 23. 12. 2014.

Kant, Immanuel (2001): *Kritik der Urteilskraft. Mit einer Einleitung und Bibliographie herausgegeben von Heiner F. Klemme. Mit Sachanmerkungen von Piero Giordanetti*, Hamburg: Meiner.

Leibniz, Gottfried Wilhelm (1860): *Mathematische Schriften. Herausgegeben von Carl Immanuel Gerhardt*. In: Georg Heinrich Pertz (Hrsg.): *Leibnizens gesammelte Werke aus den Handschriften der Königlichen Bibliothek zu Hannover*, Folge 3, 6, Halle: Schmidt.

Leibniz, Gottfried Wilhelm (1978): *Philosophische Schriften. Herausgegeben von Carl Immanuel Gerhardt. Nachdruck der Ausgabe Berlin 1880*, Hildesheim, Zürich, New York: Olms.
Lichtenberg, Georg Christoph (Hrsg.) (1794): *Anfangsgründe der gesamten Naturlehre. Entworfen von Johann Christian Polykarp Erxleben. Sechste Auflage. Mit Verbesserungen und vielen Zusätzen von G. C. Lichtenberg*, Göttingen: Dieterich. In: *GDZ Göttinger Digitalisierungszentrum:* http://resolver.sub.uni-goettingen.de/purl?PPN331874709, besucht am 15.12.2014.
Newton, Isaac (1726): *Philosophiae naturalis principia mathematica,* London: Innys. In: *GDZ Göttinger Digitalisierungszentrum:* http://resolver.sub.uni-goettingen.de/purl?PPN512261393, besucht am 16.12.2014.
Wolff, Christian (1730): *Philosophia prima sive ontologia*, Frankfurt, Leipzig: Officina Rengeriana. In: BC: http://capricorn.bc.edu/siepm/DOCUMENTS/WOLF/Wolf_Philosophia_prima_sive_Ontologia.pdf, besucht am 23.12.2014.
Wolff, Christian (1751): *Vernünfftige Gedancken von Gott und der Seele des Menschen, auch allen Dingen überhaupt. Mit einer Einleitung und einem kritischen Apparat von Charles A. Corr.* In: Charles A. Corr (1983) (Hrsg.): *Christian Wolff: Gesammelte Werke. I. Abteilung. Deutsche Schriften*, 2, Hildesheim, Zürich, New York: Olms.

Sekundärliteratur

Adickes, Erich (1920): Kants Opus postumum dargestellt und beurteilt, Berlin: Reuther & Reichard [KSEH 50].
Adickes, Erich (1924 f.): *Kant als Naturforscher.* 2 Bde., Berlin: De Gruyter.
Basile, Giovanni Pietro (2013): *Kants Opus postumum und seine Rezeption*, Berlin, Boston: De Gruyter [KSEH 175].
Blasche, Siegfried, Köhler, Wolfgang R., Kuhlmann, Wolfgang, Rohs, Peter (Hrsg.) (1991): *Übergang. Untersuchungen zum Spätwerk Immanuel Kants. Herausgegeben vom Forum für Philosophie Bad Homburg*, Frankfurt: Klostermann.
Bondeli, Martin (1997): *Der Kantianismus des jungen Hegel. Die Kant-Aneignung und Kant-Überwindung Hegels auf seinem Weg zum philosophischen System*, Hamburg: Meiner.
Brandt, Reinhard (1991): „Kants Vorarbeiten zum „Übergang von der Metaphysik der Natur zur Physik". Probleme der Edition". In: Forum für Philosophie Bad Homburg (Hrsg.): *Übergang. Untersuchungen zum Spätwerk Immanuel Kants*, Frankfurt: Klostermann, S. 1–27.
Busche, Hubertus (2010): „Der Äther als materiales Apriori". In: Hubertus Busche/Anton Schmitt (Hrsg.): *Kant als Bezugspunkt philosophischen Denkens. Festschrift für Peter Baumanns zum 75. Geburtstag*, Würzburg: Königshausen & Neumann, S. 53–83.
Büchel, Gregor (1987): *Geometrie und Philosophie. Zum Verhältnis beider Vernunftwissenschaften im Fortgang von der Kritik der reinen Vernunft zum Opus postumum.* Berlin, New York: De Gruyter [KSEH 121].
Carrier, Martin (1991): „Kraft und Wirklichkeit. Kants späte Theorie der Materie". In: Forum für Philosophie Bad Homburg (Hrsg.): *Übergang. Untersuchungen zum Spätwerk Immanuel Kants*, Frankfurt: Klostermann, S. 208–230.

Cassirer, Ernst (1994): *Kants Leben und Lehre. Reprographischer Nachdruck der Ausgabe New Haven*, 1975, Darmstadt: Wissenschaftliche Buchgesellschaft.

Edwards, Jeffrey (1991): „Der Ätherbeweis des „Opus postumum" und Kants 3. Analogie der Erfahrung". In: Forum für Philosophie Bad Homburg (Hrsg.): *Übergang. Untersuchungen zum Spätwerk Immanuel Kants*, Frankfurt: Klostermann, S. 78–104.

Edwards, Jeffrey (2000): *Substance, Force and the Possibility of Knowledge. On Kant's Philosophy of Material Nature*, Berkeley, Los Angeles, London: University of California Press.

Edwards, Jeffrey (2000): „Spinozism, Freedom and Transcendental Dynamics". In: Sally Sedgewick (Hrsg.): *The reception of Kant's critical philosophy: Fichte, Schelling, and Hegel*, Cambridge: University Press, S. 54–77.

Edwards, Jeffrey (2009): „A Trip tot he Dark Side? Aether, Space, Intuition, and Concept in Early Hegel and Late Kant". In: Ernst-Otto Onnasch (Hrsg.): *Kants Philosophie der Natur. Ihre Entwicklung im Opus postumum und ihre Wirkung*, Berlin, New York: De Gruyter, S. 411–433.

Emundts, Dina (2004): *Kants Übergangskonzeption im Opus postumum. Zur Rolle des Nachlaßwerkes für die Grundlegung der empirischen Physik*, Berlin, New York: De Gruyter.

Förster, Eckart (1991): „Die Idee des Übergangs. Überlegungen zum Elementarsystem der bewegenden Kräfte". In: Forum für Philosophie Bad Homburg (Hrsg.): *Übergang. Untersuchungen zum Spätwerk Immanuel Kants*, Frankfurt: Klostermann, S. 28–48.

Förster, Eckart (2000): *Kant's final synthesis. An essay on the Opus postumum*, Cambridge, London: Harvard University Press.

Förster, Eckart (2004): „Zwei neu aufgefundene Lose Blätter zum Opus postumum". In: *Kant-Studien*, 95, S. 21–28.

Frigo, Gian Franco (2009) „Bildungskraft und Bildungstrieb bei Kant". In: Ernt-Otto Onnasch (Hrsg.): *Kants Philosophie der Natur. Ihre Entwicklung im Opus postumum und ihre Wirkung*, Berlin, New York: De Gruyter, S. 9–23.

Fulda, Hans Friedrich, Stolzenberg, Jürgen (Hrsg.) (2001): *Architektonik und System in der Philosophie Kants*, Hamburg: Meiner.

Guyer, Paul (2005): „Kant's Ether Deduction and the Possibility of Experience". In: ders.: *Kant's System of Nature and Freedom. Selected Essays*, Oxford: Oxford University Press, S. 74–85.

Hahmann, Andree (2009): *Kritische Metaphysik der Substanz. Kant im Widerspruch zu Leibniz*, Berlin, New York: De Gruyter [KSEH 160].

Hahmann, Andree/Rollmann, Veit Justus (2011): „Weltstoff und absolute Beharrlichkeit. Die Erste Analogie der Erfahrung und der Entwurf Übergang 1–14 des Opus postumum". In: *Kant-Studien*, 102, S. 168–190.

Hall, Bryan (2006): „A reconstruction of Kant's Ether Deduction in Übergang 11". In: *British Journal for the History of Philosophy*, 14, S. 719–746.

Heidegger, Martin (1995): *Phänomenologische Interpretation von Kants Kritik der reinen Vernunft. Herausgegeben von Ingtraud Görland*, Frankfurt a. M.: Klostermann.

Hoppe, Hansgeorg (1969), *Kants Theorie der Physik*, Frankfurt: Klostermann.

Hoppe, Hansgeorg (1991): „Forma dat esse rei. Inwiefern heben wir in der Erkenntnis das aus der Erfahrung nur heraus, was wir zuvor in sie hineingelegt haben?". In: Forum für Philosophie Bad Homburg (Hrsg.): *Übergang. Untersuchungen zum Spätwerk Immanuel Kants*, Frankfurt: Klostermann, S. 49–64.

Hübner, Kurt (1953): „Leib und Erfahrung in Kants Opus Postumum". In: *Zeitschrift für philosophische Forschung*, 7, S. 204–219.
Irrlitz, Gerd (2002): *Kant-Handbuch. Leben und Werk*, Stuttgart: Metzler.
Kötter, Rudolf (1991): „Kants Schwierigkeiten mit der Physik. Ansätze zu einer problemorientierten Interpretation seiner späten Schriften zur Philosophie der Naturwissenschaft". In: Forum für Philosophie Bad Homburg (Hrsg.): *Übergang. Untersuchungen zum Spätwerk Immanuel Kants*, Frankfurt: Klostermann, S. 157–184.
Kühn, Manfred (2003): *Kant. Eine Biographie*, München: Beck.
Landau, Albert (Hrsg.) (1991): *Rezensionen zur Kantischen Philosophie 1781–87*, Bebra: Landau.
Lehmann, Gerhard (1936): „Ganzheitsbegriff und Weltidee in Kants Opus postumum". In: *Kant-Studien*, 41, S. 307–330.
Lehmann, Gerhard (1937/38): „Das philosophische Grundproblem in Kants Nachlasswerk". In: *Blätter für Deutsche Philosophie*, 11, S. 57–70.
Lehmann, Gerhard (1953/54): „Erscheinungsstufung und Realitätsproblem in Kants Opus postumum". In: *Kant-Studien*, 45, S. 140–154.
Lehmann, Gerhard (1969): *Beiträge zur Geschichte und Interpretation der Philosophie Kants*, Berlin: De Gruyter.
Malpas, Jeff (1997), „The transcendental circle". In: *Australasian Journal of Philosophy*, 75, S. 1–20.
Mathieu, Vittorio (1989): *Kants Opus postumum. Herausgegeben von Gerd Held*, Frankfurt am Main: Klostermann.
Mathieu, Vittorio (1991): „Erfinderische Vernunft in Kants „Opus postumum"". In: Forum für Philosophie Bad Homburg (Hrsg.): *Übergang. Untersuchungen zum Spätwerk Immanuel Kants*, Frankfurt: Klostermann, S. 65–76.
Noordraven, Andreas (2001): „Leibniz' Onto-Logik und die transzendentale Logik Kants". In: Volker Gerhardt/Rolf-Peter Horstmann/Ralph Schumacher (Hrsg.): *Kant und die Berliner Aufklärung. Akten des IX. Internationalen Kant-Kongresses*, Berlin, New York: De Gruyter.
Onnasch, Ernst-Otto (2009): „Kants Transzendentalphilosophie des Opus postumum gegen den transzendentalen Idealismus Schellings und Spinozas". In: ders. (Hrsg.) (2009): *Kants Philosophie der Natur. Ihre Entwicklung im Opus postumum und ihre Wirkung*, Berlin, New York: De Gruyter, S. 307–355.
Prauss, Gerold (Hrsg.) (1973): *Kant. Zur Deutung seiner Theorie von Erkennen und Handeln*, Köln: Kiepenheuer & Witsch.
Rollmann, Veit Justus (2013): „Korpuskularphilosophie als transzendentale Unmöglichkeit. Kants Ablehnung des Atomismus in Übergang 1–14". In: Myriam Gerhard/Christine Zunke (Hrsg.): *Die Natur denken*, Würzburg: Königshausen & Neumann, S. 123–139.
Sarmiento, Gustavo (2005): „On Kant's definition of the monad in the Monadologia physica of 1756". In: *Kant-Studien*, 96, S. 1–19.
Schulze, Stefan (1994): *Kants Verteidigung der Metaphysik. Eine Untersuchung zur Problemgeschichte des Opus Postumum*, Marburg: Tectum.
Sedgewick, Sally (Hrsg.) (2000): *The reception of Kant's critical philosophy: Fichte, Schelling, and Hegel*, Cambridge: University Press.
Stark, Werner (1991): „Loses Blatt Leipzig 1. Transkription und Bemerkungen". In: Forum für Philosophie Bad Homburg (Hrsg.): *Übergang. Untersuchungen zum Spätwerk Immanuel Kants*, Frankfurt: Klostermann, S. 146–155.

Tanaka, Mikiko (2007): *Kants Kritik der Urteilskraft und das opus postumum. Probleme der Deduktion und ihre Folgen*, Marburg: Elektronische Ressource: http://archiv.ub.uni-marburg.de/diss/z2007/0699/pdf/dmt.pdf.
Tugendhat, Ernst (1976): *Vorlesungen zur Einführung in die sprachanalytische Philosophie*, Frankfurt: Suhrkamp.
Tuschling, Burkhard (1971): *Metaphysische und transzendentale Dynamik in Kants Opus postumum*, Berlin, New York: De Gruyter.
Tuschling, Burkhard (1973): „Kants „Metaphysische Anfangsgründe der Naturwissenschaft" und das Opus postumum". In: Prauss, Gerold (Hrsg.): *Kant. Zur Deutung seiner Theorie von Erkennen und Handeln*, Köln: Kiepenheuer & Witsch, S. 175–191.
Tuschling, Burkhard (1991): „Die Idee des transzendentalen Idealismus im späten „Opus postumum". Vorbereitende Thesen zur Konzeptionsentwicklung des transzendentalen Idealismus". In: Forum für Philosophie Bad Homburg (Hrsg.): *Übergang. Untersuchungen zum Spätwerk Immanuel Kants*, Frankfurt: Klostermann, S. 105–145.
Tuschling, Burkhard (1995): „System des transzendentalen Idealismus bei Kant? Offene Fragen der – und an die – Kritik der Urteilskraft", in: *Kant-Studien*, 86, S. 196–210.
Tuschling, Burkhard (2001): „Übergang: Von der Revision zur Revolutionierung und Selbst-Aufhebung des Systems des transzendentalen Idealismus in Kants opus postumum". In: Hans Friedrich Fulda/Jürgen Stolzenberg (Hrsg.) (2001): *Architektonik und System in der Philosophie Kants*, Hamburg: Meiner, S. 128–170.
Tuschling, Burkhard (2004): „Epochen, Stufen und Dimensionen von Subjektivität und Transzendentalität bei Kant: 1770, 1781/87, 1790, 1799/1800". In: Achim Lohmar/Henning Peucker (Hrsg.): *Subjekt als Prinzip? Zur Problemgeschichte und Systematik eines neuzeitlichen Paradigmas*, Würzburg: Königshausen & Neumann, S. 56–80.
Vorländer, Karl (2004): *Immanuel Kant. Der Mann und das Werk. Sonderausgabe nach der 3. erweiterten Ausgabe von 1992*, Wiebaden: Marix.
Waschkies, Hans-Joachim (1991): „Wissenschaftliche Praxis und Erkenntnistheorie in Kants ‚Opus postumum'". In: Forum für Philosophie Bad Homburg (Hrsg.): *Übergang. Untersuchungen zum Spätwerk Immanuel Kants*, Frankfurt: Klostermann, S. 185–207.
Weizsäcker, Carl Friedrich von (1973): „Kants ›Erste Analogie der Erfahrung‹ und die Erhaltungssätze der Physik". In: Gerold Prauss (Hrsg.): *Kant. Zur Deutung seiner Theorie von Erkennen und Handeln*, Köln: Kiepenheuer & Witsch, S. 151–166.
Westphal, Kenneth (2009): „Does Kant's opus postumum Anticipate Hegel's Absolute Idealism?". In: Ernst-Otto Onnasch (Hrsg.): *Kants Philosophie der Natur. Ihre Entwicklung im Opus postumum und ihre Wirkung*, Berlin, New York: De Gruyter, S. 357–383.

Sachregister

Abgeschlossenheit 25, 35, 42, 45, 54, 192, 259
Abstand 146, 221
Abstoßung 35, 95, 117, 120 f., 131, 143 f., 159, 169 f., 175, 181, 183, 214, 290
actio in distans 123
Affection 156, 161 f., 167, 174, 176, 195, 293
Aggregat 32–35, 37, 44, 129, 140, 192 f., 198, 202 f., 209 f., 259, 263, 285, 288, 290, 293
– Aggregatzustände 1, 13, 22, 101, 188, 192, 214
Agitation 79, 81, 86, 99, 108, 159, 169, 179, 189 f., 203, 205, 207, 215
Aktivität 72
All 1 f., 4–6, 8–11, 14, 17, 19 f., 22–31, 33 f., 37–41, 43 f., 46, 49–51, 53 f., 57, 59–65, 68 f., 71, 74–82, 84–88, 90 f., 93–95, 97–99, 101–107, 110–112, 116–118, 120–122, 124 f., 127–134, 137–144, 146, 149–153, 155–159, 162, 164–168, 171–177, 179–184, 186–188, 190–195, 197–203, 205–209, 213–221, 223 f., 227, 230–256, 263 f., 266–277, 279 f., 282–294, 296–299, 301–305, 307 f.
– All der Materie 56 f., 130, 133, 166, 202, 226, 236, 243, 266, 301
Allgegenwart 123, 126, 158
Allgemeine Anmerkungen zur Dynamik 26
Allgemeinheit 5, 45, 68, 134, 167, 178, 181, 185, 193 f., 202 f., 220, 230, 239, 288, 298
Amanuensis 28
– Amanuensis Kopien 71
Analogie 33 f., 60, 63 f., 69, 90, 109, 136, 205, 207, 229–236, 238–245, 249 f., 252–254, 256 f., 265, 278, 283, 292
Analytik 21, 60, 62, 119, 182, 253, 273, 276, 287, 308
analytisch 5, 37, 67, 117–119, 134 f., 142, 157, 160, 162–165, 178 f., 181, 187, 193, 195, 203, 207 f., 217, 220, 225–227, 288, 290, 307
– analytisch// allgemein 203, 288 f.
Anorganik 59
Anschauung 24, 33 f., 55, 76, 80 f., 86, 101, 106 f., 110, 119, 125, 127, 134, 140, 155, 157 f., 160, 173, 183, 195 f., 200, 215 f., 219 f., 236 f., 241, 245, 263 f., 266, 268, 286 f., 289, 297–299, 307
– Form der Anschauung 51, 80, 126, 141, 144, 181, 231, 266, 307
– reine Anschauung 50 f., 80, 120, 128, 169, 176, 180 f., 267
Antinomie 81, 84, 92, 172
Antizipation der Erfahrung 212
Antizipationen der Wahrnehmung 286
Anziehung 35, 95, 117, 120 f., 123, 131, 143 f., 159, 169 f., 175, 181, 183, 290
apagogisch 5, 80
apodiktisch 25, 56, 289
Aposteriorität 178, 300
Apperzeption 119, 143, 182, 285, 288, 298, 301
Apprehension 35, 232, 238, 255
Apriorität 48, 67, 176, 298, 300
Architektonik 259
– Architektonik der reinen Vernunft 10, 33, 258–260
assertorisch 56
Äther 3, 5, 7, 15, 21, 38, 40, 74, 87, 116, 122, 130, 138 f., 143 f., 212 f., 216, 218, 224, 227, 248 f., 265, 273 f., 303 f., 307 f.
– Ätherbeweis 3, 119, 132, 220, 244, 249, 253 f., 273–275
– Ätherdeduktion 7, 40, 195, 274
– Ätherphysik 5
Atomismus 22 f., 73, 88 f., 128, 141
atomistisch 72 f., 88, 257
Attraktion 52, 169, 214, 307
Attribute 177, 180, 183, 185, 190–192, 200, 203, 205, 207 f., 210, 215, 247, 292, 301
Ausbreitung 86
Autograph 18, 81, 85 f., 89, 91, 93, 101–104, 112, 148, 162, 309

Axiom 6, 34, 118, 204, 207–209, 218–220
– Axiome der Anschauung 33, 37, 286

Basis 9, 17, 21, 23, 27, 35 f., 40, 42–47, 50, 65, 67, 78 f., 86, 89, 95, 102, 105, 111, 116, 119–124, 129, 132, 134, 137–139, 142 f., 149, 152 f., 155, 159–161, 167–169, 171 f., 175 f., 178, 182 f., 185, 187 f., 190 f., 193, 198, 200 f., 204–207, 209 f., 218, 221, 223, 232, 237, 252, 255, 275, 283, 288, 290, 292 f., 301, 308
Begehrungsvermögen 69
Begründung 1, 8–10, 16, 22, 27 f., 30, 42, 47, 73 f., 89, 98, 103, 121, 144 f., 170, 188, 192, 213, 218, 258, 270, 272, 292, 297, 304, 308
Beharrliche, das 92 f., 230–233, 235–247, 287, 291
Beobachtung 36, 49, 149, 210, 212
Bestimmung 6, 44, 51 f., 55, 58–60, 62, 71 f., 74, 76 f., 79, 81, 83, 85 f., 93, 98, 108, 110, 125 f., 128, 135 f., 150 f., 158 f., 163, 175, 179, 190 f., 194 f., 201, 203, 205 f., 230–233, 235, 237–239, 244 f., 255 f., 264, 266 f., 270, 279, 290, 300, 308
– durchgängige Bestimmung 137, 149–153, 174 f., 187 f., 191, 193 f., 207, 267–272, 277, 296
– innere Bestimmungen 77, 83, 89, 140, 308
Bewegung 2, 8, 42 f., 52 f., 57 f., 63 f., 68, 73, 75–79, 81–87, 89, 91–94, 96, 99–104, 109, 111 f., 117, 120, 122 f., 130 f., 134, 137, 142–145, 148, 156 f., 159 f., 169–172, 175 f., 183, 190 f., 199 f., 205, 207, 215, 249, 256, 279 f., 289, 291
– Erschütterungsbewegung 170
– erste Bewegung 52, 81–86, 99
– mechanische Bewegung 188
Beweis 2 f., 7, 9 f., 14, 39, 52, 75 f., 78, 80, 86 f., 90, 92, 95–97, 99, 102–104, 106, 108, 112 f., 117–120, 123, 126 f., 129, 133, 135, 137, 139–142, 146, 149, 152, 154–156, 158, 160–162, 166–168, 174 f., 180, 184–187, 189, 191, 193–196, 203, 206–210, 212, 216 f., 219, 221–224, 226, 228, 230 f., 233–242, 244–246, 249 f., 253–255, 257, 271, 273, 275, 288, 299, 304, 308
– Beweisapologetik 221, 223
– Beweisgrund 45, 91, 95–97, 133, 135, 141, 149 f., 153, 157, 166 f., 177, 189 f., 222, 253, 269
– Beweismethode 180, 224, 226, 245, 257
Bezugssystem 104, 129, 173, 175
Brücke 32, 188

Chronologie 18 f., 27 f., 34
cogitabile 128, 155, 181, 189, 211, 220, 301
Cosmotheoros 137 f.

dabile 155, 211, 220, 301
Dasein 59, 61, 88, 92 f., 145, 149–151, 153 f., 185, 220, 224–227, 232 f., 238 f., 241, 244 f., 247, 253, 255 f., 269, 273, 279, 285, 289
Deduktion 148, 160, 163, 189, 194, 199, 219, 256, 295 f., 298, 301
Demiurg 83
Demonstration 149 f., 168, 269
Dialektik 5, 21, 97, 138, 152, 166, 175, 182, 194, 224, 264–266, 270, 276, 289, 304, 306
Dichte 73, 88, 123, 173
– Dichteunterschiede 22, 86, 88
Ding 10, 24, 49, 51, 59–61, 64, 69, 82, 93, 95–97, 128, 135–137, 149–152, 164, 169, 172, 176, 180, 189, 196, 216, 218, 221, 223, 225 f., 233 f., 238, 241, 245 f., 250–253, 255, 267–273, 276–279, 281 f., 287, 291, 297
– Ding an sich 51 f., 95, 144, 215, 231, 233, 285
Disjunktion 74
Dritte Analogie der Erfahrung 8 f., 21, 162, 170, 248–257, 289, 304
Dualismus 52
Dualität 96, 161, 169, 308
Dynamik 5, 13 f., 23 f., 34, 56, 108, 122, 131, 144, 192, 194, 199, 213 f.
dynamisch 1, 9 f., 21–23, 83, 120, 122, 127, 131, 143 f., 147, 167, 194, 199, 213 f., 248,

252 f., 255, 257, 265, 287, 289 f., 292, 303 f., 308

Einfluss 9, 75 f., 80, 104, 120, 127, 131, 157, 169, 196, 255 f.
einheimisch 261
Einheit 1, 3–5, 8, 10, 12, 16, 19, 32–34, 40 f., 44, 64 f., 79, 89, 93, 97, 104 f., 110, 116 f., 119, 124–127, 130–134, 137 f., 140, 142 f., 147, 152, 154–159, 161–165, 167 f., 172–175, 177 f., 181–183, 185, 187, 189, 192–194, 196–203, 209–211, 216, 219, 226 f., 229, 233 f., 241–243, 245–249, 256, 258–260, 262–264, 267, 273, 276 f., 279 f., 282, 285, 287–304, 307 f.
– absolute Einheit 1, 4–6, 12, 27, 30, 63 f., 68, 79, 117, 133, 137 f., 141, 147 f., 152, 154–156, 158, 163, 165, 167 f., 174 f., 177 f., 180 f., 185, 190 f., 193, 195, 202–204, 211, 218, 226, 242, 244, 247, 256, 266, 280, 285, 290–293, 296, 302, 304
– distributive Einheit 9, 31, 106, 137, 149–151, 158 f., 161 f., 181, 195, 228, 243, 273, 276
– Einheit der Apperzeption 307
– Einheit der Erfahrung 1, 7 f., 10, 21, 33, 39, 44 f., 106, 116, 119, 129 f., 137, 141, 143, 147, 155 f., 159–161, 163, 165, 167, 172–175, 177, 182, 184–186, 188, 191, 193 f., 199 f., 202, 206, 209, 211, 214, 218 f., 223, 229, 234, 241 f., 248, 255–258, 260, 263, 265, 277, 285, 288–292, 296, 301, 303, 307
– Einheit des Bewusstseins 164
– kollektive Einheit 1, 4, 7–9, 21, 31, 74, 99, 104–106, 147, 152, 155–158, 161, 163, 174, 181 f., 185–188, 191, 193–195, 199–201, 228, 243, 284, 289, 304, 306, 308
– objektiv synthetische Einheit 163, 165, 291, 307
– subjektiv analytische Einheit 163, 165, 291, 307
Einteilung 35, 41–45, 58 f., 61, 65, 68–70, 98, 105, 116, 147 f., 153 f., 190, 213, 308
Elementarstoff 38, 53, 84, 99, 116, 120 f., 131, 135, 140, 159, 177, 185, 200 f., 203, 207, 211, 215, 288, 292
Empirisch 1, 25, 30, 33–38, 40–42, 44–46, 48, 50, 52, 56 f., 62, 66, 68, 76, 78, 85, 94, 96 f., 116, 118–120, 129 f., 132, 135, 138 f., 145, 147, 149, 155, 157 f., 160, 162 f., 168 f., 172–178, 184, 186–190, 192–194, 197 f., 207–213, 217 f., 220–223, 227, 232–235, 237 f., 240, 242–245, 248, 251 f., 254–256, 260 f., 263–265, 267, 271 f., 276 f., 285, 291–293, 297, 300, 304, 306
– empirische Anschauung 31, 50, 57, 93 f., 96, 127, 129, 168, 177, 181, 185, 196 f., 201, 210, 217, 286 f.
– empirische Realität 10, 57, 90, 104, 122, 137, 142, 179, 184 f., 187, 189, 245, 255 f., 272 f., 276, 297
– empirischer Naturwissenschaft 12, 32, 44, 192, 210, 212
– empirische Synthesis der Apprehension 9, 145, 173, 177, 256, 263, 289
ens necessarium 225
ens perfectissimum 276
Erfahrung 1–6, 8–12, 14 f., 21, 23 f., 27, 30 f., 33–36, 38–40, 42–45, 51, 53, 57, 60, 66–68, 74–76, 79–82, 87–98, 102–109, 111, 116–163, 165–169, 171–204, 206–212, 215–224, 226–228, 232–235, 241–243, 245–249, 251–253, 256, 258–261, 263–268, 272, 274–276, 285–294, 296–302, 304, 306–308
– allbefassende Erfahrung 141, 175 f., 189, 196, 200, 212, 242, 271 f., 287
– direkte Erfahrung 125, 129 f., 132, 145, 264
– Erfahrungsgegenstand 6, 57, 75, 120, 151, 157 f., 163, 169, 173, 175, 193, 206, 259, 265
– gefolgerte Erfahrung 132, 284
– indirekte Erfahrung 30, 130, 132, 136
Erkenntnis 1, 24 f., 44, 47 f., 51, 90, 102, 136, 145, 149, 155, 157, 169, 173, 177,

179, 182, 184, 186, 198 – 200, 217, 250 f., 254, 260, 296, 300, 304, 307
– Erkenntnisprozess 21, 130, 139, 261, 265, 269
Erregbarkeit 69
Erscheinung 1, 27, 31, 35, 38, 44, 50 – 52, 55, 65, 74, 127, 129, 135, 137 – 140, 152 – 154, 165, 179, 183, 188 f., 213, 216, 221, 230 – 244, 246 – 248, 251 – 253, 256, 264 – 267, 271 – 274, 276 – 278, 282, 284 – 287, 289, 297, 300, 303 f., 307 f.
Erste Analogie der Erfahrung 8, 216, 229 – 231, 233 – 236, 238 – 249, 256, 304, 308
erster Beweger 81 – 85, 92, 100
Erstursächlichkeit 100
Existenz 2 f., 5 – 7, 9 f., 35, 40, 43 – 45, 52, 56 f., 60, 63 f., 66, 75 f., 78 – 81, 87 f., 90 f., 93 – 97, 102 – 104, 106 – 109, 111 f., 116 – 121, 123, 125 – 127, 129 f., 132 – 139, 141 – 143, 145 – 147, 149, 151 – 161, 166 – 168, 170 – 181, 184 – 186, 190 – 200, 203 – 213, 215, 217 – 228, 238, 245, 247, 253, 257, 263, 268 – 270, 273, 280, 287 f., 290, 301 f., 304, 307
– Existenzbeweis 3, 6, 9, 38, 111, 133, 148, 154, 166, 179, 181, 193 f., 200, 206, 221 f., 224, 226, 304, 307
Experiment 13, 35 f., 139, 149, 168, 210

Faktizität 119, 142, 227 f.
Faktum 100, 116, 119, 142, 227, 280
Feuerstoff 38, 74
Fiction 61
Form 7, 9 f., 12, 21, 28, 31, 33 – 37, 40, 42, 44, 46, 50 – 53, 57, 59 – 66, 71 f., 74, 76 – 81, 86, 92, 96, 102, 104 – 106, 109 f., 116 – 120, 126, 129, 131, 134, 143, 147 f., 151 – 153, 155 – 157, 159, 161 – 163, 167 – 169, 171, 174 – 179, 181, 183, 187, 189 f., 192 f., 196 f., 200, 203, 207, 210 f., 215 – 220, 223, 225, 230 – 234, 236 – 238, 241, 244, 249, 257, 259 f., 263 f., 266, 268, 271, 279, 285, 290 – 293, 296, 299 – 301
– formlos 71 – 73, 76 f., 83, 87, 93, 108 – 110, 131, 146, 211, 279, 283, 300
– Formlosigkeit 71, 86, 108
Freiheit 63, 77
Ganzheit 1, 4, 6, 33, 50, 65, 105, 110, 127, 143, 152, 154, 156, 158, 175, 178, 188, 203, 211, 227, 251, 255, 258, 263
Gegenstand 6 f., 21, 23 – 25, 30 f., 35 f., 38 – 40, 46, 50 – 52, 56, 60, 62, 66 f., 71 f., 76, 81, 88 – 90, 92 – 94, 96, 98, 102 – 104, 106 f., 111, 116 – 118, 120 f., 124 – 126, 128 – 133, 135 – 137, 139, 141 – 143, 145 – 147, 149, 151, 153, 156 – 159, 162 f., 165 – 169, 172, 174 – 178, 180 f., 183 – 191, 193 f., 196 f., 199 – 203, 211 f., 215, 219 f., 222 f., 227, 230 – 233, 239, 245, 247 f., 251, 253, 258, 261 – 263, 265 – 268, 271, 273 f., 284, 286 – 289, 291, 293, 298 – 301, 305
– Gegenstand der Erfahrung 106 f., 110, 121, 158, 162 f., 172, 177, 185, 189 – 191, 194, 197, 204, 232, 291
– Gegenstand der Physik 30
Gemeinschaft 8 f., 117, 143, 146, 170, 180 f., 223, 248 – 256, 287, 289, 291 f., 303
Gemüt 173, 190, 196, 216, 260, 266, 290, 292, 299
Geometrie 27, 89, 169, 216, 219
Gesamtheit 1 – 3, 7, 11 f., 27, 41, 51, 56 f., 63, 66, 69, 81, 84, 86, 88, 94, 96, 106 f., 110, 116, 120, 122, 124 – 127, 129, 132 f., 141 f., 145, 153, 157 f., 163, 165, 171 f., 179, 183 f., 188, 194, 211, 287 f., 290, 294, 299
Gesetz 24, 31, 33 – 35, 77, 88, 101, 105, 120, 129, 132 f., 136, 147, 159, 161, 165, 179, 183, 194, 196, 199 f., 202, 219, 234 f., 238, 252, 254, 256, 259 f., 264 f., 285 – 289, 297, 303
Gesetzmäßigkeit 1, 4, 12, 25, 60, 125, 137, 140, 155, 165, 173, 176, 179, 193, 227, 285, 287, 297
Gestalt 13, 56, 61, 71, 73, 76, 78, 86, 88, 98, 103, 109 f., 182, 224, 300
Gestirne 1
Gleichförmigkeit 86
Gleichzeitigkeit 19, 177, 231
Gott 83, 125, 150, 205, 224 f., 266, 269, 273, 276, 304
Gravitation 91, 123 f.
Grenzbereich 69

Größen 51, 101
Grundsatz 9f., 119, 135, 202f., 229f., 232–236, 238–242, 244, 250, 254, 257, 264, 267f., 270–272, 300, 304, 307
– dynamische Grundsätze 9f., 183, 229, 255–258, 260, 265, 287, 289, 291f., 308
– Grundsatz der Beharrlichkeit 230, 234, 242
– Grundsatz der Bestimmbarkeit 151
– Grundsatz der Identität 118, 142, 157, 160, 178, 185, 227
– mathematische Grundsätze 9, 286f.

heuristisch 4, 19, 38, 74f., 135f., 172, 189, 204, 261, 304
Homogenität 123, 213
Hypostase 98, 106
– hypostatisch 95–97
Hypothese 14, 66, 81, 94f., 99, 128, 139f., 168, 171, 180, 189, 204, 223, 269
hypothetisch 5, 38f., 74, 80f., 87, 93, 99, 101–103, 111, 118, 125, 129, 138f., 154, 160, 168, 171, 174f., 204f., 207, 213, 215, 223, 262, 264, 289, 303f.
– hypothetischer Stoff 74, 85, 137–140, 143, 153, 167f., 171, 192, 204, 222

Ideal 10, 57, 126, 142, 175f., 194f., 200, 214, 243, 266–270, 273–277, 304, 306
– Ideal der reinen Vernunft 262, 266, 268
Idealismus 5f., 12, 51f., 105, 155f., 159, 167, 173, 176, 178, 182, 186, 189, 195, 201f., 211f., 246f., 271, 292f., 295, 300, 305–308
Idealist 292
– absoluter Idealist 12
– problematischer Idealist 246
Idee 4, 6, 8f., 21f., 49–51, 54, 60f., 65–67, 70, 75, 106, 123–125, 127, 137f., 142, 152, 167f., 171f., 178, 180f., 183–185, 187f., 200, 202, 204f., 210, 218f., 224f., 229, 241, 247, 249, 259–271, 274–276, 284, 288, 295f., 301, 304
– bloße Idee 59–61, 94, 188, 225, 262, 281, 289
– Ideenlehre 3, 14
Identität 8, 11f., 118f., 124, 133, 135, 159f., 164f., 174, 183, 189, 200, 207, 212, 224f., 234, 236, 248, 271, 292, 294–302
– Regel der Identität 117, 159f., 223, 226f.
immanent 4, 16f., 22, 118, 261f., 277, 294
Immanenz 53, 294
Inbegriff 33–36, 39, 44, 46, 50f., 60, 93f., 99, 105f., 110, 122, 125, 137, 140–142, 147, 151f., 154f., 158, 160–162, 165f., 168, 175f., 181, 185, 195f., 200f., 205, 219, 230, 233, 235, 252, 261, 265, 267–270, 272f., 276, 282, 284–287, 293, 296f.
inexhaustibel 57
Inexhaustibilität 58, 243
Isotropie 123

Katastrophentheorie 69, 282
Kategorien 4, 17, 24f., 51, 62, 119, 161, 176, 179, 182, 231, 255, 261, 266, 271, 286f., 289, 295, 297f., 300
Kausalität 10, 77f., 109, 250, 287, 291f.
Kausalkette 63, 77, 81, 83
konstitutiv 4, 6, 9, 11, 21, 24, 31, 60, 97, 106, 111, 126, 136, 163, 173, 182f., 188, 202, 218, 258, 263, 265, 287, 289f., 292, 306
Kontextinvarianz 243
Kontinuität 1, 10, 12, 14f., 21, 29, 88–91, 125f., 145, 233f., 249, 251, 255, 306
Kontinuum 1, 7, 9, 73f., 86f., 89, 95, 98, 104f., 109, 121, 126f., 130, 132, 141, 147, 152, 158, 170, 175, 181, 190, 194, 199, 201, 211, 215f., 252f., 256, 263, 289, 291, 303, 308
Körper 11, 13, 19, 25, 34, 42f., 45, 55f., 58–73, 75–79, 81, 83–89, 95, 98, 101–105, 108–112, 121–123, 125, 130f., 134, 143–146, 148, 153, 156, 162, 168–170, 175, 183, 188, 192, 199, 205, 207, 214, 236, 278–281, 289–291
– mathematischer Körper 169
– organischer Körper 60, 62f., 67, 69, 279–281

- physischer Körper 56, 58, 61, 67, 69–72, 74, 76–78, 80, 96, 109f., 120, 131, 169, 171, 236, 253
Körperbildung 72f., 75–78, 101, 108, 110f., 139, 148, 170f., 188
Körperlichkeit 1, 73, 145
Korpuskel 73
- Korpuskulartheorie 23, 72f.
Kräfte 13, 23, 33, 35, 64, 82, 84, 122, 124, 134, 137, 170, 175, 280, 290
- bewegende Kraft 33, 35, 37, 63f., 71, 79, 82, 84, 89, 94, 98, 101, 107f., 110, 130f., 139, 158f., 162, 166, 170f., 190f., 202, 205f., 290, 302
- Kräftedualismus 23, 58
- praktische Kraft 262, 268–270, 274
- primitive Kraft 170
Kraftfeld 89, 290, 307
Kraftfernwirkung 123f.
Kritische Philosophie 105, 217, 224
Kritizismus 217
KrV 3, 20, 33, 37, 60, 150, 152, 187, 197, 208, 229, 288, 293, 299
KU 11, 26, 134, 144
Kunstprodukt 62, 77

Last 3, 30, 79, 128
Leben 62, 64f., 77, 280
leer 57, 76, 80, 93, 106, 120, 123, 125f., 128, 130f., 157, 196f., 200, 221
- comparativ leer 123, 196f.
- positiv leer 120, 126, 128
Leere 21, 49, 57, 72f., 75f., 80, 84, 88–96, 100–103, 107, 116, 120f., 123–128, 130, 141–143, 145f., 156–158, 162f., 165–167, 169, 172f., 176f., 180, 188f., 197, 215, 221, 223, 249, 251, 255, 275, 289–291, 304
Lehrsatz 9, 86, 99, 101f., 112, 215, 235f., 250, 254, 257
Lehrsystem 46
Leitfaden 27, 70, 136, 172f., 255
Lichtstoff 38, 44, 74
Limitation 94, 107, 129, 152, 161, 169, 173, 177, 234

Maschine 59, 64, 68, 99, 131
Materialität 77, 83, 85, 92f., 100, 109
Materialursache 61
Materie 1f., 5, 8, 10, 12f., 22f., 25, 30, 32–37, 40, 43–46, 52–54, 56–59, 61–112, 116–118, 120–127, 129–134, 137–144, 146–149, 152–163, 165–172, 174–179, 182–207, 209–216, 218, 220, 223, 226f., 233, 235f., 238, 242, 245f., 249, 252f., 255f., 263–269, 271f., 275–279, 281–284, 286, 288–293, 299, 301, 303f., 306, 308
- Materietheorie 14, 19, 22–24, 26, 30, 72, 77, 89, 145, 179, 198, 213, 248, 257f., 304
- Materie überhaupt 1, 9, 14, 22, 25, 34, 38–40, 46, 55–59, 65, 70–73, 76–79, 85–87, 89, 94, 98, 103–106, 108–111, 117, 121f., 124–126, 130f., 138, 140, 142–144, 146, 148, 152, 159f., 169, 172, 175, 178f., 183f., 202, 212f., 215f., 220–222, 224, 227–229, 242, 246, 248f., 256, 262–264, 275, 279, 284, 291–293, 299, 304, 307
- Theorie der Materie 1, 11, 13, 22, 73, 77f., 83, 106, 122, 258
- Zwischenmaterie 5, 38, 73, 87, 123f., 139, 171, 204, 215, 303
Maximen 134–137, 261, 265, 300
Maximum 4, 6, 11, 50, 70, 262, 279
Mechanismus 64, 67–69, 281, 284
Messbarkeit 90, 124
Messen 90, 124
Metaphysik 32, 34–36, 45, 58, 138, 153, 176, 184, 187, 192, 198, 200, 210, 217, 236
- Metaphysik der Natur 1, 34, 133, 179, 182, 193, 197–199, 213f., 291
metaphysisch 1, 12–15, 22–26, 32f., 35f., 41, 47f., 55, 85, 108, 110f., 131, 147, 182, 186, 188, 191f., 194, 196, 199, 209, 217f., 221, 235–237, 265
Metaphysische Anfangsgründe der Naturwissenschaft 11, 22–25, 32, 34, 48, 58, 85, 207
Methode 37, 42f., 45f., 48, 65, 71, 87, 95, 97, 147, 149, 166f., 186, 222, 253
- mathematische Methode 208
- skeptische Methode 29, 54, 139

Modos 205, 244, 247
Möglichkeit 2, 5–7, 9f., 12f., 16f., 20f., 24f., 27, 31, 35–37, 42f., 48, 54, 57, 60f., 66–69, 77–85, 87f., 90–93, 95–98, 102–107, 116, 118–121, 123–130, 132f., 135–141, 143–147, 149–156, 160, 162–168, 174–177, 179–182, 184–187, 189, 191, 193–196, 198f., 202, 206, 208–210, 212, 214, 216–218, 221, 223f., 226–228, 231–233, 235, 240, 242, 246, 249–256, 261, 263f., 266–273, 276–279, 287–290, 293, 297–299, 301, 304f., 307
– Möglichkeit der Erfahrung t 1, 9f., 12, 22, 33–35, 57, 74f., 78, 91–98, 101f., 105–107, 111, 116–119, 121, 127, 132f., 135f., 139–145, 147, 149, 152f., 155, 158–160, 168, 175f., 179–181, 185, 187, 191f., 208, 218, 224, 228, 251, 253f., 260, 263, 265f., 271, 287f., 290f., 296, 298, 308
Monaden 23, 63, 89
Monadologia physica 23, 58, 89

Naturgesetze 24, 105, 109, 202, 264, 280, 300
Naturkörper 45, 58–64, 68, 70, 72, 77, 101, 108, 110, 148, 169, 199, 278f.
Naturlehre 1, 7, 11, 32–36, 41–45, 48f., 53, 55, 58, 62, 65f., 68f., 74, 105, 111, 116, 133, 147f., 153f., 188, 190, 192, 194, 196, 212, 278, 308
naturteleologisch 134
Naturwissenschaft 1, 10, 14, 25, 32–37, 42f., 45–50, 54–56, 58, 65, 70, 78, 91, 108, 125, 128, 139, 146, 153f., 186, 190, 198, 204, 210, 214, 258f., 279
Naturzweck 59–61, 64, 67, 69, 136f., 270, 278, 282f.
Negation 73, 109, 144f., 208, 212, 223f., 235
Nervenstoff 38
Nichtexistenz 88, 90f., 107, 120, 167, 180, 187, 249

Objekt 11f., 24, 42–44, 55–58, 70f., 76, 80, 96, 106, 108, 110, 121, 125, 131, 133, 136–138, 146, 151, 155, 161, 165, 168, 174, 176, 181–185, 188, 190f., 195, 197, 199, 202, 212, 216, 224, 231, 273f., 276, 279, 286f., 289, 292, 294–302
Objektbegriffe 43, 45, 65, 148
objektiv 3, 12, 21, 39, 60, 82, 90, 96, 118, 124, 132, 135, 147, 159, 168f., 184, 186, 189, 198, 211, 216f., 221, 223f., 235, 237, 248, 250, 260, 265–269, 275, 286, 288, 292–294, 296–301
Objektivität 135, 159, 163, 176, 184, 189f., 217, 255, 286, 288, 291, 297–301
omnimoda determinatio 152, 193
omnitudo realitatis 268, 276
ontologisches Argument 225
Organik 11, 59, 65
organisch 1, 11, 42f., 45, 58–70, 77, 105, 110, 148, 278–283, 291
Organismus 11, 19f., 40, 43, 45, 54, 59, 62, 66f., 69f., 279–283
Ort 16, 35, 44f., 50, 57f., 79, 82, 87, 102–104, 107–110, 121, 123, 125f., 169, 177, 183, 187, 233, 252

Parameter 93, 183, 216, 239, 243f., 251, 256
per negationem oppositi 127, 167, 252
perzeptibel 9, 122, 126f.
Pflanzenreich 69
Phänomene 1, 4, 13, 22, 26, 38, 46, 68, 85, 87, 101, 136, 139f., 157, 160, 171, 179f., 189, 192, 194, 204f., 207, 212f., 215f., 232, 236f., 284, 300, 303
Philosophie 15f., 27, 38, 43, 47f., 52, 54f., 153, 205, 217, 219, 224, 293–296, 302
– philosophia naturalis 32–34, 36, 47f.
– theoretische Philosophie 11f., 20, 106, 125, 184, 186, 212, 262, 299, 308
Phoronomie 23
– Phoronomiekritik 24, 54
physiologia generalis 34, 278
Physiologie 15, 32, 36
Postulat 76, 82, 87, 96, 100f., 171, 191, 225, 260, 292
Prädikat 140, 149–151, 153, 231, 271
– ontologische Prädikate 24, 51, 239
Prinzip 1, 7, 10–12, 14, 27, 32f., 39f., 44f., 53, 63–66, 68f., 72f., 76, 82, 88–90,

95, 97 f., 102, 105 – 111, 116 – 119, 124, 128, 133 – 138, 144 f., 147, 154 f., 158 – 160, 168, 176, 185 f., 188, 190 f., 193 f., 196, 198 f., 206, 208 – 212, 226, 253 f., 258 – 260, 262 – 265, 269, 274, 280, 282 f., 303 f.
- metaphysisches Prinzip 105, 108, 111, 171
- Prinzip a priori 1, 45, 192, 211
- regulatives Prinzip 260
Propädeutik 7, 33, 36 f., 179, 187 f., 278
provisorisch 73 f., 116, 171, 207

Raum 1, 9 f., 21, 30 f., 34, 40, 50 – 53, 55 – 57, 71 – 73, 75 f., 79 f., 82, 86 – 91, 93 – 99, 101 – 112, 116 – 132, 137 f., 141 – 147, 151 f., 154, 156 – 160, 162 f., 165 – 167, 169 – 173, 175 – 183, 188 – 190, 193 f., 196 f., 200 f., 204 f., 207, 209 – 211, 213, 215 f., 218 – 220, 223, 227, 229, 231, 234, 236, 242 f., 248 f., 251 – 257, 263, 266, 275, 284, 286 – 292, 297, 308
- Raumerfüllung 122, 124, 126
- Raumzeit 249, 256, 303
- spatium sensibile 94, 108, 204, 288
Realbegründung 117, 139
Realität 12, 21, 59 f., 91, 94 f., 98, 106, 118 f., 128, 132, 137, 142, 144, 146 f., 152, 154, 160, 165, 167 – 169, 179 – 181, 189, 219, 224 f., 227 f., 233, 251 – 253, 260, 262, 264 – 272, 276 f., 280 f., 293
Regress 232, 237
regulativ 4, 6 f., 9, 21, 36 f., 60, 64, 75, 94, 97, 106, 134 – 138, 168, 188, 260 – 263, 265, 268 – 270, 274 – 278, 287 – 289, 304
Reibestoff 38
Repulsion 13, 52, 169, 214, 307
Restriktion 166, 227, 246, 261, 296
Revolutionen 69, 281 f.
Rezeptivität 50, 122, 144, 159, 178, 266

Schematismus 35, 229 f.
Schwere 22, 169
scientifisch 25, 35 f., 44, 46, 48, 54 f., 259
selbstbegrenzend 98
Selbstbestimmung 56, 67, 77 f., 109
selbstbewegend 56, 98, 101
Selbstbewusstsein 3, 165, 182, 196, 199, 211, 244, 285, 291, 299, 307
selbstbezüglich 98, 101, 291 f.
Selbstbezüglichkeit 53, 77, 93, 109
Selbstbildung 68
Selbstorganisation 78, 281, 283, 308
Selbstsetzungslehre 3, 14 f., 273, 275, 301
selbsttätig 72, 84, 98, 100, 109, 111
Selbsttätigkeit 56, 77 f., 83, 100, 109
Setzung 3, 5, 7, 20, 28, 70, 105, 147, 149 f., 178, 201, 205, 224, 228, 264 f., 274 f., 295 f., 306
Simultaneität 8, 231 f., 236, 250, 254
Sinnenobjekt 145, 158, 172, 194, 199
Spinozismus 205 f., 247
Spontaneität 52 – 54, 62 f., 65, 68 f., 77 f., 83 – 85, 92 f., 99 – 101, 109, 111
Stoff 39, 42 f., 45, 65, 73 f., 76, 79, 81, 87, 96 f., 99, 102 f., 127, 129 f., 136, 139, 141, 147, 152, 154, 156, 158 – 160, 169, 171 f., 175, 180, 191, 200, 204, 206, 213, 218, 220, 268
Stufen 65, 69, 273, 281, 292
Stufungen 66, 282
Subjekt 3, 11 f., 33, 50 – 52, 60, 67, 72, 74 f., 77, 79 f., 83, 90 – 92, 96, 105 f., 109, 120, 122, 127, 138, 143, 146 f., 155 f., 159, 161, 163, 165, 167 – 169, 173 f., 176 – 186, 188 – 190, 195 f., 199, 202, 211 f., 215 – 217, 224 f., 230, 232, 238 f., 243 – 245, 248, 266, 271, 274, 286, 290 – 297, 299 – 302, 304, 307 f.
- Subjekt-Objekt-Identität 184, 294, 299
Subjektivität 11, 97, 179 f., 184 f., 217, 222, 299
substantiale 231
Substanz 8 f., 79, 89, 97 f., 122, 140, 170, 176 f., 204 – 207, 215 f., 229 f., 232 – 236, 238 – 248, 250 – 256, 287, 289, 292, 308
- individuelle Substanz 215, 231, 239 f., 242 f., 247
- substantia phaenomenon 8, 98, 140, 143, 216, 248
- Substanzbegriff 8, 229, 238
- Substanz im Raum 8, 79, 143, 177, 242, 245 f., 248, 256, 304
- Substanzmonismus 206, 247

Substrat 8, 61, 71f., 74–77, 79f., 83, 93, 108–110, 145, 177, 216, 232, 234, 236–243, 248f., 251, 266, 271, 284, 287, 289, 291, 308
Synthesis 220, 251, 255, 289, 298f., 307
– Synthesis der Apprehension 250
Synthetisch 118, 129, 134f., 140, 142, 157, 162f., 165, 175, 177f., 181, 185, 187, 193, 195, 201, 203, 207f., 217, 285–290, 299, 307
– synthetisch// allgemein 134, 178, 203, 288
– synthetische Einheit 15, 37, 91, 119, 164f., 167, 181, 189, 195f., 200, 209, 232, 234, 242, 285, 288f., 297f., 300
System 5, 8, 10, 12, 14–16, 23f., 27, 32–38, 40, 43–46, 50, 52, 54f., 59, 65f., 68–70, 74f., 78, 80, 89, 98f., 111, 116, 128, 133–135, 137f., 140, 143, 153f., 160, 166, 174, 180f., 187, 192f., 198f., 201–203, 205, 208–210, 212, 214, 225, 247, 258f., 263, 278, 281–283, 286, 288, 291, 294–297, 300, 305, 308
– Systematisierung 1, 10, 20, 33, 42f., 45f., 48, 50, 53–55, 62, 212f., 259, 282
– System der Naturlehre 55, 67
– System des transzendentalen Idealismus 4, 37, 139, 162

Textur 56, 60f., 71, 76, 110, 169, 279
Theologie 15, 224
Theorem 65, 215, 219
Tierreich 69
Topologie 212
Totalität 2, 4–10, 13, 15, 19, 31, 34f., 39f., 43, 48, 51, 63, 66f., 75f., 95f., 108, 114, 121, 124, 127–130, 132, 137, 140, 150f., 158, 163
Trägheitsprinzip 84, 99
transzendent 4, 181, 268, 304
transzendental 1–7, 9–12, 14, 19, 21, 24, 30, 33, 38f., 51f., 57, 62, 70, 74, 83, 85, 91, 93, 97, 99, 105f., 108, 111, 116, 118f., 121, 125f., 129, 131, 136, 139, 141f., 147–149, 151, 156–159, 165, 167f., 173, 175f., 181–184, 186–189, 191, 194–196, 198–204, 211–213, 217–219, 221, 224, 227, 231f., 234, 237, 240, 243–249, 253f., 256, 260–263, 266, 268–276, 278, 283, 285, 291f., 295–297, 299f., 304–308
– transzendentale Analytik 5, 21, 163, 182f., 195, 199, 208, 272, 292, 306
– transzendentale Apperzeption 3, 15, 143, 161
– transzendentale Argumentation 2, 57, 116, 128, 142, 171, 191, 249, 276, 305
– transzendentale Deduktion 15, 117, 164, 191, 209, 211, 224, 264, 296, 301
– transzendentale Dialektik 5, 10, 21, 182, 227, 259–261, 263, 265, 270, 273, 303
– transzendentale Dynamik 1, 14, 39f., 132f., 194, 213f.
– transzendentale Naturgesetze 24, 33, 165, 179, 195, 248, 265, 278, 283, 286, 288, 292, 297, 300
– transzendentale Realität 179
– transzendentaler Idealismus 105, 176, 198, 201
– transzendentales Ideal 10, 268
– transzendentales Prinzip 98, 105, 110f., 122, 179, 199, 258
– transzendentale Theologie 270
– transzendentalphilosophisch 5, 11, 13f., 26, 32, 39, 108, 182, 186, 192, 196, 205, 213, 216, 218, 278

überfliegend 261
Übergang 1–12, 14f., 19, 21, 24–27, 30, 32–75, 77f., 81–85, 87–91, 93, 95–106, 108–113, 116–120, 122–129, 131–135, 137–144, 147–150, 152–156, 158–173, 175–179, 181–188, 190–207, 209–223, 226–229, 236, 242f., 246–249, 251–254, 256–260, 262–265, 273–281, 283f., 292, 294, 296f., 299–301, 303–308
– Übergang von den metaphysischen Anfangsgründen der Naturwissenschaft zur Physik 24, 41f., 70, 116, 218
– Übergang zur Physik 7, 10f., 33–37, 43–46, 65f., 68, 71, 77, 87, 89, 98, 102, 129, 144, 147f., 153f., 179, 187f., 190, 192, 197–199, 202f., 206, 210, 213, 218, 278

Undenkbarkeit 83f., 92
- unendliche gegebene Größen 51
Universum 1, 39, 78, 109, 111f.
Unspürbarkeit 145
uranfänglich 52f., 81f., 93, 99–102, 104, 107f., 122, 131, 144, 171, 191, 307
Uranfänglichkeit 53, 100f., 112
Urbild 267
Urstoff 93f., 99, 101f., 106, 142
Urteil 103, 186, 190, 195, 208, 217, 225, 298, 307
- analytisches Urteil 208
- synthetisches Urteil 119, 195

Vernunft 4–6, 25, 32, 34, 36f., 45, 48, 60, 65, 68f., 74, 79, 93f., 102, 105f., 125–127, 134f., 138, 143, 145, 152, 156, 158, 160f., 163, 171f., 177, 180–182, 191, 194, 203, 211, 218, 224f., 261–264, 266–270, 272–274, 276f., 286, 288, 295, 304, 306
- reine Vernunft 4, 37, 92, 126
- Vernunftbegriff 4, 79, 106, 125, 127, 153, 155, 163, 168, 171, 181–183, 202, 204, 206, 259, 263, 269, 286f., 293, 306
- Vernunftideen 4, 260f.
Verstand 4–6, 9–12, 35, 50–52, 60, 62, 67, 84, 101, 105f., 119, 125, 136f., 139, 143, 151, 156f., 161, 163–165, 167, 173, 176f., 179, 181–183, 187, 189, 195f., 201–203, 206, 208–211, 216, 224, 243, 256, 260–262, 264, 266f., 270, 273, 276f., 282–289, 291, 296–298, 300, 306f.
- Verstandesbegriffe 4, 24, 50f., 62, 117, 160, 164, 189, 195, 201, 211, 219, 264, 266f., 286, 295–298
- Verstandesgebrauch 4, 70, 76, 94, 200, 228, 262f., 288f.
Vervollkommnung 69
vis 82, 87
- vis locomotiua 82
voll 73, 88–90, 102, 123, 126, 128, 156, 158, 196f., 220, 223, 275, 279, 289
- positiv voll 120, 126, 128
Volumen 86, 107
Vorstellung 1, 3f., 35, 46, 50f., 66, 75, 98, 128, 133, 143, 147, 149, 153, 156f., 161, 164f., 167–169, 172–174, 176–178, 182, 187–191, 194, 196, 202, 205, 211, 216, 223, 234, 236–238, 241f., 244f., 251–253, 266, 268f., 273, 275–277, 285, 288–290, 293, 297f., 301
- Vorstellung der Zeit 232, 240, 242

Wägbarkeit 79
Wägmaschine 214
Wahrnehmbarkeit 30, 90, 107, 119, 124, 142, 146, 158f., 251
wahrnehmen 97, 145, 173, 228, 231, 251f., 287
Wandelbare, das 230f., 235, 245
Wärme 39, 73, 106, 116, 154, 171, 191, 196, 201, 204f., 207, 214f., 308
Wärmestoff 6, 38f., 44, 73–75, 85, 87, 95f., 99, 103–107, 110, 116, 121, 125, 127, 129, 137–139, 143, 148, 152–155, 157, 160, 167f., 170f., 175–187, 190–210, 212–217, 219, 222, 253, 256, 290f., 293, 301f.
Wechselwirkung 10, 170, 180f., 250, 252–255, 287, 291f.
Weltbeschauer 137f.
Weltganzes 79, 86, 140
Weltkörper 1, 170, 180f., 291
Weltstoff 1, 5–12, 14, 21f., 30f., 33, 38–40, 44f., 57, 72, 74f., 78–81, 90, 93, 95–98, 102f., 105, 108, 110–112, 116–130, 132–136, 138–145, 147, 155–161, 166, 190, 194, 196, 200, 204, 211f., 216, 218f., 223f., 226–229, 241–243, 246–248, 253, 256f., 259–263, 265f., 275f., 284–288, 290–292, 296, 299, 303f., 307f.
- Weltstoffbeweise 3, 9, 15, 19, 138, 221, 228, 249, 257f., 260, 277
Weltsystem 99, 129, 153, 181
Wesen 35, 60, 62, 64, 151, 225f., 267–270, 273, 277f.
- Widerlegung des Idealismus 244–246, 256f.
Widerspruch 3, 61, 78, 81–83, 85, 88, 92f., 100, 107, 109, 138, 144, 150, 153,

158–160, 167, 170, 187, 189, 206–209, 218 f., 226, 257, 285, 306
– Satz des Widerspruchs 151
Widerstandsfähigkeit 110
Willkür 82, 100
wirklich 1, 5, 37, 42, 58, 64, 67, 76, 79, 85, 91, 96–98, 100, 106, 110, 117, 128–132, 136, 142, 144, 150–153, 155, 157 f., 166, 169, 174 f., 177 f., 180, 184–186, 188–194, 196, 202, 210 f., 216–218, 223, 226, 242, 245 f., 273, 275, 283, 292
Wirklichkeit 5–7, 87, 94, 96, 98, 102, 111, 124, 135, 139, 141, 145, 154 f., 159, 174 f., 179, 184–187, 193–196, 199 f., 202, 210–212, 218, 220, 222, 275, 287, 292, 295, 307
Wirksamkeit 79, 111
Wissenschaft 7, 24–26, 32–37, 40–42, 44–50, 54–56, 59, 70, 98, 111, 129, 131, 148, 153 f., 176, 184, 187, 192, 198, 210, 217, 219, 248, 258–261
– mittlere Wissenschaft 45
– Wissenschaftlichkeit 10, 32, 44–47, 187, 258, 264
Zeit 1, 8, 10, 18, 28, 31, 50 f., 55, 76, 78, 80, 84, 92 f., 95, 97, 100 f., 104–106, 109, 117, 120, 129, 131, 143, 152, 154, 156 f., 159, 165, 169, 172 f., 176–182, 188, 197, 208, 216, 219 f., 229, 231–234, 236–238, 240–245, 247–252, 263, 266, 278, 283, 286 f., 289–291, 295–297, 302
– Zeiteinheit 8, 10, 177, 241 f., 247, 287, 292, 308
– Zeitfolge 10
Zirkel 145
Zusammenhang 1, 11, 13 f., 18, 20, 22, 26–29, 31, 33, 38, 40, 44, 49 f., 55, 57, 59–61, 64 f., 69–73, 78, 81, 87, 89, 91, 96, 99 f., 108, 118, 125, 129 f., 132, 135, 138, 140, 146, 148, 154, 156, 158, 163, 166, 181, 185 f., 189 f., 193 f., 197, 200, 206, 212–214, 217, 221, 224, 231, 233–235, 238, 242 f., 249, 252 f., 256, 259, 263 f., 277, 285–292, 294, 296, 298 f., 306
Zweckmäßigkeit 60, 62–64, 67, 270, 278, 280, 282 f.
– Zweckmäßigkeit der Natur 134, 136

Personenregister

Adickes, Erich 13 f., 17–19, 27 f., 34, 41
Anselm von Canterbury 224

Basile, Giovanni Pietro 8, 15, 17
Baumgarten, Alexander 151, 153
Bondeli, Martin 294
Brandt, Reinhard 15, 18
Büchel, Gregor 27
Busche, Hubertus 5, 45, 308

Cassirer, Ernst 46
Cuvier, Georges 20, 69, 282

Edwards, Jeffrey 9, 14, 20 f., 162, 249, 252, 304, 308
Emundts, Dina 13, 22, 24, 145, 258, 277

Förster, Eckart 3, 7, 10, 18, 30, 244, 256 f., 260 f., 273–275, 304 f., 307, 309
Frigo, Gian Franco 284

Gehler, Johann Samuel Traugott 13, 38, 74
Gottsched, Johann Christoph 153
Guyer, Paul 40

Hahmann, Andree 8, 229, 287, 308
Hall, Bryan 40
Hegel, Georg Wilhelm Friedrich 11 f., 105, 151, 178, 212, 217, 224, 292–297, 299 f., 302, 307
Heidegger, Martin 173, 184
Hoppe, Hansgeorg 11, 22, 26, 277, 307
Hübner, Kurt 249, 293
Huygens, Christiaan 138

Kant, Immanuel 2–20, 22–35, 37–89, 91–101, 103–106, 108–113, 116–134, 136–197, 199–209, 211–219, 221–258, 260–284, 292–302, 304–309
Kästner, Abraham Gotthelf 13, 214
Kötter, Rudolf 49, 123
Kühn, Manfred 218

Landau, Albert 13
Lehmann, Gerhard 1 f., 11 f., 15, 26–28, 274, 277, 301
Leibniz, Gottfried Wilhelm 63, 159, 170, 215
Lichtenberg, Georg Christoph 13, 49
Linné, Carl von 192

Malpas, Jeff 119
Mathieu, Vittorio 3, 11, 13, 17, 19–21, 26, 28, 35, 40 f., 262, 265, 278, 280, 282, 304
Mendelssohn, Moses 224 f.

Newton, Isaac 23, 43, 47 f., 54, 84, 91, 214, 280
Noordraven, Andreas 152

Onnasch, Ernst-Otto 52

Rollmann, Veit Justus 8, 23, 287, 308

Sarmiento, Gustavo 89, 290, 307
Schulze, Stefan 3, 5, 17, 19–21, 182, 261, 306
Spinoza, Baruch (Benedictus) de 205, 247
Stark, Werner 18

Tanaka, Mikiko 278
Tugendhat, Ernst 119
Tuschling, Burkhard 1 f., 11–15, 17–20, 22–24, 29, 37–39, 47, 54, 131, 258, 277, 299, 305 f.

Vorländer, Karl 305

Waschkies, Hans-Joachim 13, 44
Weizsäcker, Carl Friedrich von 183, 243
Westphal, Kenneth 52
Wittgenstein, Ludwig 305
Wolff, Christian 153, 191

Bei Fragen zur Produktsicherheit wenden Sie sich bitte an:
If you have any questions regarding product safety,
please contact:

Walter de Gruyter GmbH
Genthiner Straße 13
10785 Berlin
productsafety@degruyterbrill.com